225 RAMAS

DEL ÁRBOL DE LA VIDA

Un ligero paseo por sus intrincados caminos

Sobre el autor

Mariano Abril nació en Teruel hace más de 60 años. Coronel en la reserva, ahora reside en Madrid con su esposa y sus dos hijos. Le gusta correr y pasear, leer y escribir libros de divulgación científica, hacer manualidades y Duolingo. Como los «niños» ya son mayores, siempre que pueden, él y su esposa, acuden a La Silva, un pueblecito del Bierzo leonés, donde disfrutan de una naturaleza (todavía) impoluta, del sosiego característico de la España vaciada y del trabajo en la huerta.

Se graduó como teniente del Ejército de Tierra, del arma de Ingenieros, en 1986. En 1991, se tituló en geodesia militar con una tesina sobre correcciones de coordenadas astronómicas. Desempeñó la mayor parte de su carrera militar en el Centro Geográfico del Ejército donde tuvo la oportunidad de publicar numerosos mapas. En el año 2006 obtuvo el título de ingeniero de caminos, canales y puertos por la Universidad Politécnica de Madrid, en la especialidad de hidráulica y energía, con un proyecto de abastecimiento de agua. También estuvo destinado en el Cuartel General de la OTAN de Madrid y en Melilla, donde desarrolló el doctorado en construcción por la Escuela Politécnica Superior del Ejército, con una tesis en la que utilizó la técnica de las redes neuronales artificiales para estudiar las aplicaciones militares del hormigón reforzado con fibras de acero. Últimamente ha cursado el diploma de teología del Instituto Superior de Ciencias Religiosas de la Universidad de Navarra.

También es autor de *225 preguntas sobre la naturaleza del universo*, una explicación asequible para todos los públicos sobre las entrañas de la materia, el origen y futuro del cosmos, la física cuántica o la relatividad, así como de otra obra en dos volúmenes, *225 poliedros con modelos de cartulina para construir*, que constituye no solo una exhaustiva aproximación clásica al mundo de la geometría, sino una manera inusual para despertar del amodorramiento al que nos someten las modernas pantallas, relajarse, gestionar el estrés y aprender.

MARIANO ABRIL DOMINGO

225 RAMAS

DEL ÁRBOL DE LA VIDA

Un ligero paseo por sus intrincados caminos

Editorial ACRIBIA, S.A.

ZARAGOZA (España)

© Mariano Abril Domingo

© De la edición en lengua española
Editorial Acribia, S.A.
José Sancho Arroyo, 13
50002 ZARAGOZA (España)

Fotografía de la cubierta

Mariano Abril Domingo

I.S.B.N.: 978-84-200-1328-2

www.editorialacribia.com

Depósito legal: Z-872-2024   Editorial ACRIBIA S.A.- José Sancho Arroyo, 13, Local - 50002 Zaragoza (España)

Imprime: PODIPRINT   2024

Para mí, una brizna de hierba no vale menos que la tarea diurna de las estrellas;
e igualmente perfecta es la hormiga, y así un grano de arena y el huevo del reyezuelo;
y la rana arbórea es una obra maestra, digna de egregias personas;
y la mora pudiera adornar los aposentos del cielo;
y en mi mano la articulación más menuda hace burla de todas las máquinas;
y la vaca, rumiando con inclinado testuz, es más bella que cualquier escultura,
y un ratón es milagro capaz de asombrar a millones de infieles.

Song of Myself *de Walt Whitman (versión de Màrie Manent)*

*Dedicado con cariño a mi esposa Ana;
a mis hijos Irene y Álvaro;
a mi sobrina Raquel;
a mis cuñados Jorge, Carlos y Manolo,
y a todos los "cuñados" que en el Mundo hay.*

Contenido

Contenido

La variedad de la vida

Amable lector, amable lectora:

«Esto de los animalitos es un asco», dijo una vez mi esposa al ver un documental que hablaba de determinadas avispas que parasitaban otros insectos, inyectando sus huevos en el interior del desafortunado anfitrión. Las larvas del avispón se alimentaban de los tejidos de una oruga hasta que, suficientemente desarrolladas, se abrían camino hacia el exterior. (Realmente, era bastante desagradable ver al hospedador, todavía moribundo, cuando emergían las primeras crías).

En cambio, a mí siempre me han fascinado los animales y las plantas y, en general, todo lo que tiene que ver con el entorno natural. Me interesa conocer cómo el milagro de la vida se abre paso, aun en las circunstancias más adversas; me preocupa que la ambición económica desmedida de algunas empresas y organizaciones esté rompiendo el delicado equilibrio de los ecosistemas; me entristece ver nuestra falta de cuidado al desenvolvernos en el medio natural y cómo, ya por malicia, ya por ignorancia, dañamos especies animales o vegetales; me maravillan las habilidades, destrezas y modos de vida de algunos organismos; me intriga saber cómo ha surgido la vida y se ha diversificado en millones y millones de especies; me atrae, en suma, irresistiblemente la vida.

Hoy por hoy, el inventario de los seres vivos incluye unos dos millones de nombres. Aunque esta cifra es ciertamente bastante discutida, en un primer momento, se podría argumentar que tener conocimiento de semejante número de especies es un síntoma de que la biología es una ciencia asaz exhaustiva. Sin embargo, los especialistas no están mínimamente satisfechos, pues estiman que el número de tipos existentes debe estar comprendido entre diez y cien millones.

Y por no hablar de las diferentes especies que en algún momento han habitado la tierra. Se cree que las variedades vivas actuales (y estaríamos hablando de decenas de millones) representan

¿Le gustan los recuadros?

Espero que sí, porque en esta obra se han usado ampliamente para complementar la información que se expone en el texto principal. Se trata de aclaraciones, definiciones, biografías, anécdotas, historias paralelas o, simplemente, imágenes al hilo de alguna de las ideas tratadas.

Recomiendo leer primero el texto principal y, después, revisar los recuadros adjuntos, donde los haya. Si bien, debo confesar que yo mismo no puedo resistir la curiosidad y, rápidamente, se me va la vista hacia ellos en los libros que los contienen, y que me agradan los textos que los usan, en los que la información se distribuye armoniosamente en la página y juegan, además, con los espacios en blanco para descansar la vista y mejorar la legibilidad.

En todo caso, confío que estas anotaciones supongan un valor añadido apreciado por todas aquellas personas que lean la obra.

¿Cómo se organiza esta obra?

Está dividida en tres partes: la primera versa sobre los organismos procariontes, es decir, células sin un núcleo diferenciado, mientras que en las otras dos se tratan los eucariontes, constituidos por células nucleadas.

La primera parte se articula en dos capítulos: el primero dedicado a las bacterias y el segundo a las arqueas. En la segunda se estudian los organismos unicelulares (capítulo 3), el origen de las plantas (capítulo 4) y las mismas plantas (capítulo 5). La tercera se inicia con la descripción de los hongos (capítulo 6) y concluye con cuatro capítulos dedicados a los animales: los más simples (capítulo 7), ectotermos (capítulo 8), mamíferos (capítulo 9) y reptiles y aves (capítulo 10).

Así mismo, le resultará muy útil el detallado índice analítico que incluye unas 4.000 entradas alfabéticamente ordenadas y con el que podrá localizar fácilmente cualquier concepto o taxón.

menos del uno por ciento de todos los organismos vivos que hayan podido existir en algún momento sobre nuestro planeta.

Verdaderamente, conocemos mejor el cielo que la tierra: hay diferentes catálogos estelares que cuentan con mil millones de objetos. Parece que este hecho demuestra que no nos preocupa demasiado el planeta que habitamos ni su biodiversidad (o que los astrofísicos trabajan más que los biólogos —señala mi hija—).

La clave está en el conocimiento

Se cree que el activista contra el *apartheid* Nelson Mandela (1918-2013) dijo que «la educación es el arma más poderosa que puedes usar para cambiar el mundo», y no se sabe con certeza quién escribió eso de «no se puede amar lo que no se conoce, ni defender lo que no se ama».

Existen encomiables proyectos encaminados a luchar contra el cambio climático, a defender especies en inminente peligro de extinción, a despertar la conciencia medioambiental que todos llevamos dentro… que se basan en esas ideas. Solo siendo conscientes del penoso estado en el que se encuentra el entorno natural, los ciudadanos podremos impulsar un cambio en los gobiernos y modificar en lo que sea necesario nuestro modo de vivir.

¿Y cómo alcanzar esa concienciación?

Solo se me ocurre que pueda llegarse a ella a través del conocimiento.

Que esté leyendo estas líneas es una clara señal de que también usted es una persona preocupada por el medioambiente. Si tras la lectura del presente texto, aprecia un poco más las múltiples formas de vida, puede que en lo sucesivo altere su modelo de consumo o su voto y puede que, entre todos, mejoremos la lamentable situación por la que está atravesando nuestra querida Tierra. Recordemos que, según se dice, no hay planeta B.

Este libro es mi grano de arena. Es una aproximación ligera, como reza el título, a 225 grupos de diferentes seres vivos. Y no se trata de un volumen de biología, ni de un ensayo naturalista, ni de un manual científico, sino una pequeñísima contribución por preservar la calidad del entorno natural dirigida a profanos, escrita, precisamente, por otro profano. Y por eso es, también, un paseo, un leve paseo —sin condicionantes académicos— a través de los intrincados caminos de la vida.

La revolución de la vida

Uno de los temas que siempre ha captado más mi atención es la evolución. Es un concepto difícil de aprender, que a nadie deja indiferente, con defensores a ultranza y negacionistas, partidarios y detractores, críticos e indolentes, etc. En particular, hay tres aspectos que me interesan: la dilatada aventura de la vida, los confusos caminos por los que ha transitado y el ser humano como culmen de la vida inteligente (aunque muchas veces se esfuerce con tanto ahínco en disimularlo).

En mi obra *225 preguntas sobre la naturaleza del universo*, tuve la ocasión de escribir: «Si la edad de la Tierra fuera de un año, la vida habría aparecido el 2 de marzo, las células eucariotas el 15 de junio, los animales marinos con concha el 20 de noviembre, los peces el 22 de noviembre, las plantas terrestres el 27 de noviembre, los anfibios el 29 de noviembre, los reptiles el 2 de diciembre, los dinosaurios el 12 de diciembre, las aves el 16 de diciembre, los mamíferos el 27 de diciembre, los homínidos a las 03:00 h del 31 de diciembre, y el *Homo sapiens* habría aparecido a las 23:40 h del 31 de diciembre».

¿No le parece asombroso?: ¿no es admirable que «solo» en *dos meses* la Tierra se convirtiera en un lugar apto para la vida?; ¿no es desconcertante que durante más de *tres meses* —en esa fabulosa escala de tiempo— los únicos modos de vida solo fuesen primitivas formas celulares sin núcleo?; ¿no es increíble que hicieran falta más de *seis meses* para que la vida evolucionase

La biología

La biología es la ciencia que estudia los seres vivos considerando su estructura, evolución, distribución y relaciones. Dentro de ella existen numerosos campos de especialización, cuya descripción se puede hacer vertical u horizontalmente.

Verticalmente, en el nivel más profundo se encuentra la biología molecular que estudia la vida desde el punto de vista químico. En un nivel intermedio se sitúa la biología celular, que pone el foco en la unidad vital: la célula. Y por encima está la fisiología que es la ciencia encargada del estudio de las funciones, mecanismos y tejidos que poseen los seres vivos.

Horizontalmente, de todos son conocidos campos como la ecología, la zoología, la botánica o la microbiología. Mientras que los tres segundos se dedican al estudio particular de animales, plantas y microbios, el primero trata las relaciones transversales entre ellos.

La ecología

La ecología es la ciencia que estudia las relaciones que mantienen los seres vivos entre sí y con el medioambiente. (Con el mismo sentido, en español, también se pueden usar las palabras 'medio ambiente' o simplemente 'medio').

Por medioambiente se entiende mucho más que un simple lugar; comprende también las propiedades físicas y químicas del espacio en el que vive un organismo, así como la geología y las condiciones meteorológicas.

La totalidad de los seres vivos que interaccionan simultáneamente en el espacio y en el tiempo se denomina biocenosis. Por otra parte, el conjunto de las condiciones naturales del espacio en el que se desenvuelve una biocenosis se denomina biotopo. Y es la suma de la biocenosis y el biotopo lo que llamamos ecosistema. Así definidos, los diferentes ecosistemas son los objetos de estudio de la ecología.

desde las células con núcleo hasta mamíferos como los homínidos?, ¿y no es también maravilloso todo lo que el ser humano ha sido capaz de hacer en los últimos *20 minutos*? Esto es la evolución; esto es la revolución de la vida.

¿Y cómo una persona profana, como usted o como yo, puede adentrarse en su conocimiento?

Los documentales de la 2

La vida no existe en abstracto, la vida es aquello que caracteriza a los seres vivos. Por eso siempre me han atraído los documentales de naturaleza… Y cuando he querido aprender un poco más, me he topado con verdaderos mamotretos (¡de más de mil páginas!) de biología, zoología, botánica o microbiología —algunos muy buenos, otros no tanto—. «Pero ¡Dios mío!: ¿en serio no hay algo más simple?», me he dicho.

Este proyecto aspira a saciar la curiosidad de la persona lega cubriendo ese hueco que hay en las bibliotecas. No es un manual técnico, es una obra para leer en apacibles días de primavera —en un jardín, en un parque o en la rivera de un río— o junto al fuego en desagradables noches de invierno, con la única finalidad de asomarse a la impresionante variedad de la vida. Quizá, después, cuando sienta atracción hacia un aspecto en particular, sea el momento de acudir a la librería en busca de un prontuario técnico concreto.

Empero no pretendo que este sea un libro dedicado a describir una serie de plantas o animales como las guías de zoología o botánica que pululan por las estanterías. Además, pobre de mí si pretendiese tal cosa no siendo especialista en ninguna disciplina que con la vida tenga que ver. Yo soy, simplemente, adicto a los documentales sobre la naturaleza.

Y tras muchas horas de visionado (y alguna que otra siesta) he aprendido dos cosas.

La primera es que ningún libro se puede equiparar a un buen documental de naturaleza. El cromatismo y el dinamismo de unas imágenes de calidad, el rigor de un buen guion y el vigor de un narrador profesional, sobresalen por encima de las páginas mejor ilustradas y escritas del mejor libro de botánica o de zoología.

La segunda cosa de la que me he dado cuenta es que existe un aspecto que siempre eluden los guionistas: el de la taxonomía, es decir, el de la clasificación jerárquica de los seres vivos. ¿Por qué? Porque eso no atrae a los espectadores; es solo para los frikis de las listas, de las listas de animales o plantas. Todo eso tiene relación con la evolución (que sí es un argumento atrayente), empero también tiene mucho que ver con la sistemática (que no es un tema seductor) y se representa en forma de árbol, en lo que se ha dado en llamar el árbol de la vida.

El árbol de la vida

He querido que el hilo conductor de este ágil paseo por la naturaleza fuera el árbol de la vida, concepto desarrollado científicamente por el controvertido naturalista germano Ernst Haeckel (1834-1919).

Hay que reconocer que Haeckel fue uno de los científicos que más divulgó el trabajo del naturalista inglés Charles Darwin (1809-1882), al menos, en Alemania, y que acuñó conceptos como ecología, gimnocito, ontogenia o filogenia. Del mismo modo, no debemos olvidar que su racismo evolutivo sirvió de caldo de cultivo a aquellos que defendían la superioridad racial alemana, y que alguna de sus obras sirvió para justificar la teoría racista del nazismo.

En cualquier caso, en 2024 se han cumplido 150 años de la publicación de su obra de 1874 *Anthropogenie oder Entwicklungsgeschichte des Menschen* (Antropogénesis o historia evolutiva humana) en la que presentaba una versión simplificada, si bien bastante acertada, del árbol de la vida. También se cumplen 100 años de una edición reducida de *Kunstformen der Natur* (Obras de arte de la naturaleza) bellamente ilustrada por el propio Haeckel, algunas de cuyas litografías adornan esta obra.

Los árboles de la vida

En el devenir de los tiempos, numerosas culturas han elaborado su propia versión del «árbol de la vida».

Además, este mito suele aparecer en paralelo al árbol del conocimiento. El primero reúne toda la creación y sugiere la idea de la inmortalidad, mientras que el segundo conecta los mundos material y espiritual desde un punto de vista ético.

Estos conceptos están presentes en diferentes culturas, mitologías y religiones. En Occidente, la versión más conocida quizá sea la heredada del judaísmo: «Hizo Yavé Dios brotar en él [el jardín de Edén] de la tierra toda clase de árboles hermosos a la vista y sabrosos al paladar, y en medio del jardín el árbol de la vida y el árbol de la ciencia del bien y del mal» (Génesis 2, 9).

Mas en esta obra, el árbol de la vida es solo una metáfora filogenética: genealógica y jerárquica.

El típico árbol genealógico familiar recoge la esencia del árbol de la vida. Así como el primero nos permite reconstruir las relaciones entre nuestros familiares y nuestros antepasados, el árbol de la vida plasma las relaciones de dependencia entre especies desde un punto de vista evolutivo. Al igual que un árbol genealógico muestra las relaciones familiares, la filogenia nos enseña el origen y evolución de las especies. El árbol de la vida es un árbol eminentemente filogenético.

La ontogenia se ocupa del desarrollo de los embriones hasta que se convierten en individuos de vida libre. Al observar fetos de varias especies en distintos estados de gestación, se ha observado que el embrión reproduce, en alguna medida, la historia evolutiva de su especie. Por ejemplo, un feto humano de pocos días se parece mucho al embrión de un pez y después al de un reptil, etc.

«Papá, a ti te gustan mucho las clasificaciones», me advirtió una vez mi hija Irene. En efecto, las adoro y no me parecen algo banal porque considero crucial entender el árbol de la vida y en eso, la taxonomía, tiene mucho que decir. Comprender el árbol de la vida no es tarea fácil. De hecho, no existe una versión del árbol de la vida aceptada unánimemente.

Pero tampoco se inquiete demasiado, el árbol de la vida no es muy diferente del sistema de carpetas y archivos que, hoy en día, solemos manejar en nuestros dispositivos digitales. En efecto, los archivos se almacenan en determinados contenedores virtuales que denominamos directorios o carpetas. La estructura de los directorios suele ser jerárquica de manera que, para especificar de modo único un archivo, es preciso declarar toda la ruta de directorios y subdirectorios que nos conducen hasta él. Si las especies son los ficheros, el árbol de la vida es la estructura jerárquica de carpetas y subcarpetas.

Echar una ojeada entre sus carpetas, o ramas, es algo al alcance de cualquiera. Escudriñando entre sus ramificaciones, podemos llegar a intuir cómo la vida es una aventura fabulosa, en la que no estamos solos. Y que, si de la variedad ha surgido semejante sinfonía de colores, de la escasez puede sobrevenir la oscuridad.

Y, si no hacemos nada, es a la poquedad de vida hacia donde nos estamos precipitando, a tenor de la cantidad de especies amenazadas o en peligro de extinción que cada día nos anuncian los medios especializados.

Agradecimientos

Deseo que esta obra sea una aproximación al maravilloso milagro de la vida. Me preocupa ver cómo la vida que se ha abierto paso a través de varios miles de millones de años pueda quedar seriamente dañada por la acción del hombre en unos pocos miles de años, durante lo que se ha dado en llamar Antropoceno. Resultaría irónico que la especie que consideramos culmen de la evolución pudiera llegar a ser la causa principal de la desaparición de la vida y es ahí hacia donde nos dirigimos locamente... Quiero pensar que no será así y vaya por delante mi gratitud a aquellos que tienen capacidad de decisión.

Mi más sincero agradecimiento a Biodiversity Heritage Library, un consorcio de bibliotecas de museos y otras instituciones británicas y estadounidenses, que apuesta por la libre disposición de la información biológica a fin de hacerla accesible tanto al investigador como al público en general. Su lema no puede ser más contundente: «Inspirando el descubrimiento a través del acceso gratuito al conocimiento de la biodiversidad». Muchas de las ilustraciones de esta obra proceden de ese sitio web. Otras las he obtenido de Wikipedia, Flickr, Pixabay y Pxfuel; gracias a los responsables por facilitar el acceso a un material gráfico de calidad.

Por último, me gustaría agradecer el esfuerzo de las personas que, de una manera u otra, me han ayudado para que este proyecto viera la luz. Concretamente a mi hijo Álvaro, cuyas críticas siempre me han servido de estímulo; a mi cuñada Laura que me animó a continuar trabajando en momentos de desaliento; a George Bird por su aportación, y muy especialmente a la Editorial Acribia que con su exactitud y minuciosidad han hecho posible que este proyecto vea la luz. Gracias por su paciencia y entusiasmo.

A todos ellos y también a usted que comparte la preocupación por el futuro del planeta azul (o, como algunos lo llaman, del planeta verde): ¡muchas gracias!

Mariano Abril

La variedad de la vida

Colin Tudge, zoólogo y escritor inglés, en su bella obra titulada *La variedad de la vida*, comienza narrando un recuerdo de su juventud: «Durante mis años de escuela y universidad [...] profesores y alumnos daban por entendido que la biología se ocupaba de los seres vivos. También trataba, por supuesto, de procesos —fisiología, ecología y, sobre todo, evolución— pero los organismos vivos se hallaban en el meollo...».

Y finaliza con un alegato en favor de la conservación concluyendo: «no me queda más que sugerir que es un privilegio poseer conciencia en este universo, habitar en este planeta y compartirlo con tantísimas criaturas. Podemos destruirlas con facilidad; con algo más de esfuerzo, podemos salvarlas, como podemos salvarnos a nosotros mismos. Merece la pena hacerlo. Yo no puedo demostrar que debamos hacerlo; nadie puede. Pero me resulta difícil pensar en algo que merezca más nuestro esfuerzo».

La vida

La definición de vida es un tanto circular y suele hacerse, bien en términos mecanicistas con expresiones como 'la vida es el conjunto de reacciones metabólicas de un ser vivo', bien en términos operativos diciendo algo así como 'la vida es la característica propia de los seres vivos' o 'es el hecho de estar vivo' para, después, describir aquello que se observa en todas las criaturas vivas, absolutamente en todas. A saber:

a) Están formadas por una o más células.
b) Provienen de otros seres vivos y pueden variar de sus progenitores en algún aspecto. Esta diversidad de formas, a la larga, propicia la evolución de las especies.
c) Están sometidas a la selección natural que implica que los nuevos organismos que no se adapten al medioambiente no sobrevivirán.
d) Almacenan la información que condiciona su existencia y que se transmite de padres a hijos, conocida como información genética, en unas macromoléculas comunes a todos los organismos vivos existentes.
e) Utilizan materia y energía del medioambiente para desarrollar su existencia y crear sus propias estructuras, lo que se conoce como metabolismo.
f) Gracias a esas reacciones metabólicas, son capaces de mantener un equilibrio interno independiente de las condiciones exteriores, lo que en términos científicos se conoce como balance homeostático.
g) Aparte de mantener esa relación homeostática con el medio, establecen relaciones con otros seres vivos iguales o diferentes, respondiendo a diversos estímulos.

Como decimos, la forma básica de la vida es la célula y viceversa, la célula es la unidad estructural fundamental de los organismos vivos. Esta doble afirmación implica, por una parte, que el organismo vivo más pequeño será aquel formado por una sola estructura vital, es decir,

¿Qué es la vida?

Puesto que la vida no es algo abstracto, la descripción de la vida debe articularse alrededor de las siguientes propiedades de los seres vivos:

– Están formados por moléculas orgánicas, moléculas harto complejas con un esqueleto de átomos de carbono que se organizan en unidades denominadas células.
– Responden a estímulos del ambiente.
– Se relacionan homeostáticamente con el medio de forma que mantienen constantes las condiciones interiores.
– Crecen obteniendo materia y energía de su medio ambiente.
– Se reproducen utilizando una copia de las moléculas que contiene la información genética del progenitor.
– Pueden evolucionar como consecuencia de pequeñas variaciones en esa copia de la información genética que se transmite a la progenie.

El metabolismo

Llamamos metabolismo al conjunto de reacciones químicas que ocurren en un ser vivo o en alguna parte de él, de forma que podemos hablar del metabolismo celular o del metabolismo respiratorio, por decir algo.

En esencia, el metabolismo consiste en tomar moléculas complejas de fuera de la célula, para degradarlas en otras más pequeñas y así liberar la energía contenida en los enlaces químicos (catabolismo), o en tomar moléculas simples para formar otras más grandes (anabolismo), de suerte que la célula pueda realizar sus funciones vitales: crecimiento, respuesta a estímulos, etc.

La principal moneda de intercambio para capturar y transferir energía en esos procesos es el adenosín trifosfato, o ATP, molécula que consiste en una base nitrogenada (adenina), un azúcar y tres grupos fosfato.

por una sola célula. Son los organismos que llamamos unicelulares, protozoos o protozoarios; ejemplos de criaturas unicelulares son las bacterias.

Y, por otra parte, quiere decir que todos los seres vivos se componen de células. Efectivamente, los organismos que no son unicelulares son pluricelulares o metazoos, es decir, están formados por entre unos cientos de células —el nematodo *Caenorhabditis elegans*, uno de los más elementales y mejor conocidos, cuenta exactamente con 959 células— hasta billones de estas unidades, como el hombre u otros mamíferos de mayor tamaño. Los organismos multicelulares se componen de muchísimas células, de las secreciones de estas y de los fluidos extracelulares en los que se hallan inmersas.

En definitiva, la célula es la unidad morfológica y estructural de la vida más simple. Pero también es la unidad funcional de la vida, es decir, es la mínima unidad en la que existe, a la vez, nutrición, crecimiento, multiplicación, diferenciación, respuesta a estímulos e, incluso, evolución.

Es importante que estas funciones se den —o se puedan dar en algún momento— a la vez porque, de lo contrario, por ejemplo, podríamos ver en el crecimiento por yuxtaposición de un cristal mineral una cualidad vital, o en el comportamiento químico de un determinado sistema una clase de metabolismo, o decir que una semilla no es un organismo vivo porque puede pasar mucho tiempo sin exhibir alguna de esas funcionalidades. En la célula, como unidad mínima vital, podemos encontrar todos estos atributos juntos en algún momento.

Se podría decir que la «celularidad» o compartimentación es lo que califica a todos los seres vivos; lo que otorga uniformidad a la biología. Y, puesto que la célula es la unidad mínima de vida, es imposible separar celularidad, metabolismo y genética, al menos en la biología que conocemos. «Nuestra» biología da por sentado que toda célula proviene de otras células ya existentes y no se puede generar una nueva vida si no es a partir de una vida preexistente.

Los biomateriales

Antes de describir la forma y otros aspectos de esa unidad mínima vital que llamamos célula, deberíamos preguntarnos de qué está hecha o qué es lo que contiene.

Una respuesta sencilla (y evidente) consiste en afirmar que los constituyentes últimos de las células son átomos agrupados de diversas maneras, es decir, moléculas. Los principales componentes de esas moléculas, hasta el 99%, son carbono, hidrógeno, oxígeno, nitrógeno, fósforo y azufre. El resto son otros elementos como el yodo, el manganeso o el cobre que, aunque en muy pequeñas cantidades, son absolutamente indispensables para la vida.

Profundizar en esta respuesta exige detenernos en la química, que es la ciencia que estudia las relaciones entre dichas partículas materiales, y, más específicamente, en la bioquímica que es la encargada de estudiar la composición de los seres vivos. Es importantísimo, sobre todo, conocer cómo se unen esos átomos para formar moléculas, el comportamiento del agua —como solvente de esos biomateriales— y las reacciones químicas que se producen entre ellos.

En general, cualquier organismo vivo está compuesto por unas tres cuartas partes de agua. El resto son biomoléculas como las proteínas, los hidratos de carbono, los lípidos y los ácidos nucleicos. De esa cuarta parte que no es agua, más de la mitad son proteínas, una cuarta parte son ácidos nucleicos y el resto son hidratos de carbono y lípidos. Estas cuatro sustancias son auténticos biomateriales característicos de la vida, puesto que son propias de los seres vivos y no se encuentran en la materia inerte.

Todas esas moléculas biológicas son grandes polímeros formados por agregación de otras piezas más pequeñas denominadas monómeros: la unión de monómeros constituye un polímero. Algunos monómeros incluyen pequeños grupos de átomos, denominados grupos funcionales, que confieren propiedades específicas a las macromoléculas de las que forman parte.

La respiración celular

La respiración celular es una parte del metabolismo catabólico mediante el cual la energía contenida en los enlaces de distintas biomoléculas, como la glucosa, es liberada de manera controlada para provecho de la célula.

Durante la respiración una parte de la energía desprendida se aprovecha para la síntesis del ATP. También se libera dióxido de carbono, agua y calor. El ATP será utilizado, a continuación, en los procesos metabólicos que hemos denominado anabólicos.

Si la degradación de la glucosa se da en presencia de oxígeno, la respiración se llama aeróbica y si tiene lugar por otros medios, se denomina anaeróbica. Salvo esta gran diferencia, y ciñéndonos a la respiración aeróbica, es notable que este proceso sea el mismo tanto en una bacteria como en un organismo pluricelular como el ser humano.

Las proteínas

Como veremos, sobre las proteínas recae la mayor responsabilidad vital de cualquier criatura y es que tienen un papel crucial en su estructura, en su movimiento, en las funciones de regulación con el exterior y, lo que es más importante, en la aceleración o catálisis de las reacciones que constituyen el metabolismo celular.

Efectivamente, muchas de las palabras con las que estamos relativamente familiarizados como «anticuerpos», «enzimas», «hormonas», «actina», «miosina», «uñas», «pelo» o «hemoglobina» no son sino diferentes tipos de proteínas con funciones de defensa, movimiento, estructura, catálisis, relación o transporte.

Las proteínas son polímeros constituidos por monómeros integrados, a su vez, por aminoácidos. Los aminoácidos son moléculas formadas por un átomo de carbono que se une a un grupo funcional amino, otro carboxilo, un átomo de hidrógeno y distintas cadenas laterales que hacen que existan, en los seres vivos, hasta veinte aminoácidos diferentes.

Las proteínas pueden estar compuestas por decenas y hasta por miles de aminoácidos. La secuencia de aminoácidos de una proteína define su estructura primaria. Pero de los patrones espaciales que adoptan estas cadenas surgen las estructuras secundaria y terciaria. Es más, varias cadenas proteínicas se pueden agrupar en una estructura cuaternaria particular. Esta estructura multinivel garantiza la especificidad de cada proteína para desarrollar una función biológica determinada. Se dice que una proteína se desnaturaliza cuando pierde su particular estructura parcial o totalmente como ocurre, por ejemplo, por la acción del calor.

Los hidratos de carbono

Los hidratos de carbono, o carbohidratos, son biomoléculas constituidas por cadenas de carbono y otros grupos funcionales como el grupo hidroxilo, formado por un átomo de oxígeno y otro de hidrógeno. Ciertamente, su nombre no debería hacer referencia al agua y por eso se conocen también como glúcidos o sacáridos. Su función principal es la del almacenamiento de energía.

Existen cuatro tipos diferentes de hidratos de carbono biológicamente relevantes:

a) Monosacáridos. Son azúcares simples formados por pequeñas cadenas de átomos de carbono como la glucosa, formada por seis átomos, que todas las células emplean como fuente de energía. Son las piezas —monómeros— con las que se construye el resto de los carbohidratos.

b) Disacáridos. Son uniones de dos monosacáridos como la sacarosa o la lactosa. Muchas células pueden degradar estas moléculas en monosacáridos de los que extraen energía.

c) Oligosacáridos. Reciben este nombre los azúcares formados por unas pocas decenas de monosacáridos. Algunos de esos monosacáridos tienen grupos funcionales que confieren propiedades muy específicas a los oligosacáridos de los que forman parte como, por citar un caso, funciones de reconocimiento o señalización en las membranas celulares.

d) Polisacáridos. Son verdaderas macromoléculas formadas por centenares de monómeros. Por ejemplo, el glucógeno y el almidón pueden contener más de cien mil monómeros de glucosa y resultan ser el almacén de energía preferido de las células animales y vegetales, respectivamente.

Los lípidos

Los lípidos son cadenas de hidrocarburos insolubles en agua. Debido a sus enlaces químicos no pueden considerarse auténticos polímeros, pero sí son macromoléculas formadas por lípidos simples. Hay diferentes tipos que cumplen funciones harto diversas: las grasas y los aceites almacenan energía, los fosfolípidos forman las membranas celulares, los carotenoides atrapan la energía luminosa, algunos esteroides funcionan como mensajeros químicos, es decir, como hormonas, por citar varios ejemplos.

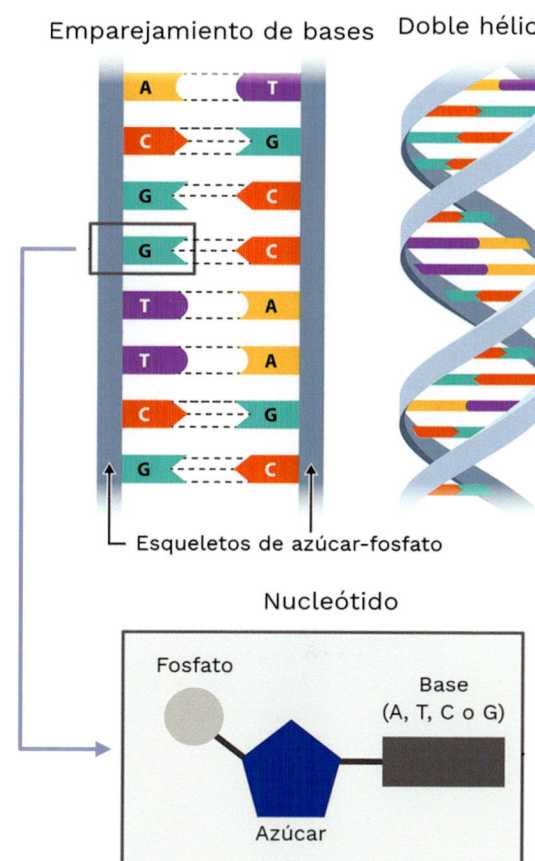

Emparejamiento de bases   Doble hélice

Esqueletos de azúcar-fosfato

Nucleótido

Fosfato

Base (A, T, C o G)

Azúcar

Los ácidos nucleicos

Los ácidos nucleicos son las moléculas orgánicas que almacenan y transmiten la información genética de los organismos vivos dirigiendo y controlando la síntesis de proteínas. Fueron descubiertos, en 1869, por el biólogo suizo Johan Friedrich Miescher (1844-1895) en el interior del núcleo de las células. Están formados por miles de monómeros, denominados nucleótidos, que, a modo de eslabones, forman cadenas helicoidales larguísimas de una o dos ramas.

A su vez, los nucleótidos están constituidos por tres moléculas más pequeñas: una pentosa, un grupo fosfato y una base nitrogenada. La pentosa es un monosacárido de cinco átomos de carbono. El ácido nucleico formado por la pentosa desoxirribosa se denomina ácido desoxirribonucleico (ADN o DNA) y el ácido nucleico formado por ribosa se denomina ácido ribonucleico (ARN o RNA). Ambas pentosas son parecidas —solo difieren en un átomo de oxígeno— y, sin embargo, sus propiedades son totalmente diferentes. Las bases nitrogenadas de los nucleótidos del ADN —o ribonucleótidos— son adenina (A), guanina (G), citosina (C) o timina (T), mientras que las bases de los nucleótidos del ARN —o desoxirribonucleótidos— pueden ser adenina, guanina, citosina o uracilo (U).

Pese a esta composición tan similar, el ADN y el ARN tienen propiedades y estructuras muy diferentes. El ADN se presenta en dos hélices que corren en sentidos opuestos en tanto que el ARN suele ser una cadena simple, aunque algunos segmentos pueden aparecer emparejados. Para formar la doble hélice del ADN, la adenina de una cadena y la timina de la otra cadena, por un lado, y la citosina de una cadena y la guanina de la otra cadena, por otro, se unen entre sí mediante puentes de hidrógeno; deberíamos recordar estas parejas: A-T y C-G.

Por su parte, en el ARN podemos encontrar segmentos de dobles cadenas cuando la adenina y el uracilo, por un lado, y la citosina y la guanina, por otro, se emparejan. En forma simbólica lo expresamos así: A-U y C-G.

En la reproducción, la información genética pasa del ADN del progenitor al ADN de la progenie, si bien en la síntesis de proteínas la información pasa del ADN al ARN y de este a las proteínas. En este caso la adenina del ADN es reemplazada en el ARN por el uracilo. Una retahíla particular de bases es la que hace que el ADN, a través del ARN llamado mensajero (o ARNm), codifique una proteína u otra. Cada secuencia de tres nucleótidos, denominada codón, especifica uno de los veinte aminoácidos que componen las proteínas y, por tanto, una secuencia de codones determinará la construcción de una proteína u otra. Esa veintena de aminoácidos es un denominador común de cualquier ser vivo, al menos, de las criaturas terrestres.

El ADN contiene la mayor parte de la información genética. Los organismos más simples tienen una única molécula larga de ADN circular unida a una serie de proteínas a la que se le da el nombre de cromosoma. Los organismos más complejos tienen más. El hombre, por ejemplo, tiene 23 pares de cromosomas. Y un gen es una secuencia de varios miles de nucleótidos en una localización particular del cromosoma, denominada locus, que codifica una característica muy determinada. Normalmente, el ADN se encuentra disuelto en el interior de la célula en un modo que recibe el nombre de cromatina, y es en el momento de la división celular cuando se materializa formando los cromosomas.

La célula

La membrana celular

Morfológicamente hablando, lo que determina una célula es la existencia de una membrana a modo de pared que la separa del medio que la rodea, al mismo tiempo que sirve de puerta de comunicación con el exterior. Recibe muchos nombres; a saber: membrana citoplasmática, membrana celular, membrana plasmática, citolema, ectoplasto o plasmalema. Su función más importante es la de servir de cubierta protectora de la célula y controlar el intercambio de sustancias con el exterior gracias a su permeabilidad selectiva.

Rosalind Elsie Franklin

En 1962, Francis Crick, James Watson y Maurice Wilkins recibieron el premio Nobel de Medicina por sus descubrimientos sobre la estructura molecular de los ácidos nucleicos y su implicación en la transferencia de la información genética.

¿Se lo merecían? Sí, por supuesto. Pero no solo ellos lo habían merecido.

Como no se puede conceder el premio Nobel a título póstumo, la química británica Rosalind Elsie Franklin (1920-1958) quedó excluida del mismo. Sus biógrafos coinciden en señalar que la descripción del ADN habría sido imposible sin los trabajos cristalográficos de Franklin de comienzos de la década de 1950, consistentes en tomar imágenes de ADN por difracción de rayos X que indicaban una estructura helicoidal.

Con solo 37 años, la doctora Franklin falleció en Londres, en 1958, a causa de un cáncer.

Generalmente, todas las membranas biológicas tienen una estructura bicapa formada por fosfolípidos. El grupo funcional fosfato de esta clase de lípidos atrae las moléculas de agua (es hidrófilo) mientras que las dos colas grasas de las que también se componen tienden a repeler el agua (son hidrófobas). Gracias a esta disposición, una estructura de dos capas de fosfolípidos de forma esférica es la ideal para separar el medio acuoso del interior celular, por una parte, del medio acuoso exterior, por otra. La membrana tiene un espesor típico de una centésima de micra y forma vesículas esferoidales de una a cien micras de diámetro, como se verá más adelante.

Algunas células (de bacterias, arqueas, algas, hongos o plantas) cuentan con una segunda estructura más externa denominada pared celular que no hay que confundir con la membrana celular. La primera da rigidez a la célula, mientras que la segunda envuelve y contiene su interior denominado protoplasma. Reciben el nombre de gimnocitos aquellas células que no cuentan con pared celular, como las de los animales.

El citoplasma

El citoplasma o hialoplasma consiste en una mezcla de iones, moléculas y macromoléculas diluidas en una sustancia acuosa —citosol— más unas cuantas inclusiones encargadas de realizar diversas funciones como los ribosomas, las vacuolas, las mitocondrias o los lisosomas, por citar algunos componentes citoplasmáticos. En el interior de la célula, el citoplasma se encuentra en continuo movimiento (o ciclosis) y de este modo los diversos componentes pueden interactuar unos con otros para llevar a cabo sus funciones. Es la suma del citoplasma y el núcleo —en aquellas células que lo tienen— lo que se denomina protoplasma.

El núcleo

A veces, en el citoplasma se localiza una segunda membrana, llamada carioteca, más o menos esférica, que contiene en su interior el material genético. Dicha estructura se denomina núcleo. Las células que presentan uno o más núcleos se denominan eucariotas y las que carecen de

Introducción

núcleo son procariotas. Evolutivamente hablando las células procariotas preceden a las eucariotas, al menos, en mil millones de años, así que cabría preguntarse por qué las células «buenas» (eso es lo que significa el prefijo griego eu-) son las nucleadas.

¿Quiere decirse, entonces, que las células procariotas no tienen genes? No. Lo que se quiere indicar es que en las células eucariotas la mayor parte del material genético se encuentra rodeado de una membrana que da lugar al núcleo de la célula, en tanto que las células procariotas empaquetan sus genes —normalmente formando un solo cromosoma circular— de manera diferente y, aunque se puedan localizar en una parte concreta del citoplasma denominada nucleoide, nunca los encontraremos rodeados de una membrana.

El interior del núcleo se compone de un medio acuoso viscoso semejante al citoplasma, denominado nucleoplasma, hialoplasma nuclear o carioplasma, que contiene la cromatina y el nucleolo. La cromatina es una mezcla de ADN y proteínas, al tiempo que el nucleolo es una zona particular que contiene fibras de ARN.

Reproducción celular

La reproducción de la mayoría de las células procariotas consiste en la replicación de una célula que es una copia o clon de la célula madre. El doble anillo helicoidal de ADN se parte y se separa en dos dejando expuestas las bases nitrogenadas. Una serie de nucleótidos libres del nucleoide se unen a las bases expuestas buscando la base complementaria correspondiente. De este modo se generan dos nuevas dobles hélices, en teoría, semejantes a la primera. A continuación, se lleva a cabo la escisión de la membrana —citocinesis o citoquinesis— que divide en dos el material citoplasmático. Este tipo de reproducción asexual se denomina bipartición.

Pero también puede darse la transferencia de material genético entre dos procariontes a través del denominado tubo de conjugación, una especie de puente que une los dos microorganismos.

Hematíes, leucocitos y plaquetas

En la sangre de los vertebrados encontramos un buen ejemplo de células eucariotas y procariotas.

Los eritrocitos, glóbulos rojos o hematíes (a la izquierda de la imagen) son células sin núcleo. Los leucocitos o glóbulos blancos (a la derecha) son células con núcleo y los trombocitos (en el centro), en realidad, son fragmentos del citoplasma de sus progenitores: los megacariocitos. (Y los megacariocitos son células con muchos núcleos o multinucleadas).

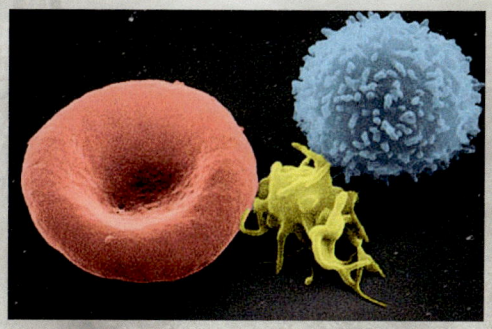

La bipartición

Los organismos procariontes se caracterizan por tener un único cromosoma circular. Existe una parte concreta en ese cromosoma que es el origen de la replicación. A partir de ese punto la cadena se parte en dos. Observada al microscopio aparece la típica forma de un ojo o burbuja de replicación que aumenta de tamaño progresivamente.

Una vez que la replicación se muestra como un diámetro del cromosoma circular, este se termina partiendo y, finalmente, se diferencian claramente dos cromosomas circulares.

Cada uno de esos cromosomas se ancla a extremos opuestos de la membrana celular. Entonces la célula se alarga hasta alcanzar casi el doble de su tamaño original. Después la membrana se estrangula y cada una de las mitades se separa hasta que termina partiéndose en dos. Cada una de estas mitades alberga uno de los cromosomas.

La cadena circular de ADN de uno de ellos se parte y un fragmento pasa a través de dicho tubo hasta el citoplasma del receptor donde se recombina con su ADN. Posteriormente, el receptor se divide de forma similar a la descrita en el párrafo anterior. Denominada conjugación bacteriana, este tipo de reproducción se considera el símil procarionte del apareamiento.

En las células eucariotas, unas proteínas llamadas histonas ayudan a empaquetar el ADN. Piénsese que, en los seres más evolucionados como los humanos, la doble hélice tendría una longitud de cuatro metros y no cabría en el interior de la célula. No obstante, las histonas actúan como un carrete en torno al cual se enrollan las largas cadenas de ADN. Gracias a las histonas, el ADN cabe dentro de un núcleo de unas pocas micras de diámetro. Es la unión del ADN y de las histonas lo que denominamos cromosomas.

Por su parte, en una célula eucariota, antes de proceder a la citocinesis, se debe realizar la división del núcleo. Este proceso se denomina mitosis y comprende tanto la replicación del material genético como la partición del núcleo en dos partes iguales. En el caso de que no se produzca la citocinesis, aparecería una célula con dos núcleos. Estas células multinucleadas se denominan cenocitos y se encuentran en muchas criaturas.

Una vez visto, *grosso modo*, cómo se transmite de padres a hijos el código genético en los diferentes tipos de células, veamos lo más importante: para qué sirve ese código. Empleando el lenguaje propio de la informática, el código genético es un auténtico *software* —programa— con las instrucciones necesarias para sintetizar proteínas. Y las proteínas realizan tanto funciones estructurales como fisiológicas que, a la postre, están definiendo el individuo. El ADN, además de ser el legado de los progenitores, marca todo el estilo de vida de una especie.

Estas reacciones se llevan a cabo en los ribosomas de la célula con la participación del ácido ribonucleico ribosómico —o ARNr— y el ácido ribonucleico que lleva los aminoácidos que formarán las proteínas denominado ARN de transferencia —ARNt—. Recuerde que, en el caso de las células eucariotas, el ADN está contenido dentro del núcleo y es el ARNm el que sale en busca de los ribosomas que están en el citoplasma. Obsérvese, asimismo, que los ARN ribosómicos y de transferencia son comunes a todos los organismos, al tiempo que el ARN mensajero es específico de cada individuo dado que es una copia de su particular ADN (con la sustitución de la timina por el uracilo).

Cuando el ARN no participa en la síntesis de proteínas permanece separado en dos partes: una grande y otra pequeña. Son precisamente las diferencias en la composición de la pequeña subunidad del ácido ribonucleico ribosómico las que sirven para definir las grandes clases o dominios de seres vivos existentes.

Tipología celular

Respecto a las formas celulares, dada la enorme variabilidad, es imposible generalizar. En los protozoos, las células suelen tener una forma más o menos esférica y generalmente están dotadas de algún mecanismo de movimiento como cilios o flagelos, si bien en los metazoos son más o menos prismáticas y forman parte de los tejidos. Pero hay infinidad de excepciones y existen células alargadas, estrelladas, ameboides (es decir, sin una forma estable), etc.

En general, existen tres formas básicas: los cocos son esféricos, los bacilos son alargados y los espirilos son mucho más alargados y delgados que los bacilos y aparecen enrollados en forma helicoidal. Excepcionalmente, algunos organismos tienen formas geométricas siendo las más comunes la tetraédrica y la cúbica.

En cuanto a su tamaño, las células procariotas pueden ser hasta diez veces más pequeñas que las eucariotas. Una bacteria, por ejemplo, suele tener un tamaño comprendido entre unas décimas de micra y unas pocas micras, mientras que el tamaño de las células procariotas suele ser de unas pocas decenas de micras. Recordemos que una micra o micrómetro es la milésima parte del milímetro.

Los ribosomas

Los orgánulos del citoplasma que llamamos ribosomas no son otra cosa que complejos macromoleculares de ARN ribosómico y muchas proteínas, agrupados en un volumen redondeado con un diámetro aproximado de 30 milésimas de micra.

En la estructura del ARNr se distinguen dos partes: la subunidad grande con varias moléculas de ARN y la pequeña subunidad con solo una molécula.

El ARNr debería ser el mismo en todas las criaturas. Las diferencias observadas en la pequeña subunidad sirven para dividir en grandes grupos los seres vivos: las **bacterias** poseen un bucle entre las posiciones 500 y 545; las **arqueas** tienen una estructura única, ya sea entre las posiciones 180 y 197, ya sea entre las posiciones 405 y 498, y los organismos **eucariontes** difieren de arqueas y bacterias entre las posiciones 585 y 655.

Metabolismo celular

Para crecer y multiplicarse en un hábitat concreto, un organismo necesita dos cosas: moléculas mediante las cuales construir sus estructuras y energía para llevar a cabo ese trabajo. Por eso, podemos aproximarnos a un tema tan tan complejo como es el metabolismo celular desde tres puntos de vista: el ambiente, los nutrientes y la energía. Y como la química de la vida se identifica con la química del carbono, la búsqueda de nutrientes que todo organismo necesita para sustentarse se convierte —sobre todo, mas no exclusivamente— en la búsqueda de un medio del cual obtener átomos de carbono.

Según la cantidad de oxígeno presente en el ambiente en el que se desenvuelve la vida de un organismo, este realizará un metabolismo aerobio, en presencia de oxígeno, o anaerobio, sin oxígeno. Cuando surgió la vida, todos los organismos eran anaerobios, pues se cree que la vida comenzó en ambientes sin oxígeno —anóxicos—. Con el tiempo, aparecieron los primeros organismos aerotolerantes que podían «soportar» el oxígeno y otros facultativos que tenían la posibilidad de «elegir» qué tipo de metabolismo realizar hasta que, finalmente, aparecerían las primeras criaturas aerobias que medraban en hábitats ricos en oxígeno —óxicos—.

Por la fuente de carbono utilizada, los organismos se clasifican en autótrofos y heterótrofos. Cuando el dióxido de carbono es la principal fuente de carbono, las células son autótrofas y se dice que son heterótrofas si precisan de una gama de compuestos orgánicos. En los organismos autótrofos hay una clara diferencia entre la fuente de energía y la materia prima, si bien en los heterótrofos no hay tal separación. Dicho de otra manera, los autótrofos realizan su metabolismo exclusivamente mediante materia inorgánica y una fuente de energía, en tanto que los heterótrofos viven de materia orgánica previamente conformada por otros seres vivos.

Asimismo, atendiendo a la fuente de energía primordial de la que hacen uso se distingue entre organismos fotótrofos y quimiótrofos, según que obtengan la energía de la luz o de diferentes compuestos químicos, respectivamente. Como recordará, la principal moneda de intercambio energético celular es el trifosfato de adenosina o ATP. El organismo fotótrofo, gracias a unos pigmentos especiales que posee, es capaz de almacenar la energía solar en forma de ATP, mientras que el quimiótrofo obtiene la energía por oxidación de un compuesto determinado y la almacena en las moléculas de ATP. Además, si ese compuesto es orgánico como, por ejemplo, la glucosa, se denominan quimioorganótrofos y si es inorgánico, como el dióxido de carbono, quimiolitótrofos.

Este es el motivo por el cual los biólogos clasifican los organismos vivos en fotoautótrofos (o también fotolitótrofos), como la mayoría de las plantas; fotoheterótrofos (o fotoorganótrofos), como las plantas insectívoras; quimioautótrofos (o quimiolitótrofos), como la mayoría de los procariontes, y quimioheterótrofos (o quimioorganótrofos), como la totalidad de los animales.

Evolución por selección natural

Hemos visto cómo la biología se basa en la teoría celular. Otra teoría fundadora de «nuestra» biología es la teoría de la evolución por selección natural. Pero ¿qué es la selección natural?

Un nuevo organismo hereda las características de sus progenitores que en la reproducción se transmiten mediante la información genética. Ocasionalmente, en el proceso, se producen pequeños cambios, denominados mutaciones, que pueden suponer una ventaja, un hándicap o resultar neutras para el nuevo organismo.

Cuando en un medioambiente determinado esas nuevas cualidades suponen un pequeño incremento en la capacidad de supervivencia y en la probabilidad de reproducirse, se facilita la distribución de dichos rasgos entre la población de esa especie.

Pongamos un ejemplo. Si la caza no estuviera controlada, los ciervos con cornamentas más grandes serían los primeros objetivos de los cazadores. Los machos con astas más pequeñas

Clasificación nutricional de los seres vivos

Como resumen, convendría recordar las siguientes cuatro categorías nutricionales en las que se suelen dividir los organismos vivos:

1. **Fotoautótrofos**. Su fuente de energía es la luz y su principal fuente de carbono es el dióxido de carbono. Se conocen también como fotolitótrofos.

2. **Fotoheterótrofos**. Su fuente de energía es la luz y obtienen el carbono de diferentes compuestos orgánicos. Se denominan también fotoorganótrofos.

3. **Quimioautótrofos**. Su fuente de energía son sustancias inorgánicas. Su fuente de carbono es el dióxido de carbono. También se les llama quimiolitótrofos.

4. **Quimioheterótrofos**. Tanto su fuente de energía como de carbono son sustancias orgánicas. Asimismo, se conocen también como quimioorganótrofos.

En general, se denomina taxonomía cualquier intento de establecer reglas que ayuden a la clasificación de todo lo que podamos imaginar: animales, plantas, nubes, libros, prendas de vestir, etc. Pero solo algunos de esos esfuerzos taxonómicos conducen a una clasificación jerárquica. La clasificación de los seres vivos es uno de ellos.

En biología, se entiende por taxonomía la ciencia que se encarga de dar nombre a los organismos vivos y de colocarlos en categorías sobre la base de sus relaciones evolutivas.

Las categorías principales, de mayor a menor relevancia jerárquica, son: dominio, reino, filo, clase, orden, familia, género y especie. Varias especies constituyen un género, varios géneros forman una familia…, y así sucesivamente. En general, podemos referirnos a cada una de esas categorías con la palabra «taxón».

tendrían mayores posibilidades de escapar y, por tanto, de reproducirse y las mutaciones que produjeran cornamentas menores, a la larga, serían las que prosperarían.

Es la actuación conjunta de las mutaciones aleatorias y de las cambiantes condiciones del entorno natural lo que posibilita la evolución de las especies. Como a la postre, quien decide si una mutación es positiva o negativa es el medio, esta teoría recibe el nombre de evolución por selección natural.

El árbol de la vida

Supongamos por un momento que a alguien se le ocurre clasificar los animales por el número de patas. Habría un primer grupo de dos patas entre los que se encontraría el ser humano, los pájaros e incluso los canguros (¿por qué no?). Otro grupo lo formarían los animales de cuatro extremidades, con innumerables ejemplos. Entre los animales de seis patas incluiríamos a todos los insectos; con ocho, los arácnidos; con diez, las gambas, etc. Sería una taxonomía bastante rudimentaria, desde luego, empero una clasificación, al fin y al cabo.

Con todo, la taxonomía moderna busca algo más que una mera clasificación. Está basada en principios evolutivos que tratan de poner al descubierto las relaciones filogenéticas entre los seres vivos. Este tipo de taxonomía suele llamarse sistemática.

Esa clasificación arbitraria por el número de extremidades difícilmente se podría dibujar con apariencia de árbol (en cualquier caso, se podría representar mediante un esquema). Una clasificación sistemática que ponga al descubierto la historia evolutiva de los seres vivos sí se puede plasmar en una especie de árbol genealógico. Un rápido y breve recorrido por la historia ayudará a comprender mejor este concepto.

El primer naturalista del que tenemos constancia fue Aristóteles (384 a.C.-322 a.C.). En el campo de la biología, clasificó y describió más de 500 especies, estableciendo categorías e introduciendo la nomenclatura binomial a través de lo que el sabio griego denominó género y diferencia y que hoy podríamos identificar con el género y la especie de las modernas clasificaciones taxonómicas. No en balde, se le considera el padre de la biología.

Posteriormente, el filósofo sirio Porfirio (232-304), estudiando las categorías aristotélicas, sentó las bases del nominalismo o particularismo filosófico. Y tuvo la intuición de utilizar diagramas con la silueta de un árbol para representar las relaciones de dependencia entre los conceptos. Se podría decir que el Árbol de Porfirio y el particularismo como oposición al universalismo son los antecedentes de las actuales jerarquías de taxones.

Pero indudablemente el verdadero padre de la taxonomía moderna fue el naturalista sueco Carlos Linneo (1707-1778) no porque inventara la nomenclatura binomial o la clasificación jerárquica —que ya se venían utilizando— sino porque con su reconocida autoridad científica logró que se aceptase universalmente este sistema de clasificación y denominación.

En un principio se definieron cuatro niveles: clase, orden, género y especie. En el sistema binomial, un organismo se denomina por medio de dos palabras que se corresponden con el género y la especie. La Real Academia Española nos recuerda escribir en cursiva el nombre científico de un organismo, con mayúscula el primer componente y con minúscula el segundo miembro. También nos advierte escribir con mayúscula los nombres latinos que designan los niveles superiores, mas en minúscula si optamos por la versión española.

El primer árbol de la vida se debe al naturalista inglés Charles Darwin quien en su conocido *On the Origin of Species* (El origen de las especies), de 1859, plasmó una versión de lo que él denominó *the great Tree of Life* (el gran Árbol de la Vida). Aunque probablemente la primera versión del árbol de la vida se encuentre en uno de sus cuadernos de notas de 1837 cuya página se reproduce a la derecha. Lo que Darwin quería expresar con esa representación gráfica era que

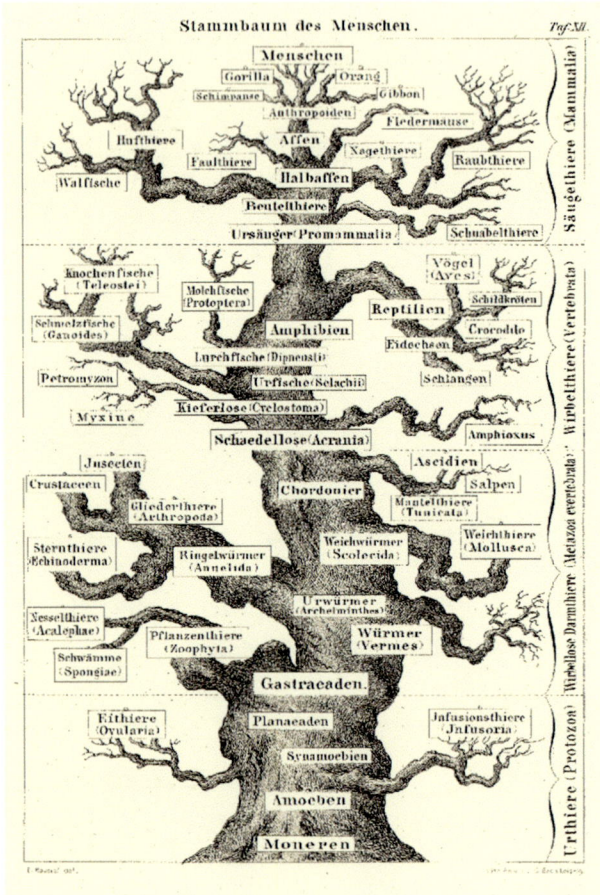

las especies se han ido especializando y diversificando lenta y gradualmente, tal y como sugieren las ramas de un árbol.

Sucedieron al científico sueco otros grandes naturalistas mejores taxonomistas, si cabe, que el propio Linneo, como el científico francés Jean-Baptiste Lamarck (1744-1829) o el alemán Ernst Haeckel. Fue este último quien, en 1866, publicó el primer árbol de la vida con un carácter eminentemente filogenético, a modo de historia evolutiva, a cuyas ramas asignó un nombre bien definido en su obra *Generelle Morphologie der Organismen* (Morfología general de los organismos).

Posteriormente, en 1874, en su obra *Anthropogenie* (Antropogénesis) sobre el origen y la evolución del hombre, publicó un segundo árbol de la vida —que se reproduce a la izquierda— en el que destacaba una rama central más alta como culmen de la evolución y en la que figuraba, claro está, el ser humano (*Menschen*). Con dicha representación Haeckel enmarcaba la historia evolutiva del ser humano en el conjunto de las especies.

Pero el árbol de la vida es algo más que una simple representación artística de un conjunto de seres vivos. En primer lugar, es una forma de relacionar las diferentes especies estableciendo una dependencia evolutiva entre ellas. En segundo lugar, enseña una historia de un modo similar a cómo un árbol genealógico lo hace. Por último —y esto es algo de crucial importancia—, muestra que todos los seres vivos provienen, en última instancia, de un ser vivo común ancestral.

En efecto, el tronco o la raíz de ese árbol sería aquel organismo del cual evolucionaron el resto. Los científicos designan dicho organismo con el anagrama LUCA de las palabras inglesas *last universal common ancestor* (último antepasado común universal). Esta idea fue propuesta, en 1859, por Darwin en su *Origen de las especies*. Ahí decía: «debo inferir la analogía de que probablemente todos los seres orgánicos que han vivido en esta tierra han descendido de una forma primordial, en la que la vida respiraba primero».

Desde entonces, son numerosos los diferentes árboles evolutivos que han ido apareciendo cada vez más precisos e incluso, en este momento, existe una versión digital denominada *Open Tree of Life* (Árbol abierto de la vida) con más de dos millones de especies ordenadas evolutiva y jerárquicamente.

En todo caso, es importante tener presente que el árbol de la vida es, nunca mejor dicho, un árbol vivo. Y no solo porque esté en continuo crecimiento al incorporar nuevas ramas (especies) a medida que se descubren, sino porque continuamente se están reordenando y reclasificando sus partes conforme los análisis de ADN revelan la verdadera dependencia de sus vástagos.

Un árbol de la vida consta de diversas ramas. El punto de partida de una rama se denomina nodo. El nodo se identifica con el antepasado común que comparten todas las ramas que nacen en él, y el conjunto de todas esas ramas se denomina clado.

Los árboles filogenéticos pretenden mostrar las relaciones evolutivas entre los diferentes organismos, a tal efecto pueden incluir una escala temporal. En el caso de incluirla, la longitud de las ramas depende del momento en el que se derivaron las mutaciones. En el caso de no incluirla, la longitud de las ramas no deja de ser un aspecto estético y solo implica momentos relativos de divergencia.

De igual forma, la posición relativa de los taxones es arbitraria, pues todas las ramas pueden rotarse alrededor de un nodo sin que cambie el significado filogenético del árbol.

Los árboles pueden ser monofiléticos o parafiléticos. Cuando un clado contiene todos los descendientes del nodo de partida de la rama estamos ante un árbol monofilético. Un taxón parafilético designa una «zona» del árbol, no todas las ramas a partir de un nodo.

Wendell Stanley

Muchos son los nombres que aparecen en la historia del descubrimiento de los virus: Adolf Mayer, Dimitri Ivanovski, Martinus Beijerinck, Friedrich Loeffler, Frederick Twort…, quienes contribuyeron de una forma u otra a desvelar la verdadera naturaleza de los virus.

En dicho campo, los primeros científicos reconocidos por las instituciones suecas, en 1946, fueron los estadounidenses John Northrop y Wendell Stanley.

Stanley había acompañado a su amigo Severo Ochoa (que junto a Santiago Ramón y Cajal son los dos únicos españoles galardonados con un Premio Nobel de ciencias) a un congreso que se celebraba en Barcelona. Después pasó por la Universidad de Salamanca para impartir una conferencia y, el 15 de junio de 1971, en el Colegio Arzobispo Fonseca donde se alojaba, sufrió un infarto de miocardio que le causó la muerte.

Los virus

Una cáscara de proteínas que envuelve unos pocos genes: eso es un virus. La mayoría de los científicos no piensan que los virus sean estructuras biológicas vivas, aunque sí creen que están muy cerca de serlo. Todos los biólogos consideran que la célula es la unidad básica de la vida y, puesto que los virus no son células, deberíamos concluir que los virus no son una forma de vida. Los virus necesitan de una célula hospedadora para reproducirse, permaneciendo inertes cuando están fuera de ella por lo que se consideran estructuras orgánicas parásitas acelulares, pero no organismos vivos.

En la década de 1880, el alemán Adolf Mayer (1843-1942) y el neerlandés Martinus Beijerinck (1851-1931) intentaron averiguar qué estaba asolando las plantaciones de tabaco de los Países Bajos. Beijerinck recurrió al término «virus» (que en latín significa 'veneno') para referirse al «fluido vivo y contagioso» que había aislado e identificado como causante de la plaga.

En 1935, el bioquímico estadounidense Wendell Stanley (1904-1971) publicó los asombrosos resultados de un experimento en el que filtraba, aislaba y cristalizaba el virus del mosaico del tabaco y, meses después, lo resucitaba añadiéndole agua. «Se sabe lo suficiente sobre la materia, organizada y desorganizada, para asegurarnos que puede haber cosas entre el cielo y la tierra que no estén tan vivas como una anguila o tan muertas como una roca», señalaba el neoyorquino diario *Times* al hacerse eco del experimento, y añadía: «A la luz del descubrimiento del doctor Stanley, la vieja distinción entre vivo y muerto pierde parte de su validez».

Veamos el caso concreto de un virus. *Zaire ebolavirus* es el causante del conocido y temido ébola, una fiebre hemorrágica mortal en más de la mitad de los casos, para la cual no existe todavía un tratamiento específico. Se descubrió por primera vez, en 1976, en los alrededores del río Ébola, en la República Democrática del Congo. Se contagia por contacto directo con personas infectadas o animales portadores, como los murciélagos frugívoros *Pteropodidae*, hospedadores naturales de este virus.

La cáscara, denominada cápside, está formada por una glicoproteína con la apariencia de un tubo de unos $80 \cdot 10^{-9}$ m de diámetro y una longitud varias decenas de veces mayor (ver imagen adjunta); dentro se encuentran unas cuantas moléculas de ARN. Para reproducirse, descarga el ácido nucleico en el interior de una célula hospedadora; utilizando los mecanismos de replicación del ADN y de síntesis de proteínas de la célula hospedadora se forman nuevos virus en su interior; estos nuevos virus rompen la membrana celular e irrumpen en el exterior dispuestos a parasitar nuevas células.

En cualquier caso, está comúnmente aceptado referirse al virus inactivo como «muerto» y al virus que ha infestado un organismo como «vivo», siempre que comprendamos el sentido de estas palabras.

El Comité Internacional de Taxonomía de Virus, más conocido por sus siglas en inglés ICTV, agrupa los virus en cuatro grandes grupos o dominios (*Riboviria*, *Duplodnaviria*, *Varidnaviria* y *Monodnaviria*) que se subdividen, a su vez, en nueve reinos y muchos más filos, clases, órdenes, etc., con criterios filogenéticos similares a los que subyacen en el árbol de la vida.

Pese a este claro paralelismo con el resto de los organismos vivos, el árbol de los virus nunca se incluye como una parte del árbol de la vida. En todo caso, podría ser un árbol que crece al lado, mas nunca como ramas que parten de ese tronco común denominado LUCA.

Evolutivamente hablando, no se debe pensar en los virus como algo a mitad de camino entre lo inerte y lo vivo. Las primeras bacterias procariontes no evolucionaron de los virus. Solo hay que pensar que un virus necesita alojarse en una célula viva. No sabemos qué fue primero, si el huevo o la gallina, empero en este caso podemos estar seguros de que primero fueron los procariontes y luego los virus.

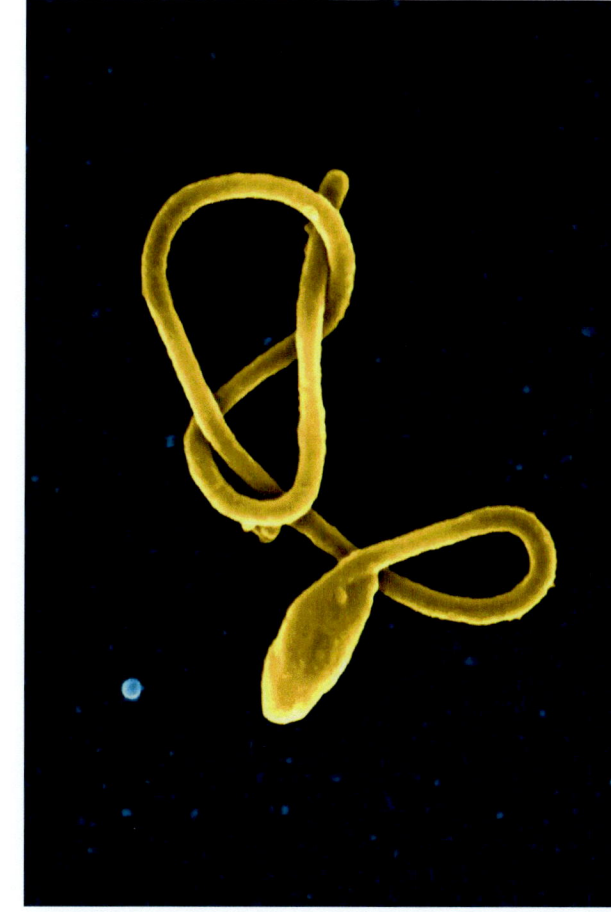

Hace unos 4.500 millones de años se formó el sistema solar y con él, claro está, también la Tierra. Recién formado, dadas las condiciones verdaderamente infernales reinantes, nuestro planeta no podía albergar ninguna forma de vida. Desde el punto de vista geológico ese periodo inicial se denomina Hádico, nombre que hace referencia al inframundo de la mitología griega.

Comprende el periodo inicial de formación de la corteza terrestre y de la atmósfera, una corteza y una atmósfera que en nada se parecían a las actuales. Durante el eón hádico eran frecuentes los impactos de asteroides, cometas y meteoritos y se cree que gracias al aporte de agua de estos objetos pudo formarse, posteriormente, la hidrosfera.

Asimismo, los científicos piensan que la vida no tardó mucho en aparecer; «tan solo» debieron de ser necesarios unos pocos cientos de millones de años para que las condiciones fueran compatibles con la vida. El final del eón se hace coincidir con el último bombardeo intenso de asteroides del que se tiene constancia, hace unos 3.800 millones de años. Durante la segunda mitad del Hádico, probablemente, la vida apareció y fue aniquilada repetidas veces.

Hacia el final de este periodo podrían haber sobrevivido varias especies de seres vivos, evidentemente, todos minúsculos, lo que suele entenderse por microscópicos y, en alguna medida, con una estructura celular. No sabemos cuántas podrían existir, así que asignémosles un número de orden a cada una de ellas: 1, 2, 3…

Desconocemos cómo eran esos organismos, cuántas especies había y cuántos ejemplares había de cada una, pero sí sabemos que una de esas especies, digamos la especie número n, era muy semejante a las células actuales y contaba con varios ejemplares. Bauticemos a cada uno de esos ejemplares con las letras del alfabeto: A, B, C, etc. (Si hay más de veintisiete individuos, podemos asignarles un nombre compuesto: AA, AB, AC, etc., como las matrículas de los automóviles).

My name is Luka

Luka —escrito con «k» y no con «c»— es el título del éxito musical de 1987 que se incluía en el álbum *Solitude Standing* de la cantautora estadounidense Suzanne Vega.

En aquella época, no mucha gente se atrevía a denunciar los abusos infantiles. En este sentido, con esta canción, Suzanne Vega fue toda una pionera.

Las primeras estrofas dicen así: *«My name is Luka / I live on the second floor / I live upstairs from you / Yes I think you've seen me before / If you hear something late at night / Some kind of trouble, some kind of fight / Just don't ask me what it was…».*

('Mi nombre es Luka / vivo en el segundo piso / vivo encima de ti / Sí, creo que me has visto antes / Si oyes alguna cosa tarde, por la noche / Algún tipo de problema, algún tipo de pelea / Solo te pido que no me preguntes qué era eso…').

La historia vital

Si se leen con la prudencia debida, es bueno retener estos datos cronológicos sobre la historia de la vida. Probablemente, hace 4.250 millones de años surgió el primer organismo vivo. Y es igualmente admisible que desapareciera.

Seguramente, LUCA apareció hace 3.800 millones de años y, con el tiempo, divergió en una serie de organismos que agrupamos bajo el nombre de bacterias.

Relativamente «pocos» millones de años después debieron aparecer las arqueas, células procariotas como las bacterias, y hace menos de 2.000, las células con núcleo o eucariotas.

Hasta hace 1.000 millones de años, todos los organismos eran unicelulares y solo entonces aparecieron los organismos multicelulares o protozoarios, a partir de organismos eucariotas unicelulares conocidos como protistas.

A finales del Hádico, algunos individuos de la especie *n* se reproducirían (es una de las características de los seres vivos) y es muy probable que sus descendientes incorporaran alguna diferencia respecto a sus progenitores (también es propio de la vida). Supongamos que los individuos X, Y y Z de la especie *n* tuvieron unos descendientes diferentes de ellos mismos.

En sucesivas generaciones, los descendientes de algunos de esos ejemplares de la especie *n*, digamos del individuo X, dieron lugar a una serie de organismos que hemos agrupado bajo el nombre de bacterias, mientras que los descendientes del organismo Y, por decir algo, con el tiempo, darían lugar a toda una panoplia de organismos que llamamos arqueas y eucariotas, empero hay que advertir que las primeras células eucariotas aparecieron hace solo unos 2.000 millones de años.

Esa especie *n* se denomina LUCA. LUCA son las siglas de las palabras inglesas *Last Universal Common Ancestor* (último antepasado común universal). ¿Qué pasó con las otras especies, si las hubo? Sencillamente no prosperaron. No sabemos cuántas veces ni de cuántas maneras apareció la vida, pero sí estamos seguros de que una de esas formas —que denominamos LUCA— prosperó y que tenía una estructura y funcionamiento eminentemente celular —en el sentido que en la actualidad asignamos a esta palabra: una membrana envolviendo el citoplasma, ADN y ARN, proteínas formadas por una veintena de aminoácidos, etc.—. LUCA es el tronco común a partir del cual el árbol de la vida se diversificó en una intrincada maraña de ramas.

¿Y qué pasó con Z y con otras mutaciones como Z? Tampoco prosperaron. Con el tiempo solo prosperaron los descendientes de X o bacterias y de Y. Además, sabemos que el linaje Y se diversificó en arqueas y eucariotas. Son las tres ramas principales que crecieron del tronco común y que reciben el nombre genérico de dominio.

Con toda seguridad, la realidad no fue tan simple y se debieron de dar múltiples transferencias génicas laterales entre los linajes originarios enmarañando las relaciones filogenéticas, mas la

ciencia afirma que existe un ancestro común universal a todos los seres vivos y que todas las bacterias, por un lado, y todas las arqueas y eucariotas, por otro, comparten un mismo cenancestro.

Si hubo otros microorganismos con un metabolismo basado en diez aminoácidos, por decir algo, no prosperaron. Estamos tan seguros de la existencia de LUCA porque todas las formas de vida comparten la misma química, las mismas biomoléculas.

LUCA es el tronco común del que parten todas las ramas de la vida; es el directorio raíz de nuestro sistema jerárquico de archivos —o especies—.

LUCA

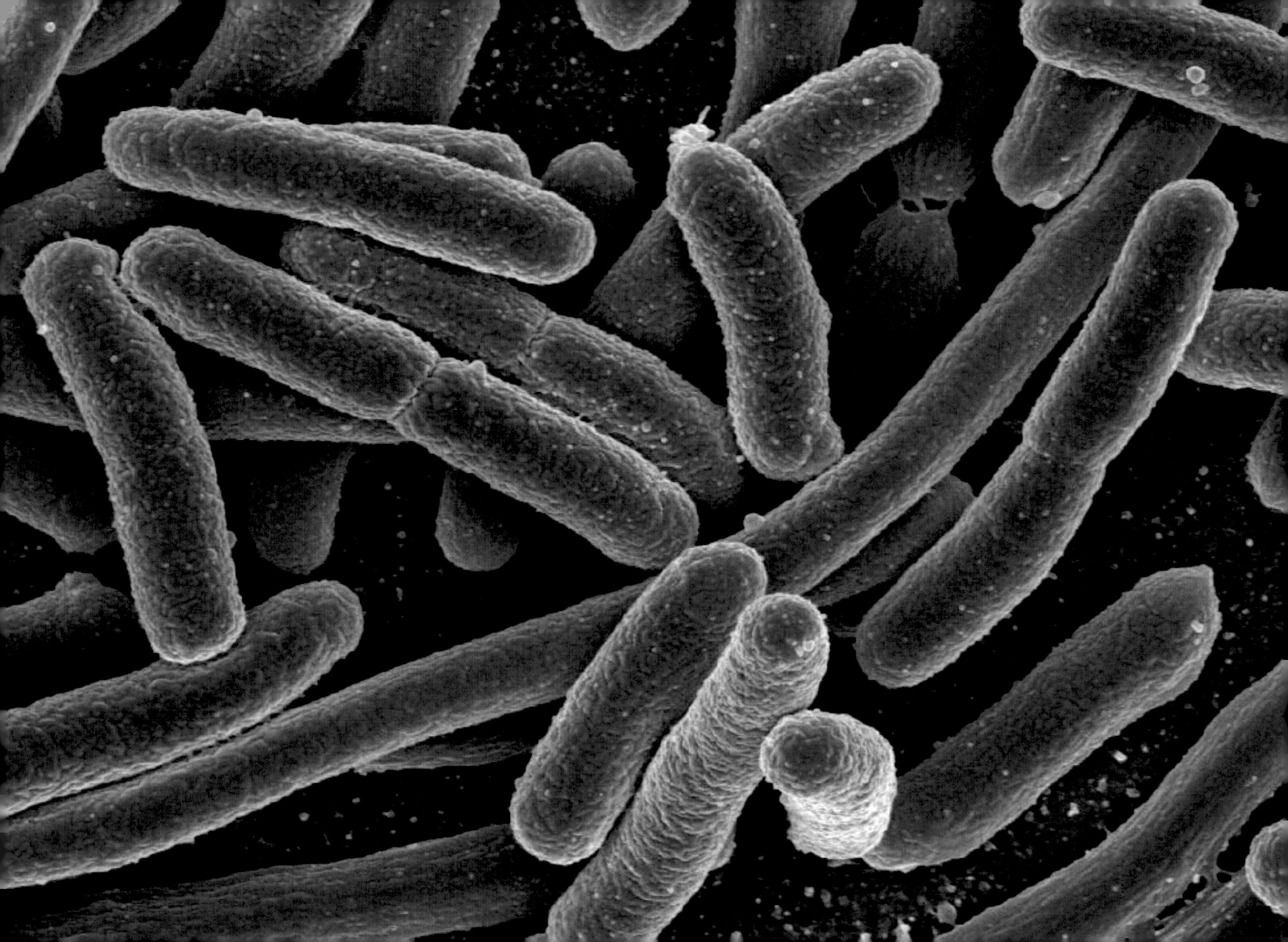

Las criaturas procariontes son células sin núcleo diferenciado que incluyen tanto bacterias como arqueas. Si tenemos en cuenta que existe un ancestro común a arqueas y eucariotas, los procariontes son un grupo parafilético ya que no está incluyendo a los organismos eucariontes.

No debemos asociar las palabras «procarionte» y «unicelular», pues, aunque son la excepción, se conocen organismos procariontes multicelulares. Lo que sí resulta muy normal es encontrar asociaciones celulares con el aspecto de cadenas conocidas como filamentos, pero esto no es multicelularidad y, en todo caso, son entidades con escasa diferenciación morfológica.

Pese a la simplicidad de su estructura, han prosperado en todos los ambientes imaginables e inimaginables de la Tierra (donde no hay oxígeno, a varios kilómetros de profundidad en las rocas de la corteza terrestre, dentro de otros organismos, libres en los océanos y hasta en las nubes) y han desarrollado las estrategias metabólicas más dispares.

En general, los procariontes desempeñan un papel clave en los ciclos del carbono, del nitrógeno y del azufre devolviendo inmensas cantidades de carbono a la atmósfera; fijando el nitrógeno para que otros organismos que consideramos superiores, como las plantas o los animales, lo utilizen más facilmente, retornando, también, azufre al ambiente.

Todos ellos captan los nutrientes disueltos en el medio a través de sus envolturas celulares, sin que se conozcan fenómenos de captación de partículas nutrientes mediante la formación de vacuolas digestivas (que, como veremos, sí lo hacen los organismos eucariontes).

Esa dependencia que la vida tiene, en general, de los procariontes se hace más manifiesta en el ser humano. Sin el revestimiento de bacterias y arqueas que viven en el intestino delgado, los seres humanos no seríamos capaces de asimilar los nutrientes: son esenciales para la salud. Y están tanto dentro como sobre nosotros.

Solo un pequeño porcentaje de los organimos procariontes conocidos causan enfermedades. Todos los organismos patógenos son bacterias; las arqueas no son gérmenes.

Escherichia coli

En la imagen de la izquierda se muestran unos cuantos individuos de la bacteria *Escherichia coli*. Se trata de todo un ejemplo de organismo procarionte y, sin duda, uno de los modelos más importantes de la biología. Desde 1945, la variedad con la que se trabaja más comúnmente en los laboratorios es la denominada cepa K-12 cuyo genoma (4377 genes) se secuenció en 1947.

Esta forma cilíndrica y alargada recibe el nombre de bacilo. Cada ejemplar mide casi una micra de longitud y tiene un diámetro unas cinco veces menor. Colocadas en fila, harían falta más de 1.000 bacterias para cubrir un milímetro de distancia.

Para su estudio, *E. coli* (cuando se sabe de qué se está hablando, es usual abreviar el género) se puede cultivar en suspensión en un medio nutriente líquido o en un entorno gelatinoso de polisacáridos denominado agar.

Mi casa el intestino

Había una bacteria llamada Flora y había otra llamada Bacter quienes eran grandes amigas. Su casa era el intestino de una señora llamada Karla, una señora muy golosa y juguetona que le gustaba mucho comer golosinas y mucha comida chatarra. Cierto día Karla comió de todo, tanto así que su estómago se alborotó. De pronto Flora y Bacter que estaban juntas cantando sintieron como si ocurriera un gran terremoto.

Todo se puso obscuro, después de unos pocos segundos Bacter abrió los ojos y se dio cuenta que se encontraba en otro lugar que no era su casa y que estaba apartado de su amiga.

Bacter muy enojado y furioso con su rostro enrojecido decide cavar las paredes del lugar y derrumbar la pared que le separaba de Flora, en ese momento del cuerpo de Bacter salen unas grandes lanzas con las cuales comienza a golpear y raspar las paredes del intestino, al mismo tiempo se escuchan unos fuertes gritos de dolor de Karla.

–¡AYYYY madre mía qué dolor, me muerooooooo! ¡Hija qué hago me duele la barriga! es como si alguien me mascara el intestino.

La hija muy asustada toma un vaso con yogurt y le pide a su mamá:

–Toma un poco, ¡¡¡seguro te hará bien!!!

Mientras tanto Lactus, una bacteria que se encuentra en el yogur, y que ayuda a proteger al intestino conversa con Bacter tratando de hacerle entender que eso que estaba haciendo causaba daño a su casa, el intestino, y provocaba mucho dolor a Karla. Después de una larga conversación, Lactus promete llevar a Bacter donde su amiga.

Bacter acepta la ayuda y después de un pequeño recorrido los dos amigos vuelven a encontrarse, dándose un fuerte abrazo.

Karla, ya más tranquila promete a su hija alimentarse mejor comiendo alimentos saludables.

Autoras: Liseth Morocho, Cristina Tigre, Elizabeth Orbe, Helen Apolo, Emily León, Natasha Saldaña de la unidad educativa Zoila Esperanza Palacio.

Cuento e ilustración extraídos de la publicación *DE LOS MÁS PEQUEÑOS A LOS DIMINUTOS DEL PLANETA. Cuentos bacterianos escritos por niños y niñas* editada por el Centro de Capacitación, Estudio y Difusión Niño a Niño de Ecuador.

Durante millones de años, las bacterias prosperaron solas. En cambio, los seres vivos que consideramos más evolucionados —los animales y las plantas—, serían incapaces de sobrevivir sin ellas.

Muchas colonias bacterianas, por ejemplo, conviven en el interior del intestino de los animales en una amigable y mutuamente beneficiosa endosimbiosis: las bacterias se nutren del alimento que pasa por el tracto digestivo mientras favorecen los procesos digestivos del hospedador.

Por otro lado, plantas y bacterias trabajan en perfecta sintonía en el denominado ciclo del nitrógeno. Pensemos en una proteína que contenga nitrógeno. ¿Cómo consigue la planta el nitrógeno necesario para su elaboración? El nitrógeno se encuentra en la atmósfera en estado gaseoso, pero la planta no puede tomarlo directamente. Hay bacterias que sí lo pueden hacer y fabrican iones amonio, amoniaco y nitratos. A partir de esos nitratos, las plantas incorporan el nitrógeno a sus proteínas. Y otras bacterias pueden reducir los nitratos y devolver el nitrógeno a la atmósfera, cerrando el ciclo del nitrógeno.

Hoy en día, muchas industrias también dependen de ellas para fabricar determinadas sustancias químicas, llevar a cabo algunos procesos o la fabricación de alimentos fermentados como el queso, la mantequilla, el yogur o el vino. El reciclado de las basuras, el limpiado de algunos vertidos tóxicos y el control de determinados parásitos tampoco sería posible sin la intervención de unas especies bacterianas concretas. Y, gracias a su capacidad para crecer rápidamente, también desempeñan un papel crucial en la investigación biológica y genética.

Es muy importante recordar en todo momento que las bacterias son organismos procariontes, es decir, que no tienen un núcleo diferenciado —delimitado por una membrana—, pero no por ello carecen de un material genético determinado, que sí lo tienen y se localiza en una zona denominada nucleoide. Por su parte, los únicos orgánulos que encontramos en el citoplasma son los ribosomas.

¿Cómo se debería leer esta obra?

Desde este punto en adelante, la obra se centra en la exposición de 225 ramas del árbol de la vida. Cada una se describe en la página de la derecha —o impar— (señalada con la letra A en la figura). En el encabezamiento de la página, aparece el nombre de la rama junto con un número de orden entre paréntesis. En el pie, se expone la secuencia taxonómica que conduce hasta dicha rama. En la página de la izquierda —o par— (marcada con la letra B) se incluyen ilustraciones, explicaciones adicionales o un zum del árbol de la vida. Para una correcta comprensión de la obra, **primero debería leer la página de la derecha (A) y luego la de la izquierda (B).**

Del robusto tronco que representa LUCA, parten las tres grandes ramas principales del árbol de la vida, denominadas *Bacteria*, *Archaea* y *Eukarya*. Esta concepción, denominada «sistema de los tres dominios», fue propuesta por el microbiólogo estadounidense Carl Woese (1928-2012) y sus colaboradores, entre los años 1977 y 1990, basándose en las características de la pequeña subunidad del ARN ribosómico, como ya sabemos. El sistema de los tres dominios sustituyó al anterior constituido por dos imperios, *Eukaryota* y *Prokaryota*, que agrupaban las células con núcleo y sin núcleo, respectivamente.

No hay acuerdo sobre el modo en que surgieron estas tres ramas: A) ¿brotaron las tres de un punto común, como las puntas de un tenedor? o B) ¿surgió primero *Bacteria* y a partir de otro punto arrancaron, a la par, *Archaea* y *Eukarya*? Ni una cosa ni la otra, sino que los últimos datos parecen apuntar que C) *Eukarya* brotó del dominio *Archaea* (y que, en realidad, solo existen dos dominios principales). Entretanto se dirime la cuestión, aquí seguiremos el sistema de los tres dominios en su concepción más simple, adoptando una representación ambigua como la B).

Aunque la Tierra de hace 4.000 millones de años nos pueda parecer infernal, resultó ser el ambiente ideal para que las bacterias prosperaran. El dominio *Bacteria* incluye toda una serie de organismos unicelulares con una seña de identidad bien determinada: son células sin núcleo, son células procariotas. No obstante, como el dominio *Archaea* también es procariota, es imperativo observar algún otro rasgo como, por ejemplo, la composición de las membranas celulares, la estructura de la pequeña subunidad ribosómica o el metabolismo.

Las bacterias tienen un tamaño típico de una milésima parte del milímetro y una variedad de formas que van desde las esféricas a las espirales; unas tienen flagelos que les dan movilidad, y otras no; la mayoría cuentan con una segunda capa, denominada pared celular, exterior a la membrana citoplasmática; se encuentran en todos, absolutamente en todos, los hábitats imaginables siendo los organismos vivos más abundantes del planeta, y se estima que existen quintillones de ejemplares. Ahora viven con nosotros, pero durante muchos millones de años prosperaron sin nuestra presencia. En cambio, los seres humanos moriríamos sin su ayuda: en nuestro cuerpo hay más bacterias que células humanas; la gran mayoría son beneficiosas, mas también existen otras que provocan graves enfermedades.

No hay consenso sobre cómo agrupar los diferentes organismos del dominio *Bacteria*. En todo caso las listas incluyen numerosos filos (¡hasta noventa y dos!). Recientemente se está imponiendo la consideración de dos reinos: *Terrabacteria* e *Hydrobacteria*. Estos nombres hacen referencia a su origen: el primero habría evolucionado en ambientes terrestres y el segundo en el océano. No obstante, es más común usar el término «gracilicutes» en lugar de «hidrobacteria», que deberíamos considerar como sinónimos.

Nosotros solo nos detendremos en las famosas cianobacterias y en los filos *Actinobacteria* y *Firmicutes* del reino *Terrabacteria*, así como en los filos *Bacteroidetes* y *Proteobacteria* del reino *Gracilicutes* que albergan el 90% de las especies bacterianas descritas.

Bacteria

En el citoplasma bacteriano no encontramos un núcleo delimitado por una membrana lo que implica, entre otras cosas, que las bacterias son células procariotas. Sí existen vacuolas con sustancias de reserva y ribosomas.

La composición química de las membranas de las bacterias es radicalmente diferente a la de las arqueas. La estructura básica de las membranas bacterianas está formada por peptidoglucano, un polímero muy resistente.

La molécula de la pequeña subunidad ribosómica bacteriana presenta un bucle entre las posiciones 500 y 545.

Los ribosomas de las bacterias son sensibles a los antibióticos como el cloranfenicol o la estreptomicina, mientras que las arqueas no lo son.

Algunas bacterias tienen fotosíntesis basada en la clorofila, pero ninguna arquea realiza fotosíntesis.

Hans Christian Gram (1853-1938) fue un bacteriólogo danés que desarrolló un método para una primera clasificación bacteriana. Con la ayuda de determinados compuestos químicos, consiguió que unas bacterias se tiñeran de color rosado y otras en tonos azulados. Lo que pone de manifiesto esa diferente tinción es la estructura de la pared celular exterior a la membrana citoplasmática. Las primeras se denominan gramnegativas y lo que está revelando la coloración de Gram es la existencia de una doble capa en la pared celular; las bacterias gramnegativas son didérmicas. Las que tienen una pared celular compuesta por una sola capa se tiñen de color violeta; son grampositivas o monodérmicas.

Durante algún tiempo se creía que la tinción de Gram estaba poniendo de relieve linajes filogenéticos distintos: por un lado el reino *Didermata* o *Negibacteria* que agruparía los filos gramnegativos y por otra parte el reino *Posibacteria* o de los filos grampositivos. Pero no se sabía si las didermatas habrían surgido primero y, con la pérdida de la capa exterior, después aparecieron las monodermatas o viceversa, si las monodermatas eran las más primitivas y las didermatas evolucionaron a partir de ellas con la creación de esa capa más externa. Hoy día, los análisis moleculares del ADN han revelado que la tinción de Gram no es reflejo de ninguna relación filogenética particular, por lo que ya no se habla de los reinos *Posibacteria* o *Negibacteria*.

Gracilicutes

Terrabacteria

Bacteria

Luca

En las revistas especializadas, es bastante normal encontrar artículos relacionados con la bacteriología y, dentro de estos, la filogenética realizada sobre análisis moleculares del ADN es un tema recurrente. Cada día los investigadores aportan datos originales o descubren nuevas especies que hacen que la última ordenación bacteriana se vaya al traste. Tal vez, por eso, la taxonomía procarionte está algo descuidada, por decirlo amablemente.

Dentro del dominio de las bacterias solo se reconoce la existencia de filos y se habla poco de reinos. Toda una autoridad sobre la clasificación al más alto nivel de los seres vivos es Michael A. Ruggiero. Él habla de dos subreinos, *Posibacteria* y *Negibacteria*, dentro del reino *Bacteria* (¡algo es algo!). En la actualidad, gracias a esos análisis del ADN que hemos mencionado, se está abandonando esa distinción que parecía más un criterio de la microbiología clásica que algo avalado filogenéticamente.

La filogenia actual se decanta por la existencia de dos reinos: *Terrabacteria* y *Gracilicutes*. Probablemente las terrabacterias evolucionaron a partir de bacterias arcaicas acuáticas, pues se estima que la vida debió de surgir en los océanos, al abrigo de las infernales, radiactivas y convulsas condiciones reinantes en la Tierra primitiva.

Al colonizar los hábitats terrestres, sin duda, debieron desarrollar mecanismos de protección tales como mejoras en la pared celular, la realización de la fotosíntesis o la producción de esporas, característicos de algunos de los filos terrabacterianos que estudiaremos a continuación.

Pero no es menos cierto que entre los grupos bacterianos más arcaicos deben encontrarse los filos que tienen predilección por el calor —termófilos—: *Aquificae*, *Dictyoglomi*, *Synergistetes*, *Thermotogae* o *Deinococcus-Thermus*. En definitiva, los dos primeros se clasifican dentro de los gracilicutes mientras que los tres últimos son terrabacterias. Esto parece indicar que muy muy tempranamente, cuando solo existían microorganismos termófilos, ya comenzó la diferenciación entre bacterias de tierra o *Terrabacteria* y bacterias de agua o *Gracilicutes*.

¿Cómo leer los nombres científicos?

Aquí van algunas reglas generales que nos ayudarán a pronunciarlos correctamente:

– Los diptongos 'ae' y 'oe' se pronuncian /e/, al igual que la combinación 'eae'.
– Las combinaciones 'ch', 'ph', 'rh y 'th' se pronuncian, respectivamente, /k/, /f/, /rr/ y /t/.
– Las combinaciones 'que' y 'qui' se pronuncian, respectivamente, /kue/ y /kui/.
– Las combinaciones 'll' y 'mm' se pronuncian en sílabas separadas, es decir, como una doble consonante.
– La sílaba 'ti' en posición intermedia se pronuncia /ci/.
– La 's' inicial se pronuncia /se/.
– La 'j' siempre se pronuncia /y/.
– La 'y' siempre se pronuncia /i/.
– En latín no existen palabras agudas, todas las palabras bisílabas son llanas y las de tres o más sílabas pueden ser llanas o esdrújulas.

Dentro del reino *Terrabacteria* se agrupan los dos tercios de las especies bacterianas conocidas. Puesto que solo nos detendremos en los filos *Cyanobacteria*, *Actinobacteria* y *Firmicutes*, no estaría de más conocer lo que se queda en el tintero. En la imagen inferior se esbozan los principales filos del superclado *Terrabacteria*.

Obsérvese cómo en el extremo derecho de esta rama existen una serie de filos agrupados en un taxón con la categoría de subreino, denominado *Patescibacteria*.

Igual que la sociedad actual no se entendería sin la Revolución Industrial, la vida no sería tal y como la conocemos sin la «Revolución del Oxígeno» que acaeció hace unos 2.400 millones de años. Gracias a la acción de las cianobacterias, la composición de la atmósfera cambió por completo. Estas bacterias adquirieron la capacidad de realizar la fotosíntesis (ver pág. 32) incorporando en sus estructuras el hidrógeno del agua y expulsando el oxígeno como desecho. Unos 1.400 millones de años después, otros organismos aprenderían a utilizar ese oxígeno.

A pesar de su tamaño microscópico, las podemos observar a simple vista en ríos y estanques ricos en nutrientes (aguas eutróficas, como las de la imagen) en cuya superficie proliferan las algas. En efecto, las cianobacterias fueron llamadas durante mucho tiempo algas verdeazuladas y se creían que eran o cianófitas o cianoficeas, es decir, o plantas o algas verdosas.

Las cianobacterias pueden vivir libres o asociadas en colonias. Algunas de esas colonias presentan una incipiente diferenciación celular: encontramos células vegetativas encargadas de la fotosíntesis, hay otras células fijadoras de nitrógeno, esporas en estado de latencia que pueden sobrevivir durante largos periodos hasta que las condiciones medioambientales sean favorables, células con nutrientes de reserva, etc.

En el fondo de esta diferenciación celular subyace un problema. Los organismos procariontes no forman, o no deberían formar, seres multicelulares; son unicelulares o protozoos mientras que los eucariontes son pluricelulares o metazoos. ¿Contradice esa diferenciación este principio? Así es, y deberíamos abandonar esta creencia.

Las cianobacterias son unos de los organismos más exitosos de toda la tierra, con una actuación comparable a la de los mamíferos. Las podemos encontrar en los hábitats más diversos (en el agua, en el desierto, en el hielo, en el suelo…); las diferentes especies son genéticamente dispares; tienen una increíble facilidad para la dispersión; en aguas eutróficas, pueden proliferar en colonias inmensas conocidas como floraciones y en esos casos pueden producir toxinas.

La Gran Oxidación

Nunca se insistirá demasiado en la importacia de la Gran Oxidación que comenzó hace unos 3.000 millones de años. Fue un cambio tan drástico que algunos lo llaman la Revolución o la Catástrofe del Oxígeno. Sin el concurso de esa "crisis" medioambiental la vida no sería tal y como hoy la conocemos.

Debemos pensar que cuando la Tierra se formó no existía ningún tipo de atmósfera; nuestro planeta era solo un conglomerado de rocas incandescentes. Se cree que la atmósfera primitiva se formó por acumulación de emanaciones volcánicas, desgasificación de la corteza, aportación de agua procedente de meteoritos, productos de desecho de las primeras formas de vida, etc. Sería una atmósfera anaranjada, compuesta principalmente por metano.

Con la aparición de las cianobacterias, aquel entorno enrarecido cambió por completo. Con el agua de los mares como materia prima y con la luz del sol como energía, las cianobacterias prosperaron de tal forma que el producto de desecho de su respiración, el oxígeno, modificó sustancialmente la composición del aire. Fue un proceso que debió durar varios cientos de millones de años.

En primer lugar, supuso una catástrofe ambiental ya que el oxígeno resultaba nocivo para las primeras bacterias anaerobias. En segundo lugar, al principio, el oxígeno no logró salir a la superficie pues, al ser un gas muy reactivo, se combinaba con los metales que se hallaban disueltos en los océanos. Pero una vez se hubieron precipitado los compuestos metálicos del agua, finalmente, la atmósfera comenzó a cambiar poco a poco de color, pasando del naranja al azul que hoy contemplamos.

Terrabacteria

Cyanobacteria

Gloeobacteria

Gloeobacterales

Synechococcales

Spirulinales

Cyanophyceae

Chroococcales

Nostocales

Oscillatoriales

Por una parte, hemos visto que un dominio se subdivide en reinos y, por otro lado, que varios filos constituyen un reino. Pues bien, un filo se subdivide a su vez en clases. Dentro del filo *Cyanobacteria* se distinguen las clases *Cyanophyceae* y *Gloeobacteria*. Las gloeobacterias habrían sido las primeras en diferenciarse, la rama que antes se separó del tronco cianobacteriano. Con un lenguaje más técnico, se dice que *Gloeobacteria* es un clado basal de *Cyanobacteria*. El resto de cianobacterias más modernas se agrupan dentro de la clase *Cyanophyceae*.

Y una clase se subdivide en órdenes. Así, dentro de la clase *Cyanophyceae* se suelen considerar los siguientes diez órdenes: *Stigonematales*, *Nostocales*, *Spirulinales*, *Pleurocapsales*, *Chroococcidiopsidales*, *Chroococcales*, *Oscillatoriales*, *Prochlorales*, *Gloeomargaritales* y *Synechococcales*.

Ya desde ahora, conviene advertir que las clasificaciones están continuamente sometidas a revisión. Por lo tanto, las taxonomías expuestas en esta obra son algunas de las más generales. En este sentido, también es necesario aclarar que se han dejado muchos nombres en el tintero y se ha intentado mencionar solo los clados más comúnmente conocidos. De este modo, el árbol de la vida que se expone en las diferentes figuras solo contiene los órdenes más reconocidos, concretamente, *Nostocales*, *Spirulinales*, *Chroococcales*, *Oscillatoriales* y *Synechococcales*.

Y un orden, ¿cómo se divide? Se divide en familias. Por ejemplo, el orden *Nostocales* se suele dividir en trece familias: *Capsosiraceae*, *Fortieaceae*, *Godleyaceae*, *Nostocaceae*, etc. Y una familia se divide en géneros. Por citar un caso, se conocen hasta dieciocho géneros de la familia *Nostocaceae*. El primero de ellos por orden alfabético es *Anabaena*.

Finalmente, dentro del género se encuentran las especies. Se han descrito unas cincuenta especies del género *Anabaena*. *Anabaena flosaquae*, que se muestra en la imagen de la izquierda, es una de ellas.

Un zum taxonómico

No existe una taxonomía comúnmente admitida y cada autor sigue la que considera oportuno. Con la intención de hacer más minuciosa la jerarquía generalmente aceptada (dominio, reino, filo, clase, orden, familia, género y especie) se suelen emplear prefijos como super-, gran-, sub-, infra- o parv-, así como intercalar taxones tales como tribu o cohorte.

Concretamente, en esta obra seguiremos la siguiente sistemática:

1.	Dominio	14.	Granorden
2.	Subdominio	15.	Orden
3.	Superreino	16.	Suborden
4.	Reino	17.	Infraorden
5.	Subreino	18.	Parvorden
6.	Infrarreino	19.	Superfamilia
7.	Superfilo	20.	Familia
8.	Filo	21.	Subfamilia
9.	Subfilo	22.	Tribu
10.	Superclase	23.	Subtribu
11.	Clase	24.	Género
12.	Subclase	25.	Especie
13.	Superorden	26.	Subespecie

En la microbiología clásica, *Posibacteria* era el reino que agrupaba los organismos unicelulares grampositivos caracterizados por tener una membrana plasmática que, como ya hemos comentado, envuelve el material citoplasmático, más una pared celular exterior formada por una gruesa capa de un polisacárido llamado peptidoglucano, peptidoglicano o mureína, de unos 10 a 80 nanómetros de espesor.

Decimos «gruesa capa» en relación a la capa de peptidoglucano que poseen las negibacterias (bacterias gramnegativas) que es de 2 o 3 nanómetros de grosor. Para poner en contexto estas dimensiones conviene tener presente que una bacteria típica tiene un tamaño comprendido entre media micra y hasta 10 micras.

Firmicutes es un filo considerado tradicionalmente grampositivo y, sin embargo, una de sus clases, *Negativicutes*, es gramnegativa. Esto es una prueba más de que la tinción de Gram no tiene un fundamento filogenético.

En la imagen de la izquierda se muestran los principales órdenes y clases de *Firmicutes* y en la de la derecha, *Clostridium difficile*, especie de la familia *Clostridiaceae* del orden *Clostridiales*.

Ya hemos dicho que la mayoría de las especies bacterianas se concentran en unos pocos filos. Ahora nos detendremos en *Firmicutes* que, tradicionalmente, se ha considerado el clado basal de las bacterias, la rama que antes divergió del tronco bacteriano y cuyo punto de arranque se encuentra muy cerca de la base del tronco. Pero decimos «tradicionalmente» porque, por el momento, son muchos los estudios que cuestionan esa basalidad. En cualquier caso, y sea o no un grupo basal, ¿por qué se caracteriza *Firmicutes*?

Lo que discrimina este grupo es el bajo contenido de parejas citosina-guanina que presentan sus ácidos nucleicos, en comparación con el alto porcentaje de parejas adenina-timina. En la literatura técnica se suele decir que *Firmicutes* es un filo grampositivo de bajo contenido CG. Algunas especies pueden llegar a tener un 25% de pares CG frente a un 75% de parejas AT.

Se suelen citar cinco clases dentro del filo *Firmicutes*: *Bacilli*, *Clostridia*, *Erysipelotrichia*, *Negativicutes* y *Thermolithobacteria*. Todas, excepto la primera, son organismos anaerobios, es decir, no utilizan oxígeno en su metabolismo, lo cual es un rasgo propio de los organismos más primitivos. Una última curiosidad: las bacterias de la clase *Negativicutes* poseen una pared celular con una peculiar estructura que hace que con la tinción de Gram se tiñan de color rosado; son gramnegativas. No obstante, gracias a las estrechas relaciones filogenéticas con el resto de firmicutes, se han clasificado, sin ninguna duda, dentro de dicho grupo, lo que viene a confirmar lo inapropiado de la distinción de dos reinos según la tinción de Gram.

El sistema digestivo de todos los animales está colonizado por bacterias indispensables para la realización de la digestión. En lo que al ser humano se refiere, la presencia bacteriana, o microbiota intestinal, es específica de cada persona, tanto cuantitativa como cualitativamente. De promedio, la microbiota está formada por 100 billones de bacterias que se incluyen, sobre todo, en los filos *Firmicutes* y *Bacteroidetes*. Algunos estudios científicos avalan la hipótesis de que la abundancia de firmicutes en la microbiota intestinal se relaciona con la obesidad, tanto de los seres humanos como de los animales.

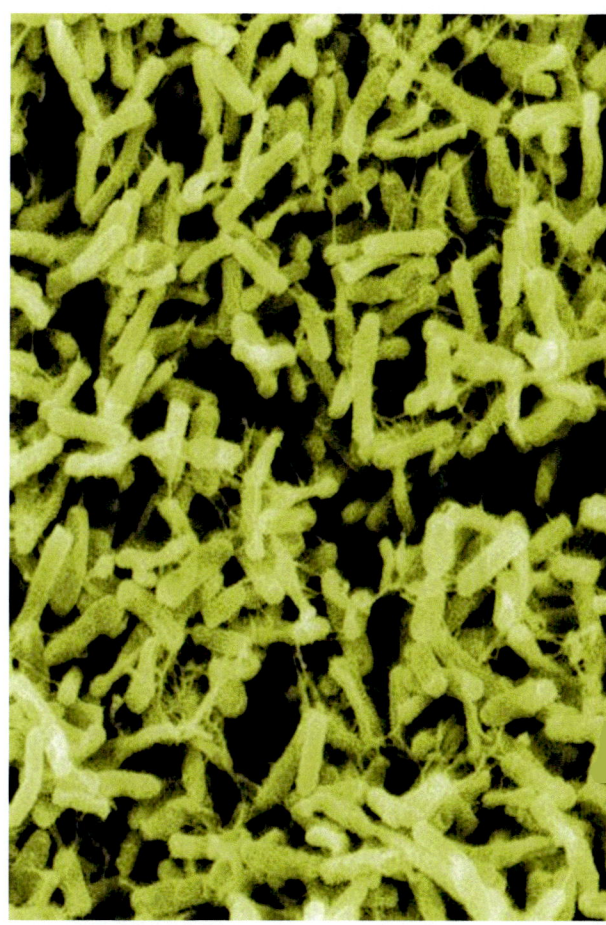

Existen cuatro filos grampositivos: *Actinobacteria*, *Chloroflexi*, *Firmicutes* y *Tenericutes*. Algunas relaciones suelen incluir el filo *Thermomicrobia*, pero no es menos cierto que muchos estudiosos consideran que *Thermomicrobia* solo es una clase más del filo *Chloroflexi* y este será el criterio que seguiremos aquí. Todos estos filos se reúnen bajo el paraguas del reino *Terrabacteria*. El resto de filos bacterianos son gramnegativos.

Tradicionalmente, se consideraba que *Actinobacteria* constituía un grupo con jerarquía de clase. Posteriormente, al descubrir otras clases relacionadas, todas se agruparon en un filo denominado, también, *Actinobacteria*. Esto no es lo habitual y, normalmente, el nombre identifica claramente la jerarquía del clado correspondiente.

En cualquier caso, habitualmente se consideran las clases y los órdenes que se pueden leer en la figura. Dentro del orden *Actinomycetales* (abajo a la derecha), por citar un ejemplo, se suelen distinguir los siguientes géneros: *Actinomyces*, *Arthrobacter*, *Corynebacterium*, *Frankia*, *Micrococcus*, *Micromonospora*, *Mycobacterium*, *Nocardia*, *Propionibacterium* y *Streptomyces*.

Si con una suerte de lupa digital, ampliásemos la imagen de este filo aparecerían más de 2.800 hojas, es decir, especies. Como media, cada hoja del dibujo (y que representa un orden) engloba unas 250 especies. Dibujar un árbol de la vida con el máximo detalle sería una empresa inabordable y de utilidad cuestionable.

El filo *Actinobacteria* agrupa aquellas bacterias grampositivas con un alto porcentaje de parejas CG en relación a la poca proporción de pares AT que se encuentra en sus ácidos nucleicos. Los pares CG están conectados por tres puentes de hidrógeno, en tanto que los AT lo están por medio de dos. Esto hace que, frente a temperaturas altas, el par CG sea más resistente que el AT y, por tanto, que el ácido nucleico aguante mejor una posible desnaturalización por aumento de temperatura. Por eso, en comparación con los firmicutes que acabamos de ver en la página anterior, las actinobacterias proliferan más en medios calientes, son termófilas.

La mayoría de las especies de este filo viven en la tierra y muchas de ellas son fundamentales en la descomposición de las plantas y animales muertos, colaborando en la formación del humus, si bien otras viven en asociación con las raíces de las plantas y fijan el nitrógeno.

Concretamente, el olor a tierra húmeda que se puede percibir en un bosque se debe a la presencia de especies del género *Streptomyces* que contribuyen activamente en la fabricación del humus. Es más, dichas especies son muy importantes en la elaboración de antibióticos como la tetraciclina y de agentes antitumorales como los inmunosupresores, entre otros.

La fijación previa del nitrógeno es fundamental para la incorporación de dicho elemento a la biosfera. El nitrógeno que se encuentra en la atmósfera es inerte y los organismos vivos no lo pueden aprovechar. En cambio, combinado con oxígeno o hidrógeno, en forma de óxidos o amonio, respectivamente, sí es utilizable por la mayoría de seres vivos. Las tres quintas partes de esa fijación del nitrógeno tiene un carácter biológico y se lleva a cabo por organismos denominados diazótrofos como, por ejemplo, las especies bacterianas del género *Frankia* del orden *Actinomycetales*.

Pero algunas otras especies provocan enfermedades como la tuberculosis o la lepra. El principal agente bacteriano responsable de la tuberculosis es el *Mycobacterium tuberculosis*, mientras que el causante de la lepra es el bacilo *Mycobacterium leprae*, ambos del orden *Actinomycetales*.

¿Enfermedades olvidadas?

A nivel mundial, una de cada ocho personas sufre una enfermedad olvidada. Se llaman así, toda una serie de enfermedades tropicales desatendidas para las que la ciencia todavía no ha encontrado cura y, a veces, ni siquiera sabe cómo se contagian. La lepra, la úlcera de Buruli, el pian, el dengue, la chikunguña o la filariasis linfática son algunas de ellas.

Afectan a más de mil millones de personas que viven en condiciones de extrema pobreza, en comunidades sin una adecuada higiene y sin acceso a los servicios de salud o al agua potable. Las familias que las padecen se ven atrapadas en un ciclo interminable de pobreza, enfermedad y vulnerabilidad.

Algunas son causadas por virus, otras como la lepra, la úlcera de Buruli o el pian, son causadas por bacterias del género *Mycobacterium*.

Aunque la representación en el árbol de la vida de este grupo de bacterias podría sugerir que se trata, más bien, de unas ramas un tanto estériles, lo cierto es que bajo este grupo se incluyen una treintena de filos. Una imagen más adecuada sería la de la izquierda, formada por dos frondosas ramas.

Pero no es menos cierto que todavía se conoce muy poco sobre las bacterias ultrapequeñas y que su denominación en inglés como «filos candidatos» (*candidate phyla radiation*), precisamente, sugiere que son filos para los que aún no se ha encontrado su sitio en la sistemática bacteriana.

Por otra parte, realizar una representación más detallada no tendría sentido, puesto que no se ha adquirido un conocimiento referido a especies concretas, sino que todo lo que se sabe de las patescibacterias se deduce de análisis genéticos.

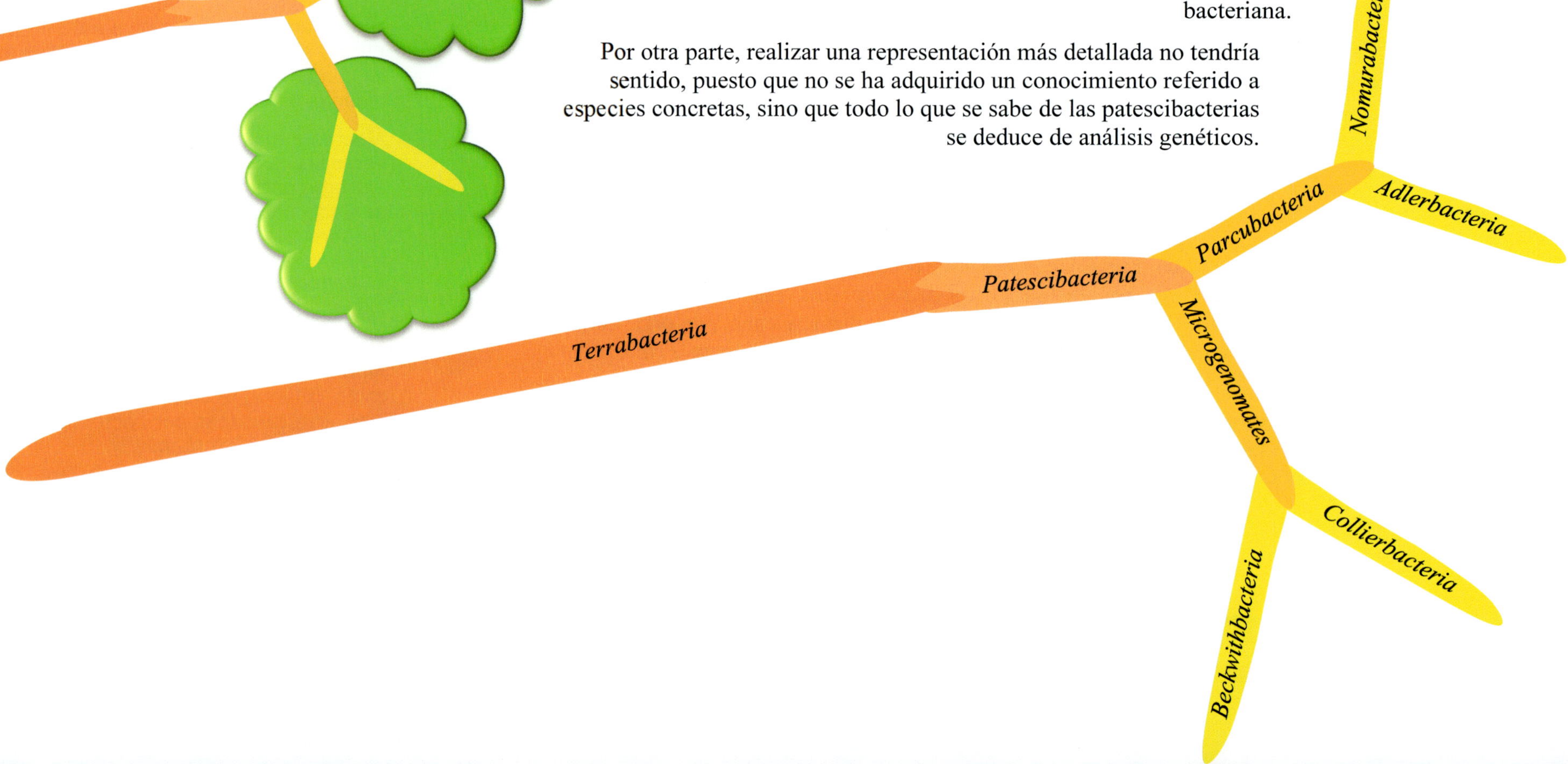

Terrabacteria

Patescibacteria

Parcubacteria

Nomurabacteria

Adlerbacteria

Microgenomates

Beckwithbacteria

Collierbacteria

Una bacteria tiene un tamaño típico comprendido entre media micra y unas diez. Por eso no es de extrañar que solo tan recientemente como en 2015 se descubrieran toda una plétora de organismos bacterianos con diámetros menores de un cuarto de micra. Hay que aclarar que más que encontrar una de esas bacterias bajo el microscopio, los científicos detectaron su presencia mediante análisis de ADN.

Técnicamente, este grupo de bacterias ultrapequeñas se denomina *Patescibacteria* o CPR, iniciales de *candidate phyla radiation* (radiación de filos candidatos). Y se cree que hasta la mitad de las especies bacterianas podrían ser ultrapequeñas. Lo que discrimina este grupo es, fuera de su peculiar tamaño, un genoma bastante simple, una capacidad metabólica limitada y una escasa o nula aptitud para sintetizar aminoácidos, por lo que se tiene la certeza de que este grupo de bacterias necesariamente deben ser organismos simbióticos de otras comunidades bacterianas.

Están bastante extendidas en todo tipo de entornos: aguas subterráneas, sedimentos, aguas termales, permafrost —esa capa de suelo permanentemente congelado de las regiones muy frías— e, incluso, en la microbiota humana, pero siempre como hospedadores de otras bacterias en una relación simbiótica difícil de especificar.

Para su estudio se suelen agrupar en dos grandes superfilos y en un buen número de filos todavía sin categorizar. El superfilo *Microgenomates* fue descubierto principalmente en secuencias genómicas de muestras extraídas en fuentes termales del parque estadounidense de Yellowstone, en aguas subterráneas profundas de Australia, en sedimentos y en suelos contaminados con hidrocarburos.

Por su parte, el superfilo *Parcubacteria* se encontró en aguas sin oxígeno disuelto, denominadas anóxicas, es decir, en zonas de aguas marinas o de aguas subterráneas con avanzados procesos de eutrofización.

Un acuerdo a largo plazo

La simbiosis es una especie de acuerdo a largo plazo entre dos especies diferentes con un contacto directo e íntimo. Se distinguen tres tipos: mutualismo, comensalismo y parasitismo.

El mutualismo es un matrimonio bien avenido en el que ambas especies se benefician, como la simbiosis entre el pez payaso que recibe protección de la anémona y a la que, de vez en cuando, lleva alimento.

El comensalismo es una relación en la que una especie obtiene provecho mientras que la otra ni se beneficia ni se perjudica, como los percebes que se pegan a una ballena para viajar gratis entre aguas ricas en nutrientes.

Y el parasitismo es un contrato abusivo en el que una especie más pequeña y numerosa extorsiona al huésped que, a la larga, termina sufriendo daños. Muchas bacterias viven a expensas de otros seres.

Las negibacterias son aquellos organismos con una pared celular exterior compuesta por una delgada capa de peptidoglucano más una segunda capa con estructura muy similar a la membrana citoplasmática. En definitiva, de dentro a fuera, en una bacteria gramnegativa encontramos una capa interna de fosfolípidos, una capa intermedia de peptidoglucano y una capa exterior de fosfolípidos. La primera es la membrana citoplasmática y las otras dos constituyen la pared celular bicapa. Excepto los pocos filos mencionados en las páginas precedentes (*Actinobacteria*, *Chloroflexi*, *Firmicutes* y *Tenericutes*), la gran mayoría de bacterias son gramnegativas.

Así como al tratar las terrabacterias decíamos que *Firmicutes* parece ser un clado basal, ahora nos encontramos con todo un grupo basal de bacterias termófilas: *Thermotogae*, *Thermodesulfobacteria*, *Synergistetes*, *Aquificae*, *Caldiserica* y *Dictyoglomi*. Esto refuerza la idea sobre el origen termófilo de la vida, pero no aclara la primogenitura entre *Terrabacteria* y *Gracilicutes*, si tenemos en cuenta que los tres primeros filos son terrabacterias y los tres últimos, gracilicutes.

Todos los organismos del reino *Gracilicutes* son gramnegativos. En la imagen se muestran los principales filos junto con los dos grandes superfilos que se suelen tomar en consideración.

Actualmente, para su estudio, la filogenia separa los organismos bacterianos en dos reinos: *Terrabacteria* y *Gracilicutes*. Vistas en las páginas anteriores las terrabacterias, es el momento de centrar nuestra atención en las hidrobacterias, también conocidas como *Gracilicutes*.

La primera denominación hace referencia al tipo de hábitat en el que se desarrollaron, pues se cree que aparecieron en los océanos primordiales. El segundo término, que etimológicamente significa 'delgada piel', hace alusión a la gramnegatividad que caracteriza a todo este grupo: la delgadez de la pared de peptidoglucano se «compensa», de alguna manera, por la existencia de una segunda capa más externa (y por eso también se dice que las bacterias gramnegativas son didérmicas).

Bajo *Gracilicutes* se suelen incluir dos grandes superfilos, *Sphingobacteria* y *Planctobacteria*, un filo muy nutrido, *Proteobacteria*, y unos cuantos filos de menor importancia. En las próximas páginas aparecerán las proteobacterias y las bacteroidetes, ahora nos detendremos en las planctobacterias, concretamente en uno de sus filos: *Planctomycetes*.

Y es que los planctomicetos presentan una serie de rasgos peculiares que hace que debamos reconsiderar algunas de las cosas dichas anteriormente. En primer lugar, tenemos que mencionar que los planctomicetos carecen de peptidoglucano y su pared celular está formada por proteínas con un alta proporción de dos aminoácidos: prolina y cisteína. A resultas de ello, estos organismos son resistentes a los antibióticos, como la penicilina, que actúan bloqueando la síntesis del peptidoglucano.

En segundo lugar, los planctomicetos presentan ciertas estructuras internas compartimentadas así como un nucleoide rodeado de una envoltura harto similar al núcleo de las células eucariotas. Ninguna otra clase de bacterias se parece tanto a los organismos eucariotas.

La realidad difumina caprichosamente las diferencias entre procariotas y eucariotas: ¡bienvenido al desconcertante mundo bacteriano!

La realidad es caprichosa

En la micrografía electrónica del planctomiceto *Gemmata obscuriglobus* que aparece al pie, se aprecian claramente diversas estructuras internas rodeadas por sus correspondientes membranas. (El pequeño trazo inferior mide 500 nm, lo cual supone que la imagen se ha aumentado 40.000 veces).

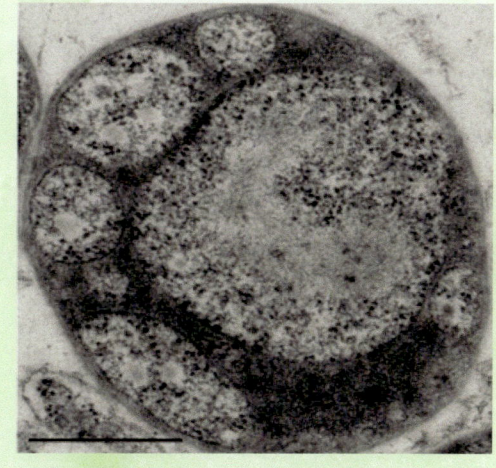

En la imagen se muestran las principales clases del filo *Proteobacteria*, agrupadas en dos superclases: *Rhodobacteria* y *Thiobacteria*. Por su interés científico, las más estudiadas son las gammaproteobacterias y, dentro de estas, son particularmente importantes en medicina algunas especies del orden *Enterobacteriales* como, por ejemplo, *Eschirichia coli*.

A excepción del hombre, tal vez, *E. coli* sea el ser vivo más estudiado por la ciencia y, sin duda, es el mejor conocido, a pesar de que aún se ignore el funcionamiento de un tercio de su genoma. Fue descubierto en 1885 por el médico austroalemán Theodor Escherich (1857-1911) al estudiar los microbios que se encontraban en el intestino infantil. Examinado al microscopio, presenta la forma de un pepino de un cuarto de milésima de milímetro de diámetro y una longitud unas cuatro veces mayor; es el paradigma de los bacilos.

El genoma de *E. coli* está constituido por 4,7 millones de parejas de nucleótidos de ADN formando una única molécula a modo de anillo, que denominamos cromosoma. Para contextualizar este atributo, pensemos que el genoma humano está formado por 24 cromosomas con 3.000 millones de parejas de nucleótidos.

El formidable éxito de los organismos procariotas reside en su capacidad para multiplicarse rápidamente. En condiciones apropiadas, una población de *E. coli* puede duplicar su número en unos 20 minutos. A ese ritmo, el cultivo inicial de una sola bacteria superaría en número a todos los seres humanos que habitamos la tierra en menos de 12 horas.

El intestino grueso humano da cobijo a una considerable población de bacterias del género *Escherichia* que juegan diferentes papeles nutricionales. Concretamente *Escherichia coli* participa en la síntesis de las vitaminas B y K. Pero algunas cepas son patógenas y constituyen un verdadero problema sanitario en los países subdesarrollados: son una de las principales causas de las diarreas infantiles, de las infecciones en el tracto urinario femenino, de fiebres generalizadas y de afecciones gastrointestinales.

Deltaproteobacteria

Epsilonproteobacteria

Thiobacteria

Zetaproteobacteria

Gammaproteobacteria

Betaproteobacteria

Alphaproteobacteria

Rhodobacteria

Acidithiobacillia

Proteobacteria

En español, proteo es el 'hombre que cambia frecuentemente de opiniones y afectos' en alusión al dios del mar de la mitología griega del que se deriva dicha palabra y que podía cambiar de forma. Dado que el filo *Proteobacteria* incluye bacterias propias de los ambientes marinos y, en general acuáticos, con formas bastante dispares como cocos, bacilos y espirilos, no existe un nombre más apropiado para este taxón.

Se dice que este filo es, con diferencia, el mayor grupo de bacterias conocido; da cabida a un buen número de especies con importancia médica, agrícola o industrial. A pesar de la diversidad de formas que caracteriza este filo, todas las especies son gramnegativas y se mueven utilizando flagelos, a excepción de las mixobacterias que lo hacen mediante el mecanismo denominado deslizamiento.

Además de la diversidad de formas, las proteobacterias muestran todo un repertorio de mecanismos de generación de energía. Salvo las conocidas autótrofas bacterias púrpura que realizan fotosíntesis sin liberación de oxígeno —fotosíntesis anoxigénica—, todas son heterótrofas, concretamente quimiolitótrofas, es decir, se alimentan de diversas moléculas orgánicas compuestas de azufre, hierro, nitrógeno, metano, etc.

La división de este clado es muy discutida y matizaciones algo puntillosas pueden hacer que el árbol que un científico propone no tenga nada que ver con la visión de otro autor. Por lo general, se acepta la división en, al menos, seis grupos a los que se asignan las letras griegas alfa, beta, gamma, zeta, delta y épsilon.

Algunos taxonomistas se atreven a agrupar los cuatro primeros en un superclado denominado *Rhodobacteria* y los dos últimos bajo el nombre *Thiobacteria*, empero, como decimos, esta clasificación no está exenta de discusión. No obstante, es la que seguiremos aquí. A este respecto se asume que *Rhodobacteria* comparte algún antepasado fotosintético común, mientras que *Thiobacteria* agrupa organismos anaerobios.

La motilidad microbiana

Para una célula, acceder o no a diferentes partes del medio, puede ser la diferencia entre la vida y la muerte. Los dos tipos más importantes de motilidad microbiana son la natación y el deslizamiento.

Se denomina natación al movimiento de la célula efectuado en un medio acuático gracias a los flagelos. El flagelo es un apéndice largo, fino y helicoidal que se encuentra anclado por un extremo a la membrana citoplasmática y a la pared celular. Es la rotación del flagelo lo que induce el movimiento del organismo.

Y se denomina deslizamiento al movimiento bacteriano que se realiza sobre un medio sólido mediante la interposición de algún polisacárido mucoso que segrega la propia célula. Aunque no se conoce bien este mecanismo, se cree que es el movimiento de alguna proteína de esa mucosa la que determina el avance del organismo.

Sphingobacteriales

Cytophagales

Flavobacteriales

Chlorobiales

Ignavibacteriales

Fibrobacterales

Sphingobacteria

Cytophagia

Bacteroidales

Sphingobacteriia

Flavobacteria

Chlorobia

Ignavibacteria

Fibrobacteria

Bacteroidia

Bacteroidetes

Chlorobi

Fibrobacteres

Sphingobacteria

Para no perder la perspectiva, conviene recapitular el camino que hemos recorrido por ahora:

La célula es la unidad fundamental de la vida. Hasta que evolucionaron, las primeras células no tenían núcleo. Existen dos grandes grupos de organismos procariontes a los que se asigna la categoría de dominio: *Bacteria* y *Archaea*. Comparadas con las arqueas, las bacterias presentan diferencias en la pequeña unidad ribosómica, así como en la estructura de la membrana citoplasmática.

El dominio *Bacteria* se suele dividir en dos reinos: *Terrabacteria* y *Gracilicutes*. Entre el centenar de filos bacterianos, nos hemos detenido en aquellos que agrupan el mayor número de especies: *Cyanobacteria*, *Firmicutes* y *Actinobacteria*, del reino *Terrabacteria*, y *Proteobacteria* y *Bacteroidetes*, del reino *Gracilicutes*.

En la imagen se representan las principales clases de bacteroidetes. Casualmente, cada clase solo contiene un orden. Pero por debajo del orden, si hiciésemos un zum, encontraríamos numerosas familias y, dentro de ellas, muchos géneros conteniendo innumerables especies.

Hemos aprendido que actinobacterias y bacteroidetes son inquilinos habituales de nuestro tracto gastrointestinal. La piel, los dientes o el tracto respiratorio son otros de los lugares preferidos por los inquilinos bacterianos. Técnicamente, estamos infectados por numerosos microorganismos que, normalmente, no producen enfermedades, sino que son beneficiosos.

Estar infectado no es sinónimo de estar enfermo. Son las alteraciones en esa microbiota normal las que producen enfermedades. Por ejemplo, una dieta rica en sacarosa puede hacer que las bacterias firmicutes lactobacillales del género *Streptococcus*, que habitan en la boca, produzcan una concentración de ácido láctico anormalmente alta y causen la descalcificación del esmalte de los dientes, originando las temidas caries.

Así como para discernir si un ser vivo pertenece, por ejemplo, al reino animal o al vegetal, los biólogos pueden acudir a numerosas características anatómicas, fisiológicas o metabólicas, para clasificar los seres vivos más diminutos, es decir, los organismos unicelulares, los científicos no tienen mucho de lo que echar mano.

Dado el pequeño tamaño de las células, su estructura tan simple, sus escasas diferencias anatómicas y la dificultad en desentrañar su historia evolutiva, la clasificación de los microorganismos no está exenta de dificultad y de cierta controversia todavía no resuelta. Por eso, no le debería sorprender encontrar otras clasificaciones filogenéticas bacterianas diferentes a la expuesta en este texto.

Concretamente, en esta obra se presenta el filo *Bacteroidetes* dentro del grupo *Sphingobacteria,* como un clado hermano de *Fibrobacteres* y *Chlorobi*. Las bacteroidetes son todo un grupo de bacterias gramnegativas, que no forman esporas, con aspecto de bastoncillo y que proliferan en hábitats aerobios y anaerobios tan diversos como el suelo, el agua de mar o el tracto intestinal de muchos animales. Dentro de él, se suelen considerar las siguientes cuatro clases:

a) *Bacteroidia*. Incluye muchas especies habituales en la microbiota gastrointestinal del hombre cuya composición depende de la dieta: las personas que consumen más carne tienen más bacteroidetes que aquellas con una pauta principalmente vegetariana.

b) *Cytophagia*. Esta clase se ha especializado en el reciclaje de las sustancias orgánicas del suelo como *Cythophaga hutchinsonii* que degrada la celulosa. También incluye algunas especies psicrófilas particularmente adaptadas a los entornos fríos y otras causantes de enfermedades en piscifactorías como *Cythophaga columnaris*.

c) *Flavobacteria*. Las flavobacterias prefieren los hábitats acuáticos y algunas especies como *Flavobacterium psychrophilum* causan graves enfermedades en los salmónidos.

d) *Sphingobacteriia*. Esta clase incluye bacterias típicas de los suelos, pero también alguna especie que aparece en la cavidad bucal del hombre, por ejemplo.

¿Asepsia? sí, mas en su justa medida

Antes del nacimiento, un bebé está normalmente libre de gérmenes. Al nacer, su piel se «mancha» con los microorganismos del canal del parto. A los pocos días, muchas bacterias penetrarán en las vías respiratorias y en el tracto gastrointestinal constituyendo la denominada microbiota.

En el laboratorio es posible conseguir que un animal nazca asépticamente y mantenerlo, posteriormente, en un ambiente estéril.

Aparentemente, esos animales son «normales», empero examinados con detalle se ha observado que presentan algunas anomalías: su sistema linfático (responsable de la respuesta inmunitaria) está poco desarrollado y son más propensos a padecer enfermedades infecciosas; sus paredes intestinales son mucho más delgadas y, por ejemplo, necesitan que se les suministre vitamina K.

Bacterias y arqueas se separaron, evolutivamente hablando, hace más de 3.500 millones de años. Las bacterias se fueron adaptando a las cambiantes condiciones geológicas y climáticas que la Tierra había estado sufriendo desde entonces; y esa ha sido la clave de su éxito. Las arqueas, por su parte, no evolucionaron. En este sentido, y solo en este, las arqueas se identifican totalmente con su nombre, es decir, son arcaicas.

Cuando se reconocieron como grupo con entidad propia, en la década de 1970, comenzaron a denominarse arquebacterias o arqueobacterias, puesto que se creía que eran las bacterias más antiguas. Aunque, en realidad, son tan diferentes de las bacterias que es preferible referirse a ellas solo como arqueas. Y ese nombre es perfecto si tenemos en cuenta que, evolutivamente hablando, son más antiguas que las bacterias dado que no evolucionaron como estas.

Las arqueas siguieron poblando los hábitats más inhóspitos, los más extremos, los que replicaban las infernales condiciones de la Tierra primitiva, del joven planeta que les vio nacer: fuentes hidrotermales, lagos hipersalinos, ecosistemas sin oxígeno o superácidos… Por ejemplo, por encima de los 95 °C ninguna de las especies conocidas de bacterias puede sobrevivir. Sin embargo, existen especies de arqueas que pueden vivir a más de 100 °C de temperatura. Si hay bacterias capaces de soportar un medio salino, por decir algo, siempre habrá arqueas capaces de prosperar en ambientes mucho más salinos.

Dicho de otra manera, las bacterias al evolucionar fueron capaces de desarrollar otros tipos de metabolismo —«inventando», por ejemplo, la fotosíntesis— lo que les permitió conquistar numerosos hábitats. En cambio, las arqueas eran —y siguen siendo— quimioautótrofas, obteniendo la energía de compuestos inorgánicos como el ácido sulfhídrico, el amoniaco o el sulfuro de hidrógeno.

Lo que caracteriza a las arqueas es el dominio de los extremos. Siempre pueden vivir en hábitats más fríos o más calientes, más ácidos o más básicos que las bacterias: son extremófilas.

Los *spas* de las arqueas

Unas pocas especies bacterianas causan enfermedades. Por suerte, hay un método de esterilización que nunca falla: la cocción en autoclave, porque a los 100 °C de temperatura no sobrevive ninguna bacteria.

Pero existen arqueas que proliferan por encima del punto de ebullición del agua. Afortunadamente, ninguna arquea produce enfermedades.

Una manera sencilla de desbaratar la estructura bacteriana consiste en la desnaturalización de las proteínas, que se logra con un simple aumento de la temperatura.

Parece ser que unos pocos cambios en los aminoácidos constituyentes de las proteínas bastan para inducir cambios cruciales en su estructura y hacerlas más resistentes frente al calor. Esto y la diferente composición de la pared celular ha hecho posible que las arqueas soporten muy bien el calorcito de las aguas termales.

Archaea constituye la segunda gran rama del árbol de la vida que brota de esa parte del tronco que llamamos LUCA. Las otras grandes ramas son *Bacteria* —que se ha estudiado en el primer capítulo— y *Eukarya* —que se tratará en las partes segunda y tercera de la obra—. Ya se ha comentado que no existe una idea clara sobre el modo en cómo se injertan estas ramas en el tronco común. Aquí se considera que LUCA se divide en tres ramas.

Por otra parte, existe una tendencia lógica a pensar que *Bacteria* y *Archaea* constituyen la parte procariota del árbol de la vida y, análogamente, *Eukarya* es la rama eucariota. Así, no son pocos los autores que sostienen que LUCA se articula en dos grandes ramas o imperios, como a veces se les ha llamado: *Prokaryota* y *Eukaryota*.

Al margen de esta cuestión que actualmente permanece abierta, no hay duda en que las arqueas se pueden dividir en dos reinos, *Euryarchaea* y *Proteoarchaea*, tal y como se representa en la imagen inferior. Parece una parte del árbol de la vida nada frondosa, pero puede tratarse solo de ramas poco conocidas.

Ya hemos comentado anteriormente que, comparando la estructura de la pequeña subunidad ribosómica, ahora se asume la existencia de tres dominios: *Bacteria*, *Archaea* y *Eukarya*.

Pero esto no ha sido siempre así. Antes de que se aceptara, en 1990, la clasificación que se basaba en los trabajos, de la década de 1970, de los biólogos estadounidenses Carl Woese y George Fox (n. 1945) en relación al ARNr, se consideraba la existencia de cinco reinos, *Monera* (bacterias), *Protista* (protozoos), *Fungi* (hongos), *Animalia* (animales) y *Plantae* (plantas), que se subordinaban a dos grandes imperios: *Prokaryota* y *Eukaryota*. Aún hoy en día, no son pocos los biólogos «evolutivos» que reclaman el restablecimiento de esta dicotomía alegando que las bacterias y las arqueas son genuinamente células procariotas.

A tenor de las características relacionadas en el cuadro de la derecha, se puede decir con Woese y Fox que las arqueas presentan su propia versión de cada una de las funciones celulares. Por ejemplo, las células que los tienen, presentan su propio tipo de flagelos —diferentes tanto de los bacterianos como de los eucariotas— y su cromosoma circular con proteínas se parece más a los lineales con cromatina de las eucariotas que al cromosoma circular desnudo de las bacterias.

Amén de explicar qué son las arqueas, es importantísimo insistir en lo que no son: no son bacterias. Hay más diferencias entre las bacterias y las arqueas que entre las arqueas y los animales, por decir algo. Y otra peculiaridad asaz significativa es su abundancia. En número redondos se han identificado alrededor de 10.000 especies bacterianas, al tiempo que solo se sabe de la existencia de unas 500 especies arqueanas diferentes. Pero tal vez lo único que esto signifique es que se conocen peor, no que sean menos abundantes.

De hecho, su clasificación no está zanjada todavía y, sin unanimidad, se postulan dos reinos: *Euryarchaea* y *Proteoarchaea*. Lo más distintivo de las arqueas es que han prosperado en los hábitas más extremos como los que podían existir hace millones de años. Solo en este sentido son «bacterias muy antiguas».

Archaea

La ausencia de núcleo es el único rasgo común entre bacterias y arqueas. En todo lo demás son bastante diferentes.

Mientras que el principal componente de la pared celular de las bacterias es el peptidoglucano, las arqueas se distinguen por su ausencia. Atendiendo a esa carencia, las arqueas se parecen más a las células eucariotas que a las bacterias.

Las arqueas presentan una estructura única, o bien entre las posiciones 180 y 197, o bien entre las posiciones 405 y 498, de la pequeña subunidad ribosómica.

Los ribosomas de las arqueas no son sensibles a los antibióticos como el cloranfenicol o la estreptomicina. En este aspecto también se parecen más a las eucariotas que a las bacterias.

Ninguna arquea realiza fotosíntesis basada en clorofila. Todas son quimioautótrofas.

La aceptación de las arqueas como un grupo totalmente ajeno al de las bacterias fue un proceso lento. El microbiólogo Carl Woese fue el principal impulsor de una nueva taxonomía basada en la comparación entre especies de la llamada secuencia del ARNr. Los análisis moleculares que llevó a cabo en 1977 constituyen el descubrimiento del dominio *Archaea*.

A día de hoy, *Archaea* sigue siendo un gran desconocido. Aquí, a pesar de no estar comúnmente aceptado, dividiremos el reino *Euryarchaea* en dos filos: *Euryarchaeota* y *Nanoarchaeota*, tal y como se representa en la figura inferior.

En el siglo XX, al profundizar en el estudio de la formación de gas metano por parte de los seres vivos —metanogénesis—, los científicos, sin saberlo, empezaban a estudiar unas criaturas desconocidas hasta entonces: las arqueas. Las primeras especies identificadas se fueron agrupando dentro de los moneras bajo los filos *Crenarchaeota* y *Euryarchaeota*. Los moneras eran aquellos microrganismos más simples que estaban constituidos por una sola célula procariota. Realmente, se estaban poniendo al mismo nivel tanto filos bacterianos como filos arqueanos.

En nuestros días, esa clasificación ha quedado obsoleta y está comúnmente admitido el sistema de los tres dominios que separa claramente bacterias y arqueas, aunque ambas sean procariotas. Sin embargo, la historia pesa mucho y la dicotomía entre crenarqueas y euriarqueas tiene todavía una buena inercia, toda vez que está sólidamente avalada por análisis de genomas secuenciados al completo.

A mayor abundamiento, dado que las arqueas son poco prolíficas (o están menos estudiadas) no hay mucho interés por desmontar esa jerarquía. Algunos autores sí elevan la categoría de estos filos a superfilos, pero manteniendo su denominación original. En esta obra, sin embargo, nos hemos arriesgado identificando dos reinos para recoger esos filos tradicionales: *Euryarchaea* para agrupar las especies relacionadas con los filos euriarqueotas y *Proteoarchaea* para recoger a los crenarqueotas.

En definitiva, el reino *Euryarchaea* queda integrado por dos filos: el tradicional *Euryarchaeota* y el recientemente descubierto *Nanoarchaeota*. No es fácil describir este reino y establecer diferencias con su hermano *Proteoarchaea*. Ambos reinos agrupan especies amantes de la acidez (acidófilas) o del calor (hipertermófilas), si bien solo en *Euryarchaea* encontramos especies amantes de la sal (halófilas extremas) y productoras de metano (metanógenas), así como un filo de arqueas recientemente descubierto cuyo tamaño se mide en nanómetros. A continuación fijaremos la atención en estos filos: *Euryarchaeota* y *Nanoarchaeota*.

Los moneras

Si repasa la imagen de la página 36, observará que en la parte inferior aparece la palabra «Moneren», 'monera' en alemán. Y es que Ernst Haeckel fue el primer naturalista que utilizó esa palabra para referirse a los organismos más simples conocidos, constituidos por una sola célula.

En su árbol de la vida, Haeckel colocó a «Moneren» en la parte inferior del tronco para indicar que el resto de las formas vivientes habrían evolucionado de esas criaturas más sencillas.

Haeckel proponía tres reinos: *Animalia*, *Plantae* y *Protista*, en el que incluía los moneras y todas aquellas especies que no se parecían ni a las plantas ni a los animales.

Cuando se descubrió que las bacterias carecían de núcleo, el biólogo estadounidense Herbert Copeland (1902-1968) recuperó el término de Haeckel para referirse al conjunto de los procariontes.

Thermoplasmatales

Methanosarcinales

Methanomicrobiales

Methanomassiliicoccales

Methanocellales

Methanomicrobia

Thermoplasmata

Thermococcales

Methanococcales

Thermococci

Halobacteriales

Methanobacteriales

Methanococci

Euryarchaeota

Haloarchaea

Methanobacteria

Methanopyrales

Archaeoglobales

Methanopyri

Archaeoglobi

Las arqueas medran en los ambientes más inhóspitos que podamos imaginar: salinas, aguas sulfurosas y residuales, fumarolas y fuentes hidrotermales o géiseres, como el de la fotografía, son algunos de sus hábitats preferidos. Algunas de las clases más extravagantes de arqueas pertenecen al filo *Euryarchaeota*.

Desde el punto de vista cuantitativo, las arqueas representan solo el 4% de los procariontes conocidos. Esto se puede deber, o bien a que las arqueas por naturaleza son mucho menos abundantes que las bacterias, o bien a que han sido menos estudiadas y por eso se han identificado menos especies. Y esta última posibilidad es la más plausible.

Cualitativamente hablando, las arqueas se califican de extremas a tenor de las características medioambientales en las que se encuentran. En efecto, el primer filo que estudiamos, *Euryarchaeota*, comprende especies muy diversas desde aquellas que emiten metano como producto de su metabolismo (metanógenas) hasta las adaptadas a ambientes extremadamente salinos (halófilas estrictas), ácidos (acidófilas) o calientes (hipertermófilas). Se distinguen, al menos, las siguientes clases: *Methanobacteria*, *Methanococci*, *Methanomicrobia*, *Methanopyri*, *Archaeoglobi*, *Thermococci*, *Thermoplasmata* y *Haloarchaea*.

Las cuatro primeras producen metano como desecho de su metabolismo. Se encuentran en los sedimentos, en reservas de agua sin oxígeno debido a una eutrofización excesiva, en fuentes hidrotermales, en aguas residuales e, incluso, en el intestino de diversos animales. Son las más abundantes. A continuación, nos detendremos en la clase *Methanococci*.

Las dos siguientes prosperan a temperaturas superiores a los 80 °C, llegando a soportar algunas especies temperaturas por encima de los 100 °C. Así, su hábitat preferido son las fumarolas hidrotermales submarinas.

La subsiguiente clase, *Thermoplasmata*, se desarrolla en ambientes ácidos y calientes, aunque no tan calientes como las clases hipertermófilas. La podemos encontrar en fuentes sulfurosas con un índice de acidez (pH) inferior a 4.

La última clase de arqueas, *Haloarchaea*, medra en todos aquellos entornos con una alta concentración de sal y con un pH por encima de 10. El peculiar color rojo de alguno de los estanques de evaporación de agua de mar se debe a los pigmentos carotenoides que contienen.

¿Qué es el pH?

El pH (leído «pe-hache») es una medida de la acidez de una sustancia. Una sustancia con un pH igual a 7 es neutra, mientras que una sustancia es ácida si tiene un pH menor y básica o alcalina si tiene un valor mayor.

¿Y qué es la acidez o la alcalinidad? Es la valoración de la concentración de iones de hidrógeno o, lo que es lo mismo, de protones. El agua, compuesta por dos átomos de hidrógeno por cada átomo de oxígeno (H_2O), se disocia en iones hidrógeno (H^+) e iones hidróxido (OH^-).

El agua pura, en condiciones normales de presión y temperatura, tiene una concentración de protones determinada que se toma como referencia y a la que se asigna el valor de 7; no es ácida ni alcalina.

El pH es una escala logarítmica e inversa en la que un aumento de una unidad implica una concentración de protones 10 veces menor y viceversa.

En ausencia de oxígeno, la metanogénesis es el último paso en la descomposición de la materia orgánica; para muchos microorganismos, es su manera de respirar. De forma simplificada, la metanogénesis consiste en la producción de metano a partir de dióxido de carbono u otras moléculas orgánicas sencillas.

Un camino metanogénico puede ser el siguiente:

$$CO_2 + 4\,H_2 \rightarrow CH_4 + 2\,H_2O,$$

proceso en el que a partir de una molécula de dióxido de carbono y cuatro de hidrógeno se obtienen una molécula de metano y dos de agua.

Mientras que la fermentación solo permite la ruptura de los compuestos orgánicos más grandes, la metanogénesis elimina los compuestos orgánicos más pequeños y el dióxido de carbono; sin la metanogénesis, muchos de los productos de la fermentación se acumularían. Pero si la eliminación del dióxido de carbono es algo positivo, la producción de metano no lo es tanto, puesto que es considerado uno de los gases de efecto invernadero más peligrosos.

Así es, un gas de efecto invernadero es aquel que absorbe y emite radiación dentro del rango infrarrojo. Los principales gases de efecto invernadero presentes en la atmósfera son el vapor de agua, el dióxido de carbono, el metano y el ozono. Sin ellos la temperatura media de la superficie terrestre sería de varios grados por debajo del cero, en lugar de la temperatura que observamos en torno a los 15 °C. El problema es que cuanto más se acumulan los gases de efecto invernadero, más aumenta la temperatura media de nuestro planeta.

La metanogénesis también se da en el intestino de muchos animales y es imprescindible, por ejemplo, en la nutrición de los rumiantes (vacas, cabras, etc.). Los microorganismos presentes en el estómago de los rumiantes descomponen la celulosa en otras formas utilizables por el animal. Los seres humanos también producimos metano, pero en pequeñas proporciones. Se estima que menos del 10% de las flatulencias humanas están compuestas por metano.

Desde la perspectiva de su metabolismo, existen unas clases de euriarqueotas particularmente interesantes: las arqueas metanógenas *Methanobacteria*, *Methanococci*, *Methanomicrobia* y *Methanopyri*.

La metanogénesis es el último eslabón de la degradación de la materia orgánica en ambientes anoxigénicos como los sedimentos lacustres, los arrozales, el tracto digestivo de muchos animales, fumarolas hidrotermales o las depuradoras de aguas residuales.

Concretamente, *Methanococci* debe su nombre a la forma esferoidal o de coco de estas especies y, en general, incluye organismos mesófilos que prosperan entre 20 y 45 °C, pero también hay algunas especies que son termófilas y prefieren temperaturas entre 45 y 70 °C y otras, excepcionalmente, que son hipertermófilas y medran en fumarolas volcánicas submarinas, como las de la imagen de la derecha en las islas Marianas del Norte, con temperaturas por encima de los 100 °C. Precisamente el primer genoma secuenciado de una arquea fue el de *Methanococcus jannaschii* hallado en una fumarola de la Dorsal del Pacífico Oriental.

En esos ambientes extremos, el primer aspecto de estos organismos que llama la atención de los científicos es la composición de su pared celular. Curiosamente, no todos los metanógenos presentan el mismo tipo de pared y son varios los componentes principales encontrados, pero siempre se trata de lípidos con largas cadenas hidrocarbonadas y glicerol en los extremos que, en todo caso, son muy diferentes de los encontrados en bacterias y eucariontes.

Lo que sí es común en todos los metanógenos es la imposibilidad de vivir en presencia de oxígeno. Se dice que son anaerobios obligados. Solo son capaces de crecer en presencia de dióxido de carbono e hidrógeno. Esas son sus fuentes de energía y como producto de desecho de su metabolismo producen metano. Se calcula que todas las arqueas metanógenas pueden liberar 2.000 millones de toneladas de metano al año; lo que representa más de las tres cuartas partes del metano atmosférico.

El filo *Nanoarchaeota* también se conoce como DPANN, acrónimo de las iniciales de las cinco primeras clases de nanoarqueas que se descubrieron: *Diapherotrites*, *Parvarchaeota*, *Aenigmarchaeota*, *Nanoarchaeota* y *Nanohaloarchaeota*. En la imagen inferior se puede leer el nombre de las otras siete clases que conforman este grupo.

Y en la fotografía de la derecha se observa un ejemplar de *Parvarchaeum acidiphilum*. Denominado genéricamente como *Archaeal Richmond Mine Acidophilic Nanoorganism* (nanoorganismo arqueano acidófilo de la mina Richmond) o ARMAN, se trata de un microorganismo de unas 0,3 micras de diámetro descubierto en los ambientes ácidos de una mina de hierro del norte de California. Para constatar la simpleza de su estructura, baste decir que cada célula contiene unos 90 ribosomas cuando una simple bacteria *E. coli* tiene más de 10.000.

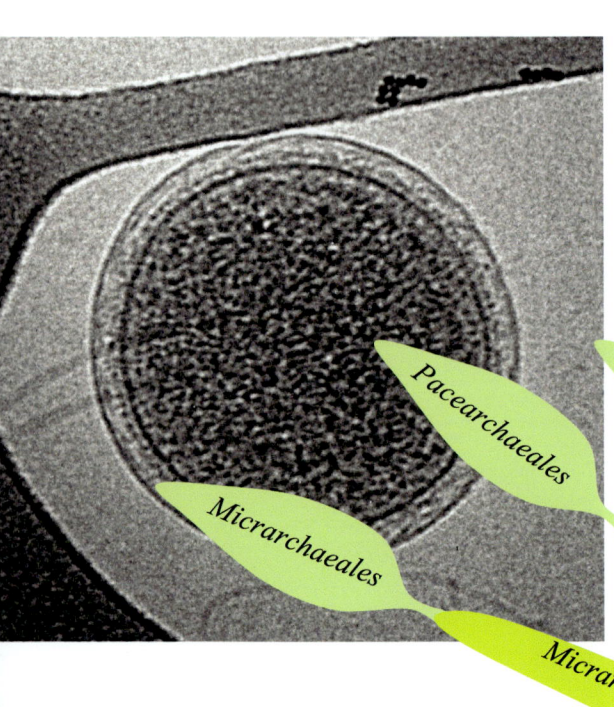

Pacearchaeales

Pavarchaeales

Undinarchaeales

Woesearchaeales

Micrarchaeales

Micrarchaeota

Pacearchaeota

Parvarchaeota

Undinarchaeota

Woesearchaeota

Nanohaloarchaeales

Nanohaloarchaeota

Nanoarchaeota

Nanoarchaeota

Mamarchaeota

Huberarchaeota

Diapherotrites

Altarchaeota

Aenigmatarchaeota

Nanoarchaeales

Mamarchaeales

Huberarchaeales

Diapherotritales

Altiarchaeales

Anigmarchaeales

En 2002, en una fuente hidrotermal de las costas islandesas, se descubrió una nueva especie de arquea que, por su tamaño, se denominó *Nanoarchaeum equitans*. Se trataba de un coco hipertermófilo de 0,4 micras de diámetro que parasitaba otra arquea. Dada las peculiares características de su genoma se creó un filo nuevo en el que incluirla: *Nanoarchaeota*.

Posteriormente, se encontraron otras arqueas ultrapequeñas y, en 2013, el microbiólogo Christian Rinke propuso crear un nuevo clado, denominado DPANN, que agrupase todas las nanoarqueas conocidas: *Diapherotrites*, *Parvarchaeota*, *Aenigmarchaeota*, *Nanoarchaeota* y *Nanohaloarchaeota*.

Recientemente, análisis genéticos más detallados, han revelado que las nanoarqueas están filogenéticamente emparentadas con las euriarqueotas y por eso algunos autores consideran que *Nanoarchaeota* es un filo hermano de *Euryarchaeota*, dentro del reino *Euryarchaea*. En cambio, otros microbiólogos proponen tres reinos de arqueas: *Euryarchaea*, *Proteoarchaea* y *Nanoarchaea* (o DPANN).

Todas las nanoarqueas se definen por su tamaño nanométrico y su pequeño genoma. En su mayoría son anaerobias y algunas son termófilas, hiperacidófilas o hiperhalófilas.

Una consecuencia de ese reducido genoma es la limitación de sus capacidades metabólicas y por eso muchas especies —pero no todas— viven en asociación simbiótica o parasitaria con otros organismos. De hecho, *N. equitans* tiene uno de los genomas más pequeños secuenciados hasta ahora y necesita de su hospedador para la síntesis de aminoácidos, proteínas o lípidos porque carece, prácticamente, de todos los genes que codifican las proteínas que intervienen en el anabolismo o el catabolismo. Aun con todo, esta pequeñaja tiene la información suficiente para codificar 552 proteínas.

Por su tamaño y por sus reducidas posibilidades metabólicas, las nanoarqueas nos recuerdan mucho a las bacterias ultrapequeñas o patescibacterias que estudiamos en su momento.

Nanoarchaeum equitans con Ignicoccus hospitales

En la imagen se muestra la arquea *Ignicoccus hospitales* de unas 2 micras de diámetro parasitada con dos *Nanoarchaeum equitans* de unas 0,4 micras de diámetro.

N. equitans tiene un genoma de «solo» 490.885 nucleótidos, relativamente reducido si se compara, por ejemplo, con los 4.639.221 nucleótidos de *E. coli K12*.

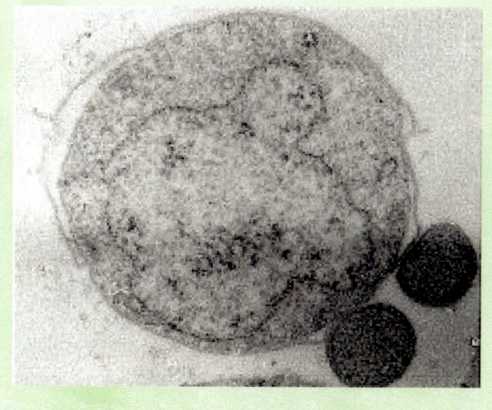

Dentro del dominio *Archaea*, además de *Euryarchaea*, se contempla el reino *Proteoarchaea* o *Filarchaeota*. A su vez, este se divide en dos filos: *Crenarchaeota* o *Eocyta* y *Asgardarchaeota* o *Asgardia*. Muchos autores consideran que las arqueas jugaron un papel importantísimo en el desarrollo del árbol de la vida, tal y como hoy lo conocemos.

Rodeada de controversia, la teoría de la endosimbiosis trata de explicar el origen de las células eucariotas postulando una primera fusión entre una arquea y una bacteria. Tras un periodo de colaboración simbiótica entre ambas células, la arquea terminaría integrando la bacteria en su interior —endosimbiosis— para transformarla en una mitocondria. Posteriormente, de manera análoga, la arquea desarrollaría todo un sistema de orgánulos incorporando, por ejemplo, cianobacterias que se convertirían, con el paso del tiempo, en cloroplastos. Por eso se cree que el origen de las células eucariotas se debe a una serie de endosimbiosis sucesivas o seriadas.

A la izquierda aparece la bióloga Lynn Margulis, una de las defensoras de la teoría de la endosimbiosis seriada, durante la conferencia inaugural del III Congreso sobre Comunicación Social de la Ciencia que se celebró en La Coruña el 9 de noviembre de 2005.

Crenarchaeota

Proteoarchaea

Asgardarchaeota

Archaea

Ya hemos dicho que, a comienzos del siglo XX, se empezaron a identificar toda una serie de nuevos organismos, las arqueas, y que se cataloguen, o bien como euriarqueas, o bien como crenarqueas. Al profundizar en su conocimiento, hubo que añadir otros filos para dar cabida a nuevos descubrimientos y, de manera natural, los filos iniciales se convirtieron en reinos.

Entre otras muchas, se identificaron varias especies de arqueas de cuatro taxones diferentes: *Thaumarchaeota*, *Aigarchaeota*, *Crenarchaeota* y *Korarchaeota*. Puesto que esas especies se encontraban muy próximas a las células eucariotas, se propuso agruparlas en un superclado denominado TACK, por las iniciales de sus componentes.

Hoy en día, se prefiere denominar a ese grupo *Proteoarchaeota* o *Filarchaeota* y asignarle las categorías de superfilo o de reino. Aquí hablaremos del reino *Proteoarchaea*, por coherencia con el resto de la obra.

Este reino comprende aquellas arqueas más parecidas a los organismos eucariontes por lo que podría ser el eslabón de unión entre las células sin núcleo y con núcleo. En él se han encontrado varias proteínas estrechamente relacionadas con las eucariotas. En este sentido, la existencia de los dos filos en los que se suele dividir este reino, *Crenarchaeota* y *Asgardarchaeota* (también denominados *Eocyta* y *Asgardia*, respectivamente) no puede ser más esclarecedora.

Según el biólogo evolutivo estadounidense James A. Lake (n. 1941), los eocitos son unas arqueas tan diferentes del resto, pero tan parecidas a los organismos eucariontes, que por sí solas deberían constituir un cuarto dominio a caballo entre *Archaea* y *Eukarya*. Sus trabajos sobre la eucariogénesis (es decir, sobre el origen de las eucariotas) avalan la teoría del eocito como una teoría endosimbiótica más a tener bastante en cuenta.

Por su parte, las arqueas de Asgard codifican una serie de proteínas que tradicionalmente se habían considerado específicas de los eucariontes, como algunas involucradas en el transporte de sustancias que atraviesan la membrana celular.

Las teorías endosimbióticas

El paso de las células procariotas a las eucariotas o eucariogénesis es un tema de vivo interés todavía no resuelto. Existen unas cuantas teorías al respecto: simbiogenéticas, autógenas y mixtas.

Las primeras parten de la idea de la simbiosis, esa asociación íntima y prolongada en el tiempo entre varias especies. Las teorías autógenas defienden un simple desarrollo evolutivo en el que la simbiosis no tuvo nada que ver. Y las mixtas admiten una primera evolución y una simbiosis posterior.

La defensora más destacada de la endosimbiosis fue la estadounidense Lynn Margulis (1938-2011). Concretamente, ella proponía una endosimbiosis seriada, es decir, toda una serie de simbiosis entre bacterias y arqueas. De hecho, se admite que las mitocondrias y los cloroplastos de las eucariotas se pudieron originar así.

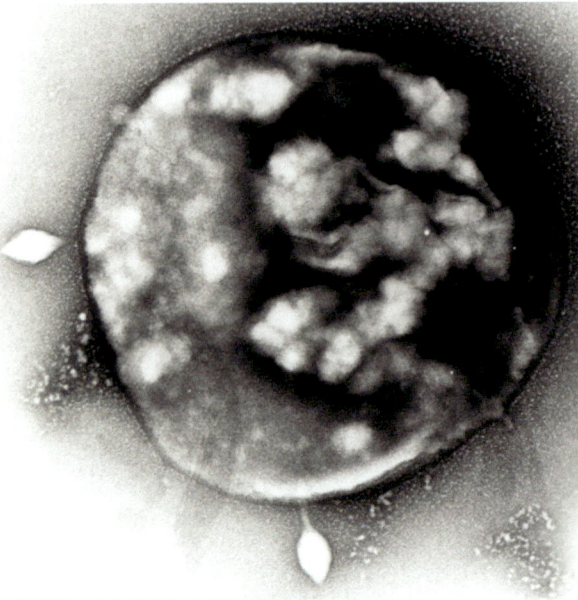

Sin unanimidad, el filo *Crenarchaeota*, también conocido como *Thermoproteota*, se suele dividir en las clases que podemos leer en la figura inferior. Y dentro de la clase *Crenarchaea*, se distingue, entre otros, el orden *Sulfolobales*. *Sulfolobus solfataricus* (en la imagen de la derecha) y *Sulfolobus tengchongensis* (a la izquierda) son algunas de las especies que conforman dicho orden.

Concretamente, junto a *S. tengchongensis* se pueden apreciar dos pequeños virus en forma de rombo que acaban de ser expulsados del interior de la célula.

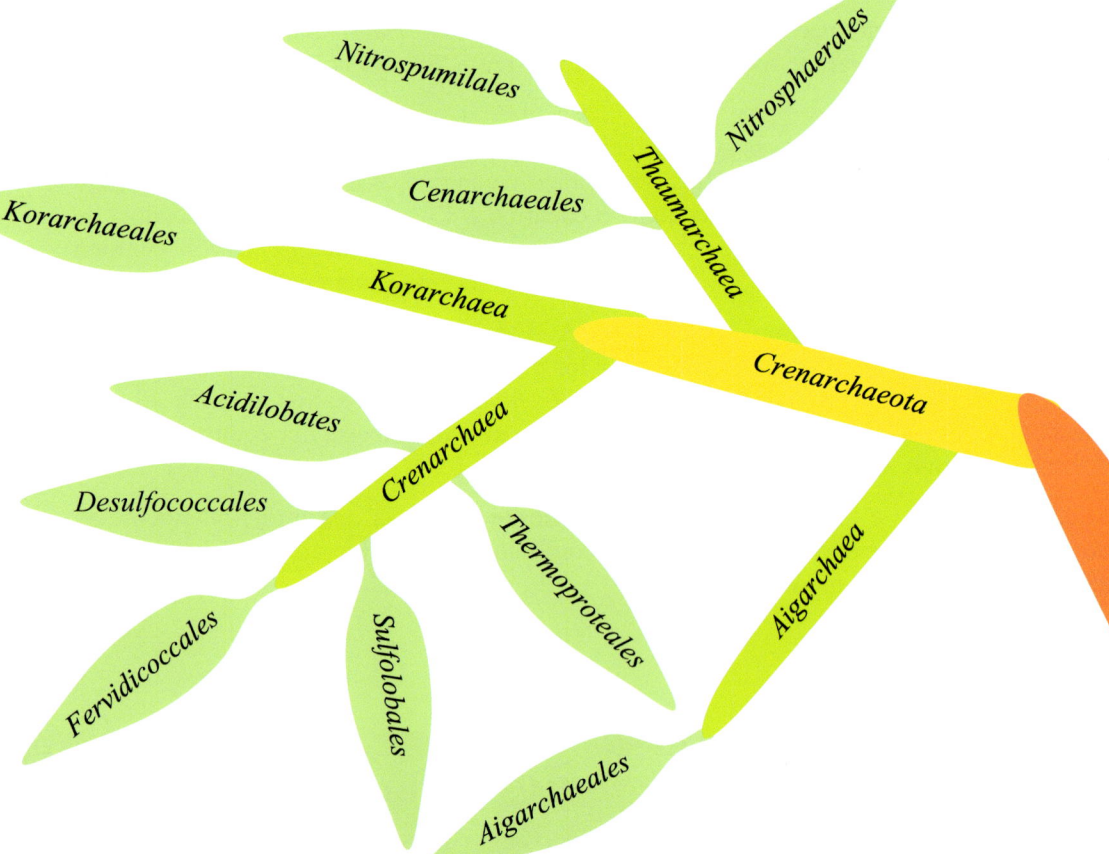

Euryarchaea y *Proteoarchaea* son los dos reinos que se suelen considerar dentro de las arqueas. Y el reino *Proteoarchaea* se subdivide en dos filos: *Crenarchaeota* y *Asgardarchaeota*. Las crenarqueas habitan tanto en ambientes hipertermófilos como psicrófilos.

Las crenarqueas hipertermófilas proliferan en las fuentes termales submarinas y pueden ser quimiolitótrofas o quimioorganótrofas; la mayoría son anaerobias, puesto que el ambiente submarino profundo es anóxico. Muchas de ellas utilizan el hidrógeno gaseoso presente en esos ambientes y metabolizan el azufre contenido en los sulfuros que emanan de las fuentes hidrotermales. Esos ambientes ricos en sulfuros se denominan solfataras; reciben este nombre por las fumarolas de Solfatara (Italia). Otras fuentes hidrotermales ricas en arqueas están en el Parque Nacional de Yellowstone en Estados Unidos. Aunque se han detectado crenarqueas en ambientes alcalinos, la mayoría habita en ambientes neutros o ligeramente ácidos.

Las hipertermófilas también medran en las fuentes denominadas chimeneas hidrotermales. Estas se pueden encontrar tanto en aguas someras como en las aguas profundas de las dorsales oceánicas. En el caso de aguas profundas, debido a la presión, el agua puede estar por encima de los 100 °C de temperatura. Además de en los hábitats naturales, es posible encontrar crenarqueas en el flujo de agua caliente que procede de las centrales geotérmicas.

Por su parte, las crenarqueas psicrófilas se dejan llevar por las corrientes marinas frías a una temperatura de unos 3 °C, son quimiolitótrofas, aerobias y utilizan el amoniaco como fuente de energía. En claro contraste con las especies hipertermófilas, las psicrófilas prosperan en aguas glaciales y en el hielo marino de la Antártida.

Las crenarqueas marinas son organismos planctónicos suspendidos libremente en el agua. Podrían llegar a representar hasta el 40% de todos los individuos procariotas que nadan en las aguas oceánicas profundas. Y probablemente representan un papel crucial en el ciclo del carbono, a juzgar por su número y capacidad para fijar este elemento.

Solfatara

En la imagen inferior se muestra una de las fumarolas de Solfatara, cráter volcánico situado en la caldera napolitana denominada Campos Flégreos.

En español, solfatara (con minúscula) es la abertura por donde salen, a diversos intervalos, los vapores sulfurosos típicos de los terrenos volcánicos.

Sulfolobus solfataricus fue descubierta en Solfatara en 1980.

Grand Prismatic Spring —en la imagen de la izquierda— es una de las mayores fuentes hidrotermales del mundo. Localizada en el parque nacional de Yellowstone de los Estados Unidos, da cobijo a un buen número de especies de bacterias y arqueas como, entre otras, las de Asgard. Los colores amarillos y rojizos que se observan en los bordes de la fuente son costras de acumulaciones bacterianas y arqueanas.

Otro de los lugares en los que se han localizado las asgardarqueas son los respiraderos de las fuentes hidrotermales de las dorsales oceánicas, a varios miles de metros de profundidad, también llamados fumarolas negras.

En la imagen inferior se muestran las diferentes clases que se han descrito hasta la fecha.

Heimdallarchaeales

Lokiarchaeales

Heimdallarchaea

Lokiarchaea

Proteoarchaea

Asgardarchaeota

Thorarchaea

Thorarchaeales

Odinarchaea

Odinarchaeales

Del reino *Proteoarchaea*, acabamos de ver el filo *Crenarchaeota*. Ahora es el momento de detenernos en el filo *Asgardarchaeota*, también conocido como *Asgardia*. El nombre que recibe este taxón proviene de la mitología nórdica. Según antiguos mitos, Asgard era la región del cielo en donde habitaban los dioses, accesible solo a través del arcoíris. Y es que el lugar donde se encontró una primera muestra de loquiarqueas se localiza en una recóndita fuente hidrotermal de la dorsal mesoatlántica conocida como el Castillo de Loki, a 2.300 metros de profundidad (Loki es un dios nórdico).

Resulta fácil recordar el nombre de las cuatro clases en las que se suele subdividir *Asgardia*: *Odinarchaea*, *Thorarchaea*, *Lokiarchaea* y *Heimdallarchaea*, en referencia a Odín, Thor, Loki y Heimdall (hijo de Odín), respectivamente.

Odinarchaea es una clase de arqueas recientemente propuesta a partir de muestras genómicas obtenidas en manantiales hidrotermales en dos localizaciones: parque nacional de Yellowstone de Estados Unidos y Radiata Pool de Nueva Zelanda. Se cree, por tanto, que no es una clase de arqueas muy abundante.

Thorarchaea es una clase de arqueas encontradas en sedimentos de estuarios marinos. Se sabe que estos medios contienen comunidades microbianas de gran importancia en el reciclado de los nutrientes, pero se desconoce el papel ecológico que puedan desempeñar estas arqueas al respecto. Una función podría ser la reducción del azufre.

Como ya se ha dicho, *Lokiarchaea* fue la primera clase de asgardarqueas encontradas. Para no crear confusión, en realidad habría que aclarar que lo que se identificó fueron 5.381 genes codificantes de proteínas, entre los que un tercio no se correspondían a ninguna proteína conocida, otro tercio se relacionaba con proteínas arqueales y el resto con bacterianas.

Por último, *Heimdallarchaea* es la clase de arqueas más cercana a los organismos eucariotas. Según el genoma secuenciado, son arqueas con unas vías metabólicas únicas.

Los dioses vikingos

También en la mitología nórdica subyace la idea del árbol de la vida; Yggdrasil es un fresno cuyas ramas sostienen hasta nueve mundos diferentes: Asgard, el reino de los dioses; Midgard, el mundo de los hombres; Muspellheim, el hogar de los gigantes; Helheim, el reino de la muerte, etc.

Todos los dioses se reúnen en torno a Odín, el más importante. Otros dioses notables son Frigg, esposa de Odín; Thor, el dios del trueno, hijo de Odín y de la gigante Jörð; Balder, el segundo hijo de Odín, etc.

La figura de Loki es un tanto confusa, hijo de los gigantes Farbauti y Laufey, no es una verdadera deidad, aunque Odín lo llegó a tener por hermano. Se le considera el padre de todo fraude.

Heimdall es hijo de Odín y de nueve doncellas gigantes. Tenía una percepción tan fina que se le nombró guardián de Asgard.

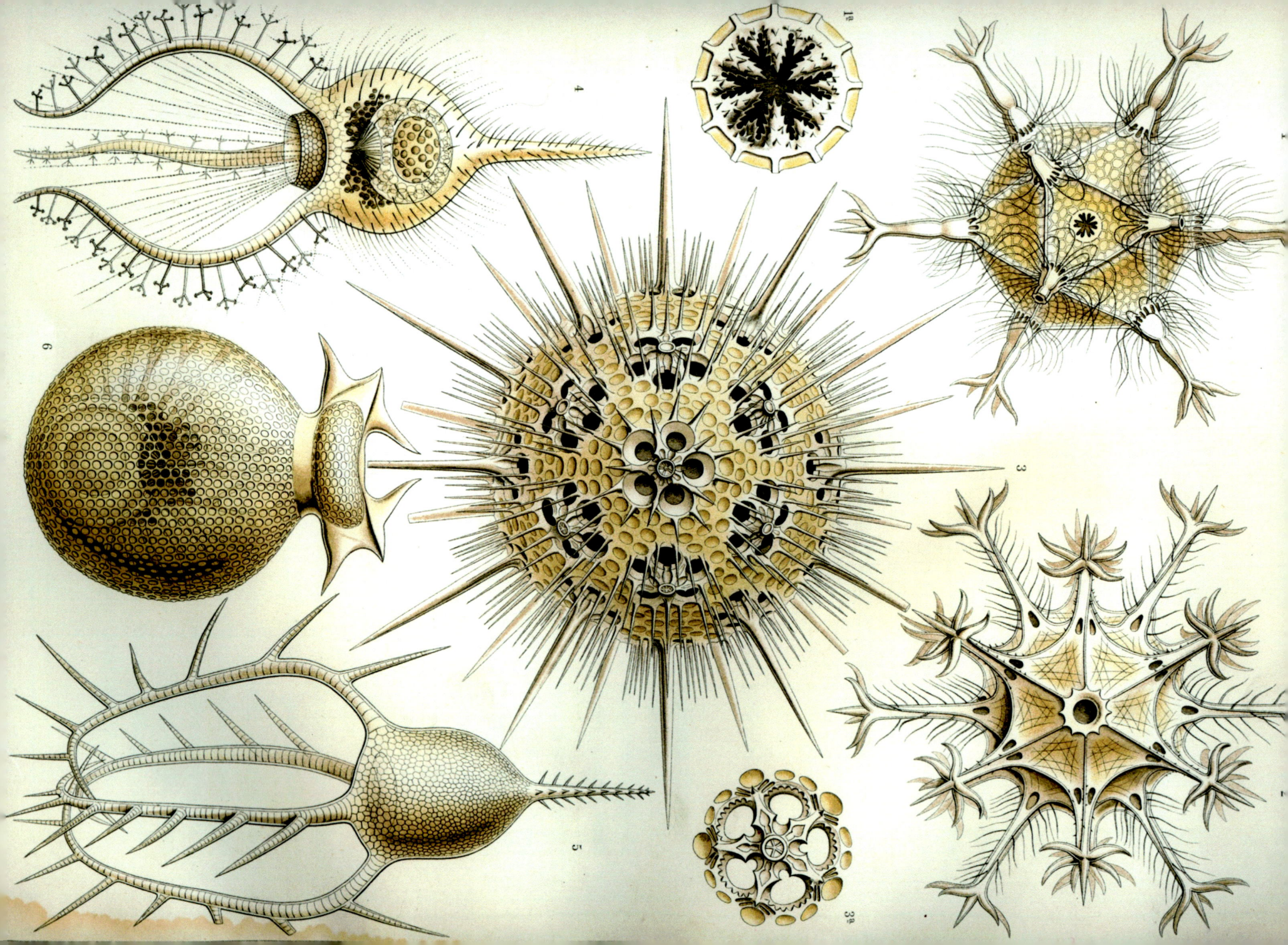

Esta obra se ha dividido en tres partes. En la primera, se han presentado los organismos procariotas, es decir, aquellas células sin núcleo diferenciado. Se inicia ahora la segunda sección dedicada a las células con núcleo, o sea, a los organismos eucariontes.

Definida con precisión, una célula eucariota es aquella célula con numerosas estructuras internas —denominadas organelas— rodeadas de membranas que las aíslan del citoplasma y, como acabamos de decir, uno de esos orgánulos es el núcleo celular.

Para comprender en su verdadera dimensión la evolución que supuso el paso de la célula procariota a la eucariota, es preciso comparar ambas células. La primera diferencia la encontramos en el núcleo. El material genético de los organismos eucariontes está delimitado por la lámina nuclear, mientras que en los procariontes se encuentra más o menos agrupado en una organela denominada nucleoide, sin separación nítida del resto del citoplasma.

Los ribosomas son otras de las estructuras diferenciadas de la célula procariota; se encuentran diseminados por todo el citoplasma y se pueden llegar a contar hasta una decena de millares de ellos. En la célula eucariota hay millones de ribosomas libres en el citosol —la parte líquida del citoplasma— y centenares de miles unidos a una red de sacos, tubos y canales rodeados por membranas, llamada retículo endoplasmático rugoso. Las zonas de ese sistema de membranas que no presentan ribosomas se denominan retículo endoplasmático liso.

En las páginas anteriores hemos visto que algunas bacterias presentan organelas especializadas en el almacenamiento de determinadas sustancias, pero lo que caracteriza la célula eucariota es la presencia de otros órganos como el aparato de Golgi, los peroxisomas, los lisosomas, las mitocondrias o los cloroplastos.

La última diferencia entre ambos tipos de células la apreciamos en el citoesqueleto, una red de fibras proteicas responsables, entre otras cosas, de la forma celular. El citoesqueleto de las células eucariotas está mucho más desarrollado que el de las procariontes.

Phaeodaria

La imagen que ilustra el comienzo de esta parte dedicada a los organismos eucariontes es la primera lámina del bello *Kunstformen der Natur* (Obras de arte de la naturaleza) de Haeckel.

En ella se representan un conjunto de ejemplares eucariotas del orden de *Phaeodaria*. Este grupo se ha descrito tradicionalmente como ameboides radiolarios o, a veces, como heliozoos.

Se dice que son ameboides por tratarse de organismos unicelulares que se alimentan deformando la membrana celular con el fin de atrapar el alimento. Esos brazos temporales se llaman pseudópodos.

Y se dice que son radiolarios por las elaboradas prolongaciones a modo de radios que les confieren esas bellas formas que exhiben. Dichas prolongaciones se denominan axopodios y están formadas por extensiones de la membrana celular y del citoesqueleto que les dan rigidez.

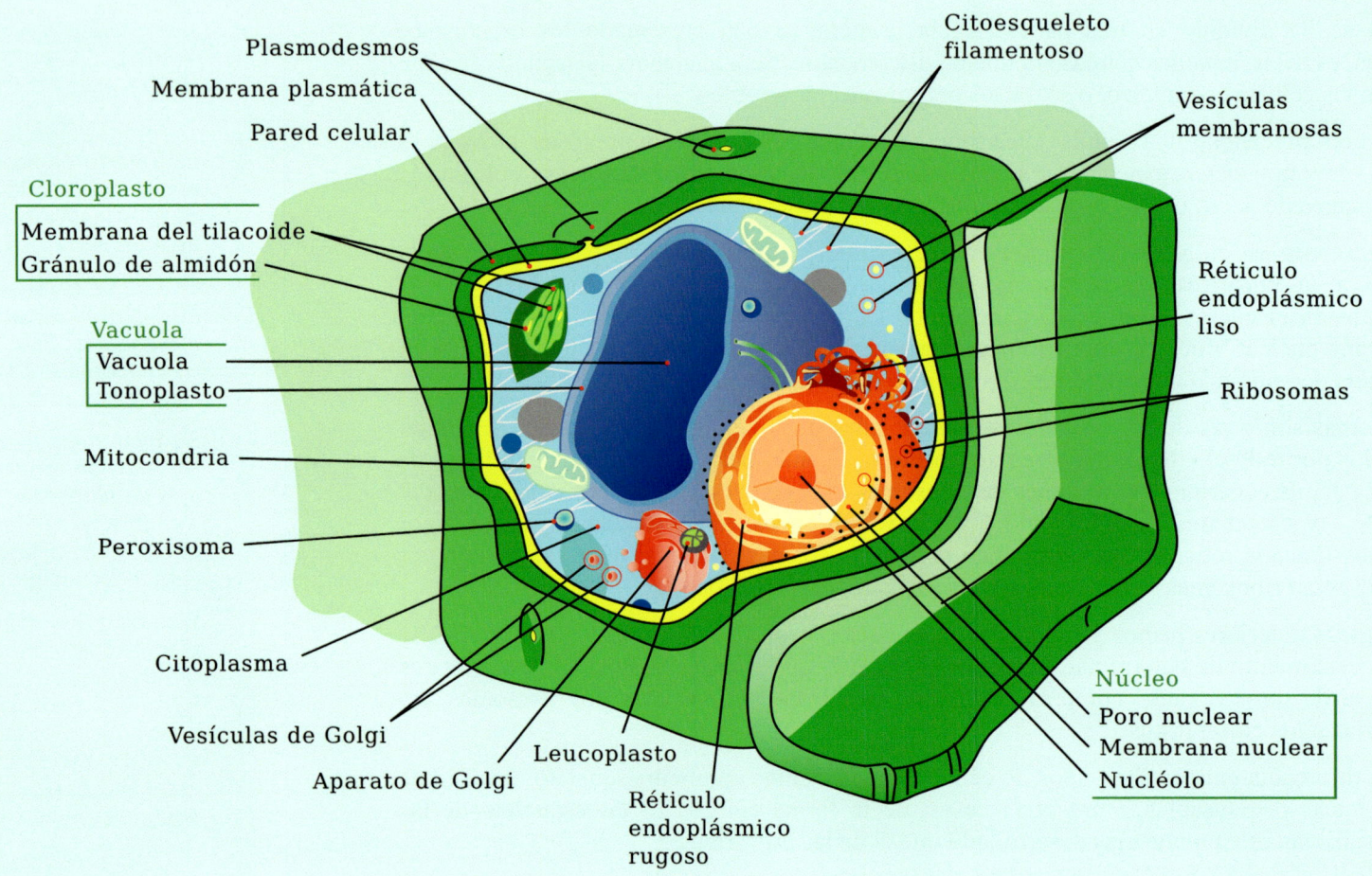

Plasmodesmos

Membrana plasmática

Pared celular

Citoesqueleto
filamentoso

Vesículas
membranosas

Cloroplasto

Membrana del tilacoide

Gránulo de almidón

Vacuola

Vacuola

Tonoplasto

Mitocondria

Peroxisoma

Citoplasma

Vesículas de Golgi

Aparato de Golgi

Leucoplasto

Réticulo
endoplásmico
rugoso

Réticulo
endoplásmico
liso

Ribosomas

Núcleo

Poro nuclear

Membrana nuclear

Nucléolo

Al comenzar el estudio de las células eucariotas es obligado abordar el tema de sus orígenes. Ya hemos visto que la presencia de muchos órganos en el interior del citoplasma celular es la característica más notoria de los seres eucariontes. Hace algunas páginas esbozábamos que, aunque es un tema sin resolver y en pleno debate, los científicos se inclinan por algún tipo de endosimbiosis que explique la existencia de esas estructuras internas.

Al igual que la razón última de muchas revoluciones es una cuestión de supervivencia, de lucha por la comida, parece ser que la endosimbiosis es un problema culinario. El fondo de la cuestión es un cambio en la alimentación. La eucariogénesis así como el origen de mitocondrias y cloroplastos pudo ser mera serendipia, consecuencia de una mala digestión.

Bacterias y arqueas tienen un amplio abanico de estrategias alimenticias obteniendo la energía y la materia necesarias a través de los más inverosímiles caminos, incluida la vía fotosintética. Muchos organismos eucariotas también hacen uso de esos métodos, pero la explosión de vida eucariota es consecuencia directa de la introducción de una nueva forma: la alimentación por ingestión.

El aumento de tamaño y la deformabilidad de la membrana celular serían dos condiciones necesarias para que una célula pudiera rodear e ingerir una segunda. De este modo, las teorías endosimbióticas argumentan que el origen de los cloroplastos de las células eucariotas hay que relacionarlo con el momento en el que una célula deglutió una cianobacteria. La bacteria proporcionaría a su hospedador glucosa y oxígeno a cambio de acceso a la luz y protección.

También es bastante probable que las mitocondrias tuvieran un origen similar y muchas pruebas así lo avalan. Sin embargo, está menos claro cómo pudo aparecer el núcleo; algunos biólogos creen que un virus podría ser el antecedente del núcleo celular, pero todavía es una cuestión abierta. Estas teorías reciben el nombre de endosimbiosis seriadas, que no deja de ser un modo elegante de expresar que todo tuvo que ser fruto de una serie de felices casualidades.

Una cuestión de tamaño

En promedio, una célula eucariota tiene un diámetro 10 veces mayor que otra célula procariota mediana; suele tener un diámetro comprendido entre 10 y 30 micras.

Como el volumen de la célula aumenta proporcionalmente al cubo de su diámetro, mientras que la superficie aumenta con el cuadrado del mismo, el volumen del citoplasma aumenta 10 veces más rápido que el área exterior de la membrana celular.

Esto supone (o supondría) un grave problema, si tenemos presente que el metabolismo de la célula depende del intercambio de sustancias y gases con el exterior, que tiene lugar a través de la membrana. La célula eucariota tiene que realizar un metabolismo que sobrepasaría la capacidad de transporte de su membrana, si no fuera por la superficie adicional que le aportan las numerosas estructuras en las que se organiza. (Ver célula vegetal en la imagen de la izquierda).

Así de enmarañadas se presentan las ramas eucariotas del árbol de la vida; a lo largo de las próximas páginas iremos profundizando en semejante complejidad. Debemos tener en cuenta, no obstante, que esta imagen es solo una representación artística entre la infinidad de versiones existentes.

Eukarya

Luca

El tercer dominio del árbol de la vida es *Eukarya*. Podemos definirlo de un modo extensivo o de una manera cualitativa. Pero si decimos que *Eukarya* comprende los animales, las plantas, los hongos, las algas y los protozoos, podemos estar casi seguros de que habremos errado en nuestro intento. Es preferible describir este dominio por aquellas cualidades que le son propias, afirmando que son organismos formados por una o más células eucariotas cuyas pequeñas subunidades ribosómicas presentan una estructura única entre las posiciones 585 y 655, como ya sabemos.

Pese a la simplicidad de esta explicación, es un dominio de una variedad inigualable: comprende desde microbios de tamaño comparable a las bacterias hasta las gigantescas secuoyas o ballenas azules. Esto nos lleva directamente a la multicelularidad característica, aunque no exclusiva, de los eucariotas. Recordemos que algunas cianobacterias presentaban algún tipo de diferenciación celular que hacía difícil negar que no se tratara, verdaderamente, de un organismo pluricelular. Es bien cierto, no obstante, que también existen organismos eucariotas constituidos por una sola célula.

Otro rasgo muy importante está relacionado con el modo de reproducción. Si bacterias y arqueas se reproducen mediante fisión binaria, o sea, la división de la célula en dos células semejantes, los eucariotas lo hacen mediante mitosis y meiosis.

En la fisión procariota, la célula crece de tamaño, replica su ADN y se divide en dos nuevas células mediante la denominada citocinesis. Pero mientras que la mayoría de los procariontes tienen un único cromosoma, los eucariontes tienen varios y, además, están contenidos en el núcleo, de modo que el proceso de replicación del material genético y segregación posterior en dos unidades es algo más complicado. La división del núcleo que conduce a la formación de dos núcleos hijos se denomina mitosis. Por su parte, la meiosis es el mecanismo de división celular que se da en las células —llamadas gametos— que producen los espermatozoides y los óvulos implicados en la reproducción sexual.

Eukarya

En comparación con las células bacterianas —ver página 49— o arqueanas —pág. 71—, las células eucariotas presentan otras muchas particularidades (aparte de la peculiar estructura de la pequeña subunidad ribosómica —pág. 31—):

– Al menos, son 1.000 millones de años más modernas que aquellas.
– En promedio, tienen un diámetro diez veces mayor.
– Pueden alimentarse mediante fagocitosis.
– Poseen un nucleolo con múltiples cromosomas.
– Disponen de un citoesqueleto complejo con microtúbulos y filamentos intermedios.
– Tienen flagelos más elaborados e insertados en el citoesqueleto, no en la membrana como bacterias o arqueas.
– Presentan una ciclosis (movimiento del citoplasma y de las organelas) más efectiva que los procariontes.

Para su estudio, el dominio *Eukarya* se divide en dos grandes subdominios, denominados: *Diaphoretickes* y *Amorphea*. Pero, además, se consideran otros grupos de menor entidad como son el superreino *Hacrobia*, el reino *Discoba* y el filo *Metamonada*.

En la imagen, aparece *Giardia lamblia*, un metamonado de la clase *Fornicata* que parasita en el intestino delgado de varios mamíferos, incluyendo el ser humano, y que puede provocar patologías graves.

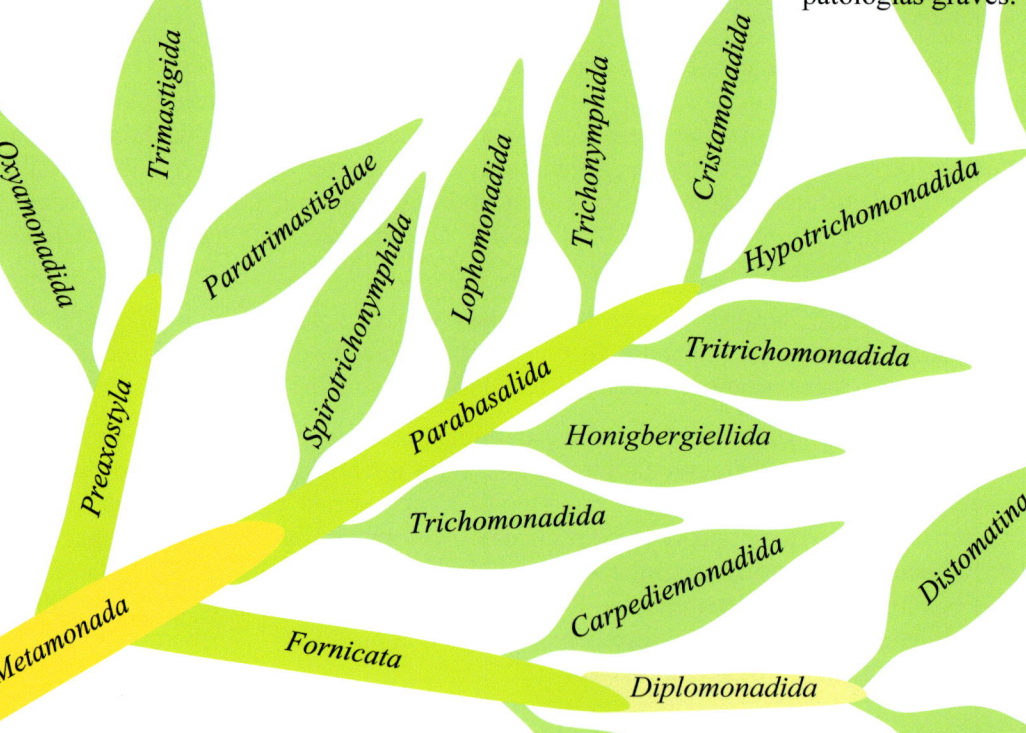

El filo *Metamonada* incluye células eucariotas caracterizadas por la presencia de flagelos y la ausencia de mitocondrias. En un principio, se pensó que la carencia de mitocondrias era la prueba irrefutable de que se trataba del grupo de eucariontes más primitivo, y que sería el eslabón de unión entre los procariontes y los otros eucariontes mitocondriales. Más tarde se llegó a la conclusión de que sus ancestros sí tenían mitocondrias y que, posteriormente, las habrían perdido. No poseen mitocondrias, pero sí presentan unos vestigios mitocondriales denominados mitosomas, unas organelas poco conocidas todavía.

Proliferan en ambientes anaerobios como las aguas pobres en oxígeno, el tracto digestivo de algunos animales o el intestino de muchos invertebrados. Se alimentan fagocitando microbios enteros o pequeñas partículas sólidas. Se dice que son fagótrofas. En este sentido se oponen a las bacterias y arqueas que se alimentan por absorción osmótica a través de la membrana y pared celular: son osmótrofas. (También existen eucariontes osmótrofos). A tal efecto, la membrana celular posee una ranura especializada en la fagocitosis denominada citostoma —una especie de boca celular— que conduce el alimento directamente a una vacuola.

Los flagelos son soportados por una o varias estructuras basales denominadas cinetosomas. El conjunto del flagelo y los cinetosomas se denomina cinétida. A menudo, los flagelos se presentan en grupos de cuatro y asociados al núcleo celular. Esa estructura recibe el nombre de cariomastigonte. Algunas células presentan más de un núcleo y varios flagelos asociados en respectivos cariomastigontes. Muchas se caracterizan por tener un elaborado citoesqueleto compuesto por miles de microtúbulos que emergen desde los cinetosomas.

Para su estudio, este filo se suele dividir en tres clases: *Fornicata*, *Parabasalia* y *Preaxostyla*. *Fornicata* se distingue por tener dos cinetosomas y un citostoma por cada cinétida y presentar hasta dos cariomastigontes. Algunas especies de *Parabasalia* han perdido el aparato flagelar y otras poseen miles de flagelos. *Preaxostyla* tiene cuatro cinetosomas por cinétida.

Un cajón de sastre

Coloquialmente, se entiende por cajón de sastre, aquel conjunto de cosas diversas y desordenadas que lo único que tienen en común es no compartir ninguna cualidad.

Tradicionalmente, el reino *Protista* (o *Protoctista*) era un cajón de sastre en el que los biólogos introducían aquello que no sabían dónde meter: originariamente incluyó a los moneras y otros microbios difíciles de clasificar, después fue sinónimo de eucariontes unicelulares (protozoos) designando, finalmente, eucariontes tanto unicelulares como pluricelulares que no son ni plantas, ni animales, ni hongos.

Desde el punto de vista filogenético es un taxón parafilético, es decir, incluye el ancestro común de sus miembros, mas no incluye todos los descendientes de dicho ancestro. Como esta obra versa principalmente sobre el árbol de la vida es preferible estudiar solo ramas monofiléticas.

Diaphoretickes
Amorphea
Euglenozoa
Percolozoa
Discoba
Hacrobia
Eukarya
Metamonada

Tal vez usted se haya sentido algo confuso o confusa al inicio de este capítulo. Hasta ahora habíamos dividido los dominios en reinos (*Terrabacteria* y *Gracilicutes* para las bacterias y *Euryarchaea* y *Proteoarchaea* para las arqueas). En cambio, hemos comenzado el estudio de los eucariontes con el filo *Metamonada* y, solo después, aparece un reino: *Discoba*.

Veamos qué es lo que ocurre. Tradicionalmente, dentro del dominio *Eukarya* se distinguía, entre otros, el reino parafilético *Protista*. A su vez, *Protista* se subdividía, entre otros, en el subreino *Excavata*, también parafilético, en el que se incluían los filos *Discoba* y *Metamonada*. No obstante, había alguna reserva sobre que *Metamonada* fuera una verdadera rama de *Excavata* que estuviera al mismo nivel que *Discoba*.

Como en la actualidad se prefieren omitir aquellas ramas parafiléticas en beneficio de las monofiléticas, y uno de los objetivos de esta obra es dibujar un árbol de la vida, nos ha parecido muy conveniente «olvidarnos» tanto de los protistas como de los excavatas. Teniendo en cuenta, además, que *Metamonada* y *Discoba* no son clados hermanos, parece lógico hablar del filo *Metamonada*, por una parte, y del reino *Discoba*, por otra, puesto que tiene mucha mayor relevancia que el primero.

Discoba incluye organismos unicelulares eucariotas biflagelados, citostomados, aerobios, de vida libre acuática con algunas excepciones: la subclase *Euglenophyceae* realiza fotosíntesis; dependiendo de la disponibilidad de alimento, el filo *Percolozoa* presenta tres estadios de vida diferentes con flagelos, como quiste o ameboide, y algunas especies son parásitas.

Dentro de este reino se acostumbra a citar dos filos: *Percolozoa* y *Euglenozoa*. La principal característica del primero es ese cambio en su forma de vida en función de las condiciones medioambientales, que ya hemos comentado, y lo más destacado del segundo es que entre sus especies se encuentran algunas que causan enfermedades raras y graves que afectan a los seres humanos. A continuación, los estudiaremos con más detalle.

Empezar por el principio

Es obvio que hay que empezar por el principio, pero a veces resulta difícil desenredar la madeja en busca de uno de los extremos. Hemos comenzado la descripción de *Eukarya* con el filo *Metamonada* y continuado con el reino *Discoba*. ¿Son los clados basales?

Probablemente no. Probablemente dos de los géneros que antes evolucionaron como verdaderos eucariotas sean *Collodyction* (en la imagen) y *Malawimonas*.

Esto es solo un apunte que refleja la dificultad real de empezar por el principio.

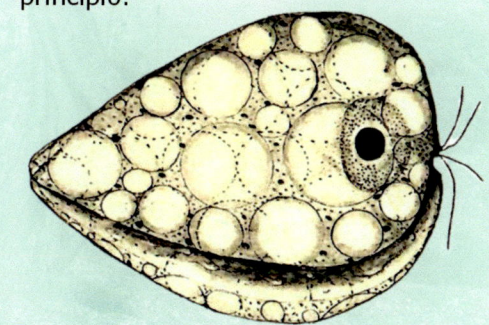

Diplonemema

Symbiontida

Euglenoidea

Euglenozoa

Kinetoplastea

Tsukubamonadida

Tetramitia

Pharyngomonadida

Acrasida

Tsukubea

Heterolobosea

Schizopyrenida

Andalucina

Jakobea

Percolozoa

Jakobida

Histionina

Discoba

El reino *Discoba* se divide en dos filos: *Percolozoa* y *Euglenozoa*. A su vez, dentro del filo *Percolozoa* se distinguen tres clases, *Jakobea*, *Tsukubea* y *Heterolobosea*, mientras que el filo *Euglenozoa* se suele dividir en cuatro: *Euglenoidea*, *Diplonemea*, *Symbiontida* y *Kinetoplastea*.

En función de las condiciones ambientales, el filo *Percolozoa* del reino *Discoba* se caracteriza por presentar tres formas de vida distintas: células ameboides, células flageladas y quistes. Algunas especies se han adaptado a ambientes tan ácidos, salinos o calientes que pueden ser calificadas perfectamente de extremófilas. Son heterótrofas y se alimentan de bacterias y otros eucariontes unicelulares. La mayoría de las especies son de vida libre tanto en el suelo como en el agua. Unas pocas son marinas y una mínima parte son parásitas.

Cuando el alimento abunda, la célula aparece con la figura de ameba. Se trasladan variando la posición del citoplasma dentro de la membrana (de modo similar a como una persona dentro de un balón gigante hinchable lo puede hacer avanzar con los movimientos de su cuerpo). En esta etapa carecen de boca celular o citostoma, pero pueden fagocitar otros microbios utilizando unos pseudópodos con el aspecto de ventosas, denominados amebastomas.

Cuando el alimento empieza a escasear, la opción más segura es trasladarse rápidamente de un sitio a otro en busca de nutrientes. Entonces la célula reduce un poco su tamaño y aparecen dos o cuatro flagelos pasando de la etapa ameboide a la etapa flagelada. Muchas especies presentan, además, un citostoma y otras especies multinucleadas pueden tener varios citostomas asociados a cada núcleo y su correspondiente conjunto de flagelos (similar al cariomastigonte descrito en los metamonados).

Y cuando las condiciones son desfavorables por la falta de humedad o de nutrientes, la célula se puede enquistar entrando en una especie de animación suspendida durante la cual los procesos metabólicos se ralentizan y cesan la alimentación y la locomoción. El enquistamiento también ayuda al microbio a dispersarse con facilidad en busca de condiciones más favorables. La célula adopta una forma esférica y se aísla del exterior por medio de una doble capa celular.

No en todas las especies se han observado estas tres etapas y esta descripción podría variar mucho de una especie a otra.

Naegleria fowleri

En la imagen inferior aparecen sendas fotografías de la fase vegetativa (quiste) y de las etapas activas (célula flagelada y ameba) de *Naegleria fowleri*.

En forma de ameba, se puede encontrar en aguas dulces templadas. Puede infectar a las personas cuando el agua con la ameba entra en la nariz de nadadores o buceadores. En ocasiones, puede alcanzar el cerebro y las meninges, a través de los canales de los nervios olfativos, y causar la mortal meningoencefalitis amebiana primaria. Se le denomina «ameba come-cerebros» y ha sido protagonista de populares series médicas como *House* o *The resident*.

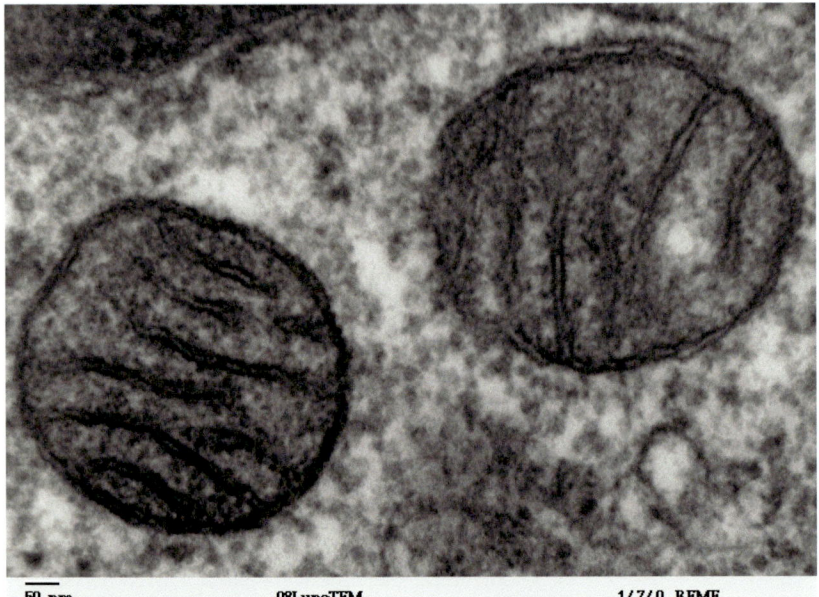

A la izquierda, aparecen dos mitocondrias fotografiadas mediante un microscopio electrónico y en la parte inferior se describen las partes de una mitocondria.

Se trata de la sección transversal de dos mitocondrias de una célula pulmonar de un mamífero. Según la barra de escala de la parte inferior, tienen un diámetro de media micra (la micra es la milésima parte del milímetro). Estas organelas suelen tener una longitud de unas ocho micras, tamaño comparable al de una bacteria típica.

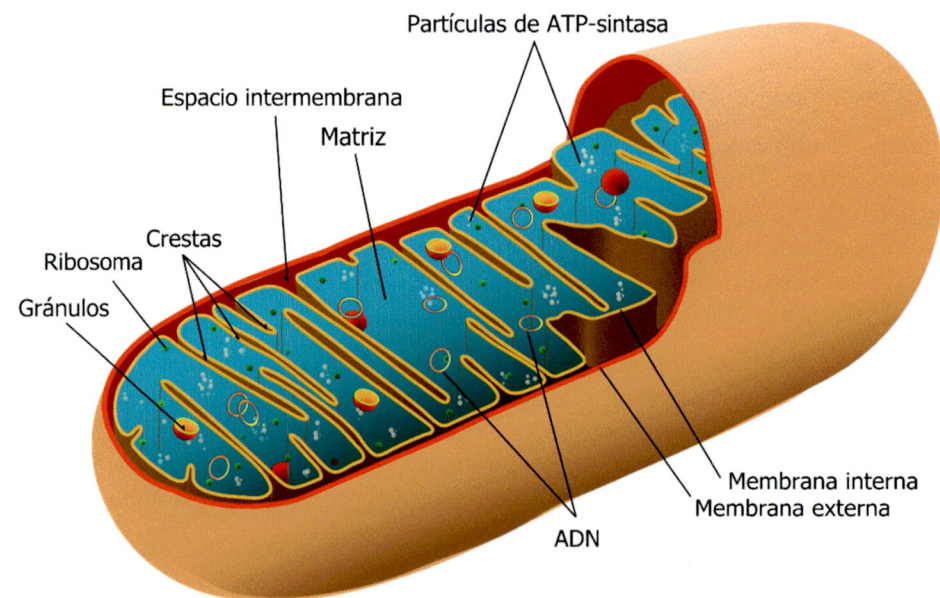

Partículas de ATP-sintasa
Espacio intermembrana
Matriz
Crestas
Ribosoma
Gránulos
Membrana interna
Membrana externa
ADN

El segundo gran filo del reino *Discoba* es *Euglenozoa*. La mayoría de las especies poseen dos flagelos y un citostoma mediante el cual ingieren bacterias y otros pequeños microorganismos; son heterótrofas. Sin embargo, algunas especies poseen cloroplastos con los que realizan la fotosíntesis, son autótrofas y han perdido la boca celular; se cree que los adquirieron al ingerir algún alga verde.

Todos los euglenozoos presentan mitocondrias con crestas discoidales. También los percolozoos las tienen y, por eso, el reino que agrupa ambos filos se denomina *Discoba*. El número de las crestas depende de la actividad metabólica de la célula. Además, para generar otras compañeras, las mitocondrias se pueden dividir de forma independiente a la división celular. Cada mitocondria posee un pequeño cromosoma circular similar al bacteriano con muchos menos genes que los cromosomas principales del núcleo, denominado ADN mitocondrial. El ADN mitocondrial codifica las proteínas que intervienen en los procesos de la respiración celular.

El filo *Euglenozoa* se suele dividir en cuatro clases: *Euglenoidea*, *Diplonemea*, *Symbiontida* y *Kinetoplastea*. Las tres primeras son de vida libre, si bien la última alberga algunas especies parásitas que pueden causar graves enfermedades en los seres humanos, como la leishmaniosis o las enfermedades del sueño o de Chagas.

La mayoría de los euglenoideos tienen cloroplastos que les permiten realizar la fotosíntesis, pero también hay algunas especies heterótrofas que se alimentan mediante fagocitosis o pinocitosis, una versión de la fagocitosis en la que la membrana celular practica una invaginación formando una vesícula que envuelve el alimento.

La clase *Diplonemea* comprende especies mayoritariamente marinas, fagótrofas y de vida libre. Presentan dos peculiares flagelos que parten de un mismo punto.

Los simbióntidos se caracterizan por soportar una relación de comensalismo con las bacterias que viven sobre ellos —bacterias epibiontes—.

Las mitocondrias

La mitocondria es el orgánulo donde se produce la respiración aeróbica celular; es una central energética en la que la energía almacenada en los enlaces de los hidratos de carbono y los ácidos grasos se convierte en ATP. Su número y tamaño dependen de las necesidades energéticas de la célula.

Cada mitocondria está delimitada por una doble membrana que separa tres espacios: el citoplasma, el espacio intermembranoso y la matriz mitocondrial. La membrana externa tiene una forma suave y redondeada, mientras que la interna presenta numerosos pliegues y tabiques que forman sacos, denominados crestas.

Es en las crestas donde tienen lugar los procesos químicos relacionados con la respiración celular. Su estructura asegura la existencia de una gran superficie en la que llevar a cabo dichas reacciones. Los diferentes tipos de crestas observados ayudan a diferenciar unas especies de otras.

De las cuatro clases de euglenozoos, *Euglenoidea*, *Diplonemea*, *Symbiontida* y *Kinetoplastea*, la última es la que suscita más interés entre la comunidad científica por incluir especies parásitas que pueden llegar a ser fatales para la salud humana.

Kinetoplastea se caracteriza por la presencia de un cinetoplasto, un gránulo que contiene numerosas copias del ADN mitocondrial situado dentro de una única y gran mitocondria. El cinetoplasto se encuentra unido a la base de los flagelos, o cinetosoma, mediante una porción del citoesqueleto. Dependiendo de la distribución del ADN mitocondrial, existen tres tipos de cinetoplastos: pancinetoplasto, si se encuentra regularmente disperso dentro de la mitocondria; policinetoplasto, si se reparte en varios grupúsculos, y eucinetoplasto, si se localiza cerca de la base de los flagelos.

Para su estudio, *Kinetoplastea* se suele dividir en cinco órdenes principales: *Prokinetoplastida*, *Eubodonida*, *Parabodonida*, *Neobodonida* y *Trypanosomatida*. Los cuatro primeros son biflagelados mientras que los tripanosomátidos son uniflagelados.

Entre la docena de géneros en los que se subdivide *Trypanosomatida*, debemos recordar los nombres de dos, *Trypanosoma* y *Leishmania*, así como los de tres especies, *Trypanosoma cruzi*, *Trypanosoma brucei* y *Leishmania donovani*, con complejos ciclos de vida que parasitan vertebrados e invertebrados y causan, respectivamente, el mal de Chagas, la enfermedad del sueño y la leishmaniosis visceral, la forma más grave de leishmaniosis.

El mal de Chagas, o tripanosomiasis americana, lo padecen más de siete millones de personas en América Latina; se puede curar si se diagnostica a tiempo. La enfermedad del sueño, o tripanosomiasis africana, es endémica en países del África subsahariana y se transmite por medio de la picadura de las moscas tse-tsé infectadas; sin tratamiento, la enfermedad se considera letal. La leishmaniosis visceral afecta cada año a unas cien mil personas en Brasil, China, Etiopía, India, Iraq, Kenia, Nepal, Somalia, Sudán y Sudán del Sur.

Dentro de los eucariotas, dos grupos con autonomía propia y bien diferenciados son *Haptista* y *Cryptista*. Nunca se ha dudado de la coherencia genética interna de dichos grupos de algas unicelulares. Sin embargo, no está claro que se trate de grupos hermanos, de grupos que se puedan poner al mismo nivel, bajo, como hacemos aquí, un taxón con categoría de superreino: *Hacrobia*.

Cryptophyta

Corbihelia

Telonemia

Cryptista

Palpitia

Centrohelida

Haptista

Haptophyta

Hacrobia

Eukarya

Los lectores ya habrán advertido que no resulta sencillo avanzar entre las ramas del árbol de la vida, desentrañando sus conexiones e interdependencias, que más parece que estemos deambulando por un lodazal con el peligro de quedar atrapados en arenas movedizas en cualquier momento. La sistemática debe partir de una taxonomía consensuada, pero los continuos avances en los estudios filogenéticos hacen casi imposible que se llegue a un acuerdo antes de que un segundo estudio ponga en entredicho las conclusiones del primero.

A la luz de estas consideraciones, el superreino *Hacrobia* tal vez sea la apuesta más arriesgada de esta obra. Incluye dos tipos de algas unicelulares, criptofitas y haptofitas, diferenciadas por determinadas características. Siempre ha habido un acuerdo más o menos tácito de reunir bajo un mismo grupo los clados correspondientes, *Cryptista* y *Haptista,* aunque los estudios más actuales parecen indicar que esas ramas se situarían en diferentes partes del árbol de la vida. En ese sentido, *Hacrobia* sería un grupo polifilético que agruparía especies de diferentes ancestros. Sin embargo, el recientemente fallecido Thomas Cavalier-Smith (1942-2021), que era un reconocido taxónomo y uno de los que más aportó a la sistemática biológica, sí creía que *Hacrobia* era un grupo monofilético y ese será el criterio que seguiremos aquí.

La propiedad definitoria de este grupo es la presencia de cloroplastos, unas organelas delimitadas por una doble membrana que envuelven una tercera denominada membrana tilacoidal. La membrana tilacoidal está altamente plegada delimitando unos sacos discoidales aplanados —tilacoides— que contienen clorofila.

La clorofila es un pigmento verde que puede absorber la luz, sin el cual no sería posible la fotosíntesis. En palabras sencillas, la fotosíntesis consiste en la formación de compuestos orgánicos complejos a partir de compuestos inorgánicos sencillos, aprovechando la luz solar. La clorofila es una molécula que se presenta en varias versiones, si bien todas tienen en común el estar formadas por un anillo de carbono, nitrógeno e hidrógeno que contiene un átomo de magnesio.

Las algas

En términos simples, las algas son aquellos organismos capaces de realizar la fotosíntesis oxigénica, aquella fotosíntesis en la que el agua es la principal materia prima.

Esa fotosíntesis fue «inventada» por las cianobacterias, mas en la definición actual de las algas se excluyen las células procariontes y solo se consideran organismos eucariontes incluyendo las algas verdes, las algas pardas, las algas rojas (que estudiaremos en su momento) y el fitoplancton.

No todas las algas son exclusivamente autótrofas, hay algas que además de realizar la fotosíntesis pueden alimentarse de modo heterótrofo.

El fitoplancton es el conjunto de organismos acuáticos que tienen capacidad fotosintética y viven dispersos en el agua. Entre otros, dinoflagelados, diatomeas, haptofitas y criptofitas componen el fitoplancton.

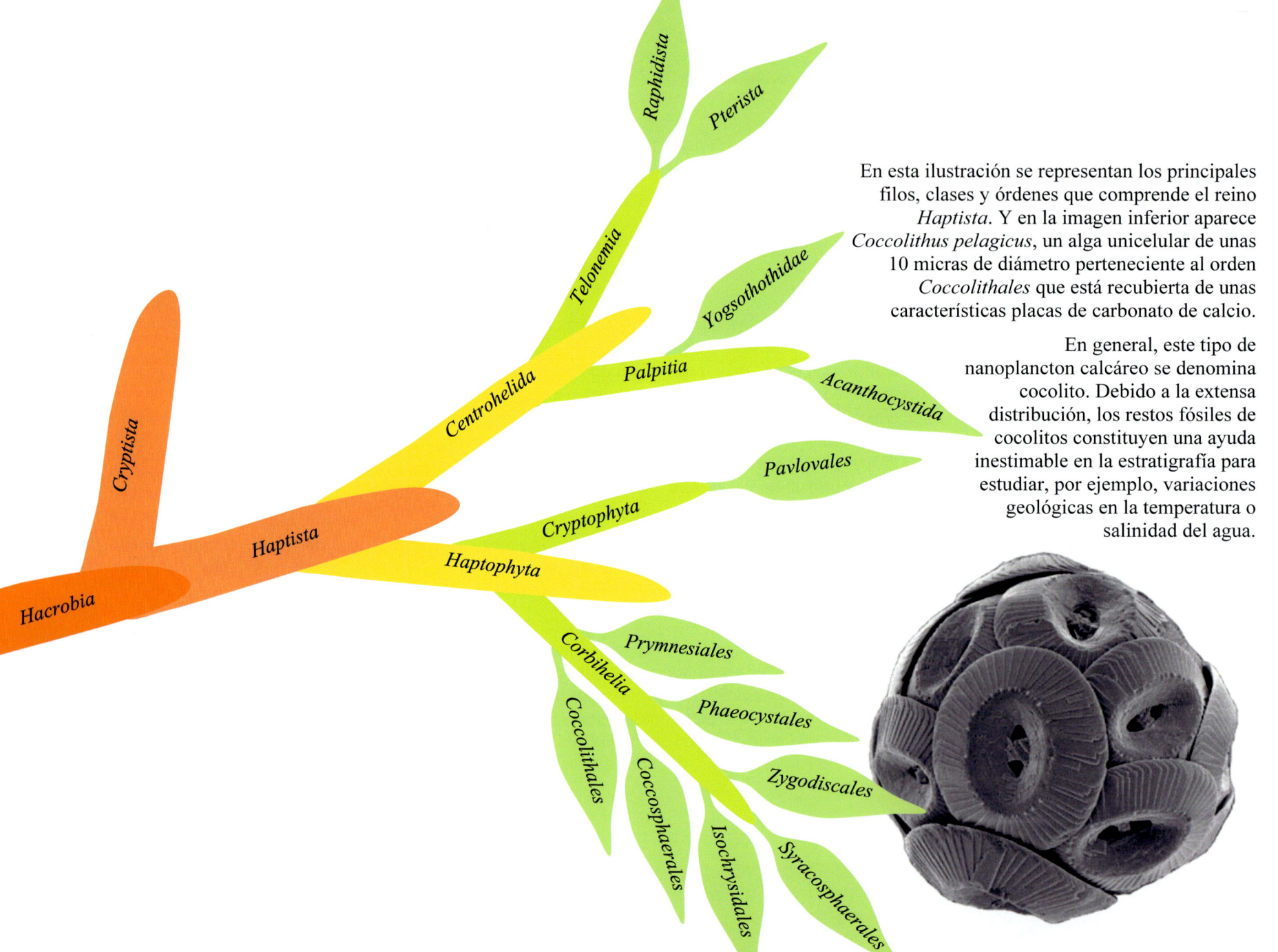

En esta ilustración se representan los principales filos, clases y órdenes que comprende el reino *Haptista*. Y en la imagen inferior aparece *Coccolithus pelagicus*, un alga unicelular de unas 10 micras de diámetro perteneciente al orden *Coccolithales* que está recubierta de unas características placas de carbonato de calcio.

En general, este tipo de nanoplancton calcáreo se denomina cocolito. Debido a la extensa distribución, los restos fósiles de cocolitos constituyen una ayuda inestimable en la estratigrafía para estudiar, por ejemplo, variaciones geológicas en la temperatura o salinidad del agua.

Raphidista

Pterista

Telonemia

Yogsothothidae

Palpitia

Centrohelida

Acanthocystida

Cryptista

Pavlovales

Cryptophyta

Haptista

Haptophyta

Hacrobia

Corbihelia

Prymnesiales

Phaeocystales

Coccolithales

Coccosphaerales

Zygodiscales

Isochrysidales

Syracosphaerales

El reino *Haptista* agrupa dos filos, *Haptophyta* y *Centrohelida*, que, en un principio, podría parecer que no tienen nada en común, pues los primeros son algas y los segundos, heliozoos. Sin embargo, algunos rasgos comunes sí permiten juntarlos bajo un mismo paraguas. Ambos taxones poseen unos finos apéndices, a modo de agujas, soportados por microtúbulos que utilizan para la alimentación y, a menudo, especies de ambos filos presentan complejas escamas mineralizadas que recubren toda la célula.

Las haptofitas son algas unicelulares —que a veces se agrupan en colonias— caracterizadas por la presencia de dos flagelos y un apéndice contráctil denominado haptonema. La célula puede estar desnuda o cubierta de placas calcáreas. Constituyen el fitoplancton marino más abundante y algunas especies producen periódicamente floraciones tóxicas que generan la desagradable espuma que, a veces, se acumula en las playas. Generalmente, su ciclo de vida comprende una sola forma, mas algunas especies alternan un modo flagelado y unicelular que constituye el plancton y otro sin flagelos y colonial que constituye el bentos.

Los centrohélidos son heliozoos tanto de vida libre como sésiles que habitan en aguas dulces o saladas, especialmente a cierta profundidad. Son unicelulares y esféricos y se distinguen por estar rodeados de unos largos pseudópodos radiales, denominados axopodios, que usan para capturar el alimento y, en su caso, moverse. La mayoría de las especies tienen una cobertura celular a base de escamas orgánicas o silíceas de diferentes formas y tamaños. Ninguna de las especies presenta flagelos y las mitocondrias tienen crestas planas.

Hay que aclarar que los haptonemas y los axopodios son arreglos celulares bastante parecidos en su estructura y en su función, cuyas sutiles diferencias sirven para definir los dos filos haptistas. Los haptonemas de las haptofitas no baten como los flagelos, pero pueden encogerse y estirarse para fijarse al sustrato y colaborar en la alimentación. Y los axopodios de los centrohélidos, por su parte, son pseudópodos semipermanentes finos, largos y rígidos que irradian desde el cuerpo de la célula y cuya función principal es la de obtener el alimento.

La columna de agua

En ecología, la columna de agua es un concepto que designa las diferentes biocenosis que se encuentran en el ecosistema marino, en función de la profundidad.

El necton es el conjunto de organismos que nadan activamente, en contraposición al plancton que está formado por todos aquellos organismos, microscópicos o casi microscópicos, que viven en suspensión y se trasladan pasivamente, aunque algunos sean capaces de un movimiento autónomo. Tradicionalmente, el plancton se divide en fitoplancton y zooplancton.

En el fondo viven los organismos que forman parte del bentos, ya sean móviles o inmóviles, mientras que el pleuston designa el conjunto de organismos que habitan en la misma superficie. Y, por último, se llama edafón a la biota que vive específicamente enterrada en el fondo marino.

Pyrenomonadales

Kathablepharida

Tetragonidiales

Cryptomonadales

Telonemida

Cryptophyceae

Centrohelida

Leucocryptea

Goniomonadea

Microhelida

Palpitida

Cryptophyta

Telonemea

Heliomonadida

Endohelea

Picomonadida

Palpitea

Telonemia

Corbihelia

Picomonadea

Palpitia

Cryptista

Haptista

Hacrobia

A la vista de los grupos del reino *Cryptista*, se pueden inferir ciertas tendencias taxonómicas: el filo se designa usando el sufijo -ia o -phyta; la clase acaba en -ea y el orden toma la terminación -ida o -ales.

Otra norma que suele aplicarse en taxonomía es la elección de una especie o género como modelo para nombrar varios grupos. Por ejemplo, a partir del género *Cryptomonas*, se nombra la familia *Cryptomonadaceae*, el orden *Cryptomonadales*, la clase *Cryptophyceae*, el filo *Cryptophyta* y el reino *Cryptista*.

En la imagen inferior, aparecen especímenes pertenecientes a la familia *Cryptomonadaceae*.

El reino *Cryptista* junto con el reino *Haptista* conforman el superreino *Hacrobia* cuyo nombre deriva, precisamente, de las iniciales de dichos reinos y el sufijo -bio 'vida'. Si las especies haptistas se caracterizan por sus flagelos, bien en forma de haptonemas, bien en forma de axopodios, los organismos criptistas se distinguen por presentar apéndices en configuración de tripletes, compuestos de fibras tubulares organizadas en lo que sería un flagelo principal.

El reino *Cryptista* se subdivide, a su vez, en los filos *Cryptophyta*, *Palpitia*, *Corbihelia* y *Telonemia*. Las criptofitas son algas unicelulares que medran en aguas marinas y constituyen parte del fitoplancton, aunque también pueden aparecer en aguas estancadas contaminadas. En general, son mixótrofas, es decir, son capaces tanto de realizar la fotosíntesis como de ingerir otros organismos —fagótrofos—. Presentan una invaginación ventral de la que salen dos flagelos (ver imagen izquierda).

Los palpitomonas son células biflageladas y heterótrofas de vida acuática marina cuyos flagelos se asemejan a los de las algas verdes. *Corbihelia* es un grupo de heliozoos de pequeño tamaño que presentan axopodios y mitocondrias con crestas tubulares. *Telonemia* es un grupo de protistas unicelulares de gran importancia evolutiva por ser un posible grupo transicional entre las especies heterótrofas y fotosintéticas.

Como conclusión, antes de cerrar este capítulo dedicado a los orígenes eucariotas, habría que insistir en la existencia de tres reinos, *Discoba*, *Haptista* y *Cryptista*, situados muy cerca del nudo del que arranca la rama *Eukarya* del árbol de la vida. Esto es lo verdaderamente importante, no tanto el hecho de que incluyamos o no los dos últimos en una caja con la etiqueta «Hacrobia». No olvidemos, tampoco, que el capítulo se abría con el taxón *Metamonada* y que dada la poca entidad del mismo le dábamos la categoría de filo y no de reino. En definitiva, deberíamos estar en disposición de abandonar la idea de los clásicos reinos (animales, plantas, hongos, etc.) y entender que hay tantas diferencias entre un euglenozoo, un alga y un heliozoo como pueda haberlas entre un elefante, un manzano y un champiñón.

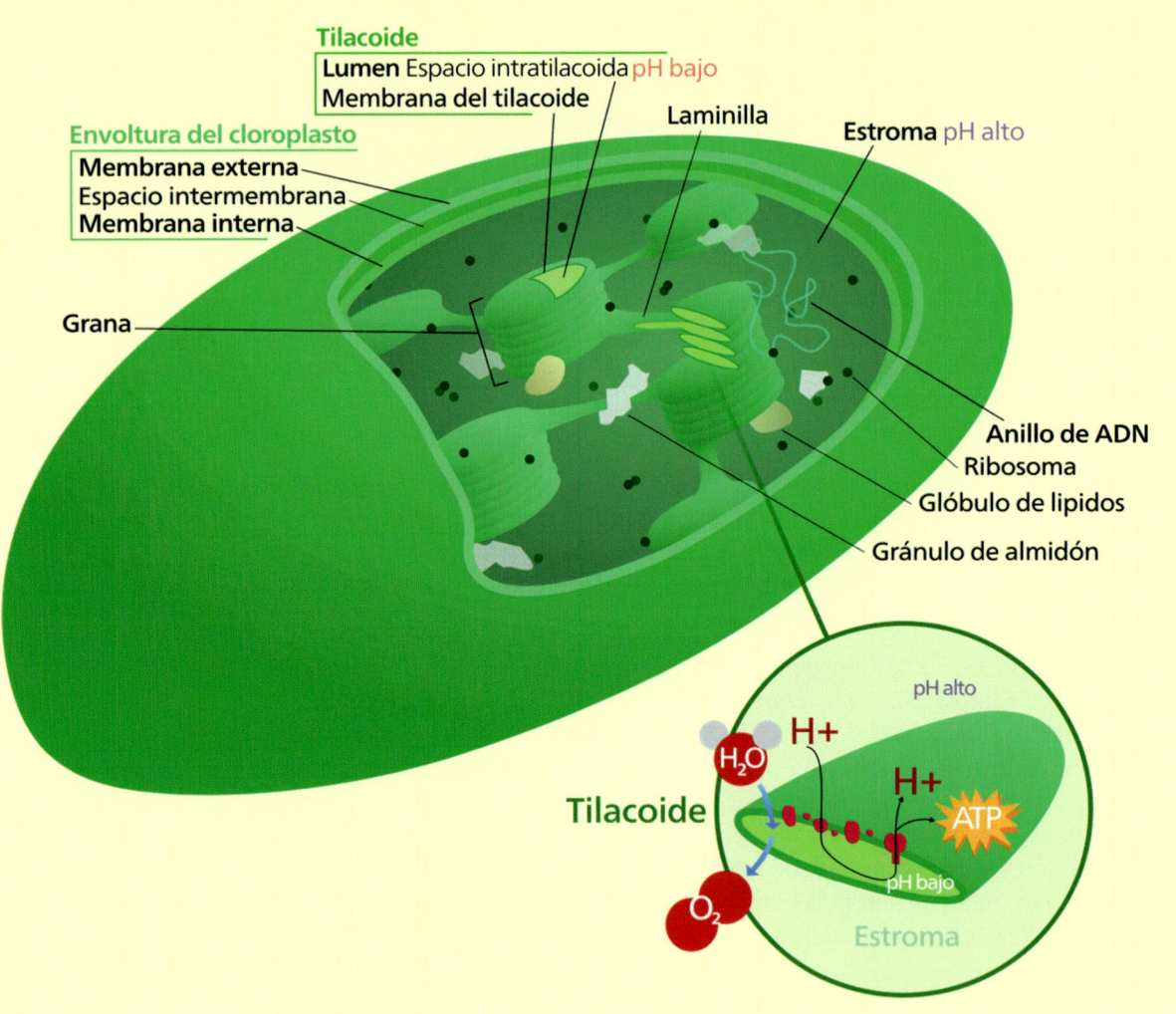

Tilacoide

Lumen Espacio intratilacoida pH bajo
Membrana del tilacoide

Laminilla

Estroma pH alto

Envoltura del cloroplasto

Membrana externa
Espacio intermembrana
Membrana interna

Grana

Anillo de ADN
Ribosoma
Glóbulo de lipidos
Gránulo de almidón

pH alto

H_2O

H+

H+

ATP

Tilacoide

pH bajo

O_2

Estroma

Los plastidios (o plastos o plástidos) son aquellos orgánulos citoplasmáticos rodeados por una doble membrana y que contienen su propio ADN, característicos de plantas y algas, cuya función es la producción y almacenamiento de compuestos orgánicos esenciales para la célula. A menudo están pigmentados como, por ejemplo, los cloroplastos —los miembros más destacados de la familia de los plastidios— que contienen la clorofila que les proporciona su característico color. Los cloroplastos ya han aparecido tímidamente en las páginas precedentes. Ahora se convertirán en personajes importantes de este capítulo; por eso merece la pena aprender más sobre la personalidad del protagonista.

En las células procariotas, el ATP se produce en la membrana citoplasmática. Comoquiera que las necesidades energéticas de las células eucariotas son mayores, esa membrana resultaría insuficiente. En su lugar, la membrana especializada en la conversión de energía se halla dentro del citoplasma rodeando unas organelas, mitocondrias y cloroplastos, cuya nota en común es la gran extensión superficial de sus envolturas.

Los cloroplastos se parecen a las mitocondrias en el sentido de que realizan sus conversiones energéticas mediante procesos químicos basados, fundamentalmente, en el comportamiento osmótico de las membranas, pero existen diferencias importantes entre ellos en cuanto a su estructura y su función. En comparación con las mitocondrias, los cloroplastos tienen una tercera cubierta adicional en la que tienen lugar todos los procesos de transporte electrónico para producir ATP. En lo que a su función se refiere, los cloroplastos sintetizan, mediante la fotosíntesis, todos los ácidos grasos de la célula, al tiempo que las mitocondrias, en la respiración celular, rompen moléculas complejas para capturar la energía de sus enlaces.

Ya hemos comentado que, probablemente, las mitocondrias y los cloroplastos evolucionaron a partir de bacterias que fueron fagocitadas por células eucariotas ancestrales e incorporadas, luego, al citoplasma —endocitosis— y por eso ambas organelas contienen sus propios genomas, lo que les permite elaborar proteínas, crecer y dividirse, a tenor de las necesidades celulares.

La familia de los plastos

El padre de los plastos es el protoplasto o proplastidio, organela presente en los tejidos embrionarios de las plantas superiores (meristemos). En función de los requerimientos de la planta, estos se transforman en etioplastos, cromoplastos o leucoplastos.

En ausencia de luz, los protoplastos aumentan de tamaño y se convierten en etioplastos que contienen un agente precursor de la clorofila. En presencia de luz, los etioplastos se transforman en cloroplastos.

Los cromoplastos contienen pigmentos amarillos o rojos denominados carotenoides. Son los responsables del color de flores y frutos; se desarrollan a partir de cloroplastos cuya clorofila se convierte en carotenoides.

Los leucoplastos carecen de clorofila y almacenan almidón (amiloplastos), lípidos (oleoplastos) o proteínas (proteoplastos).

Después de la descripción de los grupos *Metamonada*, *Discoba* y *Hacrobia* que brotan en la parte inferior de la gran rama *Eukarya*, comenzamos a estudiar los subdominios *Diaphoretickes* y *Amorphea* que surgen en la parte alta. Concretamente, *Diaphoretickes* se divide en dos reinos: *Harosa* y *Archaeplastida*.

Etimológicamente, *Diaphoretickes* significa 'diverso' y es que este supergrupo incluye especies de hábitos, formas, características y modos nutricionales muy variados. Aquí nos referimos a él como un subdominio, aunque no es extraño encontrar literatura que se refiere a él como superreino o, simplemente, supergrupo. Dada la gran variedad de especies, nos ha parecido oportuno elegir la categoría de subdominio. Este y otro gran subdominio que estudiaremos en los próximos capítulos, *Amorphea*, completan el dominio *Eukarya*.

Los términos *Corticata*, *Photokaryotes* o SARP también se usan como sinónimos. El primero hace referencia a la corteza (en latín, '*cortex*') a modo de cubierta celular que muchas especies presentan. El segundo es una alusión a la capacidad fotosintética de la mayoría de los organismos que se agrupan bajo este gran paraguas. El último es el acrónimo de *Stramenopiles*, *Alveolata*, *Rhizaria* y *Plantae* que son los principales grupos que constituyen este superclado.

Como rasgos definitorios del grupo basta decir que, al menos ancestralmente, todos presentan alvéolos corticales y plastos. Los plastos ya sabemos lo que son; los alvéolos son unos pequeños sacos que se localizan entre la membrana citoplasmática y la corteza celular. Conviene no confundir esta corteza con la pared celular. La corteza celular es aquella parte del citoplasma que está adosada a la cara interna de la membrana plasmática y que constituye el citoesqueleto cortical; los alvéolos fortalecen esta corteza celular. (En aquellas células que las tienen, de fuera a dentro, encontraríamos la pared celular, la membrana citoplasmática y la corteza celular, también llamado córtex celular).

A continuación, estudiaremos los dos reinos en los que se subdividen los fotocariotas, diaforéticos o corticados, *Harosa* y *Archaeplastida*, pero antes hay que advertir que algunos autores también incluyen *Hacrobia*. Una razón para considerar los hacrobios estudiados en el capítulo anterior es la presencia de cloroplastos; un motivo para excluirlos es la ausencia de alvéolos corticales. No obstante, los análisis genómicos más recientes (2019) sugieren no incluir *Hacrobia* dentro de *Diaphoretickes*.

Harosa, uno de los dos reinos que comprende el subdominio *Diaphoretickes*, se subdivide en los subreinos *Stramenopiles*, *Alveolata* y *Rhizaria*. Por este motivo *Harosa* se denomina igualmente SAR, iniciales de dichos grupos.

Rhizaria

Alveolata

Archaeplastida

Stramenopiles

Harosa

Diaphoretickes

Con más de 50.000 especies descritas, *Harosa* constituye todo un reino que comprende, a su vez, los clados ya mencionados *Stramenopiles*, *Alveolata* y *Rhizaria*. Por esta razón *Harosa* también suele denominarse simplemente SAR. Comprende organismos muy diversos: algas unicelulares y pluricelulares; depredadores y parásitos; fotosintéticos y heterótrofos; organismos ciliados y flagelados, etc.

A pesar de semejante variedad, los análisis filogenéticos no dejan lugar a dudas de que *Harosa* constituye un grupo monofilético. También hay certeza en la antigüedad de cada grupo coincidiendo el orden de evolución con el de las siglas SAR. No hay unanimidad, sin embargo, acerca de la categoría jerárquica otorgada a este grupo oscilando entre superreino e infrarreino, según diversos autores.

Harosa incluye los organismos fotosintéticos más importantes de la biosfera terrestre: las algas unicelulares componentes del plancton y las algas pardas pluricelulares que forman los bosques submarinos de quelpos. Adicionalmente, incluye otros organismos unicelulares heterótrofos y algunos parásitos temidísimos por causar enfermedades como la malaria.

En alguna etapa de su ciclo vital, los estramenopilos presentan flagelos cubiertos de pelos; los alveolados se distinguen por los alvéolos corticales descritos anteriormente, y los rizarios son amebas unicelulares carentes de paredes celulares, pero con cubiertas parecidas a las clásicas conchas.

No todas las especies de *Harosa* se definen por la presencia de cloroplastos y, además, su origen es variado. Se cree que los cloroplastos de las especies fotosintéticas proceden de la endosimbiosis seriada con las algas rojas, similarmente al caso de las criptofitas y haptofitas del superreino *Hacrobia*. Por su parte, el origen de los cloroplastos de los rizarios se busca en la simbiosis con las algas verdes. Y los cloroplastos de algunas especies se relacionan con las cianobacterias.

Rhizaria

Alveolata

Harosa

Pseudofungi   Stramenopiles

Bigyra

Ochrophyta

El subreino *Stramenopiles* (perteneciente al reino *Harosa*), se caracteriza por la presencia de dos flagelos en aquellas etapas de vida flagelada. Dichos flagelos, desiguales, se denominan heterocontos.

En la imagen inferior se advierte el cuerpo celular (2) de un alga crisofita y los dos flagelos heterocontos: uno cubierto de finos pelos (3) y otro liso (1). Las manchas señaladas con el número (4) son escamas silíceas.

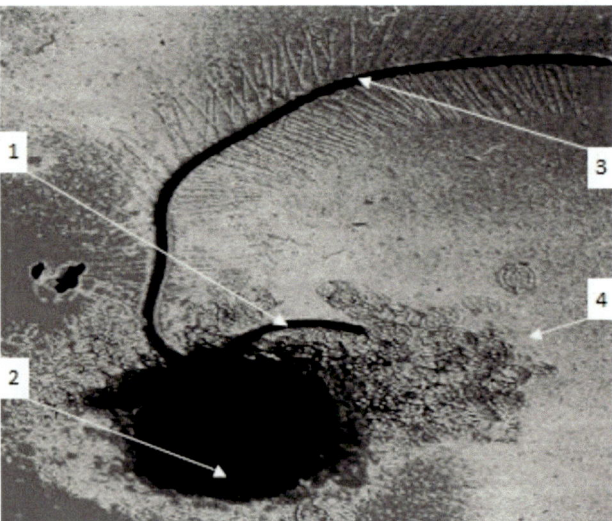

Stramenopiles, *Stramenopila* o *Heterokonta* son los tres términos con los que se hace referencia a este gran grupo con categoría de subreino. Los dos primeros se deben al prolífico taxonomista norirlandés David J. Patterson (n. 1950), que acuñó esos términos para describir aquellas células que poseen pelos con una organización tubular compartimentada en tres partes.

El tercer término significa 'pelos diferentes' y es que este clado se define por la presencia en las etapas flageladas de dos flagelos heterocontos (es decir, desiguales): uno cubierto de finos pelos y otro liso. En biología, esas fibrillas que recubren un flagelo como si fueran las púas de un peine se denominan mastigonemas.

No obstante, algunas ramas como las diatomeas han perdido los flagelos mastigonemados. En realidad, la morfología de los estramenopilos es tan diversa que poco más se puede decir sobre este grupo. Aún peor, no todos presentan cloroplastos dado que algunas especies los habrían perdido en algún momento. Esta variabilidad se pone de manifiesto en los tres filos que se suelen considerar, *Bigyra*, *Pseudofungi* y *Ochrophyta*, y que se estudiarán con mayor detalle en las próximas páginas.

Los bigiros son el clado basal de *Stramenopiles*; carecen de cloroplastos. A su vez, las especies basales de *Bygira* son fagótrofas mientras que las más evolucionadas son osmótrofas.

Los pseudohongos reciben ese nombre por su parecido a los verdaderos hongos, aunque no tengan ningún parentesco con ellos. La mayoría son multicelulares y osmótrofos. No poseen cloroplastos porque los habrían perdido; se cree que evolucionaron de las algas unicelulares hacrobias (haptofitas o criptofitas).

Las ocrofitas son las representantes fotosintéticas de *Stramenopiles* y, según se deduce de la comparación entre los tilacoides, habrían adquirido los cloroplastos de las haptofitas. Es el filo más nutrido y congrega tanto algas unicelulares (diatomeas, crisofíceas, etc.) como algas multicelulares gigantes (quelpos, sargazos, etc.).

Stramenopiles

Bigyra

Sagenista

Pseudophyllomitidae

Pseudophyllomitida

Amphitremida

Amphifilida

Labyrinthulomycetes

Oblongichytrida

Thraustochytrida

Labyrinthulida

Nanomonadea

Opalozoa

Bikosea

Uniciliatida

Opalinata

Placididea

Bicosoecida

Proteromonadea

Opalinea

Placidiales

Dentro del filo *Bigyra*, destacan los curiosos laberintúlidos como el espécimen de unas 5 micras de longitud del género *Aplanochytrium* que figura en la ilustración inferior.

Su rasgo característico es la producción de una red de hilos ectoplasmáticos que usa como asidero para desplazarse en busca de alimento. Dicha red la forma la propia célula como extensión de su ectoplasma. Para evitar que los orgánulos del citoplasma celular se dispersen o se pierdan por la red ectoplasmática, unos tapones denominados botrosomas se encargan de bloquear la salida.

El parecido de estos filamentos con las hifas de los hongos hizo que, en un principio, se pensara que estos organismos eran hongos.

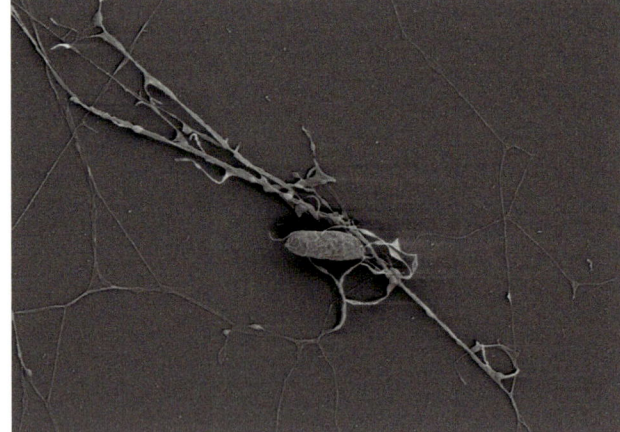

Bygira, uno de los tres filos en los que se divide *Stramenopiles*, incluye aquellos zooflagelados con crestas mitocondriales tubulares que nunca han tenido alvéolos corticales, ni pelos tubulares rígidos, ni cloroplastos. En las páginas precedentes se ha dicho que todos los diaforéticos poseen, al menos ancestralmente, alvéolos corticales y plastos y que los estramenopilos, además, tienen pelos con una estructura tripartita.

Ahora bien, los bigiros como clado basal que son, todavía no habían evolucionado para poseerlos. Por otra parte, también tenemos la certeza de los análisis genómicos que aseguran el carácter monofilético de *Harosa*. *Bygira* es solo la excepción que modifica la regla.

Para su estudio se suelen considerar dos subfilos: *Sagenista* y *Opalozoa*. Entre los primeros destaca la clase *Labyrinthulomycetes*. Los laberintúlidos son unas curiosas células que forman colonias y producen una red de filamentos que constituyen una parte de su citoplasma y les sirven como pistas para moverse en busca de alimento (ver imagen izquierda). Normalmente parasitan algas o descomponen materia vegetal, pero también existen otras especies que viven a expensas de invertebrados marinos.

Entre los segundos sobresalen las clases *Opalinata* y *Bikosea*. Los opalíneos viven como comensales de algunos animales: el orden *Proteromonadea* en el intestino de urodelos, reptiles y roedores, son células micromilimétricas con dos o cuatro flagelos, un único núcleo y una gran mitocondria, y el orden *Opalinea* en el intestino de anfibios y peces, son células ciliadas de tamaño milimétrico, multinucleadas y con muchas mitocondrias.

La clase *Bikosea* incluye organismos de vida libre heterótrofos que fagocitan los nutrientes mediante el citostoma. Tienen dos flagelos, el anterior suele estar mastigonemado a fin de procurarse el alimento y el posterior suele servir como anclaje al sustrato. Muchas especies son sedentarias y secretan una cubierta a modo de concha. De hecho, el nombre del orden tipo que define el grupo, *Bicosoecida*, significa 'que habita en un cuenco'.

Los protozoarios

Tradicionalmente, los protistas se han considerado un grupo muy amplio que incluye organismos, principalmente unicelulares, semejantes a hongos, plantas y animales. Los pseudohongos, las acrofitas y los bigiros, entre otros, son ejemplos de esa diferenciación.

Los protistas semejantes a animales reciben el nombre genérico de protozoarios. Son parecidos a los animales en el sentido de que se desplazan y obtienen el alimento de otros organismos. Se clasifican en tres grupos: zooflagelados, esporozoarios y ciliados.

Los zooflagelados son de vida libre y poseen, al menos, un flagelo que les sirve para deambular y atrapar el alimento. Los esporozoarios son parásitos, carecen de medios de locomoción y son capaces de formar esporas. Los ciliados presentan cilios que pueden batir coordinadamente para trasladarse.

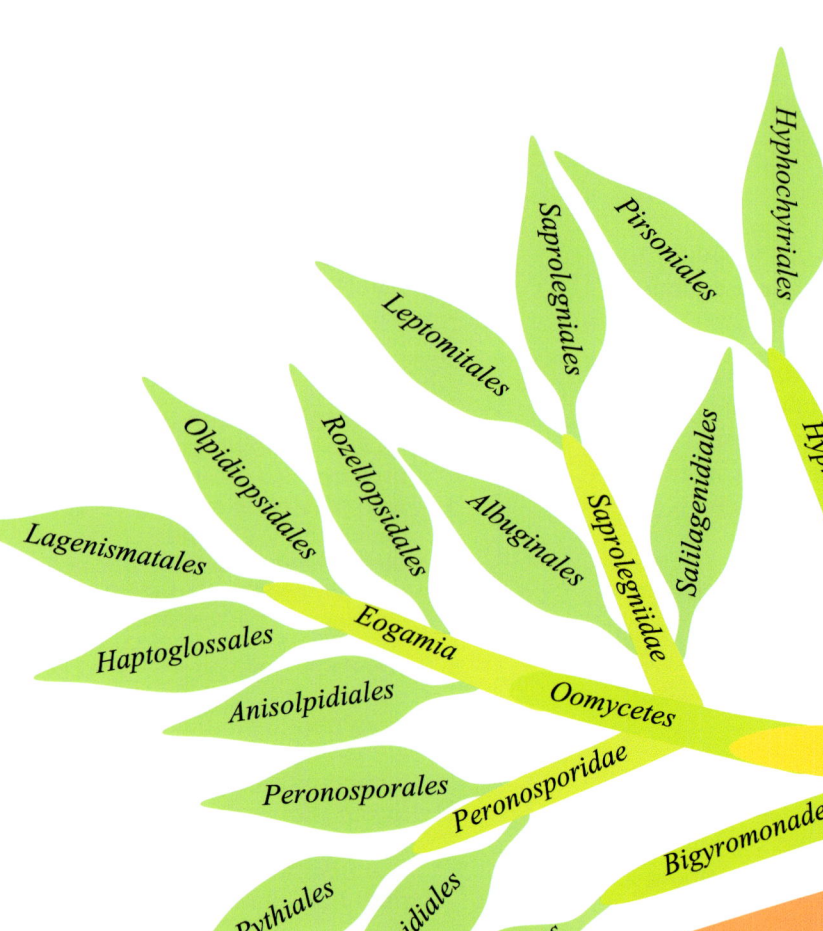

Dentro de los llamados pseudohongos, adquiere especial relevancia el orden *Peronosporales* por incluir más de 600 especies parásitas de cultivos agrícolas que ocasionan enfermedades que llamamos, genéricamente, royas o mildius. Por ejemplo, las especies del género *Phytophthora* afectan principalmente a las plantas dicotiledóneas y son relativamente específicas de las especies que parasitan: *P. fragariae* pudre las raíces de la fresa; *P. infestans* afecta patatas y tomates; *P. ramorum* causa la muerte repentina del roble; *P. parasitica* (abajo) infecta las raíces de cebollas, tomates, algodón, tabaco, etc.

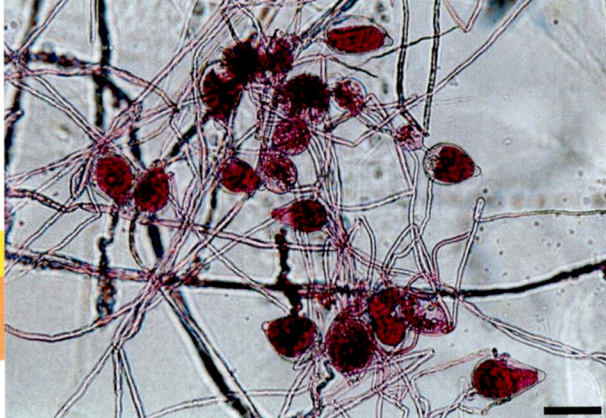

El segundo gran filo de *Stramenopiles* es *Pseudofungi*. Recibe este nombre porque agrupa especies que se asemejan a los hongos, puesto que son heterótrofas osmótrofas y forman hifas o filamentos miceliales igual que los verdaderos hongos, pero se diferencian de ellos en que sus paredes contienen celulosa. Se consideran algas heterótrofas que, en la evolución, habrían perdido sus cloroplastos.

Bigyromonadea, *Hyphochytridiomycetes* y *Oomycetes*, son las tres clases en las que se divide *Pseudofungi*. A su vez, *Bigyromonadea* contiene solo una especie: *Developayella*. Forma parte del plancton marino. El movimiento de sus dos flagelos heterocontos con los que atrae hacia sí el alimento recuerda el de esas bailarinas que, apoyadas en la barra con una mano, levantan pausadamente la pierna opuesta (lo que en *ballet* se conoce con el nombre de *développé*).

Hyphochytridiomycetes son organismos saprófagos, es decir, heterótrofos que obtienen los nutrientes por absorción osmótica de residuos procedentes de otros organismos. Las paredes celulares son tanto de celulosa como de quitina. Producen esporas biflageladas con un flagelo mastigonemado hacia adelante y otro desnudo hacia atrás, lo que facilita muchísimo su dispersión. En la ciencia biológica, esta clase de esporas que poseen cilios o flagelos se llaman zoosporas.

Oomycetes debe su nombre a los oogonios, estructuras que producen los gametos sexuales femeninos. Se pueden reproducir tanto sexual como asexualmente. Unas especies son saprófagas y otras parásitas, sobre todo de animales acuáticos y plantas. Son de gran interés agrícola porque engloban especies muy perjudiciales como las del género *Phytophthora*. Por ejemplo, *P. infestans* produce una enfermedad conocida como mildiu de la patata; fue la causa de las hambrunas irlandesa y escocesa entre los años 1845 a 1849 y 1846 a 1857, respectivamente. Las esporas hibernan en los tubérculos infectados que se quedan en el suelo después de la cosecha. Cuando las condiciones ambientales son húmedas y cálidas, las esporas se desarrollan y se extienden por todo el cultivo.

Los hongos

Hasta hace unos años, los hongos se consideraban un tipo de plantas ya que sus células tienen pared celular como las de los vegetales.

En la actualidad, constituyen un reino independiente porque se trata de organismos heterótrofos que no pueden fabricar su materia orgánica y deben tomarla del medio en el que se desarrollan (las plantas son autótrofas porque son capaces de producir compuestos orgánicos complejos, generalmente, por medio de la fotosíntesis). Además, las paredes celulares están formadas por quitina en lugar de celulosa, como en el caso de las plantas.

Entre los hongos unicelulares destacan las levaduras. Por su parte, los mohos se caracterizan por desarrollarse en forma de filamentos llamados hifas. Las conocidas setas son los órganos reproductores de algunos hongos y solo aparecen cuando el hongo se va a reproducir.

Stramenopiles

Pseudofungi

Bigyra

Ochrophyta

Chrysista

Diatomista

Para no perderse entre las enmarañadas ramas del árbol de la vida, conviene levantar un poco la vista de vez en cuando y tomar conciencia de dónde nos encontramos: el subreino *Stramenopiles* (también llamado *Heterokonta*) —caracterizado por flagelos desiguales o heterocontos— se divide en tres filos: *Bigyra*, *Pseudofungi* y *Ochrophyta*. Por su parte, este último —definido por la presencia de cloroplastos— se subdivide en dos grandes subfilos: *Diatomista* y *Chrysista*.

Al presentar *Stramenopiles* decíamos que son los flagelos heterocontos y los cloroplastos lo que mejor caracteriza este subreino, al menos primordialmente. Los filos *Bigyra* y *Pseudofungi*, no obstante, carecen de cloroplastos; *Ochrophyta* sí tiene y por eso se dice que las ocrofitas son los estramenopilos fotosintéticos, son algas. Y añadíamos que *Ochrophyta* consta tanto de grupos de algas unicelulares como multicelulares.

Su nombre significa 'alga parda' en clara referencia a la coloración pardo-amarillenta de sus cloroplastos. Estos se distinguen por estar rodeados de dos pares de membranas y presentar tilacoides agrupados de tres en tres —granas—. A su vez, un grupo de tres tilacoides, denominado lamela zonal, envuelve al resto. Los plastos contienen clorofila y otros pigmentos como la fucoxantina. Es este último el que permite captar la luz a mayor profundidad.

Las paredes celulares, o son de celulosa, o están cubiertas de escamas silíceas. Generalmente tienen dos flagelos heterocontos insertos lateralmente, uno corto desnudo y otro más largo recubierto de mastigonemas. Utilizan como sustancia de reserva energética un polisacárido denominado laminarina.

En aquellos organismos unicelulares, la multiplicación más común es por bipartición y en los pluricelulares por fragmentación. Pero también estos pueden reproducirse sexualmente por medio de células flageladas —gametos— que se fusionan para producir un huevo fecundado o cigoto.

Mediante análisis genéticos, se ha determinado que las ocrofitas se originaron por simbiogénesis entre una célula heterótrofa heteroconta de vida libre y un alga criptofita, y que el origen de la capacidad fotosintética podría deberse a simbiogénesis con alguna de las especies basales de *Pseudofungi*.

A continuación, nos detendremos en cada uno de los dos subfilos en los que se suelen clasificar las ocrofitas: *Diatomista* y *Chrysista*.

Clasificación de las algas

Como continuación a la definición de las algas dada en la página 103, esta es la clasificación más usual que de ellas suele hacerse:

1. **Algas pardas**. Normalmente son algas marinas pluricelulares entre las que se encuentran las algas de mayor tamaño. Los pigmentos de color marrón que les confieren su coloración enmascaran la clorofila que también poseen.
2. **Algas rojas**. Son unicelulares o pluricelulares. Suelen vivir fijas en los fondos marinos y, gracias a los pigmentos rojos que contienen, son las únicas capaces de captar la poca luz que llega al fondo.
3. **Algas verdes**. Aunque la mayoría son de agua dulce, se encuentran en cualquier tipo de medio acuático. Pueden ser unicelulares o pluricelulares.

Como taxón, las algas son un grupo polifilético, pues reúne especies descendientes de diferentes ancestros.

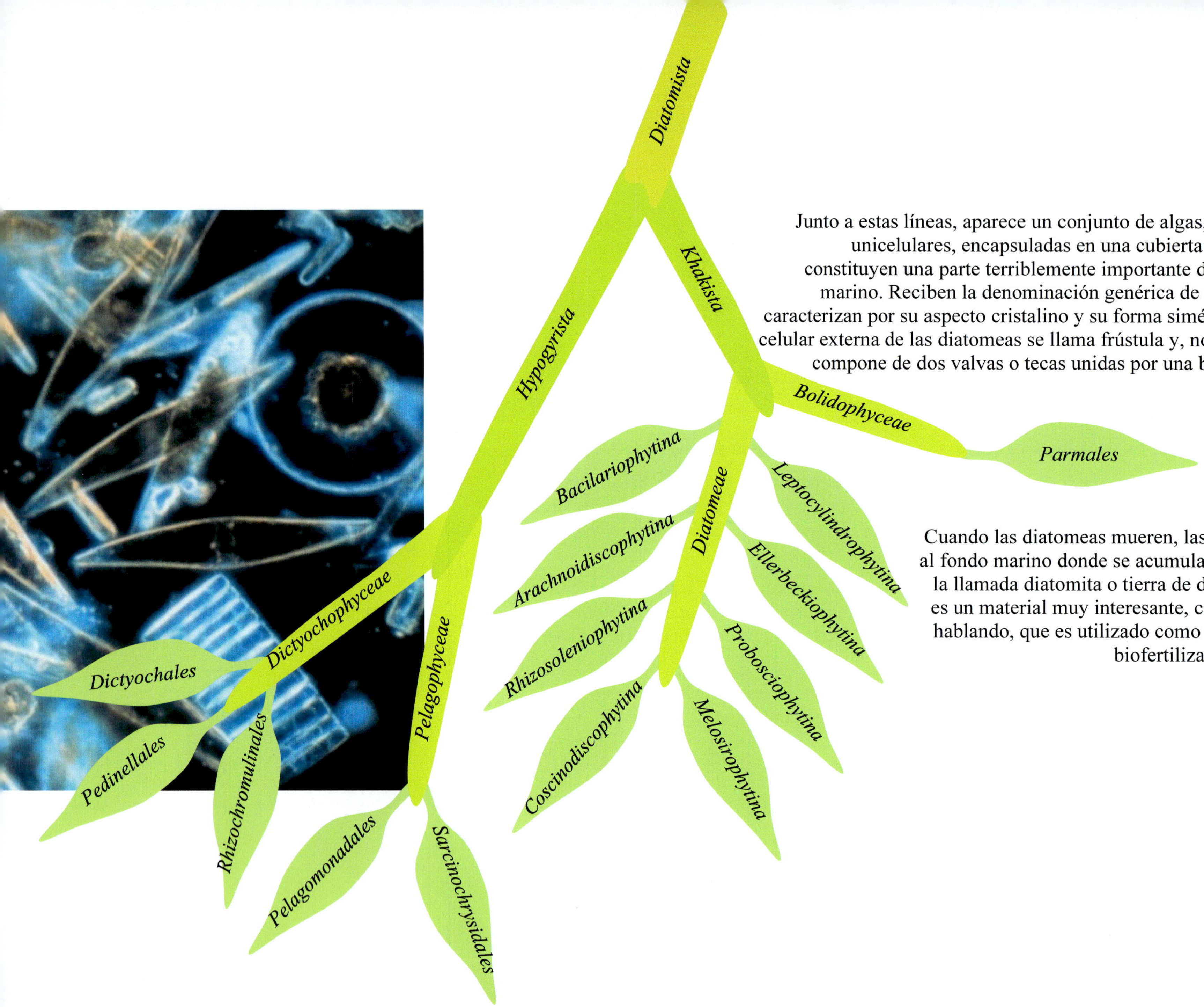

Diatomista

Khakista

Hypogyrista

Bolidophyceae

Parmales

Bacilariophytina

Leptocylindrophytina

Diatomeae

Arachnoidiscophytina

Ellerbeckiophytina

Rhizosoleniophytina

Probosciophytina

Dictyochophyceae

Coscinodiscophytina

Melosirophytina

Pelagophyceae

Dictyochales

Pedinellales

Rhizochromulinales

Pelagomonadales

Sarcinochrysidales

Junto a estas líneas, aparece un conjunto de algas, muchas veces unicelulares, encapsuladas en una cubierta de sílice y que constituyen una parte terriblemente importante del fitoplancton marino. Reciben la denominación genérica de diatomeas y se caracterizan por su aspecto cristalino y su forma simétrica. La pared celular externa de las diatomeas se llama frústula y, normalmente, se compone de dos valvas o tecas unidas por una banda de sílice.

Cuando las diatomeas mueren, las frústulas caen al fondo marino donde se acumulan y conforman la llamada diatomita o tierra de diatomeas. Este es un material muy interesante, comercialmente hablando, que es utilizado como filtro, aislante, biofertilizante o abrasivo.

Dentro de *Ochrophyta*, con la jerarquía de subfilo, se encuentra *Diatomista* o *Bacillariophyta*. Las diatomeas o bacilariofitas son un componente muy importante del fitoplancton, tanto de los océanos como de las aguas continentales dulces, salobres e, incluso, hipersalinas. Constituyen el eslabón fundamental en la cadena trófica de la vida acuática. Generalmente, se trata de algas unicelulares, pero en ocasiones pueden formar colonias o unirse en simples filamentos.

Se caracterizan por presentar algún tipo de cubierta impregnada en sílice que forma dos valvas o tecas denominadas frústulas o frústulos. Las tecas encajan una en otra por los bordes de modo que se mantienen unidas. La frústula cuenta con numerosos poros o hendiduras que permiten que la célula mantenga el contacto necesario con el medio exterior. Estas adquieren intrincadas formas, diversas ornamentaciones y delicados relieves de excepcional belleza, como muestra la imagen de la derecha extraída de *Kunstformen der Natur* (Ernst Haeckel, 1904), lo que ayuda a clasificarlas: unas tienen simetría radial —céntricas— y otras, bilateral —pennadas—.

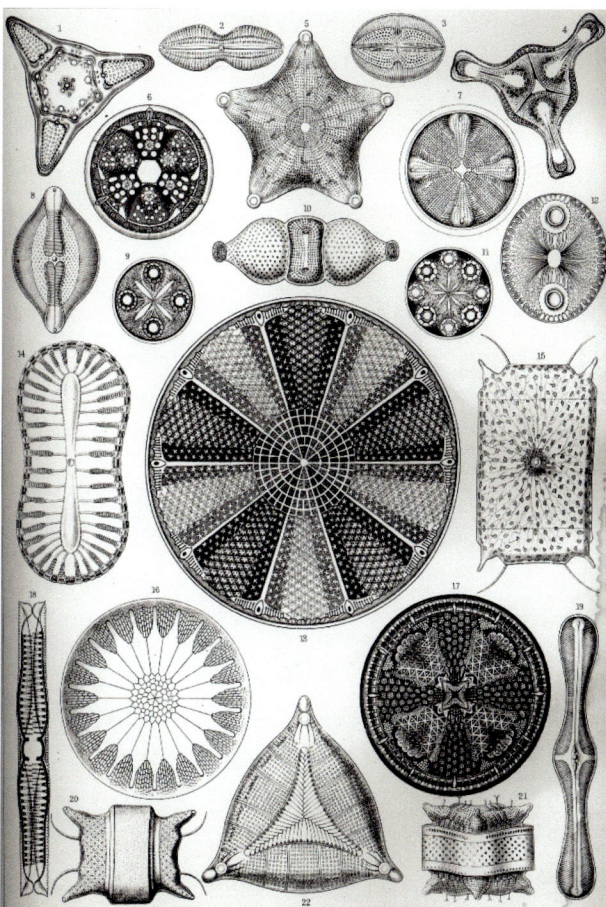

Normalmente las diatomeas se reproducen asexualmente, por simple división —mitosis—, formándose dos células hijas más pequeñas que heredan una de las valvas maternas y generan por sí mismas la segunda. Gradualmente, las distintas generaciones van disminuyendo de tamaño, hasta que se alcanza un umbral crítico. En ese momento, se reproducen sexualmente produciendo gametos masculinos y femeninos —meiosis— que más tarde se fusionarán para formar un tipo de espora denominado auxospora. Al principio, las auxosporas son diatomeas sin valvas que segregan, paulatinamente, una nueva frústula. De esta manera el organismo vuelve a recuperar el tamaño definitorio de la especie.

Las valvas silíceas de las diatomeas muertas acumuladas durante millones de años han dado origen a un tipo de roca sedimentaria denominado diatomita o tierra de diatomeas. Este material es bastante apreciado por sus múltiples aplicaciones: es usado como abrasivo, como material de filtración o como ingrediente en la elaboración de dentífricos, cremas exfoliantes, fertilizantes o pesticidas naturales.

Phaeophyceae

Xanthophyceae

Raphidophyceae

Chrysomerophyceae

Phaeothamniophyceae

Actinophryida

Marista

Schizocladia

Chrysista

Chrysophyceae

Phagochrysia

Synurophyceae

Eustigmista

Picophagophyceae

Eustigmatophyceae

Pinguiophyceae

Eustigmatales

Goniochloridales

Pinguiochrysidales

En el estudio del subfilo *Chrysista*, se distinguen tres superclases: *Eustigmista*, *Phagochrysia* y *Marista*. En la ilustración se pueden leer las clases que encontramos dentro de estas, junto con los órdenes de la primera. Y debajo del microscopio, en la ilustración inferior, se muestran microalgas del género *Nannochloropsis*, perteneciente al orden *Eustigmatales*.

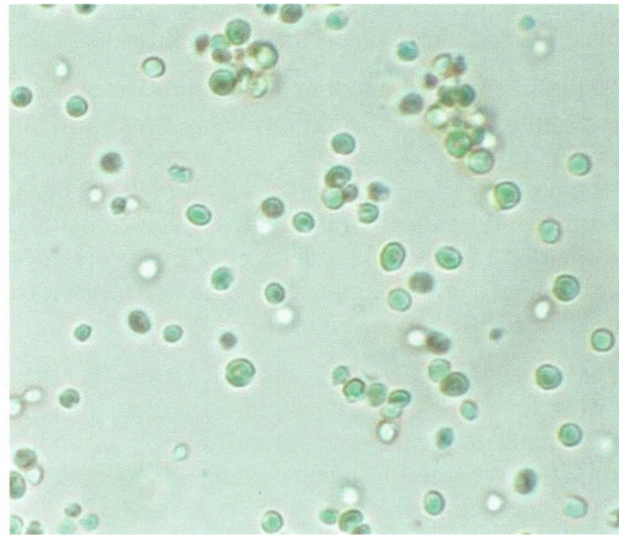

Los análisis del genoma ribosómico y plastidial delimitan una línea nítida entre los subfilos en que se divide *Ochrophyta*: *Diatomista* y *Chrysista*. Morfológicamente, el primer grupo queda caracterizado por la unicelularidad, la frústula silícea y el pequeño desarrollo flagelar, mientras que el segundo exhibe una organización flagelar bastante más compleja y formas de vida tanto unicelulares como pluricelulares. Ambos grupos utilizan como sustancia de almacenamiento energético un polisacárido denominado laminarina. Como el almidón usado por plantas y algas verdes, la laminarina también está formada por unidades de glucosa, pero en cantidad diferente y mediante otro tipo de enlaces.

En lo que respecta a *Chrysista*, este es un gran clado de algas heterocontas de agua dulce o salada que incluye un buen número de especies; la mayoría son fotosintéticas, si bien algunas son heterótrofas, tanto osmótrofas como fagótrofas. Las autótrofas contienen plastos con diversos pigmentos que les confieren colores que van desde el verde hasta el marrón.

En su estudio se consideran tres superclases; a saber:

a) *Eustigmista*. Agrupa algas unicelulares, como las de la imagen izquierda, que viven en aguas dulces o saladas, así como en el suelo. Es el grupo menos numeroso.

b) *Phagochrysia*. Son algas unicelulares con tendencia a formar colonias. Normalmente carecen de pared celular, pueden realizar o no la fotosíntesis y a menudo son fagótrofas. Entre otras, incluye la clase *Chrysophyceae*, conocidas como algas pardo-doradas o crisofitas; muchas especies presentan paredes celulares o intrincados esqueletos silíceos. Se estudiarán con más detalle, a continuación.

c) *Marista*. Es el grupo más grande y evolucionado, comprendiendo desde organismos unicelulares que se organizan en colonias hasta verdaderos seres pluricelulares con tejidos bien diferenciados. Entre los unicelulares destacan las algas verde-amarillas (clase *Xanthophyceae*) y las algas pardas o feofíceas (clase *Phaeophyceae*), entre los segundos. Estas últimas también merecerán una ulterior explicación.

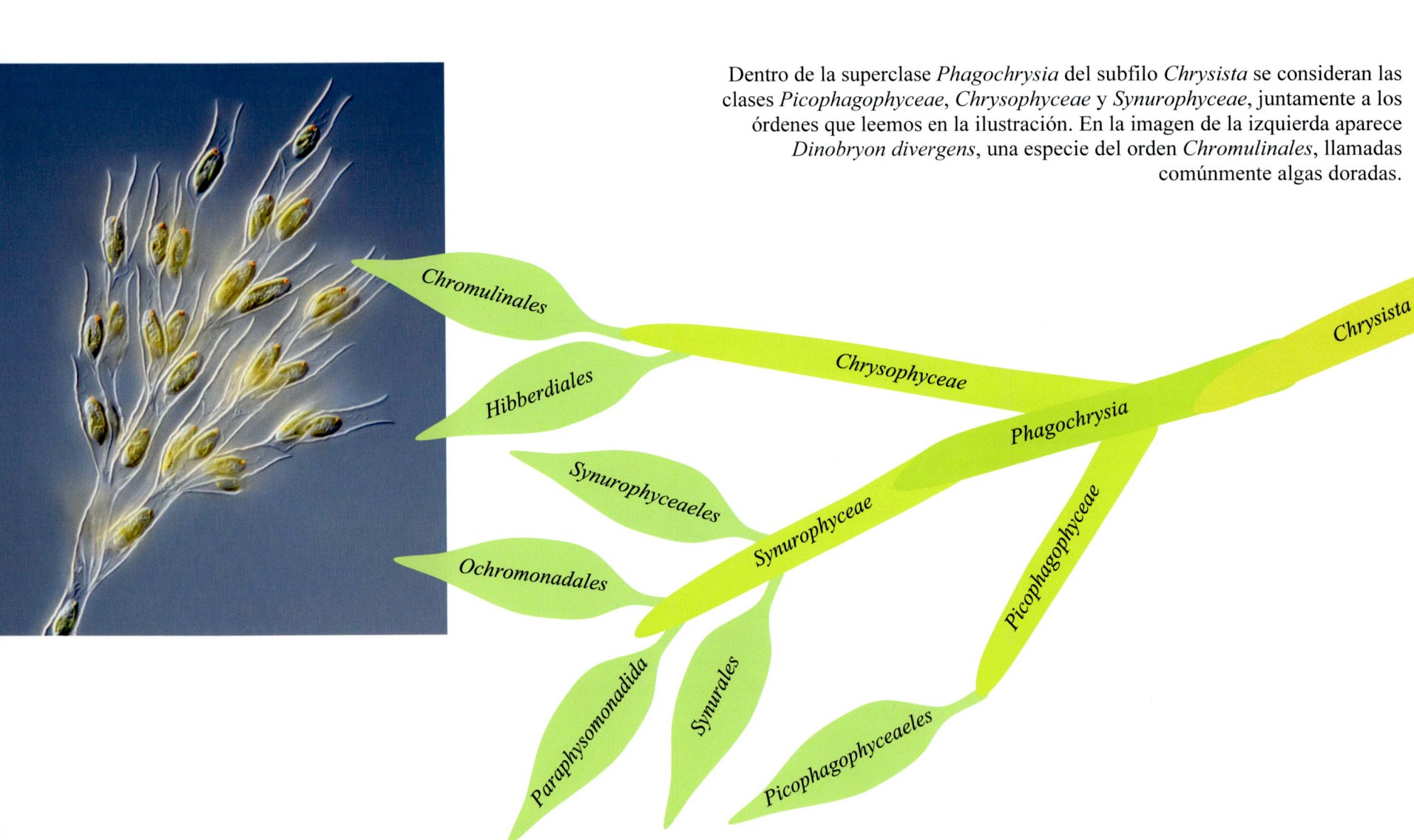

Dentro de la superclase *Phagochrysia* del subfilo *Chrysista* se consideran las clases *Picophagophyceae*, *Chrysophyceae* y *Synurophyceae*, juntamente a los órdenes que leemos en la ilustración. En la imagen de la izquierda aparece *Dinobryon divergens*, una especie del orden *Chromulinales*, llamadas comúnmente algas doradas.

Chromulinales

Hibberdiales

Synurophyceaeles

Ochromonadales

Paraphysomonadida

Synurales

Picophagophyceaeles

Chrysophyceae

Phagochrysia

Synurophyceae

Picophagophyceae

Chrysista

Phagochrysia reúne las clases *Picophagophyceae*, *Chrysophyceae* y *Synurophyceae*. La primera comprende organismos unicelulares de tipo ameboide; la segunda, algas pardo-doradas y la última, células recubiertas de escamas silíceas.

Las algas pardo-doradas, o crisofitas, son protistas unicelulares que presentan una particular predilección por la formación de colonias complejas, eso sí, sin llegar a perder la identidad celular. Mayoritariamente viven en aguas dulces frías y limpias, pero también existen algunas especies que son marinas y constituyen aquella parte del plancton denominado, por su tamaño, nanoplancton (con un diámetro típico comprendido entre 2 y 20 micras).

Pueden tener o no flagelos. En el primer caso, presentan dos flagelos heterocontos: el más largo tiene dos filas de mastigonemas, si bien el más corto tiene solo unas pocas fibrillas. Siempre poseen cloroplastos con clorofila, aunque el color verde de esta queda enmascarado por una sustancia amarillenta denominada fucoxantina; es la combinación de ambos pigmentos la que les confiere el color pardo-dorado que caracteriza a este tipo de algas.

Algunas especies se encuentran desnudas mientras que otras se hallan recubiertas de escamas silíceas o protegidas por una teca. En circunstancias adversas, para sobrevivir, producen un caparazón externo y se forma una espora, denominada estatospora, perforada con un poro que se cierra mediante una sustancia a modo de tapón. Cuando las condiciones ambientales vuelven a ser favorables, se disuelve el tapón y del interior emerge una nueva alga.

Si hay abundante provisión de alimento, pueden cambiar la fotosíntesis por un modo de vida heterótrofo. Al efecto, desarrollan pseudópodos con los que capturan diatomeas y bacterias.

La mayoría de las crisofitas se reproducen asexualmente, por simple división longitudinal. Las que se reproducen sexualmente, producen un cigoto silíceo, ya por isogamia —cuando los dos gametos son iguales en estructura y tamaño—, ya por heterogamia —si el gameto masculino es pequeño y flagelado y el gameto femenino es grande y está desprovisto de flagelos—.

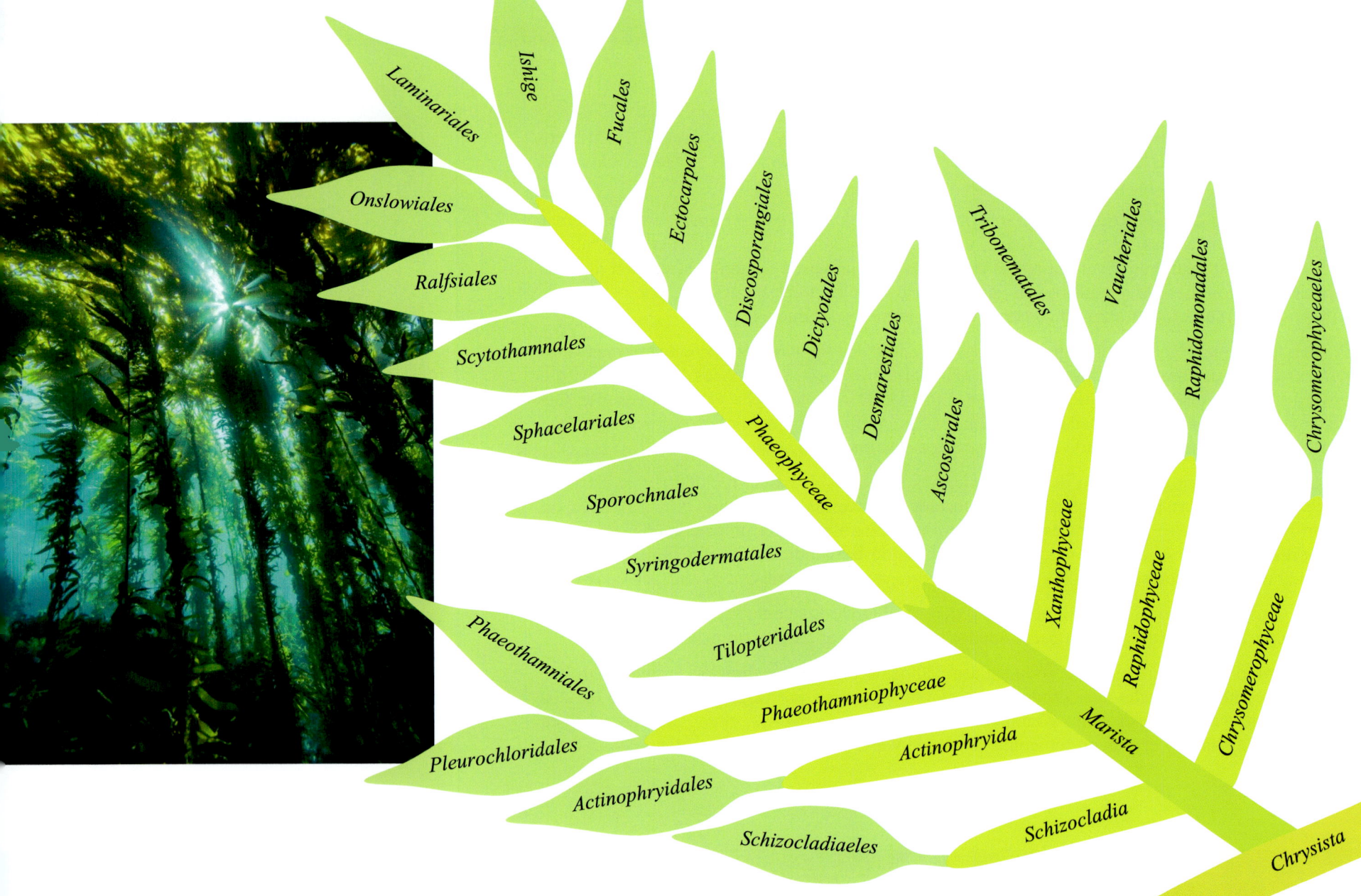

Phaeophyceae es comúnmente conocido como algas pardas, feofíceas, feofitas o marrones. Excepto media docena de géneros que son dulceacuícolas, el resto medran en las costas rocosas de los mares templados y fríos. Al igual que las crisofitas, las feofitas contienen clorofila y fucoxantina que les dan la coloración desde el verde-oliva hasta el marrón que las define. Y también utilizan la laminarina como principal sustancia de reserva energética. A su vez, para muchas especies de animales, ellas son uno de los productores primarios de la cadena trófica.

Pueden alcanzar un tamaño espectacular; las del género *Laminaria* —que excepcionalmente también crece en mares cálidos como el Mediterráneo—, por ejemplo, en un solo año pueden llegar a alcanzar los 100 metros de longitud y forman los conocidos bosques submarinos de quelpos. Otras, como las del género *Sargassum*, flotan a la deriva en los mares subtropicales en inmensas poblaciones. En cualquier caso, son una parte indispensable de muchos ecosistemas marinos a los que proporcionan hábitat, alimento, zonas de cría y refugio.

El cuerpo de un alga (y, en general, de un protista multicelular) se denomina talo. En el talo se distinguen tres partes: el soporte o rizoide, el estípite o estipe y las láminas o filoides que se corresponderían, respectivamente, con la raíz, el tallo y las hojas de una planta. Los azúcares producidos en las láminas, gracias a la luz solar y a la fotosíntesis, son transportados hasta el soporte a través de unas células especializadas del estípite —llamadas células en trompeta—, surtiendo de alimento a todo el organismo. Las láminas suelen albergar unas vejigas llenas de gas, denominadas neumatocistos, que proporcionan flotabilidad para mantenerlas más cerca de la superficie con el fin de realizar la fotosíntesis.

En la reproducción, que siempre es sexual, se alternan generaciones que en unas especies son semejantes a los progenitores y en otras no; se denominan, respectivamente, isomórficas y heteromórficas. Las generaciones heteromórficas de algunas especies son tan diferentes de sus padres que durante algún tiempo los estudiosos llegaron a pensar que se trataba de organismos diferentes.

Los bosques de quelpos

Los bosques de algas, en general, y los de quelpos, en particular, constituyen unos de los ecosistemas más ricos de la biosfera (ver imagen de la izquierda). Sirven como refugio o fuente de alimentación a un buen número de peces, crustáceos, moluscos, estrellas de mar, etc. A su vez, muchas aves y mamíferos marinos sacan partido de semejante ebullición de vida.

Además, las algas gigantes son muy apreciadas en determinadas industrias. Sirven como materia prima para la obtención de yodo y álcalis, utilizados en la fabricación del jabón y del vidrio, o se usan como fertilizante. También se puede extraer alginato, un polisacárido presente en las paredes celulares, de múltiples usos como espesante o gelificante.

Algunas especies son asaz estimadas en determinadas gastronomías, tanto por su sabor como por sus propiedades.

Otro de los subreinos que componen el reino *Harosa* es *Alveolata*. Dentro de él, se suelen considerar los siguientes filos: *Ciliophora*, *Apicomplexa*, *Dinoflagellata* y *Perkinsozoa*. Los paramecios del filo *Ciliophora*, como el de la imagen inferior, habitualmente nadan en aguas dulces estancadas con abundante materia orgánica; son unos de los protozoos más estudiados por la ciencia.

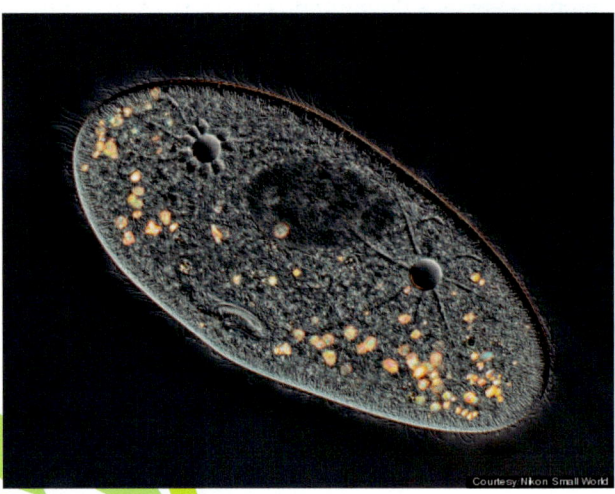

Courtesy Nikon Small World

Ciliophora

Dinoflagellata

Apicomplexa

Alveolata

Perkinsozoa

Harosa

Aunque en el pie de cada página de esta obra hay una clara referencia a aquella parte del árbol de la vida en la que nos encontramos, conviene recapitular para no perderse entre las ramas. Los dos grandes subdominios de *Eukarya* son *Diaphoretickes* y *Amorphea*. El último será objeto de la tercera parte del libro y dentro de *Diaphoretickes* hemos contemplado dos reinos: el que estamos tratando, *Harosa*, y el que estudiaremos en el próximo capítulo, *Archaeplastida*.

Definido por la presencia de plastidios, *Harosa* se divide en *Stramenopiles*, *Alveolata* y *Rhizaria*. Los estramenopilos poseen flagelos heterocontos recubiertos de pelos; los alveolados se distinguen por la presencia, debajo de la membrana plasmática, de unos sacos denominados alvéolos corticales, y los rizarios son amebas, generalmente protegidas por cubiertas, con pseudópodos filiformes.

Visto *Stramenopiles*, es el momento de profundizar en *Alveolata* y en cada uno de los filos que se suelen considerar: *Ciliophora*, *Apicomplexa*, *Dinoflagellata*, y *Perkinsozoa*. Todos tienen en común la unicelularidad, plastidios con diversos pigmentos, vesículas corticales y mitocondrias con crestas tubulares.

Los alvéolos son reservorios de calcio que desempeñan un papel de sostén de la cubierta celular con diversos matices según el filo que consideremos. Así, en los ciliados, los alvéolos forman parte de las estructuras que soportan los cilios vibrátiles y el complicado citoesqueleto que los caracterizan; en los apicomplejos, los alvéolos están relacionados con la movilidad y la penetración en los hospedadores que, en su caso, parasitan; en los dinoflagelados, los alvéolos contienen celulosa y forman unas placas a modo de armadura, y en los perkinsozoos, los alvéolos están deficientemente desarrollados.

Respecto a los plastos que como diaforéticos todos alveolados deberían tener, hay que señalar que los ciliados no poseen, que los apicomplejos tienen plastos no fotosintéticos, que unos dinoflagelados sí poseen y otros no, y que los perkinsozoos tienen un solo plasto degenerado.

Morfología de un ciliado

En la parte inferior se muestra la morfología típica de un ciliado con especial atención a la vacuola contráctil (1), cuya función es expulsar el exceso de agua del citoplasma; la vacuola digestiva (2), en la que se asimilan las sustancias nutritivas; el macronúcleo (3) que gobierna el metabolismo y el crecimiento celular; el micronúcleo (4) que interviene en la reproducción sexual; el citoprocto (5) que es como un ano celular con función excretora; la citofaringe (6) o canal que comunica el citoplasma con el exterior celular; el citostoma (7) que es una especie de boca celular, y los cilios (8).

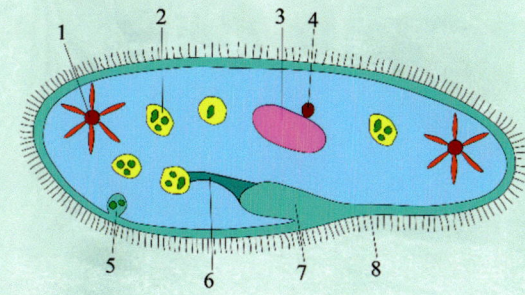

Ciliophora
Parablepharismea
Parablepharismeales
Muranotrichea
Muranotricheales
Odontostomatea
Odontostomateales
Cariacotrichea
Cariacotricheales
Inframacronucleata
Spirotrichea
Hypotrichia
Licnophoridia
Phacondiniidia
Protocruziidia
Choreotrichia
Stichotrichia
Oligotrichia
Protocruziea
Protocruzieales
Oligohymenophorea
Hymenostomatia
Peniculia
Scuticociliatia
Astomatia
Apostomatia
Peritrichia
Plagiopylea
Plagiopylida
Prostomatea
Prorodontida
Prostomatida
Phyllopharyngea
Suctoria
Rhynchodia
Phyllopharyngia
Chonotrichia
Nassophorea
Microthoracida
Nassulida
Synhymeniida
Colpodea
Sorogenida
Cyrtolophosidida
Colpodida
Bryometopida
Bryophryida
Bursariomorphida
Litostomatea
Isoendo
Trichostomatia
Rhynchostomatia
Helicoprorodontidae
Haptoria
Armophorea
Odontostomatida
Clevelandellida
Armophorida
Postciliodesmatophora
Heterotrichea
Heterotrichida
Karyorelictea
Protostomatida
Loxodida

Los ciliados o cilióforos reciben estos nombres por los numerosos cilios que poseen. Estos pelos tienen una estructura similar a los flagelos, si bien se distinguen de ellos en su longitud: los cilios son mucho más cortos que los flagelos. Dichos cilios y la posesión de dos tipos de núcleos es lo que caracteriza principalmente a los miembros de *Ciliophora*.

Concretamente, los ciliados tienen un único núcleo muy grande denominado macronúcleo y varios núcleos más pequeños dedicados a la recombinación sexual llamados micronúcleos. El macronúcleo se desarrolla a partir del micronúcleo y contiene decenas de copias del genoma (es poliploide) y los micronúcleos tienen dos conjuntos de cromosomas (son diploides).

En la reproducción asexual, los micronúcleos se dividen mediante mitosis preservando la información genética, empero el macronúcleo se divide en dos amitóticamente y los genes se distribuyen aleatoriamente entre ambos núcleos que siguen siendo poliploides. Posteriormente se divide el citoplasma mediante bipartición y cada célula hija se queda con un macronúcleo y varios micronúcleos. Esta reproducción, un tanto anómala, causa cierto envejecimiento por lo que, de vez en cuando, tiene lugar una recombinación genética sexual.

En la recombinación sexual —que ciertamente no es reproducción porque no se originan células hijas—, todos los micronúcleos se desintegran excepto uno que se divide mediante meiosis en núcleos con un conjunto único de cromosomas (son haploides); los macronúcleos también desaparecen. Los citoplasmas de las dos células que se conjugan se unen mediante un puente a través del que intercambian la información genética haploide para producir sendos micronúcleos diploides completamente originales. Separados los dos citoplasmas, cada célula desarrolla un nuevo macronúcleo y varios micronúcleos.

Todos los ciliados son heterótrofos y las bacterias constituyen su principal alimento. Los más conocidos son los paramecios; medran en aguas dulces estancadas con abundante materia orgánica, y otros prefieren el estómago anterior de los herbívoros.

Los cilios

Los cilios suelen recubrir toda la célula (arriba), pero en algunas especies se disponen alrededor del citostoma (centro). Otras veces aparecen en mechones, llamados cirros (abajo). Sus funciones se relacionan con la movilidad, la sensación, la adherencia o la nutrición.

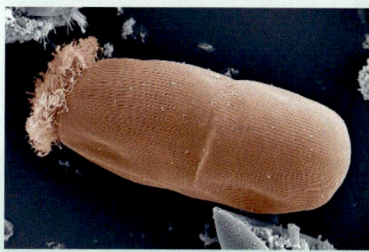

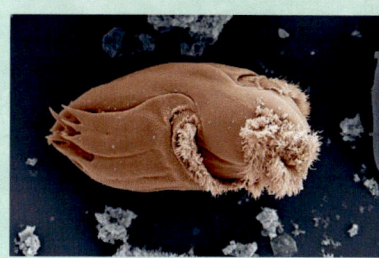

En este detalle del árbol de la vida se exponen los órdenes y las clases que componen el filo *Apicomplexa*. Todas las especies —más de 4.000— que se han descrito dentro de este grupo son endoparásitas de animales y presentan un órgano, denominado complejo apical, cuya función es facilitar la entrada del apicomplejo en la célula hospedadora.

La imagen inferior muestra tres quistes de *Sarcocystis hominis* localizados en una fina rebanada de lengua de ternera. Los amantes de este plato culinario no deben preocuparse puesto que la cocción oportuna del alimento asegura la destrucción del parásito.

Blastogregarinea

Gregarinasina

Nephromycida

Coccidia

Piroplasmida

Conoidasida

Haemosporida

Aconoidasida

Apicomplexa

Alveolata

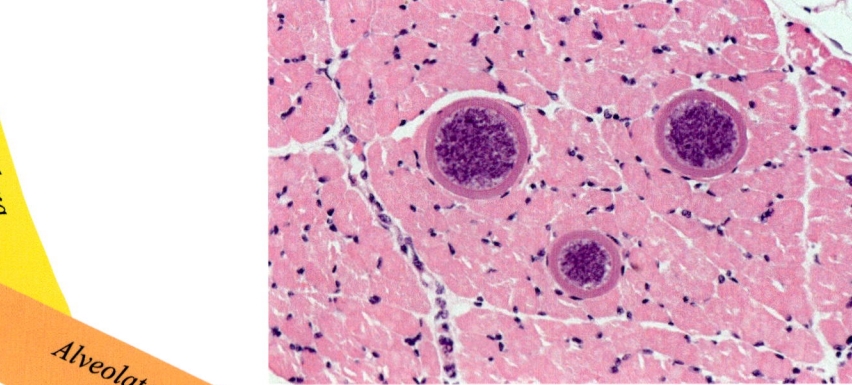

Apicomplexa es uno de los clados que más interés científico suscita por ser, probablemente, la principal zoonosis del ser humano. Se denomina así a cualquier infección que se da en los animales y que se transmite a las personas de forma natural causando enfermedades. Y es que, prácticamente, las 4.600 especies que se conocen son parásitas obligadas. Durante su fase proliferativa, viven en el interior de animales —endoparásitas— asociadas, normalmente, a dos tipos de hospedadores con complicadísimos ciclos reproductivos (sexuales en los huéspedes definitivos y asexuales en los intermedios). Causan enfermedades como la criptosporidiosis, la toxoplasmosis, la malaria o la babesiosis.

Todas las especies del filo *Apicomplexa* que ahora nos ocupa se caracterizan por la posesión del llamado complejo apical. Recibe este nombre un conjunto de estructuras que se encuentran en el ápice de la célula. La función del polo apical está relacionada con la adhesión, ruptura de la membrana citoplasmática e invasión de las células del hospedador: la combinación de las propiedades perforadoras del conoide con las secreciones químicas de las roptrias (ver imagen de la derecha), constituyen un eficaz sistema de penetración y diseminación del parásito.

El paludismo, o malaria, es una enfermedad potencialmente mortal causada por varias especies del género *Plasmodium*, que se transmite al ser humano por la picadura de mosquitos hembra del género *Anopheles* infectados. Se trata de una enfermedad prevenible y curable sobre la que se reportan unos 200 millones de casos y casi medio millón de muertes al año y que se ceba, sobre todo, con los niños.

Los apicomplejos son organismos unicelulares carentes de flagelos o pseudópodos, salvo en ciertas etapas del ciclo reproductivo sexual, que contienen un cloroplasto pequeño no funcional —apicoplasto— y forman quistes que contienen esporozoítos. Normalmente, el hospedador se infecta al ingerir uno de esos quistes. Una vez ingerido, el quiste libera los esporozoítos que se introducen en las células del hospedador para reproducirse asexualmente formando, esta vez, merozoítos. Son los esporozoítos y los merozoítos los que poseen un complejo apical.

Estructura de un apicomplejo

En la punta de la célula se encuentran unos microtúbulos que constituyen los anillos polares (1). Otros microtúbulos forman el conoide (2). A veces, los anillos polares rodean unas vesículas secretoras denominadas micro- nemas (3). En todo caso, siempre existe un órgano secretor formado por entre dos y ocho roptrias o toxonemas (4). Estas estructuras constituyen el complejo apical. Como todas las células eucariotas, también tienen un núcleo (5) y un nucleolo (6). En la imagen se han representado, además, una mitocondria (7) con crestas tubulares, un anillo posterior (8), los alvéolos corticales (9), el aparato de Golgi (10) y un microporo (11) a modo de citostoma o boca celular.

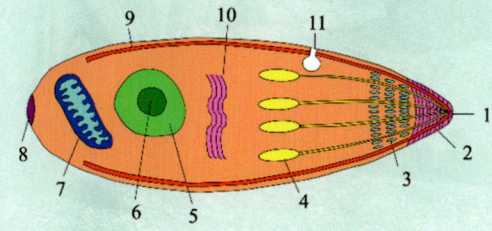

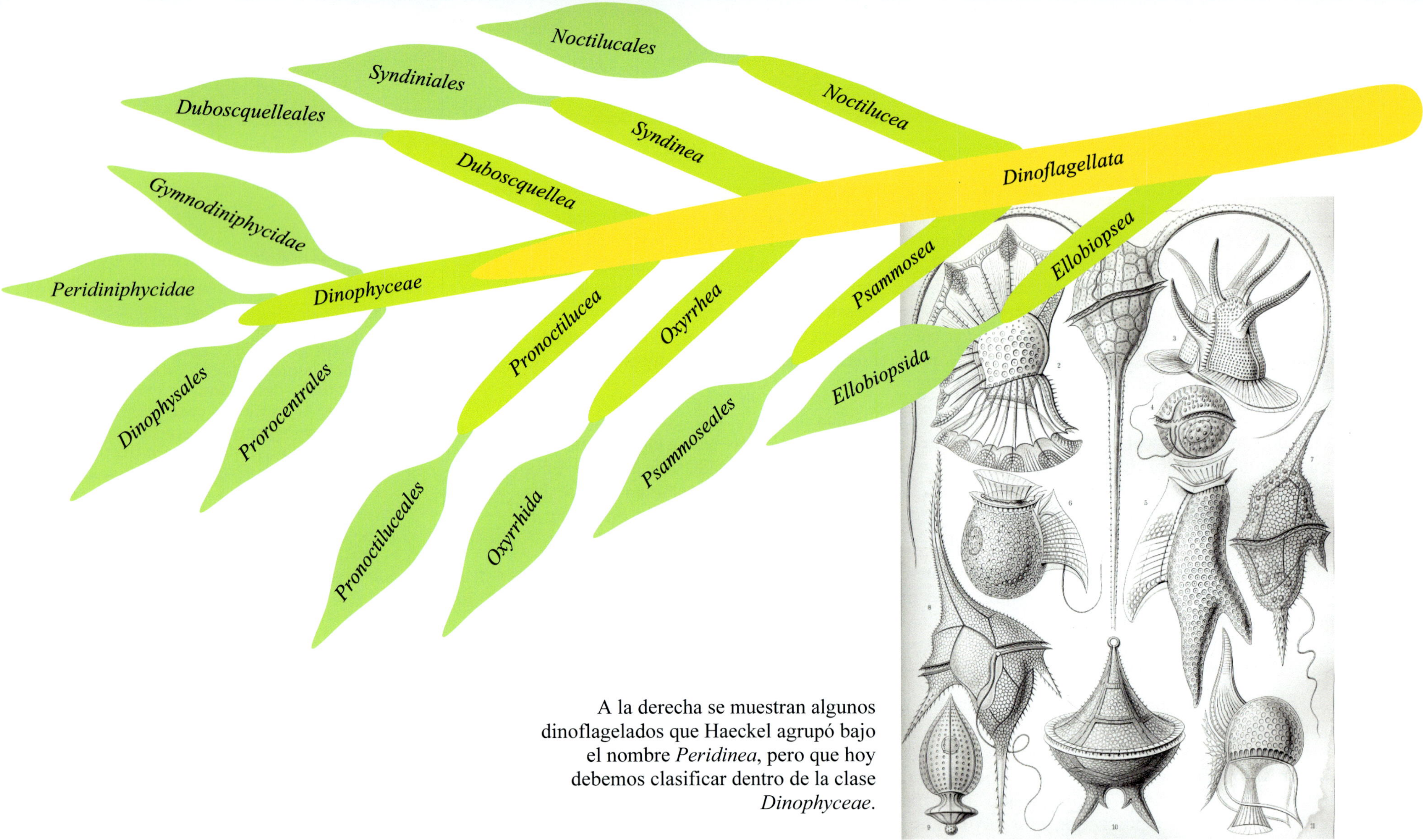

Noctilucales

Syndiniales

Duboscquelleales

Noctilucea

Syndinea

Gymnodiniphycidae

Duboscquellea

Dinoflagellata

Peridiniphycidae

Dinophyceae

Pronoctilucea

Oxyrrhea

Psammosea

Ellobiopsea

Dinophysales

Prorocentrales

Pronoctilucea

Oxyrrhea

Psammosea

Ellobiopsida

Pronoctiluceales

Oxyrrhida

Psammoseales

A la derecha se muestran algunos
dinoflagelados que Haeckel agrupó bajo
el nombre *Peridinea*, pero que hoy
debemos clasificar dentro de la clase
Dinophyceae.

El único filo de los alveolados en el que encontramos verdaderos plastos es *Dinoflagellata*; no obstante, solo la mitad de las especies son fotosintéticas. Lo que realmente distingue este grupo, y le da nombre, es la posesión de un flagelo que gira describiendo un peculiar movimiento rotatorio.

Los dinoflagelados presentan un triple interés: ecológico, morfológico y evolutivo. Desde el punto de vista ecológico, son un constituyente muy importante del fitoplancton. Son organismos unicelulares y una minoría forma colonias. Prácticamente el 90% de las especies son marinas, y la mitad de ellas son fotosintéticas, así que son uno de los productores primarios de materia orgánica. Por contra, algunas especies, como *Gessnerium catenellum*, producen neurotoxinas y en condiciones favorables florecen regularmente formando letales mareas rojas.

Tradicionalmente, la ciencia también se ha interesado mucho en su morfología, concretamente en su peculiar aspecto y en los flagelos heterocontos. Aunque algunas especies están desnudas, otras están recubiertas por tecas de celulosa con dos ranuras: una ecuatorial denominada cíngulo y otra meridional denominada sulco. El flagelo transversal recorre el cíngulo y es el que proporciona el movimiento giratorio, y el longitudinal se aloja en el sulco y funciona a modo de timón.

Desde la perspectiva evolutiva, lo que suscita más interés de *Dinflagellata* es el dinocarión. Se trata de un tipo de núcleo propio de los dinoflagelados que se caracteriza por la presencia permanente de los cromosomas. Recordemos que, normalmente, el material genético se encuentra difuminado a modo de cromatina y solo se organiza en cromosomas durante la división celular. Los cromosomas se encuentran adheridos a la carioteca y carecen de histonas, al contrario que los demás eucariotas. Esta clase de núcleo era considerada el eslabón entre el nucleoide de los procariontes y el verdadero núcleo de los eucariontes. Pero en la actualidad se considera una forma evolucionada más que primitiva, pues los dinoflagelados basales presentan núcleos similares al resto de los eucariotas.

Proliferación de algas nocivas

Más conocida por sus siglas en inglés, una HAB (*harmful algal bloom*), es la proliferación ocasional de, habitualmente, una especie particular de alga que, por su magnitud, ocasiona daños en el ecosistema. Pueden estar provocadas por causas naturales o por la actividad humana. En todo caso, el resultado es letal, ya que algunas especies producen potentes toxinas. En la imagen se muestra una marea roja acaecida en 2005 en California ocasionada por la proliferación de *Gonyaulax spinifera*.

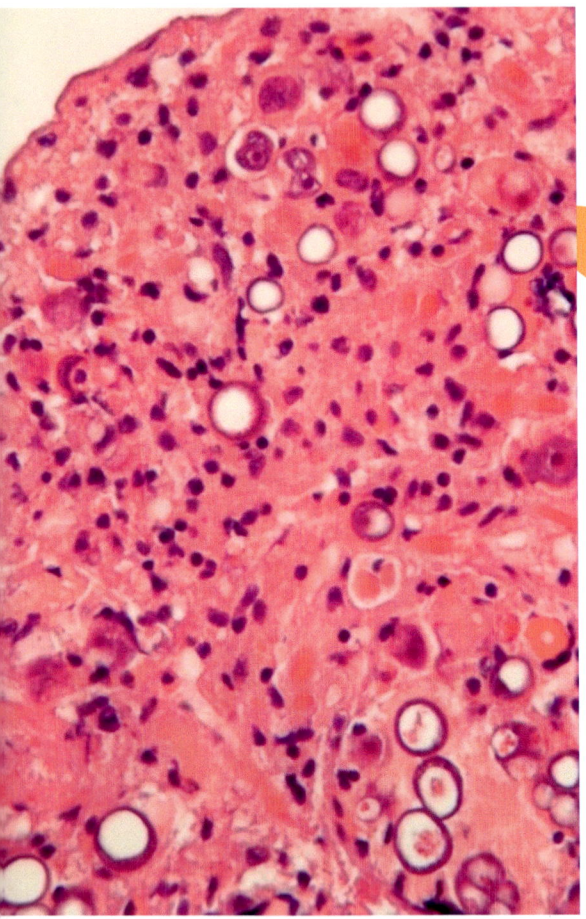

Con el filo *Perkinsozoa* damos por concluido el estudio del subreino *Alveolata*. Se trata de un grupo conocido, sobre todo, por incluir especies que infectan a determinados moluscos. Por ejemplo, *Perkinsus atlanticus* (también conocido como *Perkinsus olseni*) causa la denominada perkinsosis en bivalvos como almejas y abulones. En la imagen se observan varios trofozoítos de *Perkinsus atlanticus* (las manchas de color claro) que han invadido el tejido muscular de una almeja japonesa (*Ruditapes philippinarum*).

Este parásito causa la lisis o ruptura de la membrana celular de las células infestadas. Además, la masiva acumulación de parásitos, así como de hemocitos (los puntos violetas de la imagen) provocan lesiones que pueden afectar a la respiración, la reproducción o el crecimiento del hospedador.

Los hemocitos son células de la hemolinfa —líquido circulatorio de los invertebrados— que juegan un papel muy importante en el sistema inmunológico de los invertebrados, se podría decir que son los leucocitos de la sangre de los vertebrados.

Perkinsida

Rastrimonadida

Perkinsea

Alveolata

Perkinsozoa

Hace tiempo que son bien conocidos de los biólogos marinos, los parásitos *Perkinsus marinus* y *Parvilucifera infectans*; el primero por ser huésped habitual de moluscos bivalvos pudiendo dar al traste con bateas enteras de ostras o mejillones cultivados, por ejemplo, y el segundo porque puede resultar un instrumento eficaz en el control de las proliferaciones de dinoflagelados ya que los parasita.

Casi con la única finalidad de encajar dichas especies, a finales de la década de 1970, se acuñó el filo *Perkinsozoa*. Más recientemente, se han hallado numerosas especies que no han podido ser etiquetadas ni como ciliadas, ni apicomplejas, ni dinoflageladas: croméridas, acavomonas o colponemas, entre otras. En consecuencia, los estudios sobre alveolados más ambiciosos incluyen al menos media docena de filos. Aquí no seremos tan vehementes como para tratar todos ellos y solo añadiremos los perkinsozoos a los ya estudiados.

Todas las especies de *Perkinsozoa* son parásitas intracelulares, bien de moluscos, bien de dinoflagelados. Tienen un plasto degenerado que no contiene ADN y un complejo apical incompleto. En la página de la izquierda observamos que se trata de un filo monotípico, es decir, que solo contiene una clase, *Perkinsea*. A su vez, esta se subdivide en dos órdenes: *Perkinsida* y *Rastrimonadida*. *Perkinsus* es el único género del primero y *Rastrimonas* y *Parvilucifera* son los dos géneros del segundo.

Perkinsus provoca en los moluscos de todos los océanos un grupo de enfermedades conocidas, genéricamente, como perkinsosis o enfermedad dermo. Con un complejo ciclo vital que incluye tres fases (una forma activa —denominada trofozoíto—, esporas sin capacidad de movimiento —autoesporas— y esporas flageladas —zoosporas—), la infección se produce por transmisión directa de hospedador a hospedador. Cada perkinsozoo se asocia normalmente a un bivalvo: *P. marinus* y la ostra del Golfo de México, *P. atlanticus* y el abulón australiano, *P. mediterraneus* y la ostra europea, etc. Tiene una alta mortalidad y afecta tanto a especies salvajes como cultivadas. Por su parte, *Rastrimonas* y *Parvilucifera* parasitan otros protistas.

Enzootias, epizootias y panzootias

Los veterinarios hablan de enzootias, epizootias y panzootias igual que los médicos se refieren, respectivamente, a las endemias, epidemias y pandemias que acometen al ser humano.

Efectivamente, una enzootia es una enfermedad infecciosa, atribuida a una causa local, que afecta de forma continuada a una o varias especies animales de un territorio determinado; una epizootia se define como aquella enfermedad contagiosa que se propaga con rapidez afectando a un número inusualmente elevado de animales, en un momento y lugar determinados, por una causa general y transitoria, y una panzootia es aquella epizootia que se propaga a través de una región de gran tamaño: varios países, un continente o todo el mundo.

Ejemplos conocidos de todos son la gripe aviar, la quitridiomicosis o la encefalopatía espongiforme bovina.

El tercer y último subreino que contemplaremos dentro del reino *Harosa* es *Rhizaria*. Los rizarios son amebas unicelulares que, a base de escamas, placas o espinas, producen sofisticadas conchas o testas. Estos elementos se crean dentro de la célula y después se mueven al exterior y ordenan en la superficie adoptando una disposición más o menos geométrica. Siempre existe una abertura por la que asoman los pseudópodos que utilizan para la captura del alimento y el desplazamiento. Como ejemplo de estas estructuras, abajo se muestra la concha de un cercozoo del orden *Euglyphida*.

Al presentar el reino *Harosa*, decíamos que los rizarios son amebas unicelulares carentes de paredes celulares, pero con cubiertas parecidas a las clásicas conchas. Aunque la disparidad de formas ha dificultado enormemente su clasificación, se han descrito unas 12.000 especies dentro del subreino *Rhizaria*; generalmente son ameboides marinos con prolongaciones citoplasmáticas con la figura de largos pseudópodos filiformes, reticulados o con microtúbulos. Los más llamativos son aquellos que producen conchas o esqueletos asaz elaborados.

La mayor parte de las especies de rizarios son unicelulares y uninucleadas. Existen unas pocas especies que forman colonias, otras son multinucleadas y, como excepción, existe al menos una especie multicelular: *Guttulinopsis vulgaris*. La mayoría carecen de cloroplastos, poseen mitocondrias con crestas tubulares, tienen capacidad de movimiento, son heterótrofas y exhiben endoesqueletos o recubrimientos de escamas. Algunos grupos, no obstante, presentan células desnudas, son parásitos o tienen plastos y son fotosintéticos.

Pese a la variabilidad de formas y modos de vida, los análisis filogenéticos despejan cualquier duda sobre la consistencia de este clado, si bien no hay unanimidad sobre los filos a considerar ni tampoco sobre las clases que cada filo debería contener. Por lo común, se habla de cercozoos, foraminíferos y radiolarios.

Aquí consideramos tres filos: *Endomyxa*, *Cercozoa* y *Retaria*. El primero comprende tanto fagótrofos de vida libre como parásitos no fagótrofos; el segundo incluye amebas flageladas que se alimentan por medio de pseudópodos, y el tercero constituye una parte importante del plancton marino y se caracteriza por sus complejos esqueletos vítreos que, al morir, forman depósitos en el fondo marino. El filo *Retaria* se subdivide, a su vez, en dos superclases: *Foraminifera* y *Radiolaria*.

Conviene no confundir *Rhizaria* con *Rhizopoda*. Los rizópodos son un antiguo grupo unicelular no monofilético en el que se incluían protistas con pseudópodos, desnudos o con escamas.

La multicelularidad

La multicelularidad supuso una profunda innovación en el proceso evolutivo. Los análisis de los genomas de las especies unicelulares revelan que estas ya contenían muchos de los genes necesarios para la multicelularidad, empero cómo se dio ese paso sigue siendo un enigma.

Lo que sí se sabe es que la multicelularidad surgió varias veces y en momentos y linajes eucariotas (¡y procariotas!) diferentes. Ejemplos de esta fabulosa historia son *Acrasida* en *Percolozoa*, *Thraustochytrida* en *Bygira*, *Sorogenida* en *Ciliophora* o *Sainouroida* en *Cercozoa*.

La multicelularidad puede aparecer por dos caminos: clonal o agregativo. El primero, el más común, resulta de una división celular incompleta, en la que las células hijas no se separan. La agregativa se obtiene mediante la unión de diferentes células genéticamente distintas, es la minoritaria.

Retaria

Cercozoa

Phagomyxida

Vampyrellida

Vampyrellidea

Plasmodiophorida

Phytomyxea

Endomyxa

Gromiida

Gromiidea

Reticulosida

Paradiniida

Ascetosporea

Paramyxida

Haplosporida

Mikrocytida

Rhizaria

El subreino *Rhizaria* se divide en tres filos: *Endomyxa*, *Cercozoa* y *Retaria*. A su vez, dentro del filo *Endomyxa* se distinguen cuatro clases: *Ascetosporea*, *Gromiidea*, *Phytomyxea* y *Vampyrellidea*, tal y como se muestra en este detalle del árbol de la vida.

Predominantemente, los endomixos se caracterizan por la posesión de unos finos pseudópodos denominados, por su disposición radial, reticulopodios, tal y como observamos en este ejemplar de *Vampyrella lateritia* de unos 0,03 mm de diámetro.

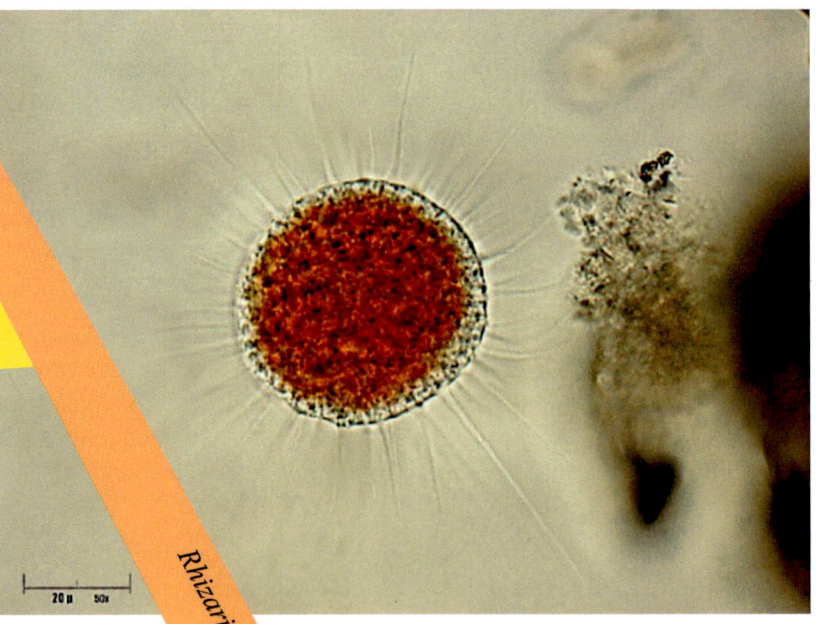

20 μ   50x

No es extraño encontrar autores que sitúen *Endomyxa* como un subfilo o una superclase dentro del filo *Cercozoa*. Esta obra, siguiendo a Cavalier-Smith, le asigna independencia suficiente como para constituir por sí mismo un filo. Y, con Ruggiero, considera dentro de él las siguientes clases: *Ascetosporea*, *Gromiidea*, *Phytomyxea* y *Vampyrellidea*.

Endomyxa abraza tanto especies de vida libre como parásitas caracterizadas por unos finos pseudópodos que forman redes denominadas reticulopodios. Las especies parásitas cobran relevancia por el perjuicio económico que producen cuando infectan animales (*Ascetosporea*) o plantas (*Phytomyxea*). Las especies de vida libre nadan en agua dulce (*Vampyrellidea*) o salada (*Gromiidea*) alimentándose de bacterias, algas y hongos.

Como decimos, la clase *Ascetosporea* abarca protistas parásitos de animales, especialmente de invertebrados marinos como moluscos, anélidos o crustáceos, que producen esporas, de ahí su denominación. Por ejemplo, *Marteilia refringens* (orden *Paramyxida*) causa graves trastornos en la glándula digestiva de las ostras y algunas especies de *Urosporidium* (orden *Haplosporida*) infectan parásitos que, a su vez, se alojan en cangrejos.

La clase *Gromiidea* se diferencia por sus reticulopodios. Reúne dos órdenes: *Reticulosida* y *Gromida*. El primero se distingue por las extrusomas. Estas son unas vesículas alojadas en los pseudópodos que, bajo ciertos estímulos, pueden descargar su contenido fuera de la célula. El segundo incluye amebas cubiertas por una teca con un orificio del que salen los pseudópodos.

Los fitomíxeos son parásitos de plantas. Entre las enfermedades debidas a estos organismos destacan la hernia de la col y la roña de la patata, causadas por *Plasmodiophora brassicae* y *Spongospora subterránea*, respectivamente.

Por último, *Vampyrellida* recuerda los heliozoos por sus células esféricas desnudas rodeadas de finos pseudópodos filosos. Son exclusivamente heterótrofos fagotróficos con un ciclo de vida que alterna trofozoítos ameboides y quistes.

La frondosa rama *Cercozoa* se divide en dos superclases: *Monadofilosa* y *Reticulofilosa*, la primera bastante más grande que la segunda. A su vez, de *Monadofilosa* brotan cuatro clases: *Sarcomonadea*, *Imbricatea*, *Thecofilosea* y *Metromonadea*; mientras que de *Reticulofilosa* surgen tres: *Granofilosea*, *Skiomonadea* y *Chlorarachnea*. En la figura se han especificado los órdenes que poseen cada una de ellas.

Algunos taxonomistas separan los cercozoos en tres subfilos, a saber: *Endomyxa*, *Monadofilosa* y *Reticulofilosa*. Tal y como dijimos en el apartado anterior, preferimos dar a *Endomyxa* la categoría de filo; así que ahora nos ocuparemos solo de los dos últimos y que, de hecho, se suelen agrupar bajo el nombre de *Filosa* o *Filosea*.

El filo *Cercozoa* (o estrictamente *Filosa*) incluye organismos unicelulares de variadas formas cubiertos de escamas silíceas u orgánicas, dotados de movilidad, rodeados de finos pseudópodos que les dan el aspecto de heliozoos y que proliferan en diversos hábitats. Excepcionalmente, algunos grupos incluyen células desnudas y otros poseen cloroplastos. En realidad, la definición del grupo responde más a los análisis genéticos que a un conjunto de detalles morfológicos distintivos.

Monadofilosa comprende células flageladas ameboides (*Sarcomonadea*), o cubiertas de escamas (*Imbricatea*), o protegidas por una teca (*Thecofilosea*), o por una pared celular (*Metromonadea*). A menudo, se desplazan mediante deslizamiento sobre el sustrato con la ayuda de los flagelos, flagelos que también utilizan para capturar el alimento.

La especie más característica es *Euglyphida compressa*. Es un organismo con la figura de una gota forrada por unas 150 escamas silíceas, dispuestas más o menos regularmente, a través de las que salen unas espinas que puede retraer cuando se siente amenazado (ver página 140). Normalmente, se encuentra en el suelo, en aguas ricas en nutrientes o sobre plantas acuáticas.

A diferencia del grupo anterior, *Reticulofilosa* incluye células desnudas, con o sin flagelos, pero que nunca se desplazan por deslizamiento. Engloba tres clases: *Chlorarachnea*, un tipo de algas microscópicas de los océanos tropicales típicamente mixótrofas, pues ingieren bacterias y también realizan la fotosíntesis; *Granofilosea*, definida por los granos que presentan sus reticulopodios, y *Skiomonadea,* un grupo monotípico, recientemente descubierto, biflagelado heterótrofo y fagótrofo.

Las apomorfias

¿Quién decide qué es un taxón? o ¿qué especies se agrupan para formar un clado? son preguntas que a estas alturas pueden parecer obvias.

Y es que, casi sin darnos cuenta, hemos aprendido muchas ideas en torno a la taxonomía. En primer lugar, los taxones deben ser monofiléticos y, lo que es más importante, es necesario discernir una serie de cualidades novedosas comunes a todos los miembros del grupo.

Esto es lo que los expertos denominan apomorfias: atributos exclusivos, morfológicamente semejantes y evolutivamente novedosos. Las apomorfias constituyen el centro y el fundamento de las actuales clasificaciones filogenéticas.

Los expertos, además, consideran que cada grupo debería contener entre 3 y 7 subgrupos, por lo que los taxones monotípicos deberían de ser la excepción.

El presente *zum* del árbol de la vida nos muestra todas las ramas que conforman el filo *Retaria*.

Este consta de dos superclases: *Foraminifera*, en la zona superior, y *Radiolaria*, en la inferior. A su vez, *Foraminifera* se divide en: *Tubothalamea*, *Globothalamea* y *Monothalamea*; mientras que *Radiolaria* se parte en: *Polycystinea*, *Acantharea* y *Taxopodida*.

Concretamente, en la imagen aparecen esqueletos del orden *Nassellaria*, de la clase *Polycystinea*.

Con el filo *Retaria* concluye el estudio del subreino *Rhizaria*, y con este, el del reino *Harosa*. Así se pone punto final al cuarto capítulo dedicado a los plastos. En el siguiente capítulo se analiza el reino *Archaeplastida*, es decir, el mundo de la clorofila. De esta manera, los capítulos cuarto y quinto completan el subdominio *Diaphoretickes*.

En los textos más antiguos, los rizarios solían clasificarse en tres grandes grupos: cercozoos, foraminíferos y radiolarios. Vistos los cercozoos, el estudio del clado *Retaria*, nos introducirá en los dos últimos grupos.

Retaria agrupa organismos unicelulares heterótrofos de tipo ameboide, principalmente marinos, tipificados por presentar intrincados esqueletos que, al morir, se depositan en los fondos oceánicos dando lugar a microfósiles, como los que se muestran en la imagen de la derecha (arriba, radiolario; abajo, foraminífero).

Los radiolarios se distinguen por sus numerosos pseudópodos rígidos y delgados reforzados por microtúbulos —axopodios—, así como por los elaborados diseños geométricos de sus silíceos esqueletos de gran belleza y apariencia opalina (ver imagen en la página contigua).

Constituyen una parte importante del plancton pelágico de todas las latitudes. Son heterótrofos, depredadores de larvas de crustáceos, ciliados, diatomeas o dinoflagelados a los que atrapan con los axopodios. Mayoritariamente son unicelulares, aunque algunas especies forman colonias en las que los individuos están embebidos en una matriz gelatinosa.

Los foraminíferos son protistas ameboides, principalmente marinos, caracterizados por las tecas externas de carbonato de calcio que secretan. Algunas especies viven en los sedimentos marinos —son bentónicas—, al tiempo que otras flotan en el agua —son planctónicas—.

El protoplasma está diferenciado en un endoplasma (citoplasma interior más denso) y un ectoplasma (citoplasma periférico menos denso) del cual emergen numerosos reticulopodios. El endoplasma está compartimentado en varias cámaras, cámaras que están comunicadas por medio de agujeros o forámenes, de ahí el nombre que recibe esta superclase.

Los foraminíferos constituyen el grupo más relevante de microfósiles marinos. Presentan una gran diversidad: se han descrito unas 10.000 especies vivas, pero se han encontrado fósiles de unas 40.000 especies extintas por lo que suscitan un gran interés paleontológico.

Ya hemos hecho alguna incursión en el mundo de la clorofila. Hemos aprendido que este pigmento se aloja en los cloroplastos, concretamente dentro de unos sacos aplanados llamados tilacoides y hemos visto cómo algunas células eucariotas se sirven de ella (y de otros pigmentos fotosintéticos) para elaborar materia orgánica a partir de sustancias inorgánicas; lo que se conoce como nutrición autótrofa.

Sin embargo, también nos hemos topado con alguna especie que, teniendo cloroplastos, en ocasiones se sirve de la nutrición heterótrofa o, sencillamente, que sus plastos han perdido la capacidad fotosintética por algún motivo.

Ha sido la antesala para adentrarnos en el universo clorofílico, en el reino de las plantas, *Archaeplastidia*, todavía bajo el subdominio *Diaphoretickes*.

Dicho de otra manera, las plantas no necesitan comer otros seres vivos para obtener la materia orgánica con la que fabricar sus propias estructuras ya que son capaces de elaborarla, a partir de materia inorgánica, mediante la fotosíntesis.

Y todavía hay más. La materia orgánica producida en la fotosíntesis, especialmente la glucosa, también se emplea en la respiración celular. Al hablar de las mitocondrias dijimos que estas eran unas centrales energéticas. No olvidemos que para realizar las funciones vitales (crecimiento, reproducción, relación, etc.) es necesario energía. Pues bien, en la fotosíntesis también se produce glucosa que, mediante la respiración, se transformará en energía, principalmente en forma de ATP.

Concretamente, en la fotosíntesis las plantas toman anhídrido carbónico para producir sustancias orgánicas como la glucosa, expulsando oxígeno como material de desecho. Y en la respiración, toman oxígeno que se combina con la glucosa para producir energía, expulsando como residuo anhídrido carbónico. Esta respiración que se da en presencia de oxígeno se denomina aerobia.

De esta manera, el mundo de la clorofila se relaciona con la fotosíntesis y la respiración celular.

La clorofila

En 1817, los químicos franceses Pierre Pelletier (1788-1842) y Joseph Caventou (1795-1877) extrajeron de hojas de plantas verdes una sustancia que llamaron clorofila.

Aunque existen varios tipos de moléculas de clorofila, todas tienen dos partes claramente diferenciadas: un anillo que contiene magnesio y cuya función es absorber luz, y una cadena hidrófoba cuya misión es mantener la clorofila anclada en la membrana de los tilacoides.

En la imagen de la izquierda puede observarse un modelo de la clorofila a. La esfera verde central representa el átomo de magnesio y las cuatro esferas azules que la rodean son átomos de nitrógeno. Como todas las moléculas orgánicas, la clorofila está formada por cadenas de átomos de carbono (esferas negras) a los que se unen diversos átomos de hidrógeno (en color blanco) y oxígeno (de color rojo).

Los dos reinos que conforman el subdominio *Diaphoretickes* son *Harosa* y *Archaeplastidia*.

Estudiado el primer reino en el capítulo cuarto, el capítulo quinto está dedicado al segundo de ellos.

Archaeplastidia se despliega en dos ramas inferiores, *Glaucophyta* y *Rhodophyta*, con categoría de filo y una gran rama, *Chloroplastida*, con rango de subreino. Dentro de esta, se distinguen a su vez, el filo *Chlorophyta* y el infrarreino *Streptophyta*.

Hace unos 1.500 millones de años, un organismo fagótrofo capturó una cianobacteria que se le indigestó, es decir, que no la pudo digerir, y terminó por establecer una relación simbiótica con ella: el huésped obtendría protección, acceso a la luz y un entorno estable y el anfitrión se benefició de la glucosa y el oxígeno producidos por el huésped mediante la fotosíntesis.

Esta es la explicación, en palabras llanas, de lo que los biólogos llaman endosimbiosis primaria de una cianobacteria y que señalan como el origen más plausible de los cloroplastos y de los primeros eucariotas fotosintéticos. En conclusión, el origen de los plastos por endosimbiosis probablemente esté asociado estrechamente al origen del reino vegetal, el reino *Archaeplastidia*.

Los caracteres que definen este gran reino son los siguientes: pérdida de los flagelos; plastos rodeados de dos membranas y que contienen clorofila del tipo a, así como otros pigmentos; almacenamiento de almidón como sustancia de reserva en forma de gránulos alojados en los plastidios; mitocondrias con crestas aplanadas, y paredes celulares que, normalmente, incluyen celulosa en su composición.

Archaeplastidia o *Primoplantae* comprende tanto organismos unicelulares como pluricelulares, siempre autótrofos que obtienen la energía que necesitan a través de la fotosíntesis. Incluye un pequeño grupo de algas unicelulares (*Glaucophyta*); un conjunto diverso de algas rojas unicelulares y pluricelulares (*Rhodophyta*); algas verdes unicelulares y pluricelulares con clorofilas a y b (*Chlorophyta*), y las plantas terrestres (*Streptophyta*).

Muchos biólogos también llaman la atención sobre el hecho de que, con las plantas, la vida se trasladó del mar a la tierra, probablemente hace unos 500 millones de años. Las plantas tuvieron que evolucionar para enfrentarse a los desafíos del ambiente terrestre, su cuerpo se haría más complejo y, no cabe duda, que tuvieron éxito, extendiéndose y colonizando todos los hábitats. Para ello, dos fueron los hitos principales: la multicelularidad y la diferenciación de tejidos.

Es un mérito más que podemos atribuir a la clorofila.

Una cuestión de membranas

En otras páginas de este texto, al hablar del filo *Euglenozoa* o del superreino *Hacrobia*, ya se ha comentado el origen endosimbiótico de los plastos. Y ahora, al tratar el reino *Archaeplastidia*, vuelve a aparecer este concepto. Pero no se trata del mismo acontecimiento. Entre ambos hay profundas diferencias.

Los cloroplastos que se encuentran en *Archaeplastidia* están rodeados por dos membranas: la interior procedería de la cianobacteria englobada y la exterior de la vacuola digestiva del fagótrofo. Es lo que se denomina endosimbiosis primaria.

Por su parte, los cloroplastos de los protistas fotosintéticos mencionados anteriormente tienen cuatro membranas, lo que sugiere que estas se formaron por endosimbiosis secundaria entre un fagótrofo y un espécimen de *Archaeplastidia* (sin duda muy basal, tal vez *Glaucophyta*) que ya contuviera un plasto.

El conjunto más basal de *Archaeplastida* es *Glaucophyta*. Se trata de un grupito de algas unicelulares de agua dulce con apenas una docena de especies que, a veces, comparten la pared celular de la madre, como estas algas del género *Glaucocystis* que vemos en la imagen inferior.

Glaucocystales

Glaucophyceae

Glaucophyta

Archaeplastida

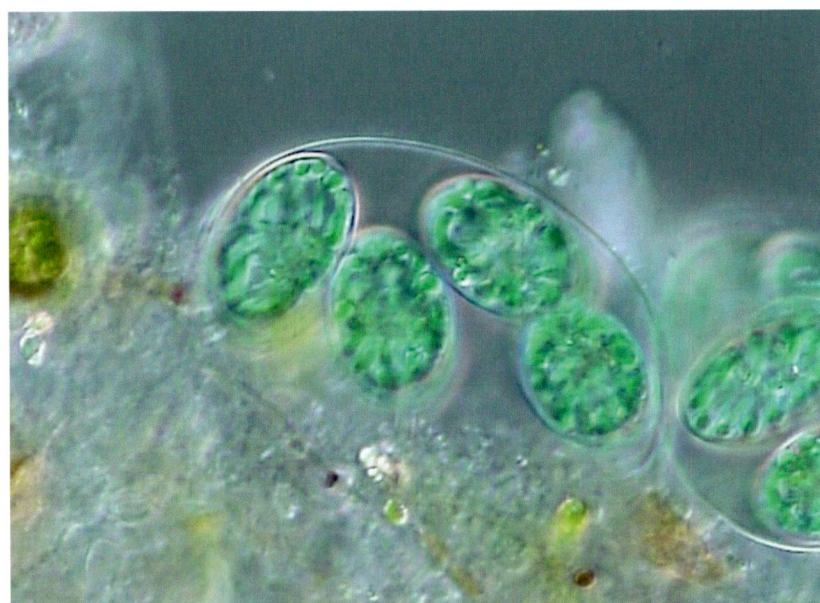

Glaucophyta o *Glaucocystophyta* es un pequeño filo monotípico de algas verdes unicelulares de agua dulce que agrupa una docena de especies. Probablemente, fue el primer grupo que divergió después de un proceso de endosimbiosis primaria entre una cianobacteria y un eucarionte más grande. Los estudios sugieren, además, que se trataba de una bacteria gramnegativa porque la pared de peptidoglucano de la cianobacteria todavía aparece representada en las pequeñas cantidades del polisacárido que se halla, exclusivamente, en las membranas de los plastos de las glaucofitas.

También es una característica única de los plastos de este tipo de algas verdes, la presencia de inclusiones en forma poliédrica de unas determinadas enzimas que fijan el dióxido de carbono durante la fotosíntesis y que se denominan carboxisomas. Pero lo verdaderamente notable es que los carboxisomas son típicos de las cianobacterias.

Ambas peculiaridades justifican que a los plastos de las glaucofitas se les llame cianelas. De hecho, la cianela es el atributo plesiomórfico de *Arcaheplastidia*, es decir, el estado primitivo de un carácter que posteriormente deriva en otras cualidades denominadas apomórficas.

Las glaucofitas son algas unicelulares que, a veces, se agrupan dentro de una sola pared celular. Algunas especies tienen dos flagelos que utilizan para moverse. Se reproducen asexualmente: unas especies a través de zoosporas y otras por medio de autoesporas. En todo caso se trata de células uninucleadas.

Además de pequeñas cantidades de peptidoglucano y los carboxisomas, las cianelas poseen clorofila del tipo a y carotenos. Los tilacoides no están apilados, como es lo habitual, y el almidón se almacena fuera del plasto, en el citoplasma. Tienen mitocondrias con crestas planas.

Obsérvese que al definir *Archaeplastidia*, decíamos que eran organismos sin flagelos y en cuyos plastos se almacenaba el almidón. Que las glaucofitas guarden el almidón en gránulos alojados en el citoplasma y que algunas especies sean biflageladas, es excepcional.

Los carboxisomas

Al hablar sobre las células procariontes, decíamos que las únicas organelas que tenían en el citoplasma eran los ribosomas.

No obstante, algunas bacterias también poseen microcompartimentos como el carboxisoma que se muestra en la imagen. Con un tamaño típico de 100 nm y forma icosaédrica*, contiene una enzima (representada en color verde) que capta el dióxido de carbono.

Las facetas están formadas por varias proteínas hexaméricas (en color azul), mientras que los vértices del icosaedro son pentámeros (en color violeta).

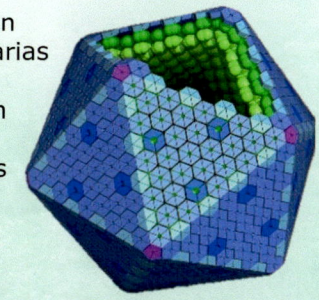

* Puede aprender más sobre las figuras geométricas en *225 poliedros con modelos de cartulina para construir* de M. Abril.

Glaucosphaerales

Dixoniellales

Rhodellales

Porphyridiales

Cyanidiales

Stylonematales

Floreideophyceae

Rhodellophyceae

Rhodochaetales

Porphyridiophyceae

Cyanidiophyceae

Stylonematophyceae

Rhodophytina

Compsopogonophyceae

Erythropeltidales

Compsopogonales

Goniotrichales

Bangiophyceae

Bangiales

Cyanidiophytina

Rhodophyta

Archaeplastida

El filo *Rhodophyta* agrupa dos superclases: *Cyanidiophytina* y *Rhodophytina*. La primera reúne especies unicelulares muy simples como *Cyanidium caldarium* (en la imagen) que solo posee un cloroplasto y una mitocondria en cada célula. La segunda corresponde a las algas rojas propiamente dichas. *Rhodophytina* incluye las seis clases siguientes: *Bangiophyceae, Compsopogonophyceae, Florideophyceae, Porphyridiophyceae, Rhodellophyceae* y *Stylonematophyceae*. En la ilustración podemos leer los órdenes de todas ellas, excepto de *Florideophyceae* que se analizará posteriormente.

El filo *Rhodophyta* comprende un nutrido grupo de algas rojas definidas por la carencia de flagelos en todas las etapas del ciclo vital y por los pigmentos que contienen los cloroplastos: clorofilas a y c, ficobiliproteínas y carotenoides. Estos últimos enmascaran el color verde de la clorofila y proporcionan a las rodofitas su típico color rojizo.

Los plastos tienen unas características propias que, como ocurría con las cianelas, justifican que se les denomine rodoplastos; a saber:

a) Las granas se componen de dos tilacoides en lugar de tres que es lo normal.
b) No contienen clorofila b, como veremos que sí tienen todas las plantas.
c) Poseen, en cambio, unas proteínas simples pigmentadas denominadas, genéricamente, ficobiliproteínas entre las que encontramos las ficoeritrinas.
d) No almacenan almidón en su interior sino en el citoplasma y, además, este es un almidón ramificado denominado almidón florídeo.
e) Presentan unas inclusiones proteínicas (pirenoides), derivadas, evolutivamente hablando, de los carboxisomas.

Para su estudio, se agrupan en dos superclases: *Cyanidiophytina* y *Rhodophytina*. La primera es monotípica e incluye algas unicelulares extremófilas —termófilas e hiperacidófilas— que toleran, incluso, la presencia de metales tóxicos.

Por su parte, *Rhodophytina* incluye las algas rojas propiamente dichas. La mayoría son marinas; las hay unicelulares y pluricelulares. Las pluricelulares alcanzan cierto grado de diferenciación celular. Pueden proliferar a una profundidad mayor que ningún otro tipo de alga, hasta los 250 metros, adaptándose a las diversas condiciones lumínicas gracias a la capacidad de modificar las cantidades relativas de los pigmentos fotosintéticos mencionados más arriba. Algunas especies adquieren interés económico como, por ejemplo, *Gelidium amansii* (ver imagen de la derecha) que en muchos países del Asia Oriental es un importante recurso alimenticio.

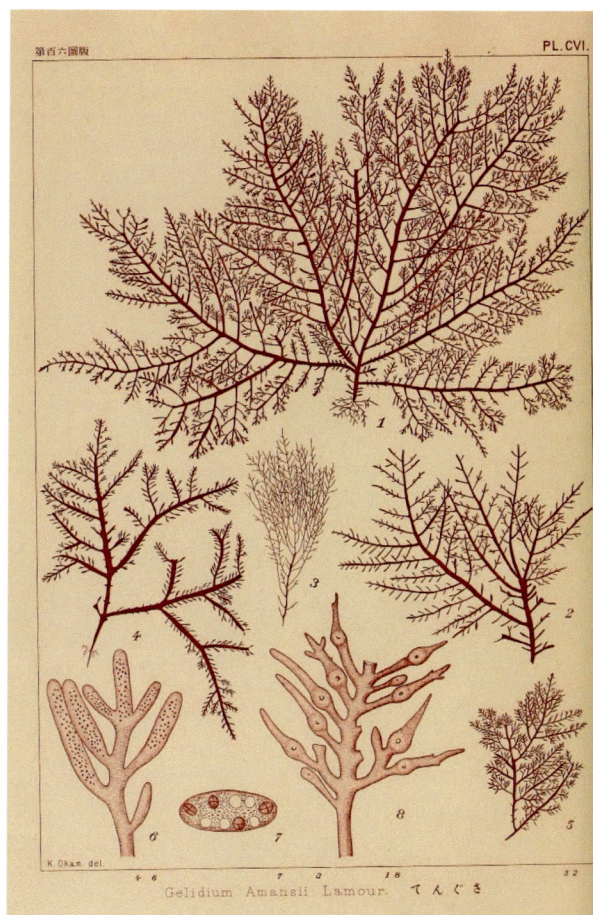

Nemastomatales

Halymeniales

Peyssonneliales

Gracilariales

Plocamiales

Entwisleiales

Gigartinales

Rhodymeniales

Colaconematales

Nemaliales

Gelidiales

Batrachospermales

Palmariales

Sebdeniales

Ceramiales

Rhodachlyales

Rhodymeniophycidae

Balliales

Bonnemaisoniales

Nemaliophycidae

Thoreales

Balbianiales

Acrosymphytales

Hildenbrandiales

Acrochaetiales

Rhodogorgonales

Sporolithales

Hildenbrandiophycidae

Florideophyceae

Hapalidiales

Corallinophycida

Corallinales

Ahnfeltiophycidae

Pihiellales

Ahnfeltiales

Aquí se ofrecen las subclases y órdenes en que se divide la clase *Florideophyceae*. Dentro de ella se encuentran el 95% de las especies de algas rojas o rodofitas y es el grupo más diverso y complejo. Incluye, entre otras, especies comestibles como el alga dulse (*Palmaria palmata*) que aparece en la ilustración inferior.

De las seis clases que engloba la superclase *Rhodophytina*, tres son unicelulares y otras tres, pluricelulares. Sin embargo, por el número de especies, *Florideophyceae*, que es multicelular, es la clase más significativa. El estudio de las apomorfias de los tres clados pluricelulares de algas rojas indica que la multicelularidad apareció independientemente en tres momentos diferentes, hace unos 1.200 millones de años, durante el Mesoproterozoico.

En todo caso, las algas rojas no alcanzan la complejidad de las algas pardas. El talo se forma por agregación de filamentos, formando estructuras cilíndricas de hasta un metro de longitud. Otros tejidos especializados son los rizoides, que se forman por agrupación de filamentos en la base del alga, y los zarcillos, cuya función es la adhesión a otras algas o elementos. Como estructuras reproductoras poseen esporangios y gametangios para producir esporas y gametos.

La pluricelularidad surge gracias a una división celular incompleta. Después de la partición del núcleo —cariocinesis—, se pone en marcha la formación de una pared celular que divida el citoplasma —citocinesis—. Esta pared no se forma completamente, sino que queda un poro que permite la comunicación entre los citoplasmas de las células hijas. Ese citoplasma continuo se denomina plasmodesmo.

Las florídeas se encuentran ampliamente distribuidas en todos los océanos. Por ejemplo, las especies de la subclase *Corallinophycidae* cubren prácticamente todos los sustratos rocosos de las costas. Sus talos contienen carbonato cálcico con el que, algunas especies, colaboran en la formación de los arrecifes coralinos.

Por su parte, algunas especies de la subclase *Rhodymeniophycidae* contienen en sus paredes celulares grandes cantidades de polisacáridos mucilaginosos que, con facilidad, forman geles sólidos y pueden ser utilizados industrialmente para producir agar y otros aditivos de uso alimenticio. Hoy en día, en los supermercados, también podemos encontrar algas rojas como *Palmaria palmata* —conocida como dulse— de la subclase *Nemaliophycidae*.

Alternancia de fases diploides
y haploides

División celular mediante
mitosis abierta

Algas verdes, en sentido
estricto

Algas verdes en cuyas mitosis
aparecen fragmoplastos

Cloroplastos por endosimbiosis
primaria

Embryophyta

Charophyta

Streptophyta

Chloroplastida

Chlorophyta

Plantae, *Viridophyta*, *Viridiplantae* o *Chloroplastida*, son algunos de los sinónimos utilizados habitualmente para referirse a este gran grupo que comprende más de medio millón de especies. Aquí le damos categoría de subreino —por debajo de *Archaeplastidia*—, pero otros textos se refieren a él como reino o superreino.

Este clado queda caracterizado por los plastos procedentes de una endosimbiosis primaria entre una cianobacteria y un fagótrofo eucarionte. Sus plastidios son verdaderos cloroplastos que han evolucionado a partir de las cianelas y de los rodoplastos, dado que han sustituido los carotenos y las ficobiliproteínas por clorofila b. En definitiva, contienen plastos con clorofilas de los tipos a y b, exclusivamente.

Engloba las algas verdes y las plantas terrestres cuyos nombres científicos son *Chlorophyta* y *Streptophyta*, respectivamente. Dada la disparidad en el peso específico de estos grupos, les asignamos categorías diferentes: de filo al primero y de infrarreino al segundo. En las páginas siguientes se analizarán las particularidades de cada grupo.

En este punto es muy conveniente fijar nuestra atención en las principales bifurcaciones del gran árbol de la vida. Del grueso tronco procariota, la generación de un núcleo y otras organelas rodeadas de membranas, propició la aparición de toda una plétora de organismos eucariontes a los que, a veces, se alude genéricamente con el nombre de protistas.

En la rama protista, otro nudo de singular importancia es la endosimbiosis primaria de una cianobacteria y un fagótrofo. De dicho nudo arranca la rama *Glaucophyta*. Otro evento posterior fue la pérdida de los rasgos bacterianos del plastidio y con él, el nacimiento de otra rama llamada *Rhodophyta*. Más adelante, hace menos de 500 millones de años, la incorporación de la clorofila b marcó la aparición de las plantas verdes.

Como vemos, la historia evolutiva de las plantas corre en paralelo a la evolución de los plastos: cianelas, rodoplastos y cloroplastos, son los hitos de dicho camino.

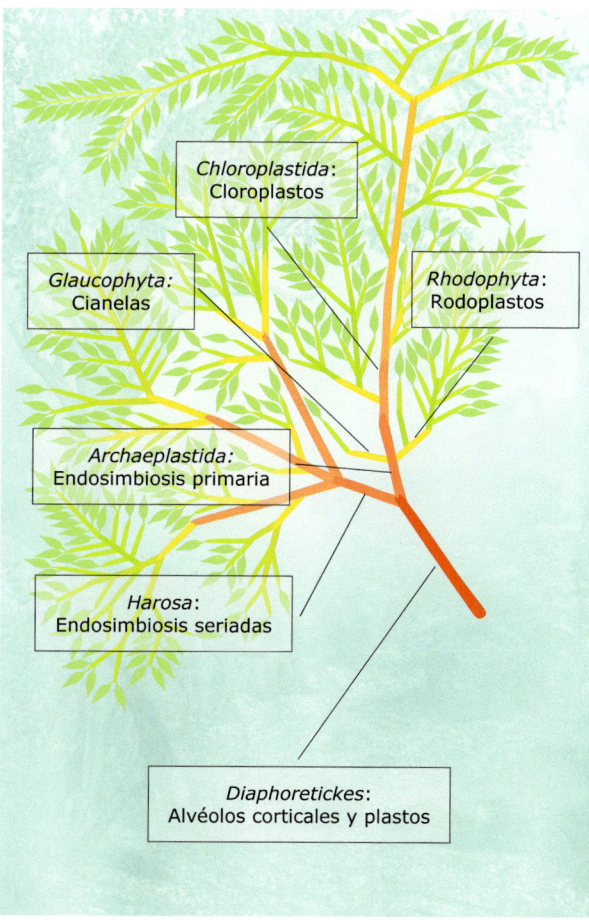

Chloroplastida:
Cloroplastos

Glaucophyta:
Cianelas

Rhodophyta:
Rodoplastos

Archaeplastida:
Endosimbiosis primaria

Harosa:
Endosimbiosis seriadas

Diaphoretickes:
Alvéolos corticales y plastos

Mamiellales

Monomastigales

Prasinococcales

Pseudoscourfieldiales

Chlorophyceae

Ulvophyceae

Trebouxiophyceae

Dolichomastigales

Palmophyllales

Pyramimonadales

Pedinomonadales

Chlorodendrales

Nephroselmidales

Mamiellophyceae

Pyramiminadophyceae

Marsupiomonadales

Scourfieldiales

Chlorophytina

Prasinophytina

Pedinophyceae

Chlorodendrophyceae

Streptophyta

Nephrophyceae

Chlorophyta

Chloroplastida

Pyramimonas (del orden *Pyramimonadales*) es uno de los géneros de las típicas algas verdes unicelulares flageladas; este espécimen apenas alcanza 0,006 mm de diámetro.

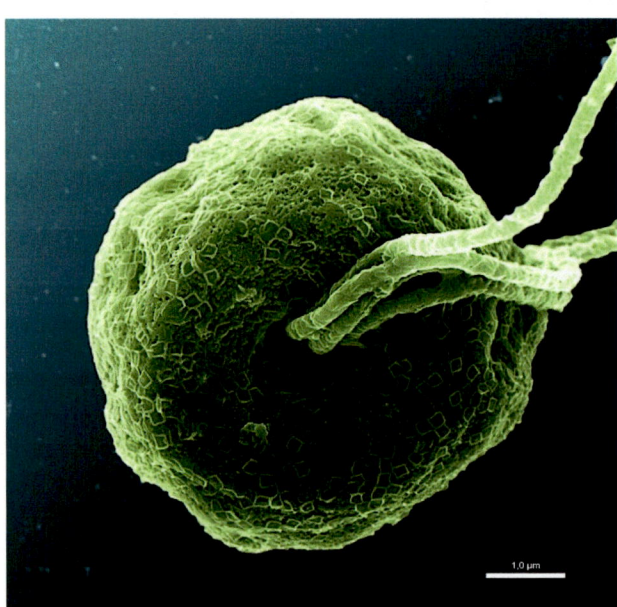

1,0 µm

Aunque ya ha hemos visto un grupo de algas verdes (*Glaucophyta*) y queda otro por aparecer (*Charophyta*), *Chlorophyta* es el filo genuino de las algas verdes. De hecho, a veces, se usan los términos *Chlorophyta sensu stricto* o *Chlorophyta sensu lato* para referirse, respectivamente, a las algas clorofitas en particular o todas las algas verdes en general. Recordemos que como clado, las algas verdes son un grupo parafilético, pues no incluye todos los descendientes del ancestro común de las citadas ramas.

El filo queda definido por la presencia de las clorofilas a y b y por el almacenamiento en los plastos de almidón como sustancia de reserva. Incluye unas 10.000 especies tanto unicelulares como pluricelulares; la mayoría viven en agua dulce, pero existen otras adaptadas a la vida en el mar, el desierto, la nieve, las rocas o los árboles; algunas mantienen una relación simbiótica con microorganismos, hongos, corales, esponjas, medusas, etc., y excepcionalmente hay dos especies que carecen de plastos, no pueden realizar la fotosíntesis y son parásitas.

No obstante, podemos resumir esa diversidad agrupando todas las clases en dos superclases: *Prasinophytina* y *Chlorophytina*. La primera incluye especies unicelulares (excepto el orden *Palmophyllales*) y flageladas, de vida mayoritariamente marina.

Las segundas se distinguen, sobre todo, por los ficoplastos. Un ficoplasto es una estructura microtubular que surge durante la citocinesis —separación del citoplasma en la división celular— paralela al plano de la división. Normalmente se formaría un fragmoplasto con fibrillas perpendiculares a la sección de separación, sobre el que se ensamblaría la nueva pared celular. Básicamente la función del ficoplasto es la misma, si bien su estructura es diferente. El ficoplasto perdura hasta que se separan las dos células.

Chlorophytina se subdivide en cinco clases: *Pedinophyceae* es el grupo basal; *Chlorophyceae* se caracteriza por los pirenoides de sus plastos; *Chlorodendrophyceae* y *Trebousiophyceae* son grupos unicelulares, y *Ulvophyceae* generalmente incluye macroalgas marinas.

Los líquenes

Fue la bióloga Lynn Margulis la que introdujo el término «holobionte» para referirse a la asociación simbiótica entre un animal o planta y los microorganismos que componen su microbiota.

En este sentido, se define un liquen como el holobionte conformado por un hongo y un alga verde o una cianobacteria. Se dan diversos grados de simbiosis de manera que, a veces, no es posible distinguir entre el huésped y el hospedador.

En la imagen, una especie de liquen crustoso, de las más de 500 existentes, del género *Caloplaca*.

Microsporales

Oedogoniales

Chlorocystidales

Phaeophilales

Chlorococcales

Sphaeropleales

Chaetophorales

Tetrasporales

Trentepohliales

Chaetopeltidales

Volvocales

Oltmannsiellopsidalesna

Ulotrichales

Dasycladales

Uvales

Chlorophyceae

Prasiolales

Cladophorales

Trebouxiales

Microthamniales

Bryopsidales

Ulvophyceae

Chlorellales

Chlorophytina

Trebousiophyceae

De las cinco clases de *Chlorophytina*, aquí se detallan los órdenes en los que se dividen *Ulvophyceae*, *Chlorophyceae* y *Trebousiophyceae*. En la página 160 figura el detalle de las clases *Chlorodendrophyceae* y *Pedinophyceae*.

Con su gran diversidad, *Chlorophytina* agrupa la mayoría de las algas verdes que crecen como organismos unicelulares o en configuraciones de colonias, filamentos o macroalgas. En este sentido, dicha disparidad rivaliza con las mismas rodofitas. Se dan en todos los ambientes acuáticos y, mayoritariamente, en aguas dulces.

Destaca por su importancia, la clase *Ulvophyceae*. Generalmente se trata de especies marinas, pero algunas medran en agua dulce. Son tanto uninucleadas como multinucleadas. Estas últimas forman grandes filamentos que no son otra cosa que cenocitos gigantes con numerosos núcleos y cloroplastos; se dice que son algas sifonales. Algunas de ellas son comestibles como, por ejemplo, *Caulerpa racemosa* del orden *Bryopsidales*, que aparece arriba a la izquierda en la imagen de Ernst Haeckel adjunta. Sabe a pimienta y se usa en las cocinas de Filipinas, Indonesia o Japón; se conoce como uva de mar o caviar verde.

Otras especies filamentosas son las del género *Ulva* (orden *Ulvales*). Forman anchos estípites de dos células de espesor. Son conocidas como lechugas de mar, viven adheridas a las rocas en las zonas donde baten las olas de los mares templados y, en general, se pueden comer tanto crudas en ensalada como cocidas en sopa. Son muy abundantes en los mares del norte de Europa. Algunas especies medran en estanques de agua dulce y pueden ser un elemento ornamental en los acuarios de los aficionados.

Las del género *Acetabularia* del orden *Dasycladales* son algas unicelulares gigantes de hasta diez centímetros de largo. Algunas especies son tan transparentes que se describen como delicadas copas de vino. En la imagen, arriba en el centro, aparece *Acetabularia mediterranea* con su característica forma de paraguas. Es una especie endémica del mar Mediterráneo que se conoce como sombrillita de mar.

Como último ejemplo, las especies del género *Trentepohlia* (orden *Trentepohliales*) son algas filamentosas de vida libre terrestre que destacan por su color naranja.

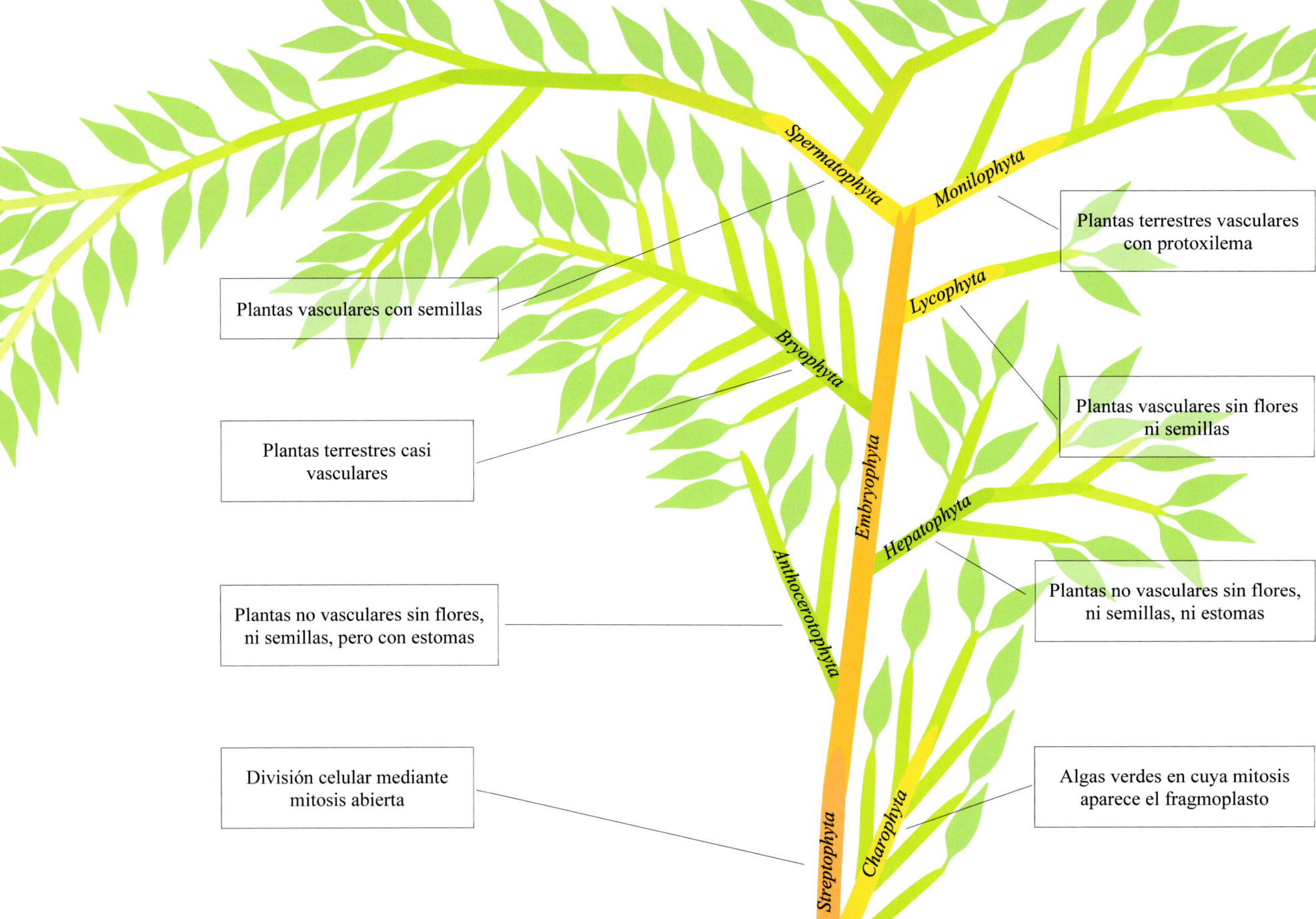

Spermatophyta

Monilophyta

Plantas terrestres vasculares con protoxilema

Plantas vasculares con semillas

Lycophyta

Bryophyta

Plantas vasculares sin flores ni semillas

Plantas terrestres casi vasculares

Embryophyta

Hepatophyta

Plantas no vasculares sin flores, ni semillas, ni estomas

Anthocerotophyta

Plantas no vasculares sin flores, ni semillas, pero con estomas

División celular mediante mitosis abierta

Algas verdes en cuya mitosis aparece el fragmoplasto

Streptophyta

Charophyta

Este subgrupo del reino de la clorofila, *Archaeaplastidia*, por debajo del subreino de los plastos procedentes de endosimbiosis primaria, *Chloroplastida*, que hemos investido con jerarquía de infrarreino, *Streptophyta*, se caracteriza por células móviles biflageladas que aparecen tanto en el ciclo vegetativo, o de crecimiento, como en la etapa reproductiva. La principal apomorfia del clado se encuentra en la estructura multicapa de los cuerpos basales —cinetosoma— de dichos flagelos.

Además, en la división celular se observan fragmoplastos. Recordemos que el fragmoplasto es esa estructura citológica en la que los microtúbulos se disponen de manera perpendicular al plano de la citocinesis y que sirve de orientación para la posterior formación de la pared que separará las células hijas.

Un rasgo definitorio más del grupo también está relacionado con la división celular o mitosis, concretamente con la partición del núcleo o cariocinesis, que las plantas llevan a cabo para crecer (y, como veremos, también los animales). Pues bien, antes de proceder al reparto del material genético, la membrana nuclear —carioteca— desaparece diluyéndose en el citoplasma y los cromosomas se dividen abiertamente en el interior de la célula en dos cromátidas hermanas. Después, unos microtúbulos tirarán de cada cromátida hacia polos opuestos de la célula. Finalmente, se formarán sendas cariotecas alrededor de cada grupo de cromátidas y tendrá lugar la división del citoplasma o citocinesis.

Este tipo de mitosis propia de las plantas se denomina abierta en contraposición a las mitosis cerradas que ocurren cuando el reparto del genoma tiene lugar dentro del núcleo.

Dentro de las estreptofitas, antes de abordar las plantas terrestres propiamente dichas, o embriofitas, todavía consideraremos un grupo de algas denominadas carofitas de las que se creen evolucionaron aquellas adaptándose a la vida fuera del agua. Veamos a continuación los parientes más próximos a las plantas: el filo *Charophyta*.

William Henry Harvey

No con unanimidad, se considera que el médico y botánico irlandés William Harvey (1811-1866) es el padre de la ficología, la ciencia que trata sobre las algas.

El estudio científico de las algas comenzó a finales del s. XVIII, y su interés fue creciendo hasta que a mediados del s. XIX estudiosos como Harvey redoblaron los esfuerzos en su estudio, descripción y clasificación.

Son numerosísimas las publicaciones de Harvey al respecto centrándose, sobre todo, en las algas de las islas británicas, así como las colecciones que legó a diferentes museos.

Y, ¡ojo!: no se debe confundir la algología que versa sobre el tratamiento del dolor con la ficología.

Desmidiales

Zygnematales

Coleochaetales

Charales

Klebsomidiales

Zynematophyceae

Coleochaetophyceae

Chlorokybales

Charophyceae

Klebsomidiophyceae

Charophyta

Chlorokybophyeae

Mesostigmatales

Mesostigmatophyceae

Streptophyta

El orden más representativo del filo *Charophyta* es *Charales*: son las únicas macroalgas del filo. En la imagen se muestra el oogonio o célula germinal femenina (arriba) y el anteridio donde se producen los gametos sexuales masculinos (abajo) de una especie del género *Chara*.

Las algas carofitas o carofíceas son el eslabón de unión entre las clorofitas y las embriofitas. Las primeras son algas caracterizadas, como sabemos, por la presencia de clorofilas a y b y por el almacenamiento en los plastos de almidón como carbohidrato de reserva. Las segundas son plantas con una serie de adaptaciones específicas para la vida terrestre que también utilizan clorofila de los tipos a y b y almacenan almidón dentro de los plastos. (No debemos olvidar que, excepcionalmente, también existen embriofitas adaptadas a la vida acuática).

¿Cuál es la diferencia, entonces, entre clorofitas y embriofitas? Lo peculiar de las embriofitas es el estado embrionario protegido en la fase inicial de su desarrollo que no tiene parangón en las algas. Otra desemejanza significativa es que las algas no tienen tejidos tan especializados como las plantas: las células de las raíces, el tallo o las hojas de las plantas son radicalmente diferentes entre sí, mientras que las células del rizoide, el estípite y las láminas de las algas son bastante similares.

¿Y entre algas clorofitas y carofitas? La diferencia principal se encuentra en la mitosis: en las clorofitas se forma el ficoplasto en tanto que en las carofitas aparece el fragmoplasto con una serie de microtúbulos paralelos y perpendiculares al plano citocinético.

¿Y entre las embriofitas y las carofitas, finalmente? Las carofitas son un grupo que abarca tanto formas unicelulares como pluricelulares que se organizan en colonias o crecen en filamentos, si bien las embriofitas son plantas multicelulares con tejidos más o menos especializados según ascendemos en el árbol de la vida.

El orden más representativo del filo es *Charales*, del que el grupo toma el nombre. Medran en aguas dulces y salobres de todo el mundo. Son las únicas macroalgas del filo, alcanzando hasta un metro de envergadura. En los géneros *Chara* y *Nitella*, las células son tan grandes que se puede observar la ciclosis, ese movimiento del citoplasma y de las organelas causada por el citoesqueleto, cuya función es facilitar el intercambio de sustancias en el interior de la célula.

No es solo una cuestión semántica

Todos tenemos una idea bastante acertada de lo que son la raíz, el tallo y las hojas de una planta. Por su semejanza a las plantas, en las algas podemos identificar las partes que hacen las funciones de esas estructuras y que son, respectivamente, el rizoide, el estípite y las láminas.

Enseguida veremos que en las plantas primitivas no es posible hablar todavía de raíz, tallo y hojas. En su lugar, se designan el rizoide o rizina, el talo o caulidio y los filidios, respectivamente.

Sin embargo, no es solo una cuestión semántica. Aunque el aspecto exterior de todos estos elementos sea muy semejante, su constitución interna es diferente. Básicamente, la raíz, el tallo y las hojas cuentan con una serie de células diferenciadas encargadas de cumplir diferentes misiones y que constituyen el sistema del tejido vascular de la planta. Las algas y las primeras plantas no son vasculares.

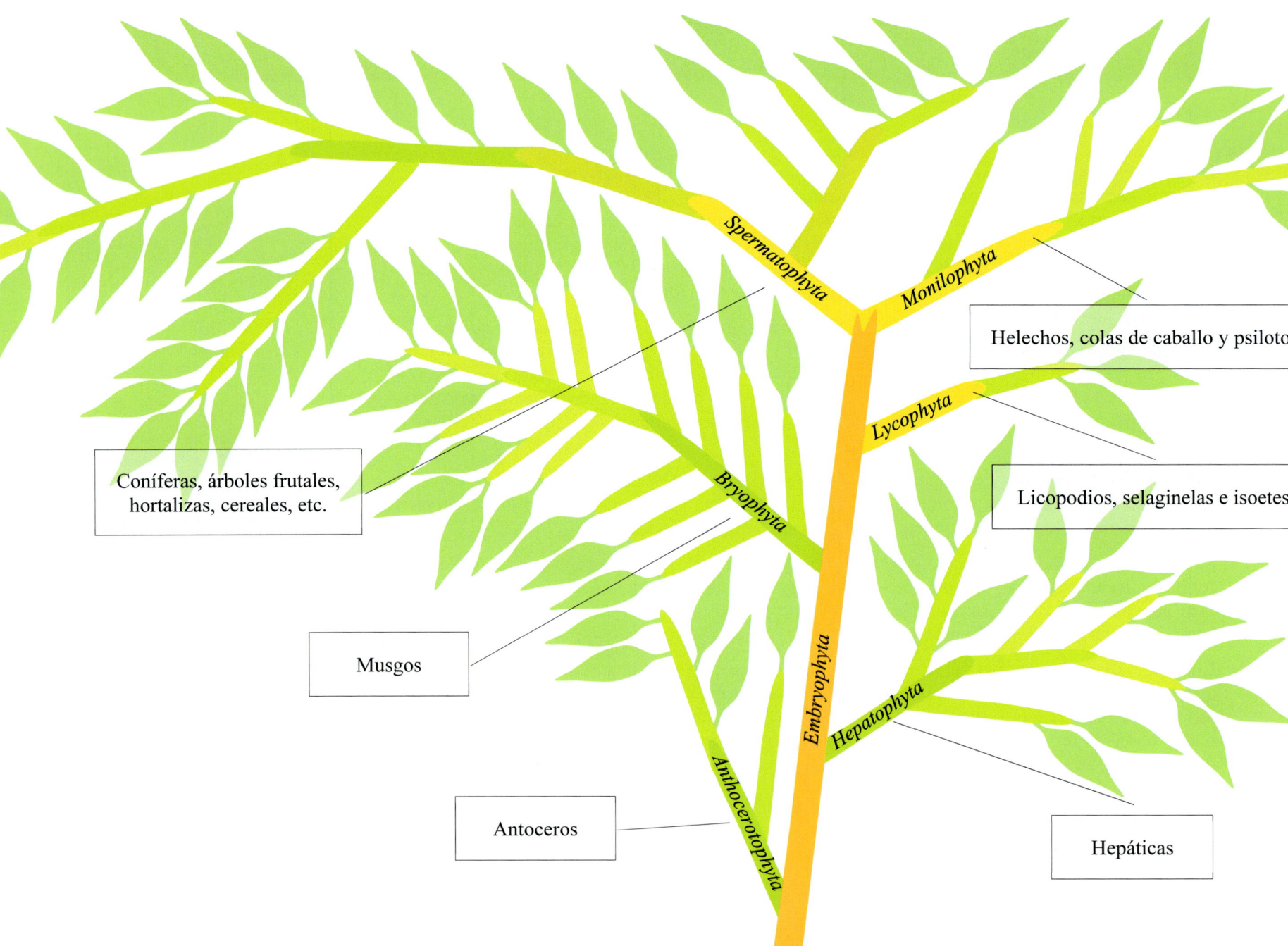

Como hemos adelantado, las embriofitas se identifican con las plantas terrestres. Sin embargo, no deberíamos llamarlas plantas terrestres porque hay muchas algas adaptadas a la vida fuera del agua y pronto aprenderemos que también existen muchas especies de plantas acuáticas o que medran en ambientes muy húmedos (hidrofitas).

Técnicamente, este clado con categoría de superfilo se denomina *Embryophyta* o *Cormophyta* o *Plantae*, entre otros nombres. El primero, que usaremos en el texto, hace referencia a la etapa de embrión por la que pasa la espora diploide —denominada esporofito— de cuyo desarrollo deriva un individuo haploide —o gametofito—. De hecho, lo que caracteriza a este grupo (y también a algunas algas verdes) es la alternancia en el ciclo vital de fases diploides y haploides.

Además, las embriofitas se distinguen por poseer estructuras reproductivas tanto en la fase de esporofito como en la de gametofito. En general, el ciclo de vida de las plantas es bastante complejo con alternancia de generaciones de esporofito diploide y de gametofito haploide combinando tanto reproducción sexual como asexual.

Normalmente, una de las dos generaciones —esporofito o gametofito—, es dominante. Los individuos de la generación dominante viven y crecen más. Por el contrario, los de la generación no dominante, son pequeños y menos visibles.

Es harto probable que, para sobrevivir fuera del agua, las primeras plantas —particularmente en su etapa de gametofito— se asociaran con determinados hongos de los que obtendrían los nutrientes que estos tomaban del suelo, hace unos 450 millones de años, en el Silúrico.

Este gran clado agrupa unas 300.000 especies diferentes incluyendo las plantas sin tejidos vasculares, flores ni semillas llamadas hepaticofitas; un escaso grupo de plantas primitivas no extintas denominadas antocerotofitas; los musgos o briofitas; las plantas vasculares más antiguas conocidas como licofitas; los helechos o monilofitas, y las plantas con semillas llamadas espermatofitas.

Una cuestión de protección

A diferencia de los organismos acuáticos que se pueden valer del agua para dispersar sus gametos y proteger sus cigotos, los organismos terrestres necesitaron desarrollar fórmulas innovadoras para dispersar sus células sexuales y proteger sus embriones en desarrollo. Ambos problemas se afrontaron eficazmente protegiendo los órganos reproductores en arreglos cerrados.

Efectivamente, los gametofitos poseen unas estructuras multicelulares denominadas gametangios que producen gametos, y los esporofitos cuentan con los esporangios para producir esporas.

Los anteridios son los gametangios que producen los gametos masculinos o espermatozoides biflagelados, mientras que los arquegonios originan gametos femeninos u oosferas. Una vez que el espermatozoide fecunda la oosfera aparece el embrión, que queda protegido en el arquegonio.

Insistimos: una célula haploide es la que tiene una sola copia de cada cromosoma en su núcleo; es el resultado de una división celular meiótica y, a su vez, al presentar una única copia del material genético, solo pueden realizar mitosis para reproducirse.

Y una célula diploide es aquella que cuenta con dos copias de cada cromosoma. Es el producto de la fusión de dos células haploides procedentes de dos progenitores.

En la fotografía, *Lunularia cruciata* (orden *Lunulariales*, clase *Marchantiopsida*), endémica de la cuenca mediterránea y representada por Haeckel en la parte superior central de la lámina contigua.

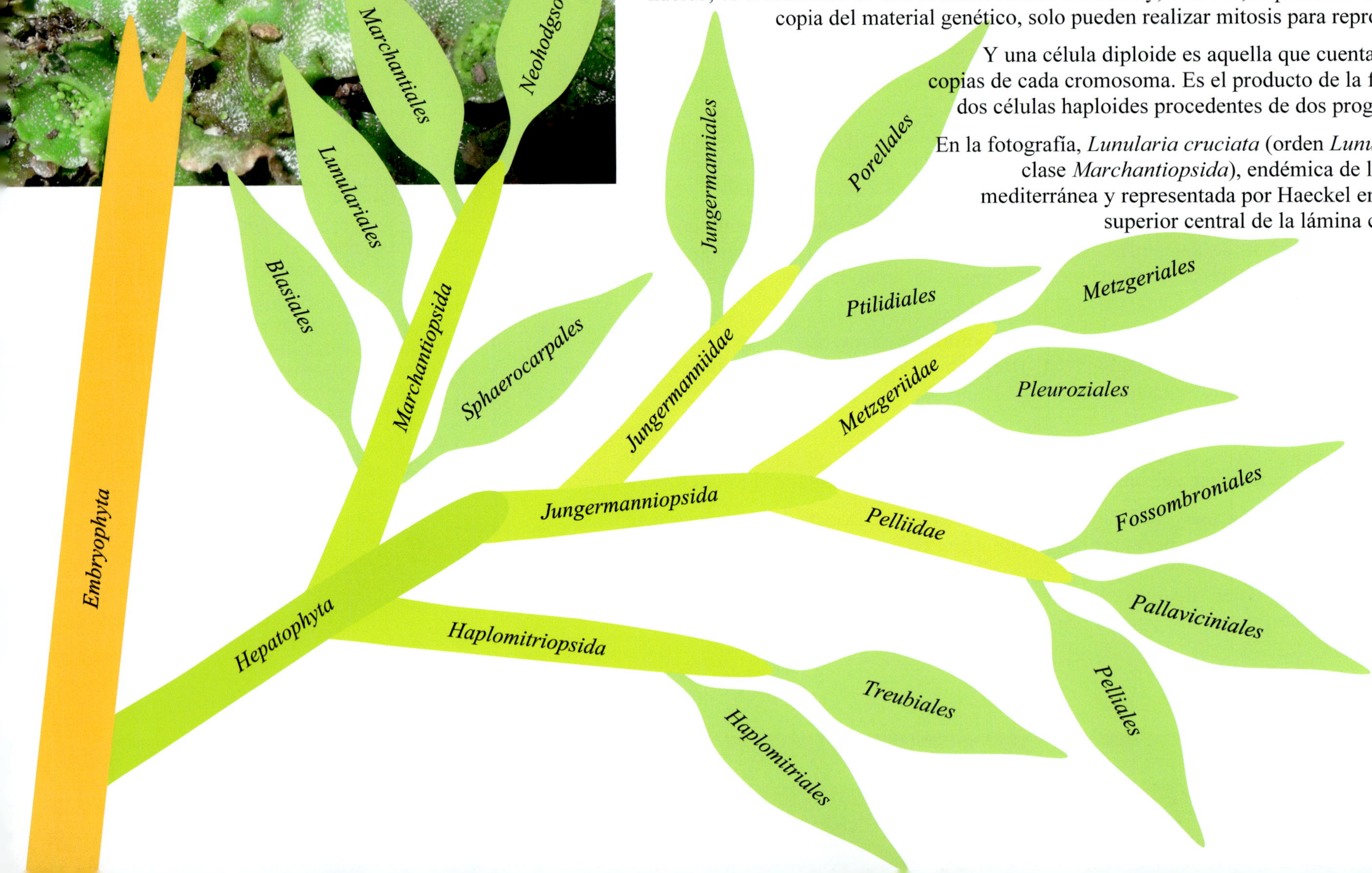

Neohodgsoniales

Marchantiales

Lunulariales

Blasiales

Marchantiopsida

Sphaerocarpales

Jungermanniales

Porellales

Ptilidiales

Metzgeriales

Jungermanniidae

Pleuroziales

Metzgeriidae

Jungermanniopsida

Pelliidae

Fossombroniales

Embryophyta

Pallaviciniales

Hepatophyta

Haplomitriopsida

Pelliales

Treubiales

Haplomitriales

Hepatophyta, *Hepaticophyta* o *Marchantiophyta* son los nombres más comunes con los que se designa el conjunto de unas 9.000 especies de plantas primitivas no vasculares, sin flores ni semillas que probablemente sean el clado basal de todas las plantas terrestres.

El estudio de este grupo sirve de ayuda para comprender en toda su magnitud el gran desafío que supuso la colonización del medio terrestre. Si bien en los mares el agua, esencial para la vida, está siempre disponible, en el medio terrestre es difícil obtenerla y conservarla después. Los organismos terrestres se enfrentan a una potencial desecación letal. ¿Cómo afrontaron ese reto las plantas primitivas?

Las hepaticofitas son plantas pequeñas y aplanadas, de filidios laminados («filidio» es el nombre que reciben las «hojas» de las plantas no vasculares) que viven en lugares húmedos y sombríos y crecen sobre el suelo, rocas o árboles por lo que, a veces, son confundidas con los musgos. Y es que la principal adaptación a la vida terrestre que distingue plantas y algas probablemente sea la cutícula, una cubierta cérea de lípidos que recubre hojas y tallos y, entre otras cosas, retarda la pérdida de agua por evaporación evitando la desecación del organismo.

Las hepáticas se caracterizan por la preponderancia del gametofito frente al esporofito en contraste con las plantas vasculares, en las que el gametofito masculino, por ejemplo, se aloja en el interior del grano de polen y lo que observamos como planta adulta es la fase del esporofito. En la hermosa imagen de Haeckel adjunta, las figuras 1, 3, 4, 5, 6, 11, 12 y 14 representan gametofitos de diferentes especies, mientras que los números 8, 9, 10, 13, 15, 16 y 17 señalan esporofitos que crecen sobre gametofitos; 2 y 7 indican órganos reproductores femeninos.

Otra peculiaridad es la carencia de estomas. Los estomas, propios de plantas más evolucionadas, son las células oclusivas de la epidermis que delimitan un poro llamado ostíolo. Puesto que la cutícula de los filidios los hace impermeables, los estomas permiten el intercambio gaseoso entre el interior y el exterior de la planta. En su lugar, las hepaticofitas tienen simples poros.

Dendrocerotales

Anthocerotales

Notothyladales

Phymatocerotales

Leiosporocerotales

Anthocerotopsida

Phymatocerotales

Anthocerotophyta

Leiosporocerotopsida

Embryophyta

El ciclo vital de muchas plantas presenta los dos tipos de células, haploides y diploides, existentes. A partir de un cuerpo diploide que sufre meiosis se originan esporas haploides que, a su vez, se dividirán por mitosis para generar organismos haploides. De estos surgirán células haploides masculinas y femeninas que se fusionarán dando lugar a una planta diploide similar a la de partida.

El grupo *Anthocerophyta* incluye tan solo tres centenares de especies poco estudiadas. Hasta no hace muchos años, se consideraba un orden dentro de las hepaticofitas. Con todo, hoy en día, se sabe que poseen estomas, lo que indica que las antocerofitas son, evolutivamente hablando, más modernas que aquellas y tienen derecho a formar un grupo propio. No obstante, los estomas de las antocerofitas no se cierran como los de las plantas vasculares, lo que sugiere que habrían evolucionado de un modo diferente. Este grupo marca un punto de inflexión, pues en adelante todas las plantas que restan por estudiar tendrán estomas, serán estomatofitas.

Los antoceros viven en zonas húmedas y sombreadas de todo el mundo, pero proliferan más en climas cálidos o tropicales que en zonas frías, si bien son difíciles de encontrar. En épocas de sequía, pueden permanecer en latencia hasta que las condiciones de humedad vuelvan a ser favorables.

El gametofito dominante se parece al de las hepáticas, es laminado y aplanado de muy poco espesor. Sin embargo, ambos grupos se distinguen fácilmente porque el esporofito de las antocerofitas crece mucho más que el de las hepaticofitas y tiene una forma característica de pequeño cuerno (precisamente, el prefijo anthoceros- significa 'cuerno').

Para mantener el metabolismo, los antoceros necesitan del nitrógeno atmosférico. Como no lo pueden absorber directamente, lo consiguen gracias a la simbiosis con unas cianobacterias particulares. Cuentan con unas cavidades internas donde se alojan las cianobacterias y son estas las que toman el nitrógeno gaseoso de la atmósfera y lo transforman en otros compuestos que sí son asimilables por la planta hospedadora.

Sus células cuentan con un único cloroplasto que contiene pirenoides; sin sombra de duda, un vestigio de las algas verdes de las que proceden. No tienen raíces, sino una célula denominada rizoide cuya función es fijar la planta al sustrato. En este aspecto se parecen a las hepáticas que también poseen un rizoide unicelular.

Un relicto

En biología, una especie relicta es aquella que se encuentra a las puertas de la extinción; en otro tiempo medraba en una gran área y ahora es endémica de una reducida zona.

Actualmente, las antocerofitas constituyen el relicto de un amplio grupo que proliferó hace millones de años y, hoy en día, se encuentran en un claro estado de regresión. Se adaptaron rápidamente al ambiente terrestre evolucionando en muchas especies (lo que en biología se conoce como radiación adaptativa general), empero ahora son un relicto.

En la imagen de la izquierda apreciamos el aspecto de un antocero del orden *Dendrocerotales*. En particular se aprecia la forma de cuerno de los esporofitos. Los esporofitos dependen del gametofito para su nutrición. El gametofito laminado y aplanado representa la fase dominante de la planta.

Las briofitas (o briófitas) son comúnmente nombradas como musgos. Durante mucho tiempo, sin embargo, el clado *Bryophyta* incluyó hepáticas, antoceros y musgos. En ese sentido, *Bryophyta* era un taxón parafilético; como grupo monofilético, las briofitas incluyen unas 15.000 especies caracterizadas por un incipiente sistema vascular.

Si se denomina traqueofitas a las plantas que cuentan con tejidos encargados del transporte de líquidos y sustancias por todo el cuerpo del vegetal, los musgos son hemitraqueofitas, pues cuentan con un sistema de conducción limitado, a mitad de camino entre las verdaderas plantas vasculares, por un lado, y antocerofitas y hepaticofitas, por otro. Concretamente poseen unas células especializadas en el transporte de azúcares y agua denominadas, respectivamente, leptoides e hidroides y que están alojadas en el caulidio, esto es, en el «tallo» de la planta. (En realidad, el hidroide muere y deja un canal microscópico por el que después asciende el agua).

Otras apomorfias que distinguen los musgos de sus hermanas menos evolucionadas son los rizoides multicelulares que forman filamentos con los que se fijan al sustrato; la cantidad de cloroplastos y la ausencia de pirenoides, y el crecimiento apical.

La fase predominante de los musgos es el gametofito haploide, la parte frondosa que se extiende con aspecto de mullidas manchas. El gametangio masculino o anteridio origina espermatozoides flagelados mediante mitosis, mientras que el femenino o arquegonio produce una oosfera.

Cuando hay humedad suficiente, el espermatozoide puede nadar hasta la oosfera por la película de agua que moja el arquegonio. Una vez fecundada la oosfera, surge el cigoto diploide que crece adherido al gametofito hasta convertirse en un esporofito que se desarrolla por división celular apical. Cuando el esporofito madura, produce esporas haploides por meiosis que el viento puede dispersar. Si las esporas caen en un medio adecuado, germinarán produciendo nuevos gametofitos haploides. No en vano, el crecimiento apical y los tejidos vasculares son «inventos» exclusivos de los musgos de los que luego se beneficiarían las plantas superiores.

Estamos considerando que *Bryophyta* es una superclase. Ciertamente, nada nos habría impedido otorgarle jerarquía de filo dado que por debajo de él, igual que por debajo de la superclase, se encuentran las clases. Y de las ocho que se suelen considerar, *Bryopsida* arropa el 95% de las especies de musgos existentes. Este dato expresa, sobre todo, la escasa diversidad que han alcanzado las otras clases, muchas de ellas monotípicas. Probablemente las más basales sean *Takakiopsida* y *Sphagnopsida*.

Recordemos que las plantas no vasculares se caracterizan por la dominancia del gametofito haploide frente al esporofito diploide. También hemos aprendido en las páginas precedentes que el esporofito crece unido al gametofito y lo hace siguiendo la precisa coreografía de una danza denominada «división celular apical». A partir del pie absorbente que se ancla al interior del arquegonio, el primer paso consiste en la formación de un eje, denominado seta, que crece verticalmente. En el ápice de la seta, en una segunda fase, aparece la cápsula o esporangio en donde, posteriormente, se producirán las esporas.

Ahora bien, lo que distingue los musgos briópsidos es la forma de la cápsula; esta está constituida por dientes separados y articulados. La cápsula está cerrada por una tapadera llamada opérculo y dentro contiene un tejido esporógeno denominado columela. Una vez que las esporas se han formado, el opérculo se abre, se liberan las esporas y el viento las disemina.

Tradicionalmente, algunas especies de musgos han sido apreciadas por su valor curativo o culinario, así como por su capacidad absorbente y aislante. En la construcción, por ejemplo, se han usado como elemento de cubrición de tejados o como material aislante. Hoy en día, además, los musgos se aprecian como elemento decorativo en jardinería, recogiendo la antigua tradición japonesa que los asocia al cultivo de los bonsáis, e incluso como elemento indispensable en el paisajismo acuático, pues algunas especies como *Vesicularia dubyana* (del orden *Hypnanae*), conocida como musgo de Java, son comúnmente utilizadas en acuarios de agua dulce.

La dehiscencia

En biología, la dehiscencia es el fenómeno de la liberación espontánea del contenido de cualquier estructura vegetal y que tiene lugar cuando, por ejemplo, los frutos se abren para liberar las semillas o las cápsulas de los esporangios dejan que el viento disperse las esporas.

Precisamente, una de las maneras de clasificar las briofitas es estudiando los diferentes mecanismos de dehiscencia de las cápsulas: paulatina, explosiva, ruptura irregular, por descomposición de la pared de la cápsula, etc.

En el caso de los musgos briópsidos, al caer el opérculo se forma un borde dentado llamado peristoma. Los dientes pueden abrirse o cerrarse en función de la humedad del ambiente a fin de liberar gradualmente las esporas. En la imagen, detalle del peristoma de *Bryum capillare*, de 1,1 mm de diámetro.

Embryophyta

Lycophyta

Lycopsida

Lycopodiales

Isoetales

Selaginellales

Los licopodios constituyen las plantas vasculares más antiguas que existen en la actualidad. Hace más de 400 millones de años, las plantas empezaron a desarrollar un verdadero sistema vascular especializado en la conducción de los nutrientes.

Puede parecer inverosímil que a estas alturas del siglo XXI, los científicos no acierten a describir con certeza cómo se produce el movimiento ascendente de los nutrientes a través del sistema vascular de la planta.

La tradicional explicación de la capilaridad (fenómeno por el cual un líquido puede ascender por un estrecho vaso capilar) no da cuenta del ascenso en plantas de más de dos metros de altura.

Otros apelan a la presión atmosférica unida a la transpiración que se da en la superficie de las hojas. El vacío que es dejado en los conductos por el agua que se pierde mediante la evaporación es ocupado por el líquido que hay en los conductos inmediatamente detrás de aquel, impulsado por la presión atmosférica que opera en la base de la planta. No obstante, este fenómeno no explicaría el ascenso en árboles de más de 10 metros de altura.

También se alude a la tendencia natural que existe para igualar la presión osmótica de las células vivas del sistema vascular, o la presión radical resultado de la actividad metabólica de las raíces, o la actividad pulsante de determinadas células del sistema vascular…

Probablemente la explicación sea una mezcla de varios fenómenos, pero lo cierto es que hoy sigue siendo una cuestión abierta que pone de manifiesto lo mucho que nos falta por saber sobre las plantas.

Al caminar entre las ramas del árbol de la vida, estamos progresando en la conquista del medio terrestre. Recordemos que las principales aportaciones de los musgos fueron la formación de un primitivo sistema vascular y el crecimiento apical. La selección natural favoreció aquellos organismos de mayor altura, puesto que tenían un mejor acceso a la luz a la vez que hacían sombra a los más pequeños, siempre y cuando contaran con un sistema de conductos capaces de hacer llegar el agua y los nutrientes a todas las partes de la planta.

El filo *Lycophyta*, o *Lycopodiophyta*, da un gran paso desde las plantas hemitraqueofitas a las traqueofitas, plantas con un verdadero sistema vascular basado en un cilindro central alojado en el tallo y especializado en la conducción de las sustancias disueltas en agua que la planta absorbe por medio de la raíz.

Probablemente, finalizado el Silúrico, en el Devónico, hace 410 millones de años, el esporofito produjo un nuevo tipo celular, las traqueidas. Son células alargadas, con paredes recubiertas de lignina, intercomunicadas y que, una vez desarrolladas, pierden sus organelas y quedan como un conducto hueco. Este espacio resultó ser una eficaz vía de transporte de agua y nutrientes y constituyó un elemento de sostén estructural gracias a la rigidez que le otorga la lignina.

Los licopodios medraron durante el Carbonífero, hace 350 millones de años, y algunas especies llegaron a alcanzar un porte arbóreo. Hoy en día, *Lycophyta* es un grupo monotípico con tres órdenes (licopodios, selaginelas e isoetes) que agrupan unas 1.200 especies de tamaño mucho más modesto. Tienen verdaderas raíces, un sistema vascular simple pero funcional y unas pequeñas hojas apenas vascularizadas de aspecto escamoso, denominadas micrófilos, parecidas a los filidios de los musgos.

En el orden *Lycopodiales*, los esporofitos crecen en la cara superior de los micrófilos y forman esporangios de dehiscencia transversal. Los licopodios del género *Lycopodium*, conocidos como pinillos, hermosean el suelo de algunos bosques templados de coníferas.

Lepidodendron

Lycophyta fue un grupo especialmente predominante en el paisaje del Carbonífero, en particular, en las zonas pantanosas de las áreas tropicales. Hoy en día, quemamos sus restos transformados en carbón.

Algunos licopodios se convirtieron en verdaderos árboles como, por ejemplo, los del género *Lepidodendron*.

Según los registros fósiles encontrados, vivían en climas subtropicales, llegaron a alcanzar más de 30 m de altura y 1,5 m de diámetro y poseían una copa frondosa y raíces extensas.

A pesar de su forma arborescente, como se muestra en esta reconstrucción artística gentileza de Tim Bertelink, se reproducían por esporas y no mostraban un crecimiento estacional.

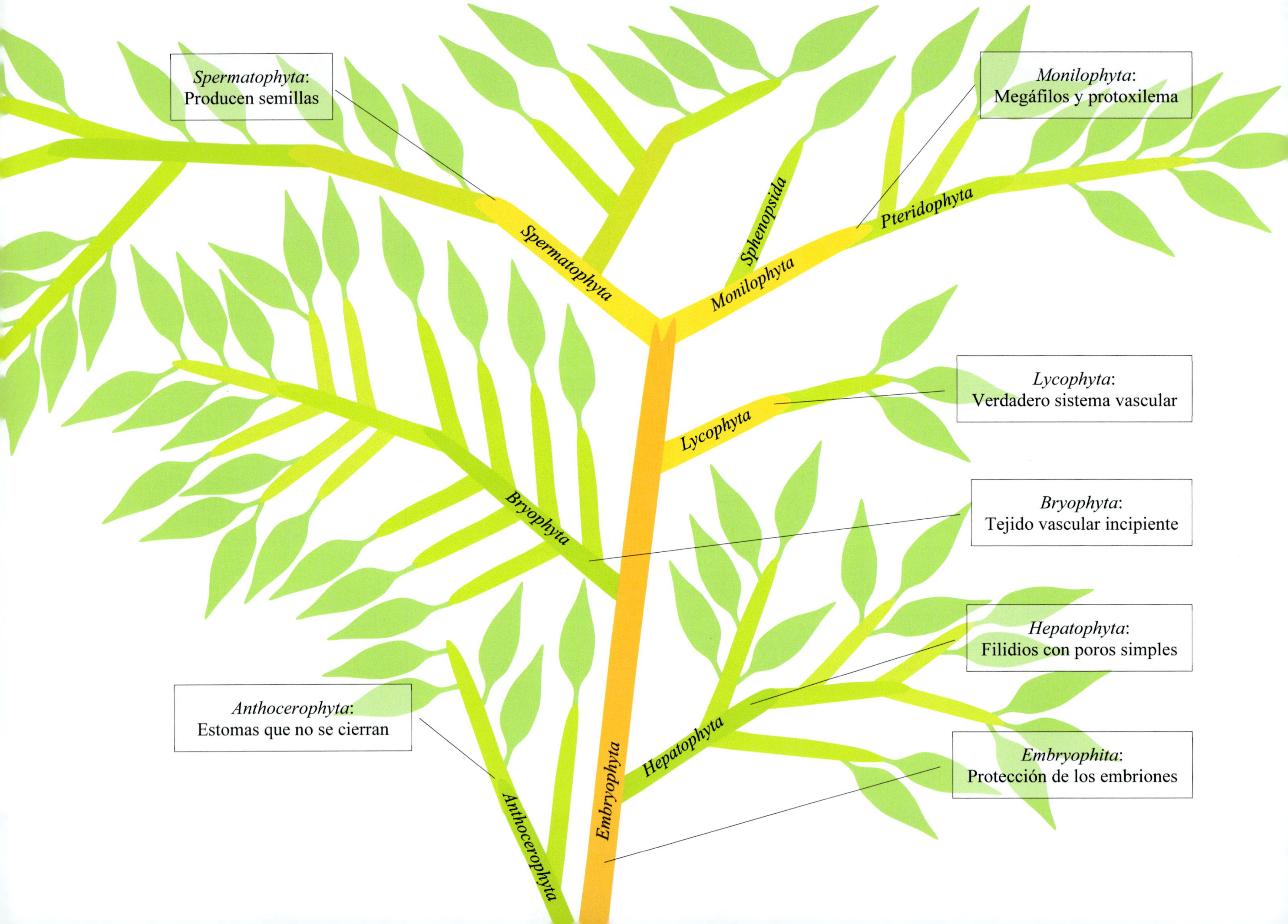

Spermatophyta:
Producen semillas

Monilophyta:
Megáfilos y protoxilema

Lycophyta:
Verdadero sistema vascular

Bryophyta:
Tejido vascular incipiente

Hepatophyta:
Filidios con poros simples

Anthocerophyta:
Estomas que no se cierran

Embryophita:
Protección de los embriones

Spermatophyta

Sphenopsida

Monilophyta

Pteridophyta

Lycophyta

Bryophyta

Embryophyta

Hepatophyta

Anthocerophyta

Al adentrarnos en esta parte del árbol de la vida, cuya taxonomía no se halla unánimemente consensuada, sería apropiado repasar dónde nos encontramos. Estamos estudiando unos organismos definidos por cuatro notas: son embriofitas porque cuentan con estructuras para proteger el embrión de las plantas jóvenes; son estomatofitas porque disponen de estomas a fin de facilitar el intercambio de sustancias gaseosas con el exterior; son traqueofitas porque presentan un sistema de vasos que permiten la circulación del agua y los nutrientes a la vez que proporcionan un sostén estructural.

A estas tres notas hay que añadir una cuarta, que marca la diferencia entre los licopodios y el filo *Monilophyta* que ahora investigamos. Morfológicamente, *Lycophyta* se caracteriza por los micrófilos: pequeñas hojas con un solo conducto vascular que es una simple extensión del vaso del tallo. Las monilofitas más evolucionadas se van a diferenciar por los megáfilos: una lámina de células fotosintéticas con un completo sistema de nervaduras conductoras; no obstante, la apomorfia de todas monilofitas, incluidas las más basales, es la forma de collar de los lóbulos del incipiente sistema vascular, denominado protoxilema.

Durante más de 200 millones de años (desde comienzos del periodo carbonífero hasta finales del jurásico), las monilofitas fueron el principal elemento del paisaje. Hoy comprenden unas 12.000 especies de helechos a las que hay que agregar unas 15 especies de lo que comúnmente se conoce como colas de caballo y unas 140 especies de psilotos.

Aunque no hay unanimidad, tal y como hemos comentado más arriba, aquí dividiremos el filo *Monilophyta* en dos clases: *Sphenopsida* y *Pteridophyta*. La primera clase apareció hace 410 millones de años y se diversificó en gran cantidad de especies, llegando algunas a alcanzar un aspecto arbóreo. Como en la actualidad solo viven unas 15 especies del orden *Equisetales*, esta clase suele conocerse como *Equisetophyta*, dejando el término *Sphenopsida* para los contextos paleobotánicos. *Pteridophyta* es el grupo más exitoso de plantas vasculares sin semillas. Incluye plantas trepadoras y hasta helechos arborescentes, todas con grandes hojas plumosas.

Vuelta de tornas

Una peculiaridad morfológica asociada a las plantas vasculares es la dominancia del esporofito sobre el gametofito. Si en las primitivas plantas no vasculares, el esporofito dependía totalmente del gametofito, la vascularización favoreció el desarrollo independiente del esporofito.

Pero además de la independencia entre las fases haploide y diploide de la planta, la evolución acortó el desarrollo del gametofito. En general, a medida que el gametofito se ha ido reduciendo de tamaño (llegando, incluso, a ser microscópico), ha pasado a depender, nutricionalmente hablando, del esporofito. Excepcionalmente, hay gametofitos fotosintéticos de vida independiente.

Como conclusión, podemos quedarnos con la idea de que los filos *Lycophyta* y *Monilophyta* se encuentran a caballo entre la dominancia del gametofito sobre el esporofito y viceversa.

Equisetales

Marattiidae

Ophioglossidae

Sphenopsida

Polypodiidae

Monilophyta

Pteridophyta

Embryophyta

El *Equisetum fluviatile* (abajo) es un arbusto perteneciente al orden *Equisetales* que crece en las orillas de las corrientes de agua o charcas someras de todo el hemisferio boreal.

Obsérvese en la parte izquierda el esporangióforo, o conjunto de esporangios, con la silueta de un cono denominado estróbilo.

Aunque en otro tiempo prosperaron, hoy en día, *Sphenopsida* es una clase monotípica que solo incluye el orden *Equisetales* con unas quince especies vivas, como ya hemos explicado. Entre las especies extintas, unas de las más queridas por los coleccionistas de fósiles son las de la familia *Calamitaceae*. Los restos fósiles de *Calamites* son muy comunes en Europa, Estados Unidos y China. Estas plantas vivían en bosques pantanosos de zonas tropicales; al morir, los sedimentos mineralizaron troncos y ramas, al tiempo que los micrófilos se descomponían.

Entre las especies vivas de monilofitas, *Sphenopsida* es la clase más basal. Las esfenofitas no cuentan con megáfilos y su caracterización debe hacerse según el patrón que presenta el corte transversal del tronco y que se denomina estela. En la estela destaca la forma de collar del protoxilema. El xilema es el tejido encargado del transporte del agua y consta de dos partes, protoxilema y metaxilema; el protoxilema es, simplemente, las traqueidas vacías.

Domina la fase diploide frente a la haploide, es decir, el esporofito frente al gametofito. El primero adopta una morfología estructurada que, en botánica, se conoce como cormo, con raíz, tallo y hojas, mientras que el segundo es un talo o cuerpo sin organización.

El tallo es articulado, áspero y hueco. Los micrófilos se sueldan directamente al tallo en forma de corona o verticilo y son rugosos porque las células epidérmicas contienen sílice. De hecho, en la antigüedad muchos equisetos se usaban para pulir metales o fabricar estropajos.

Los esporangios se agrupan en unas estructuras denominadas esporangióforos que no son otra cosa que micrófilos fértiles. A su vez, los esporangióforos se disponen conforme a un patrón geométrico con aspecto de cono, denominado estróbilo (ver imagen de la izquierda). Dentro de cada esporangio se producen las esporas y, cuando están maduras, se dispersan con la ayuda del viento gracias a una especie de alitas, llamadas eláteres, insertadas en las esporas.

Si las condiciones ambientales son las adecuadas, las esporas germinarán y se convertirán en un gametofito independiente fotosintético, pero sin vascularizar; se transformarán en un talo.

La fosilización

Un fósil es cualquier resto o señal de la actividad de un organismo vivo desaparecido hace mucho tiempo, conservado en rocas sedimentarias gracias a diferentes procesos de fosilización. Uno de esos procesos fisicoquímicos es la carbonización que afecta, principalmente, a los restos vegetales.

Gracias a la carbonización (o por desgracia), las centrales térmicas queman ingentes cantidades de restos vegetales que crecieron durante el Carbonífero y que nos han sido legados como carbón.

Empero ¿no ha reparado que cuando un árbol cae en el bosque, los hongos lo descomponen y transforman en humus en unos pocos años, que ese tronco nunca fosilizará? Parece ser que los hongos tardaron al menos unos 10 millones de años en aprender a descomponer la lignina y que una buena parte de restos vegetales sí pudo sufrir la carbonización.

Los helechos son las primeras plantas vasculares sin semillas con megáfilos que aparecieron. Probablemente, los megáfilos se formaron a partir de ramas dicotómicas, más o menos planas, en las que el espacio entre el tejido vascular fue rellenándose gradualmente de tejido foliar. Los megáfilos, amén de un aumento de superficie, suponen una extensión del sistema vascular del tallo, lo que en botánica se conoce como traza foliar. Sin duda, la mayor extensión de las hojas otorgó a los helechos una ventaja fotosintética sobre sus competidores microfílicos.

La megafilia es la principal apomorfia de este gran taxón denominado *Filicopsida*, *Pterophyta*, *Polypodiophyta* o *Pteridophyta*, por citar los nombres más usuales. No se puede afirmar que su filogenia esté exenta de polémica; la cantidad de nombres existentes para referirse a los helechos es la prueba fehaciente de ello.

Los helechos surgieron en el periodo carbonífero, hace 350 millones de años, y todavía son relativamente abundantes, sobre todo en regiones tropicales y templadas húmedas. Las plantas fácilmente reconocibles por sus grandes hojas plumosas son la fase dominante: el esporofito.

El esporofito inmaduro se desarrolla como un matasuegras, lo que en botánica se conoce como vernación circinada (ver imagen izquierda). Crece desde la base del tallo, a menudo subterráneo, formando frondes. Ese tallo subterráneo, denominado rizoma, produce raíces adventicias.

Los esporangios se disponen en la parte inferior de los frondes fértiles, agrupados en los típicos soros. Se desarrollan, o bien a partir de un grupo de células, o bien a partir de una única célula, lo que permite clasificar los helechos en eusporangios y leptosporangios, respectivamente.

Una vez que las esporas maduran originan gametofitos fotosintéticos independientes que no son visibles a simple vista. El gametofito maduro producirá espermatozoides y oosferas. Cuando un espermatozoide fecunda una oosfera, forma un cigoto diploide o esporofito que, al principio, crece en el arquegonio, pero después se desarrollará como planta independiente, al tiempo que se seca y muere el gametofito.

Ciclo de vida del helecho

En las frondas fértiles del esporofito (generación diploide) se forman los esporangios que contienen las esporas. Cuando las esporas germinan, dan lugar a una nueva generación haploide conocida como gametofito. En la mayoría de las especies, un mismo gametofito produce óvulos y espermatozoides. Una vez fecundado el óvulo, el nuevo esporofito permanecerá adherido al gametofito hasta que madure.

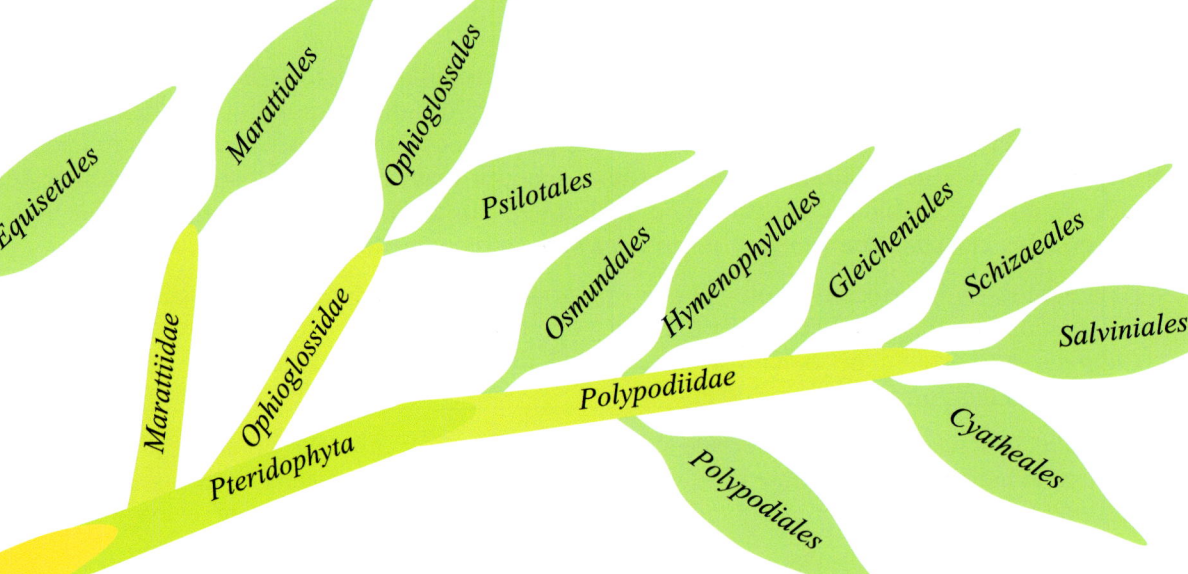

Embryophyta

Monilophyta

Sphenopsida

Equisetales

Marattiidae

Marattiales

Ophioglossidae

Ophioglossales

Pteridophyta

Psilotales

Osmundales

Polypodiidae

Polypodiales

Hymenophyllales

Gleicheniales

Schizaeales

Salviniales

Cyatheales

Cyathea medullaris, a la izquierda, es uno de los helechos más grandes que existen. Este ejemplar del parque regional de las cordilleras Waitākere, situadas al oeste de Auckland (Nueva Zelanda), alcanza los 20 metros de altura. Pertenece a la familia *Cyatheaceae*, del orden *Cyatheales*. Con razón, las ciateáceas son llamadas también «helechos arborescentes gigantes».

Pteridophyta se divide en tres subclases: *Marattiidae*, *Ophioglossidae* y *Polypodiidae*. Los maratiales y los ofioglosales son helechos eusporangiados, mientras que los polipódidos son helechos leptosporangiados. El eusporangio es el tipo de esporangio presente en los helechos más primitivos, que se origina a partir de varias células epidérmicas de los frondes fértiles, está constituido por una pared de dos o más capas de células y produce muchas esporas. El leptosporangio es el esporangio propio de los helechos más evolucionados, surge a partir de una única célula epidérmica, está formado por una sola capa de células y produce pocas esporas.

Los polipódidos son los helechos más abundantes con una diversidad asombrosa. Proliferan en los trópicos y abarcan desde pequeñas plantas herbáceas hasta las de porte arbóreo. El tallo suele ser subterráneo, excepto en los helechos arborescentes, en los que es aéreo. De él surgen los frondes, en general, en disposición radial en torno a un punto central. Muchos helechos son perennes, si bien otros pierden la parte foliar cuando finaliza la temporada de desarrollo y los rizomas siguen vivos bajo tierra hasta la estación propicia.

Polypodiidae comprende siete órdenes:

a) *Osmundales*. Los esporangios no constituyen los típicos soros; son leptosporangios, pero se forman a partir de varias células epidérmicas y producen un gran número de esporas.
b) *Hymenophyllales*. Los frondes, con una sola célula de espesor, se secan en la estación seca y se vuelven a hidratar con las lluvias.
c) *Gleicheniales*. Se caracterizan por los frondes dicotómicos a partir de un ápice común.
d) *Schizaeales*. Su principal rasgo es la diferenciación entre las frondas fértiles y estériles.
e) *Salviniales*. Son plantas acuáticas definidas por la heterosporía, es decir, la producción de microsporas masculinas y macrosporas femeninas.
f) *Cyatheales*. Son helechos arbóreos de hasta 20 metros de altura propios de los climas tropicales. También se pueden encontrar en Oceanía y la península Ibérica.
g) *Polypodiales*. Es el grupo más numeroso e incluye alguna especie acuática.

Los psilotos

Ophioglossidae se divide en dos órdenes: *Ophioglossales* y *Psilotales*. Los primeros son unos pequeños helechos que producen un solo fronde por año. Los segundos son considerados las plantas más simples que existen, pues no tienen raíces ni hojas. Durante algún tiempo no se supo que eran clados hermanos.

Esta situación propició que en muchos textos las psilotáceas aparecieran como el filo (*Psilotophyta*) más basal de los helechos, a mitad de camino entre las plantas no vasculares y los verdaderos helechos; se les llamaba helechos arcaicos.

Los psilotos medran en regiones tropicales. La fase dominante es el esporofito que crece como un simple talo. Una parte del tallo está enterrada y produce rizomas. Además, el tallo posee unas escamas que hacen las funciones de las hojas. El gametofito es un bulbo subterráneo de menos de un centímetro de longitud.

Magnoliidae
Mesangiospermae
Eudicotyledoneae
Angiospermae
Gymnospermae
Pentapetalae
Monocotyledoneae
Spermatophyta
Embryophyta

El filo *Spermatophyta* es la variedad vegetal más extensa; cuenta con unas 270.000 especies caracterizadas por la producción de semillas. El nombre procede del prefijo griego sperma- que significa 'semilla'. Comúnmente, a estas plantas se les llama espermatofitas o fanerógamas.

Este filo agrupa organismos estomatofitos con tejidos bien diferenciados (traqueofitos), con verdaderas hojas (eufilofitos) cuya apomorfia principal es, como decimos, la producción de semillas. Evolucionaron a partir de un grupo de helechos con semillas que apareció a finales del Devónico, hace unos 360 millones de años. Cuando el espermatozoide fecunda la oosfera que se encuentra dentro del arquegonio, se empieza a desarrollar un nuevo esporofito y esto es, de hecho, una semilla: un embrión rodeado de una cubierta externa protectora —formada a partir del arquegonio— y, generalmente, acompañado de alguna sustancia de reserva.

A finales del periodo Pérmico, hace unos 250 millones de años, acontecieron drásticos cambios climáticos, incluyendo glaciaciones y sequías, que causaron la mayor extinción de la historia de la Tierra. Está claro que en esas condiciones las plantas con semillas tuvieron una ventaja evolutiva evidente y por eso, a partir de entonces, empezaron a dominar el medio terrestre.

De algún modo la fabricación de semillas debió verse favorecida por la diferencia de tamaños de los esporangios: los microsporangios que producen microsporas y los macrosporangios que producen macrosporas, lo que hemos llamado heterosporía y que fue desarrollada por algunas especies de helechos. A partir de ahora, será un rasgo común de las espermatofitas.

Otra nota definitoria, igualmente importante, de las espermatofitas es la posesión de un xilema adicional que proporciona el crecimiento secundario. Este es el desarrollo que engrosa raíces y tallos, bien diferente del crecimiento primario o en altura. El crecimiento en altura está a cargo del xilema primario (que se compone de protoxilema y metaxilema), al tiempo que el xilema secundario es el responsable del engrosamiento de la planta. Este se genera por un tejido situado inmediatamente por debajo de la corteza llamado cámbium.

Esporofito *versus* gametofito

Las plantas no vasculares (hepaticofitas, antocerofitas y briofitas) se distinguen por la dominancia del gametofito haploide frente al esporofito diploide que, generalmente, depende nutricionalmente del gametofito.

En las plantas vasculares sin semillas (esfenofitas y helechos) domina el esporofito en forma de cormo frente al gametofito a modo de talo que, normalmente, es independiente.

En las plantas vasculares con semillas también prevalece la fase diploide frente a la haploide, pero ahora el gametofito es totalmente dependiente del esporofito. La fecundación de la oosfera se produce por un grano de polen (gametofito masculino) mientras el gametofito femenino se encuentra alojado en alguna estructura del esporofito adulto. Esa oosfera fecundada es lo que llamamos semilla, semilla que formará otro joven esporofito.

Ginkgoales

Cycadales

Cupressales

Araucariales

Gnetales

Pinales

Ginkgoopsida

Pinopsida

Cycadopsida

Gymnospermae

Spermatophyta

El *Ginkgo biloba*, en la imagen, es una especie bastante apreciada por los amantes de los bonsáis. En otoño, sus hojas se tiñen de un amarillo muy intenso.

Es un árbol queridísimo en Japón, donde se le considera símbolo de paz y esperanza. Su fortaleza es antológica: poco después de un año, tras la trágica destrucción de Hiroshima, algunos ejemplares surgieron entre los escombros.

Como acabamos de decir, la producción de semillas, la heterosporía, y el desarrollo secundario son algunas de las notas definitorias de las espermatofitas. Este filo se subdivide en dos grandes linajes: gimnospermas y angiospermas, a los que asignaremos la categoría de subfilos.

La diferencia más patente entre ambos subfilos la encontramos en la localización de las semillas: las de las gimnospermas se forman en la superficie de unas escamas especializadas y modificadas en forma de piña o cono, mientras que las semillas de las angiospermas se encuentran mucho más protegidas, dentro de un arquegonio evolucionado u ovario del que se formará el fruto. Dicho de otra manera: las gimnospermas tienen semillas desnudas y las angiospermas, semillas protegidas.

En cualquier caso, hemos de preguntarnos por qué las semillas supusieron un éxito evolutivo. En primer lugar, es de todos sabido que las semillas atraen a los animales y, aunque estos destruyan muchas, es bien cierto que ayudan a la dispersión del resto. Por otra parte, la cubierta de la semilla —denominada testa— es una barrera eficaz que previene de la descomposición. Las semillas permanecerán en estado latente hasta que las condiciones de humedad y temperatura sean las adecuadas para germinar. Por último, pero no menos importante, las sustancias de reserva que contienen las semillas serán muy útiles cuando germine el embrión.

Gymnospermae, también conocido como *Pinophyta*, agrupa algo menos de mil especies. Según los restos fósiles, a finales del Devónico, algunos grupos de helechos producían unas semillas rudimentarias: un megasporangio protegido por varias membranas. Estos helechos con semillas habrían evolucionado en las cicadofitas, o cicas, y en los *ginkgos*, los grupos más basales de gimnospermas. La otra clase que completa el subfilo es la de las reputadas coníferas.

Cycadopsida es una clase monotípica que alberga unas 200 especies caracterizadas por un tronco grueso no ramificado y grandes hojas que les dan el aspecto de palmeras. Por su parte, *Ginkgo biloba* es el único relicto de la clase *Ginkgoopsida*. A continuación veremos *Pinopsida*.

La semilla

Una semilla está formada por una cubierta que protege un esporofito latente y una reserva de nutrientes. Veamos cómo se forma.

Una planta (esporofito) maduro posee dos tipos de esporangios: los megasporangios que producen óvulos y los microsporangios que generan granos de polen. El viento llevará el polen hasta los conos femeninos.

En el cono femenino, el grano de polen se transforma en un gametofito masculino y el óvulo, en un gametofito femenino. Cuando están maduros, el gametofito femenino produce oosferas en los arquegonios y el masculino genera varios gametos masculinos.

Si un gameto masculino fecunda una oosfera se formará un esporofito embrionario rodeado de tejido nutritivo y de una cubierta protectora que provienen, respectivamente, del gametofito femenino y de las paredes del óvulo.

Los bulevares de las ciudades, los viveros, los bonsáis, las actuales explotaciones forestales o ¿quién sabe? la inmediatez de internet, son factores que impiden que apreciemos la lentitud con la que transcurren las cosas cuando de los árboles se trata.

En un bosque ancestral (no en los viveros o en nuestros parques y jardines), la vida transcurre siempre pausadamente, lentamente. Y es que un árbol maduro, con su gran copa, absorbe prácticamente toda la luz que llega y apenas deja pasar un 5% a los retoños que intentan abrirse camino en la penumbra.

Los pequeños árboles que crecen a los pies de sus padres no pueden medrar todo lo que quisieran y apenas logran crecer unos pocos centímetros al año. En un bosque natural, un arbolito de unos 2 metros de altura puede tener fácilmente una edad de 80 años.

¿Tiranía? No, más bien educación. De esta forma, los progenitores enseñan a sus retoños a tomarse las cosas con calma, a crecer recta y lentamente. Porque solo los ejemplares que crecen despacio llegarán a ser centenarios. El crecimiento lento hace que las células de la madera sean pequeñas, contengan poco aire, sean resistentes, flexibles, etc.

Cuando uno de los ejemplares más viejos caiga como consecuencia, por ejemplo, de una tormenta de invierno, el hueco será aprovechado rápidamente. La oferta de luz será considerada como el pistoletazo de salida de aquellos retoños que han estado esperando decenios. Y aquel arbolito que esté mejor situado en la línea de salida, es decir, aquel joven que más recto haya crecido será el que primero llegue a ocupar el hueco de su madre.

El ritmo de vida de un árbol en su entorno natural difícilmente es captado por el moderno urbanita, que siempre lleva prisa. El periodo de tiempo que en las explotaciones forestales se dejan crecer los árboles —como mucho, entre 80 o 100 años— no supone más que la adolescencia de un árbol silvestre. Un par de siglos es lo que vive un árbol no muy longevo; otros vivirán mucho más tiempo, pero siempre pausada y lentamente.

La clase *Pinopsida* se define por las estructuras reproductoras (conos o piñas), por la producción de resina y por el tubo polínico que fabrican los gametofitos masculinos para que los espermatozoides alcancen el arquegonio femenino. Prefieren las regiones altas y frías. Hay especies en las que los órganos sexuales están en individuos diferentes (dioicas) y, en otras ocasiones, un mismo organismo posee ambos órganos sexuales (monoico). Dividiremos las 650 especies de coníferas existentes en 4 órdenes: *Pinales*, *Araucariales*, *Cupressales* y *Gnetales*.

Las pináceas son, probablemente, las especies con mayor relevancia económica del mundo si tenemos en cuenta que son la principal fuente de madera blanda para la construcción y para la fabricación de papel, muebles, postes, etc. *Pinales* se caracteriza por las hojas aciculares e incluye especies monoicas como el pino, el abeto, el alerce o el cedro.

No es fácil describir las araucariales, puesto que a veces sus hojas son acículas y otras son pequeñas u ovaladas. Son las coníferas del hemisferio sur y, al contrario que el resto, prefieren climas tropicales y subtropicales. El rasgo más sobresaliente es su gran porte siendo los árboles más grandes, detrás de las secuoyas. El ilustre pino kauri (*Agathis australis*), endémico de Nueva Zelanda, destaca por su longevidad. Hay especies monoicas y dioicas.

Las cupresáceas son árboles de follaje aromático con madera fibrosa muy apreciada por su calidad; son los principales responsables de las alergias al polen. *Cupressaceae* incluye tejos, enebros, sabinas o tuyas, así como los organismos más grandes de la tierra tales como *Sequoia sempervirens* (conocida como secuoya roja —ver imagen de la derecha—) o *Sequoiadendron giganteum* (llamada secuoya gigante o velintonia) de 100 m de altura y 10 m de diámetro. Algunos ejemplares viven varios miles de años. Comprende especies principalmente monoicas.

Las gnetofitas son las gimnospermas más modernas (debieron aparecer hace 270 millones de años) y poseen caracteres tanto de las coníferas como de las angiospermas que estudiaremos a continuación. *Gnetales* reúne plantas arborescentes, arbustos e, incluso, una planta desértica.

Diaphoretickes\\Archaeplastidia\\Chloroplastida\\Streptophyta
Embryophyta\\Spermatophyta\\Gymnospermae\\Pinopsida

193

Magnoliidae

Mesangiospermae

Angiospermae

Spermatophyta

Eudicotyledoneae

Pentapetalae

Monocotyledoneae

Rosanae

Asteridae

Como ya sabemos, el filo *Spermatophyta* se subdivide en dos subfilos: *Gymnospermae* con semillas desnudas y *Angiospermae* cuyas semillas se encuentran mejor protegidas.

A su vez, dentro de las angiospermas distinguimos tres órdenes y una gran superclase: *Mesangiospermae*. Y como mesangiospermas estudiaremos dos órdenes y tres clases: *Magnoliidae*, *Eudicotyledoneae* y *Monocotyledoneae*.

Entre los numerosos órdenes de estas últimas clases, destaca con luz propia la subclase *Pentapetalae*, un grupo de eudicotiledóneas que alberga los superórdenes agrícolas *Rosanae* y *Asteridae*.

A continuación, todos estos grupos serán estudiados con detalle.

De las 270.000 especies de espermatofitas existentes, menos de mil son gimnospermas, el resto son angiospermas; indudablemente, *Angiospermae* o *Magnoliophyta* es el grupo dominante en lo tocante a vegetales. Los restos fósiles más antiguos revelan que las plantas con flores —como se suele denominar comúnmente este clado— debieron aparecer hace unos 140 millones de años, en el Cretácico temprano.

Los científicos no se ponen de acuerdo sobre los ancestros de las gimnospermas; es muy tentador pensar que su origen pudiera estar en las gnetofitas, dado que son las gimnospermas más parecidas. En cualquier caso, si el Mesozoico fue la era de las gimnospermas, el Cenozoico —que se extiende hasta nuestros días— es la era de las angiospermas.

En la actualidad, ocupan más del 90% de la cobertura vegetal del planeta e incluyen, entre otras especies, los árboles frutales, las hortalizas, los cereales y los forrajes por lo que su alcance económico es patente. No habría que desdeñar tampoco el papel que, en general, las plantas desempeñan como productoras primarias para el resto de los animales que las consumen, así como en la fijación del suelo y en el aumento local de la humedad atmosférica.

¿Cuál es el secreto, entonces, del éxito de las angiospermas? Como las plantas son inmóviles, la unión de los gametos de diferentes individuos representa un problema cuya solución es la flor. Con la intermediación de los insectos, la flor otorga a la planta una polinización más eficaz que el simple transporte por el viento típico de las gimnospermas. Cualquier mutación de la que resultase una flor más atractiva, supondría una ventaja evolutiva.

No podemos olvidarnos de los frutos, otra de las innovaciones cruciales de las angiospermas. El fruto es el ovario maduro que contiene las semillas. El quid del fruto es la dispersión de las semillas, alejándolas de la planta madre donde es más probable que exista suelo libre. El fruto atrae a los animales, mas en muchas especies las semillas duras, amargas o tóxicas disuaden al potencial consumidor. En conclusión, las angiospermas son plantas con flores y con frutos.

El valor de las angiospermas

A nadie se le escapa la relevancia de las plantas en general. Y en particular, las angiospermas, es decir, las plantas con semillas y frutos, tienen una valía incalculable para la humanidad.

Los diez cultivos más importantes en el mundo, por este orden, son: la caña de azúcar, el maíz, el arroz, el trigo, la patata, la soja, la yuca, la cebada, el plátano y la batata. Concretamente, el arroz constituye la base de la alimentación para más de la mitad de la población mundial. Y de algunos cultivos se obtienen, además, fibras textiles, combustible, fertilizantes, etc.

Además, hay que añadir que extractos como la quinina, la atropina o la morfina, por citar algunos, constituyen la materia prima en la elaboración de determinados fármacos.

Resulta difícil imaginar cómo sería la sociedad actual sin el concurso de estos cultivos, sin la ayuda de las angiospermas.

Amborellales

Nymphaeales

Austrobaileyales

Magnoliidae

Mesangiospermae

Angiospermae

Eudicotyledoneae

Monocotyledoneae

Pentapetalae

Rosanae

Asteridae

3o.

ANIS ÉTOILÉ.

Turpin P.   Lambert F. sculp

En el siglo XX, el origen de las angiospermas era un tema muy discutido entre los especialistas. A comienzos de este siglo, la cuestión se decantó a favor del orden *Amborellales* o, mejor dicho, a favor de la especie *Amborella trichopoda*, puesto que es un orden con una sola familia, con un solo género y con una única especie descrita.

Es una planta endémica de Nueva Caledonia, territorio francés situado en el Mar del Coral al este de Australia. Estas islas han sido llamadas el Arca de Noé, dado que hace 85 millones de años, al separarse de Australia, se convirtieron en el refugio de singulares especies animales (como el sorprendente kagú o el geco crestado) y vegetales (como muchas araucariales). En la actualidad, *Amborella trichopoda* se encuentra amenazada de extinción por la sobreexplotación de su medioambiente: los bosques húmedos.

Es un arbusto leñoso dioico que medra en el sotobosque y puede alcanzar varios metros de altura. Mantiene sus hojas dentadas a lo largo de todo el año y presenta pequeñas flores color crema en panículas o manojos. Su fruto es carnoso y tiene hueso en el interior, como un albaricoque, lo que en botánica se denomina drupa. En la imagen de la derecha se muestra el detalle de la planta masculina.

Una nota distintiva más de *Amborella trichopoda*, así como de las angiospermas primitivas, es la simplicidad del sistema vascular: carecen de floema interno y el xilema secundario se reduce a traqueidas vacías. El floema que caracteriza a la mayoría de las angiospermas es el tejido conductor encargado del transporte de los nutrientes, elaborados en las partes fotosintéticas de la planta, hacia las partes subterráneas no fotosintéticas.

Amborellales, junto con *Nymphaeales* que estudiaremos a continuación y *Austrobaileyales*, son los tres grupos basales de angiospermas. Este último incluye varias especies tropicales, arbustos y árboles, entre las que destaca *Illicium verum* (ver imagen izquierda), llamado comúnmente badiana o badián, cuyas semillas de uso culinario y medicinal se conocen como anís estrellado.

Con más o menos unanimidad, se acepta que *Amborellales*, *Nymphaeales* y *Austrobaileyales* son los grupos más basales de las angiospermas, y muy probablemente, por este orden. El resto de las plantas con flores se denominan, genéricamente, mesangiospermas.

Enseguida veremos que las mesangiospermas se subdividen, a su vez, en monocotiledóneas y eudicotiledóneas; por esta razón, los científicos suelen referirse a los clados más primitivos como paleodicotiledóneas o con las siglas ANA, de las iniciales de los citados órdenes. En cualquier caso, se trataría de un grupo parafilético al no incluir a todos los descendientes del ancestro común.

En lo que respecta a *Nymphaeales*, agrupa unas 100 especies de plantas acuáticas de llamativas flores, comúnmente conocidas como nenúfares (en la imagen izquierda), que proliferan en cursos de escasa corriente, charcas y lagunas de todo el mundo. Son plantas perennes, pero excepcionalmente algunas especies son anuales.

Como el resto de clados basales, *Nymphaeales* se caracteriza por la posesión de muchos estambres y carpelos tubulares. Típicamente, los nenúfares poseen un tallo en forma de rizoma, generalmente horizontal, del que emergen grandes hojas (¡de hasta un metro de diámetro!) que suelen flotar en la superficie del agua. De las hojas arrancan las raíces que se sumergen en el sustrato del fondo. La morfología de las hojas es consecuencia de una evolución posterior; sin embargo, la estructura de las flores revela claramente la antigüedad de estos organismos.

Se distinguen tres familias: *Cabombaceae*, *Nymphaeaceae* e *Hydatellaceae*. Las cabombáceas se usan en acuariofilia por su alta capacidad oxigenante. Las ninfeáceas son apreciadas como plantas ornamentales en parques y jardines; en su ambiente natural constituyen un elemento esencial del hábitat de otros organismos, y no es infrecuente encontrar sus semillas y rizomas en la gastronomía oriental. Las hidateláceas son unas pequeñas y simples hierbas acuáticas de aspecto similar a los musgos que habitan solo en Oceanía y la India.

La flor

La flor es la estructura reproductora masculina, femenina o bisexual de una planta. Comúnmente, está compuesta por cuatro tipos de hojas modificadas; a saber: sépalos, pétalos, estambres y carpelos.

Los sépalos (1) forman el cáliz y suelen ser de color verde; los pétalos (2) constituyen la corola y tienen colores y formas muy llamativos; el conjunto de estambres (3) se denomina androceo y es la parte masculina de la flor, y los carpelos (4) forman el gineceo o la parte femenina.

Chloranthales

Ceratophyllales

Magnoliidae

Mesangiospermae

Eudicotyledoneae

Monocotyledoneae

Pentapetalae

Rosanae

Asteridae

De la rama *Mesangiospermae* brotan tres vástagos (*Magnoliidae*, *Monocotyledoneae* y *Eudicotyledoneae*) y dos hojas, *Chloranthales* y *Ceratophyllales*, que constituyen los linajes más basales.

El orden *Chloranthales* congrega casi un centenar de especies débilmente leñosas que podemos encontrar en las selvas húmedas del sudeste asiático, Madagascar o Sudamérica. En la imagen aparece *Chloranthus fortunei* que en China es usada como planta medicinal.

Por su parte, el orden *Ceratophyllales* agrupa cinco especies de hierbas acuáticas ampliamente distribuidas con un papel ecológico discutido, pues si bien son el refugio ideal de numerosos peces, su crecimiento desmesurado puede suponer un problema en canales de riego u otras infraestructuras similares. Se conocen con el nombre de bejuquillos.

Para no perdernos, conviene repasar dónde nos encontramos: estamos en el filo *Spermatophyta* caracterizado por la producción de semillas y el engrosamiento de la planta gracias al xilema secundario. A su vez, hemos dividido las espermatofitas en dos subfilos: *Gymnospermae* y *Angiospermae*, que agrupan, respectivamente, plantas con semillas desnudas y con semillas protegidas por frutos. Después de profundizar en los órdenes más basales (*Austrobaileyales*, *Nymphaeales* y *Amborellales*) nos enfrentamos al meollo de las angiospermas, es decir, a la superclase *Mesangiospermae*.

¿Cuál es, entonces, la apomorfia que permite diferenciar el núcleo de las angiospermas de los grupos menos evolucionados? Los carpelos fusionados. Esta breve respuesta bien merece una explicación más extensa.

Las flores surgen gracias a una serie de modificaciones en las hojas de la planta. Concretamente, el gineceo femenino, es decir, el conjunto de los carpelos es la adaptación de unas hojas especializadas en la producción de esporas. Esto no nos debería extrañar: los helechos presentan unas hojas fértiles en las que aparecen los esporangios y las gimnospermas, más evolucionadas, producen los gametos sexuales en la superficie de unas escamas modificadas o piñas.

En las angiospermas, los megáfilos fértiles también van a producir los gametos femeninos u óvulos en su superficie, solo que ahora estas hojas se pliegan y sueldan por los bordes para crear una cámara cerrada. La diferencia entre las angiospermas más basales y las mesangiospermas es que, en las primeras, el gineceo se forma a partir de varios carpelos tubulares cerrados por medio de secreciones, mientras que, en las segundas, unos pocos carpelos se sueldan total y tisularmente para formar una cámara con, normalmente, tres partes: ovario, estilo y estigma.

Mesangiospermae se suele dividir en dos órdenes, *Chloranthales* y *Ceratophyllales*, y en tres clases, *Magnoliidae*, *Monocotyledoneae* y *Eudicotyledoneae*. A continuación, revisaremos cada una de las clases.

La doble fecundación

La doble fecundación es prácticamente una apomorfia de las angiospermas, es decir, un carácter exclusivo de ellas, pero no es menos cierto que algunas pinopsidas modernas, como tuyas o gnetofitas, también presentan una doble fecundación.

Este es el proceso por el cual uno de los núcleos del grano de polen se fusiona con la oosfera para dar el cigoto, y otro se une con los denominados núcleos polares del saco embrionario para dar origen al endosperma o sustancias de reserva de la semilla.

Debemos tener en cuenta que el polen constituye la fase haploide del desarrollo de la planta y está formado por dos o tres células; es el gametofito masculino. El gametofito femenino es el saco embrionario (inapropiadamente llamado óvulo) y está formado por varias células y varios núcleos.

Piperales

Laurales

Magnoliales

Aristolochiales

Ceratophyllales

Chloranthales

Magnoliidae

Ranunculales

Mesangiospermae

Eudicotyledoneae

Pentapetalae

Monocotyledoneae

Rosanae

Asteridae

Napell-Eisenhut.
Aconitum Napellus Dod.

Taf: 75.

Magnoliidae o *Magnolianae* congrega apenas un 3% de las especies de mesangiospermas conocidas. Las magnólidas se caracterizan por los carpelos plegados y cerrados por tejidos. Sin embargo, la morfología del gineceo presenta alguna diferencia respecto a los clados hermanos.

Así es, en el gineceo se distinguen tres partes: el ovario es la estructura basal de los carpelos que contiene los óvulos; el estilo es la parte media de los carpelos con aspecto de tubo, y el estigma es la sección apical de los carpelos, una superficie pegajosa que da paso al estilo.

En las monocotiledóneas y eudicotiledóneas, el estigma presenta múltiples formas, pero siempre se sitúa en el extremo superior del estilo. En cambio, en las magnólidas, el estigma se extiende a lo largo del estilo.

La parte masculina de la flor o androceo también resulta algo primitiva. Llamamos androceo al conjunto de estambres. Un estambre no es sino una hoja modificada para producir polen; consta de dos partes: antera y filamento. La antera es la estructura que contiene los sacos polínicos o esporangios y el filamento es el pedúnculo que sostiene la antera. Resulta que en las magnólidas las anteras y los filamentos están vagamente diferenciados formando prácticamente una cinta.

En general, son árboles, arbustos o hierbas con grandes flores que dependen de los insectos para la polinización. Engloba cinco órdenes: *Magnoliales*, que incluye especies muy valoradas, ya sea por sus frutos como el chirimoyo, el guanábano o la anona, ya sea por su madera, ya sea por sus semillas como la mirística de la que se extrae la nuez moscada; *Laurales*, que agrupa especies como el laurel (*Laurus nobilis*) cuyas hojas se usan como condimento, el canelo (*Cinnamomum verum*) del que se extrae la canela o el aguacate (*Persea americana*) conocido por su fruta; *Piperales*, cuyo representante más emblemático es el pimentero (*Piper nigrum*) de cuyos frutos molidos se extrae la pimienta; *Aristolochiales*, que comprende, entre otras, el ásaro u oreja de fraile (*Asarum europaeum*) famoso por su toxicidad y mal olor; y *Ranunculales*, que incluye los acónitos —ver imagen izquierda—, las plantas más tóxicas que crecen en Europa.

La palinología

La disciplina botánica que estudia los granos de polen (y por extensión, también, las esporas), latentes o inertes, se llama palinología. Se centra en el análisis microscópico de la morfología de los granos. Es una valiosa herramienta taxonómica, pero es en el campo paleontológico donde despliega todo su poder, pues, a veces, lo único que queda de una especie vegetal extinta son sus granos de polen. Esta segunda aproximación más específica se denomina paleopalinología y es una segura colaboradora de otras áreas como la paleobotánica o la paleoclimatología.

Se considera que el botánico sueco Gunnar Erdtman (1897-1973) es el fundador de la palinología con su tesis doctoral, con su obra *An introduction to pollen analysis*, un referente en esta disciplina, y, sobre todo, con la creación del Laboratorio de Palinología en el Museo Sueco de Historia Natural de Estocolmo.

Mesangiospermae

Monocotyledoneae

Acorales

Alismatales

Petrosaviales

Dioscoreales

Pandanales

Liliales

Asparagales

Arecales

Commelinales

Zingiberales

Poales

Posidonia oceanica (o *P. mediterranea*), en la imagen, no es un alga sino una planta acuática perteneciente a la familia *Posidoniaceae* del orden *Alismatales*.

Se trata de una planta endémica del Mediterráneo que forma extensas praderas submarinas. Su proliferación es de una importancia ecológica crucial, pues ofrece cobijo a muchos otros organismos animales y vegetales. Además, es una eficaz barrera contra la erosión de la línea de costa y un bioindicador de la calidad de las aguas costeras.

Tradicionalmente, las fanerógamas se han dividido en gimnospermas y angiospermas y estas, a su vez, en dicotiledóneas y monocotiledóneas según el número de cotiledones del embrión. Los cotiledones son las primeras hojas que aparecen cuando la semilla germina y se convierte en una plántula. Esas hojitas primordiales absorben los nutrientes acumulados en los tejidos de reserva de la semilla y, una vez que la plántula produce verdaderas hojas fotosintéticas, los cotiledones se secan y caen.

Monocotyledoneae agrupa el 20% de las especies de mesangiospermas. Se caracterizan, claro está, por embriones de un solo cotiledón; tallos poco ramificados; raíces fasciculadas; tejido vascular distribuido en toda la sección del tallo; granos de polen con una sola hendidura peculiar, y, generalmente, hojas con nervaduras paralelas y flores con simetría trímera.

Es valioso señalar que los embriones de las primeras mesangiospermas, las magnólidas, tienen dos cotiledones. Por lo tanto, hace 130 millones de años, en el Cretácico inferior, la pérdida de un cotiledón por parte de una magnólida primitiva debió suponer la apomorfia evolutiva que originó este nuevo grupo.

De entre los once órdenes en los que se suele dividir *Monocotyledoneae*, solo destacaremos los siete siguientes: *Alismatales* incluye las calas o aros, así como otras familias adaptadas al medio acuático, tanto de agua dulce (lentejas de agua y alismas) como salada (posidonias); *Liliales* agrupa no solo las famosas liliáceas sino otras hierbas, arbustos, lianas e, incluso, plantas no fotosintéticas que parasitan determinados hongos; *Asparagales* es un grupo de gran diversidad con una veintena de familias entre las que destacan las esparragueras, los longevos dragos, las más de 20.000 especies de vistosas orquidáceas o las pitas, yucas y áloes que sorprenden cuando florecen, al alcanzar la madurez, produciendo un tallo de varios metros de altura llamado quiote; *Arecales* comúnmente conocidas como palmeras; *Zingiberales* entre los que encontramos el jengibre, el cardamomo, la cúrcuma, la flor del paraíso o el árbol del viajero, y *Poales* que estudiaremos a continuación con algo más de detalle.

Las flores de calas y aros

Lo que parece la flor de las calas o aros es, en realidad, una hoja modificada o bráctea denominada espata (1). Las brácteas son tejidos foliáceos próximos a la flor y diferentes de los sépalos que conforman el cáliz. La flor de calas y aros es la espiga interior que envuelve la espata y que realmente es un conjunto de flores minúsculas y apiñadas. Este tipo de inflorescencia se denomina espádice (2). El espádice del aro gigante (*Amorphophallus titanum*) mide más de dos metros; debido al fétido olor que desprende se le llama flor cadáver.

Clasificación de los frutos

El fruto es el órgano vegetal que alberga y protege las semillas y que se desarrolla tras la fecundación del ovario. Una clasificación, no exhaustiva, es la siguiente:

1. Fruto simple. Originado a partir de un gineceo con un solo carpelo o con varios carpelos soldados.

   a. Seco. Con un pericarpio delgado no carnoso. (El pericarpio es aquella parte que recubre la semilla).

      i. Dehiscente. Si se abre para esparcir las semillas como, por ejemplo, la mayoría de las legumbres.

      ii. Indehiscente. Si no se abre en la madurez como las nueces o los granos de las gramíneas (cariópsides).

   b. Carnoso. Con un pericarpio grueso más o menos carnoso.

      i. Drupa. Formada por un pericarpio carnoso que protege en su interior un hueso que alberga, a su vez, la semilla, como la almendra o la aceituna.

      ii. Baya. Caracterizada por ser más o menos jugosa, como el tomate, la uva o el plátano.

      iii. Hesperidio. Es el fruto jugoso de los cítricos.

      iv. Pepónide. Es el fruto típico de las cucurbitáceas como la calabaza o el pepino. La parte externa se endurece más o menos.

2. Fruto complejo. Amén de los carpelos, intervienen en la formación del fruto otras partes de la flor.

      i. Balausta. Si el fruto alberga muchas semillas cada una con una cubierta jugosa como, por ejemplo, la granada.

      ii. Pomo. Por lo general, procede de un ovario con 5 carpelos. Es típico de muchas rosáceas como el manzano o el peral.

3. Fruto agregado. Se forma a partir de un gineceo con varios carpelos no soldados y cada uno de ellos origina un fruto simple como, por ejemplo, la zarzamora.

4. Fruto compuesto o infrutescencia. Formado a partir de inflorescencias como, por ejemplo, la piña o el higo.

En páginas anteriores, se comentaba el valor económico de las angiospermas; entre la decena de especies de mayor importancia para la humanidad que se citaba, seis son gramíneas. De hecho, casi las tres cuartas partes de la superficie cultivable de todo el planeta está sembrada con gramíneas.

Las gramíneas son plantas, por lo general herbáceas, pertenecientes a la familia *Poaceae* del orden *Poales*; abarca los cereales, los pastos, los bambúes y multitud de hierbas tales como los céspedes.

Su tallo es cilíndrico y, normalmente, hueco. Está interrumpido por nudos macizos en los que nacen las hojas que abrazan el tallo por la vaina. La lígula es un tejido membranoso que conecta el limbo de la hoja con la vaina; es un elemento propio de las gramíneas.

Las flores son muy sencillas y poco vistosas dispuestas en racimos (o espigas) o en racimos de racimos (o panículas) vulgarmente conocidos como espiguillas o panojas, respectivamente. La inflorescencia se encuentra protegida por dos brácteas, llamadas glumas, que se abren a medida que se desarrollan. Cada pequeña flor está cubierta por dos brácteas: la pálea o superior y la lema o inferior. Generalmente, la flor tiene tres estambres y dos estigmas de penígero aspecto.

El fruto o grano de las gramíneas se denomina cariópside, contiene una sola semilla con un gran cotiledón, llamado escutelo, en estrecho contacto con las sustancias de reserva o endosperma.

Además de las poáceas, el orden *Poales* incluye las bromeliáceas con un representante bien familiar entre nosotros: el ananás o piña; las ciperáceas como la juncia, la castañuela o el papiro; las juncáceas como el junco de esteras, etc.

El orden se caracteriza por la pérdida de las glándulas que segregan el néctar, pues no precisan atraer a los insectos ya que es el viento el encargado de su polinización, por contener sílice en la epidermis, y por tener flores con un cáliz y una corola claramente diferenciados. Se trata de un grupo distribuido por todo el mundo, lo que en biología se califica de cosmopolita.

*Chloroplastida**Streptophyta**Embryophyta**Spermatophyta*\
Angiospermae*Mesangiospermae**Monocotyledoneae**Poales*

207

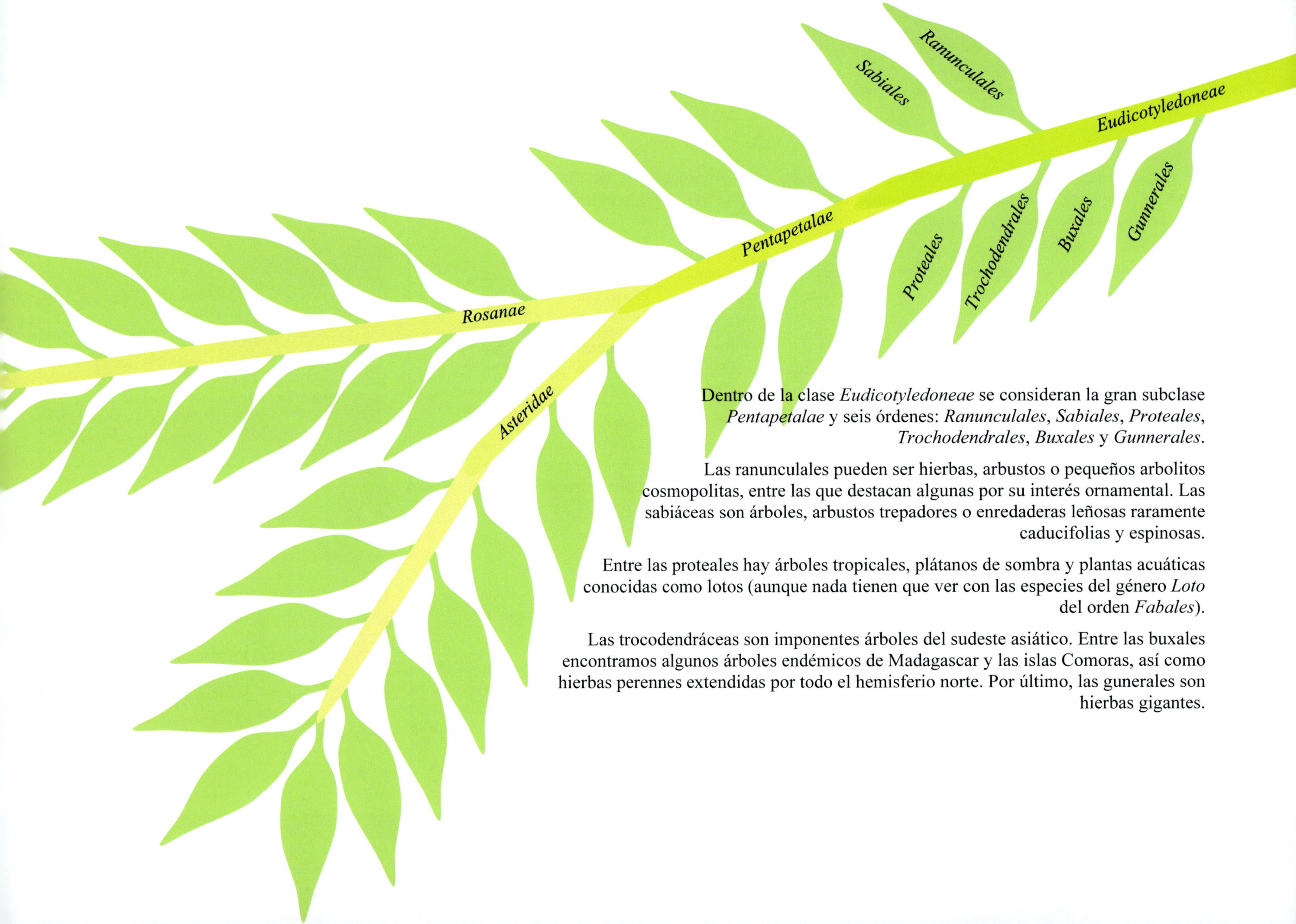

Ranunculales

Sabiales

Eudicotyledoneae

Gunnerales

Buxales

Trochodendrales

Proteales

Pentapetalae

Rosanae

Asteridae

Dentro de la clase *Eudicotyledoneae* se consideran la gran subclase *Pentapetalae* y seis órdenes: *Ranunculales*, *Sabiales*, *Proteales*, *Trochodendrales*, *Buxales* y *Gunnerales*.

Las ranunculales pueden ser hierbas, arbustos o pequeños arbolitos cosmopolitas, entre las que destacan algunas por su interés ornamental. Las sabiáceas son árboles, arbustos trepadores o enredaderas leñosas raramente caducifolias y espinosas.

Entre las proteales hay árboles tropicales, plátanos de sombra y plantas acuáticas conocidas como lotos (aunque nada tienen que ver con las especies del género *Loto* del orden *Fabales*).

Las trocodendráceas son imponentes árboles del sudeste asiático. Entre las buxales encontramos algunos árboles endémicos de Madagascar y las islas Comoras, así como hierbas perennes extendidas por todo el hemisferio norte. Por último, las gunerales son hierbas gigantes.

Con al menos 150.000 especies, la clase *Eudicotyledoneae* es, con diferencia, la más extensa de la biosfera: abarca desde rosales hasta manzanos, desde vides hasta encinas, además de cactus, girasoles, plantas carnívoras y semiparásitas, tréboles o baobabs. Su nombre significa 'verdaderas dicotiledóneas' para distinguir esta clase de *Magnoliidae*, que también comprende vegetales de embriones con dos cotiledones.

Comparadas con las angiospermas basales y las magnólidas, las eudicotiledóneas son bastante similares: poseen dos cotiledones, las nervaduras foliares son reticuladas, los haces vasculares se disponen anularmente y poseen una sola raíz principal sensiblemente fusiforme. Entonces ¿por qué constituyen un clado diferente? Sobre todo, porque los granos de polen tienen tres aberturas para la germinación; son tricolpados. En cambio, el polen de las demás, incluidas las monocotiledóneas, tienen un poro: son monosulcados.

Confrontadas con las monocotiledóneas, sí encontramos más diferencias: las nervaduras de las hojas de las monocotiledóneas son sensiblemente paralelas, mientras que en las dicotiledóneas la hoja es reticulada; los haces vasculares del tallo de las primeras se distribuyen uniformemente en toda la sección, pero en las segundas la disposición es anular; la raíz de *Monocotiledoneae* es fasciculada y, fusiforme, la de *Eudicotyledoneae*, y las ramificaciones de las eudicotiledóneas son bastante más ricas que las de las monocotiledóneas. Otras características de esta clase las encontramos en las flores: suelen tener simetría tetrameral o pentameral y los filamentos y las anteras de los estambres están muy bien marcados.

La subclase de eudicotiledóneas más significativa es *Pentapetalae*. No obstante, también se tiene que mencionar la clase *Proteales* con lotos o plátanos de sombra (híbrido de *Platanus orientalis* y *P. occidentalis*), entre otras especies, y la clase *Gunnerales* en la que descubrimos especies con hojas excepcionalmente grandes como el pangue (*Gunnera tinctoria*), que es comestible, o el ruibarbo gigante (*Gunnera manicata*), que ostenta el récord con hojas de varios metros de anchura.

La importancia está en los detalles

La pared de los granos de polen suele tener unas partes más delgadas para facilitar la salida del tubo polínico que se denominan aperturas. Estas pueden ser más o menos redondeadas o algo fusiformes. Las primeras se llaman poros y las segundas colpos. Las aperturas se sitúan en unas depresiones o hendiduras que recorren la pared del polen llamadas sulcos.

La morfología del polen permite clasificar los granos en monosulcados, un sulco con un poro (imagen inferior izquierda) o tricolpados, tres sulcos con tres colpos (a la derecha). Esta parece haber sido la tendencia evolutiva de las angiospermas.

Las bolas verdosas que penden de este árbol son *Viscum album*, llamado comúnmente muérdago blanco. El muérdago y el sándalo son plantas semiparásitas pertenecientes al orden de las santaláceas. Una planta semiparásita es aquella que crece sobre las ramas de otros árboles; es un vegetal semiautótrofo que necesariamente tiene que vivir insertado sobre plantas autótrofas.

Berberidopsidales

Dilleniales

Caryophyllales

Pentapetalae

Rosanae

Saxifragales

Santalales

Asteridae

Gentianidae

La forma de adherirse un órgano respecto al que lo sustenta también es un aspecto para tener en cuenta cuando se estudian los vegetales. Por ejemplo, en una sección transversal de una ramita puede crecer una hoja a la derecha y otra a la izquierda o, en cambio, salir una hoja a la derecha y un poco más arriba otra a la izquierda. Existen muchas disposiciones, alterna, opuesta, fasciculada, etc., pero hay una particularmente interesante: la verticilada. Se dice que tres o más elementos adoptan esa disposición cuando surgen en una misma sección de un órgano.

Las flores de monocotiledóneas y eudicotiledóneas, por lo general, adoptan dicha disposición verticilada, en contraste con las flores de angiospermas basales y magnólidas cuyos pétalos y sépalos se disponen helicoidalmente respecto al rabillo que los sujeta.

En particular, la subclase *Pentapetalae* se distingue por dos verticilos florales de cinco piezas: cáliz y corola. En la imagen de la derecha, se observan claramente los cinco pétalos de la corola y, por debajo de ellos, no es difícil adivinar los cinco sépalos del cáliz. El androceo suele tener el doble número de piezas que la corola; en este caso se pueden contar diez estambres. El gineceo frecuentemente está compuesto por cinco carpelos unidos entre sí, aunque también son comunes los formados por tres piezas, como se puede apreciar en la fotografía.

Dentro de esta subclase encontramos las berberidopsidáceas con solo cuatro especies. Una de ellas es el michay rojo (*Berberidopsis corallina*), endémica de Chile, muy querida por el pueblo mapuche y que se encuentra en peligro de extinción. Las dileniáceas más conocidas son las flores de Guinea y el vacabuey (*Curatella americana*), árbol típico de las sabanas tropicales americanas. Las cariofiláceas son un orden heterogéneo que incluye, entre otras variedades, cactus, plantas carnívoras y quenopodiáceas como la quinua, la acelga, la espinaca o la remolacha. Es igualmente diverso el orden de las saxifragales con árboles, arbustos, hierbas y plantas suculentas y acuáticas. Las santaláceas se caracterizan por su tendencia a perder la clorofila y a parasitar las raíces de otros vegetales para subsistir; el sándalo o el muérdago son buenos ejemplos. Completan *Pentapetalae* las rósidas y las astéridas que vemos a continuación.

Pentapetalae

Brassicales

Celastrales

Crossosomatales

Cucurbitales

Fabales

Fagales

Geraniales

Huerteales

Malpighiales

Malvales

Myrtales

Oxalidales

Picramniales

Rosales

Sapindales

Vitales

Zygophyllales

Rosanae

Asteridae

Gentianidae

Si se hiciera zum sobre la hoja *Sapindales*, aparecerían nueve familias:

Sapindaceae, *Nitrariaceae*, *Rutaceae*, *Meliaceae*, *Simaroubaceae*, *Anacardiaceae*, *Burseraceae*, *Kirkiaceae* y *Biebersteiniaceae*.

Rutaceae agrupa más de 150 géneros, uno de los cuales es *Citrus* y, aunque la lista de cítricos es extensísima (naranja, limón, mandarina, mano de buda, lima, cidra, pomelo, calamondina, clementina, combava, etrog, kumquat, amanatsu, yuzu…), algunos autores reducen el número de especies a tres (*C. maxima*, *C. medica* y *C. reticulata*), siendo la longitud de la retahíla fruto, tan solo, de la facilidad de hibridación del género citado.

Solo es un botón de muestra de la asombrosa fertilidad del árbol de la vida.

Después de echar un vistazo a los órdenes *Berberidopsidales*, *Dilleniales*, *Caryophyllales*, *Santalales* y *Saxifragales*, corresponde prestar atención al superorden *Rosanae*, pues engloba a un cuarto de las especies de angiospermas. Además de los grupos *Fabales* y *Rosales* que se estudian en las próximas páginas, de los diecisiete órdenes de rosáceas, nos detendremos en los siguientes:

a) *Brassicales*. Presenta flores con simetría tetrameral. Por su importancia económica, destacan las crucíferas como el rábano, el nabo, la col, el repollo, la coliflor o el colinabo.

b) *Cucurbitales*. Incluye las begonias y las cucurbitáceas como la calabaza, el pepino, el melón o la sandía, así como otras especies muy queridas en Hispanoamérica tales como la cidra cayote, el porongo o la chayotera e, incluso, una especie arbórea, el árbol del pepino (*Dendrosicyos socotrana*), un relicto de la isla de Socotra, en Yemen.

c) *Fagales*. En general, son árboles apreciados por su madera como el raulí, el pellín o el coihué de la familia de las notofagáceas; el roble, el castaño o el haya de las fagáceas; el nogal de las yugladáceas; el abedul, el aliso o el avellano de las betuláceas, o el roble toro (*Allocasuarina luehmannii*) de las casuarináceas, cuya madera es la más dura conocida.

d) *Geraniales*. Es un orden de cierta relevancia económica por las sustancias aromáticas que se pueden extraer de determinadas especies.

e) *Malvales*. Al menos se deben citar dos especies, *Cola acuminata* y *Theobroma cacao*, de cuyos frutos se obtienen, respectivamente, el extracto de los refrescos de cola y el cacao.

f) *Oxalidales*. Entre otras, encontramos una planta carnívora (*Cephalotus follicularis*), muy nombrada entre los aficionados, y el carambolo cuya baya amarilla, llamada fruta de estrella, es comestible.

g) *Sapindales*. Incluye los cítricos, el arce, el castaño de indias, la caoba, el rambután, el lichi, el mango, el anacardo y el árbol del incienso, del que se extrae el olíbano, por citar los más notables.

h) *Vitales*: Las vides y otras plantas similares se incluyen en este orden.

La botánica

Sabemos que la botánica es la ciencia que estudia los vegetales, ¿pero conocemos sus diferentes especialidades? La briología estudia los musgos y las hepáticas; la pteridología, los helechos; la criptogamia, las plantas sin flores; la fanerogamia, las plantas con flores.

En general, es la agronomía la encargada de estudiar el cultivo de la tierra. Una parte significativa de ella es la horticultura que se ocupa de la producción de las plantas del huerto. A su vez, esta se divide en fruticultura o pomología, que estudia la producción de frutas; la floricultura que se ocupa del cultivo de flores ornamentales y la olericultura dedicada a las hortalizas y verduras.

Además, destacan con luz propia la viticultura, o conjunto de técnicas relacionadas con el cultivo de la vid; la silvicultura relativa al cultivo de los bosques, y la oleicultura en lo tocante a la producción del aceite de oliva.

*Streptophyta**Embryophyta**Spermatophyta**Angiospermae*\
Mesangiospermae*Eudicotyledoneae**Pentapetalae**Rosanae*

213

Dentro de las rosáceas, por su importancia, veamos con más detalle el orden *Fabales*. Con unas 20.000 especies de distribución cosmopolita, es la tercera mayor familia vegetal. Sus frutos o semillas forman parte de la alimentación humana bajo la denominación genérica de legumbres, la planta entera de otras variedades se usa como forraje y no son pocos los extractos (gomas, aceites, tintes, perfumes, etc.) de uso medicinal e industrial.

Es un grupo homogéneo caracterizado por flores pentámeras de simetría generalmente bilateral —lo que en botánica se conoce como flor zigomorfa— con un número reducido de estambres; frutos secos dehiscentes, y nódulos radiculares en los que, gracias al mutualismo con determinadas proteobacterias (orden *Rhizobiales* de la clase *Alphaproteobacteria*), obtienen de la atmósfera el nitrógeno necesario para sintetizar proteínas. Dicha simbiosis hace de las leguminosas un cultivo ideal, pues reduce la necesidad de fertilizantes nitrogenados.

Aunque se han identificado cuatro familias, por su diversidad, solo merece la pena hablar de *Fabaceae*. Dentro de ella, a su vez, se distinguen tres subfamilias: *Faboideae*, *Caesalpinioideae* y *Mimosoideae*.

Llamadas también papilionáceas, *Faboideae* comprende tanto plantas cuyos frutos se hallan muy presentes en nuestras mesas (habas, garbanzos, judías, guisantes o lentejas), como plantas usadas para alimentar al ganado (alfalfa, soja, meliloto, pipirigallo o trébol).

Caesalpinia echinata, o palo de Brasil o de Pernambuco (ver imagen izquierda), es una digna representante de *Caesalpinioideae*. Las excelentes propiedades mecánicas de su madera la convierten en la materia prima preferida de los arqueteros. Desgraciadamente, tras 250 años de ávida explotación, se encuentra en peligro de extinción.

Las mimosáceas son leguminosas de hábito tropical y subtropical, tales como las acacias, las mimosas o las tuscas; son los grandes árboles de las selvas tropicales y también los que dominan las sabanas.

Las papilionáceas

La peculiar forma amariposada de la corola de algunas leguminosas da nombre a la subfamilia *Papilionoideae* (también conocida como *Faboideae*).

En la imagen inferior se muestra la flor del guisante, paradigma de las papilionáceas. El pétalo posterior más grande y erguido (1) se denomina estandarte; los laterales (2), alas, y los anteriores (3) unidos en el ápice forman la quilla.

Por el número de especies —con unas 8.000—, *Rosales* también es un grupo muy significativo de rosáceas. Algunos rasgos sencillos que nos ayudarán a identificar las diferentes variedades son: hojas aserradas, cáliz persistente e inflorescencias cimosas.

La primera nota hace referencia al borde de la hoja que dibuja dientes de sierra. La segunda se refiere a la permanencia de los sépalos del cáliz que pueden caerse al abrirse la flor —cáliz efímero—, permanecer hasta la fecundación —deciduo— o acompañar al fruto —persistente—. El tercer rasgo se observa en las especies con inflorescencias de varias flores; estas pueden ser o racimosas o cimosas. Aunque algunos tipos de inflorescencias racimosas se parecen a las cimosas, es fácil distinguirlas porque en las primeras las flores se van abriendo de abajo arriba, mientras que, en las segundas, la primera flor que se abre es la del eje principal y después se abren las de los ejes secundarios.

Tradicionalmente, *Rosales* ha sido un grupo harto estudiado y, según los autores, se pueden distinguir hasta una veintena de familias. Tal vez la más relevante sea *Rosaceae*, pues incluye las frutas más populares (manzana, pera, melocotón, ciruela, cereza, albaricoque, almendra, membrillo, níspero, fresa, zarzamora, frambuesa, etc.) y otras muchas especies ornamentales.

Por su madera, también son apreciadas las ulmáceas cuyo representante más conocido es el olmo. Lamentablemente, hay que señalar que la población mundial de olmos se está reduciendo drásticamente a causa de la grafiosis, una enfermedad provocada por un hongo y transmitida por medio de determinados escarabajos.

No menos importantes son las cannabáceas como el cáñamo o el lúpulo. Del cáñamo se obtienen fibras textiles, celulosa para la fabricación del papel, aceites o marihuana. Según el uso que se busque, se cultivan variedades más ricas en fibras o con más contenido de cannabinoides. El lúpulo es una planta dioica y son las flores femeninas sin fecundar las que se utilizan en la elaboración de la cerveza.

¿Qué es una rosa?

Una rosa es una rosa, como dice la canción del grupo Mecano y también es cualquiera de las especies del género *Rosa*, lo cual se puede escribir abreviadamente como «*Rosa* spp.», donde «spp.» significa 'especies'.

Las flores que comúnmente llamamos rosas y que se suelen regalar como símbolo del amor son *Rosa banksiae*, *Rosa gallica* o *Rosa chinensis*, o algunas de las múltiples variedades o hibridaciones de estas. No está de más recordar la jerarquía que nos lleva hasta ese punto: son especies del género *Rosa*, de la tribu *Roseae*, de la subfamilia *Rosoideae*, de la familia *Rosaceae*, del orden *Rosales*.

En botánica es frecuente incluir entre la familia y el género, un taxón denominado tribu, y entre el género y la especie, la sección o la serie, además de utilizar los prefijos sub- o super- cuando es necesario. Y por debajo de la especie, está la variedad o la forma.

Berberidopsidáceas, dileniáceas, cariofiláceas, saxifragales, santaláceas, rósidas y las astéridas que analizamos a continuación, completan el gran conjunto de las pentapetálidas. Las especies que se incluyen en *Asteridae* son las eudicotiledóneas más modernas, originadas hace unos 50 millones de años, al comienzo de la era Cenozoica.

Si bien los análisis moleculares aseguran la nota monofilética de este grupo, no existen unas claras apomorfias que lo definan. Generalmente son plantas herbáceas que se caracterizan por la presencia de unos compuestos orgánicos derivados del isopreno, denominados iridoides, que tienen diferentes aplicaciones farmacológicas. Otro rasgo significativo es que los pétalos de sus flores están unidos entre sí y, aunque las flores de algunas especies aparentemente tienen muchos pétalos, en realidad, son flores monopétalas (también llamadas simpétalas).

No hay unanimidad en su clasificación. Al menos se consideran tres órdenes: *Cornales*, *Ericales* y *Gentianidae*. El primero es un pequeño grupo de plantas herbáceas con flores entre las que encontramos las hortensias. El segundo es un grupo más variado que agrupa árboles como el caqui, enredaderas como el kiwi y arbustos como el té, el arándano o la azalea.

El tercero es un amplio grupo llamado, a veces, *Euasteridae*, es decir, las verdaderas astéridas. Algunos autores citan más de una docena de órdenes; aquí solo mencionaremos los órdenes más destacados: *Asterales*, *Gentianales*, *Lamiales* y *Solanales*.

Asterales comprende un grupo de plantas herbáceas apreciadas por sus semillas como el girasol, por sus flores como la margarita o la alcachofa, por sus tubérculos como la pataca, por sus tallos como el cardo o por sus hojas como la lechuga. *Gentianales* es un grupo al que pertenece el cafeto, plantas ornamentales como la gardenia o la vincapervinca, medicinales como la genciana y un buen número de especies tropicales y subtropicales. El olivo, la menta, la albahaca, el romero, la lila, la lavanda y la borraja, entre otras, pertenecen al orden *Lamiales*. Con más detalle, a continuación, veremos el grupo *Solanales*.

La sucesión de Fibonacci

En matemáticas, se llama sucesión de Fibonacci a la serie infinita de números naturales que se forma sumando los dos términos anteriores, empezando con el 0 y el 1:

0, 1, 1, 2, 3, 5, 8, 13, 21, 34, 45…

Posee unas notables propiedades matemáticas en las que no es el momento de profundizar. En la naturaleza también la encontramos en numerosas configuraciones biológicas: en la distribución de las ramas de los árboles o de las hojas del tallo, en las piñas tropicales o de las coníferas, en las flores del girasol o de la alcachofa, en las generaciones de las abejas o de los conejos, etc.

En la flor del girasol de la página anterior se puede apreciar (con algo de imaginación) que hay 21 semillas en las espirales dextrógiras (marcadas en color rojo) y 34 semillas en las levógiras (en color azul), que son dos números consecutivos de Fibonacci.

Pentapetalae
Rosanae
Brassicales
Celastrales
Crossosomatales
Cucurbitales
Fabales
Fagales
Geraniales
Huerteales
Malpighiales
Malvales
Myrtales
Oxalidales
Picramniales
Rosales
Sapindales
Vitales
Zygophyllales
Asteridae
Cornales
Ericales
Gentianidae
Paracryphiales
Escalloniales
Dipsacales
Bruniales
Asterales
Aquifoliales
Apiales
Solanales
Lamiales
Gentianales

Dentro del superorden *Asteridae*, se conocen más de una docena de órdenes que, algunos autores, agrupan en dos granórdenes: *Campanilidae* y *Lamiidae*. Por ejemplo, *Asterales* es un orden de campanúlidas, mientras que *Gentianales*, *Lamiales* y *Solanales* son lámidas. Por su parte, el orden *Solanales* se subdivide en cinco familias; económicamente hablando, la más importante es *Solanaceae* en la que nos detendremos.

Entre las solanáceas aparecen cultivos fundamentales para la alimentación humana como la patata (o papa), el boniato, el tomate, la berenjena o el pimiento y otras especies con interés farmacológico por su alto contenido en alcaloides como la belladona, el estramonio, el tabaco o la mandrágora. Algunas especies arbóreas o arbustivas, como la petunia, se cultivan con fines ornamentales.

La patata, de nombre científico *Solanum tuberosum*, es una planta herbácea en cuyos tallos subterráneos modificados, o tubérculos, se acumulan los nutrientes de reserva de la planta: agua, almidón, proteínas, minerales, etc. Después del trigo, el arroz y el maíz, la patata es el vegetal más destacado de la alimentación humana. También se utiliza para alimentar al ganado y no son pocos los usos industriales del almidón que se extrae de ella. Existen dos subespecies: *Solanum tuberosum andigena* y *Solanum tuberosum tuberosum*, que es la que se suele cultivar en todo el mundo con cientos de variedades diferentes (Red Pontiac, Monalisa, Universa, etc.).

Nicotiana tabacum es la planta de la que se extrae la práctica totalidad del tabaco consumido en el mundo. Más de mil millones de personas lo fuman habitualmente, mil millones de personas con un alto riesgo de contraer enfermedades que afectan al corazón, el hígado y los pulmones, así como diversos tipos de cáncer. Las hojas del tabaco contienen un alcaloide denominado nicotina altamente aditivo y con efectos perniciosos para la salud.

Otras solanáceas que también contienen grandes dosis de alcaloides, concretamente atropina, y que pueden causar la muerte son el estramonio, la belladona y el beleño.

La ceguera vegetal

En 1999, los profesores de biología James H. Wandersee y Elisabeth E. Schussler publicaron un artículo titulado «*Preventing Plant Blindness*» (Prevención de la ceguera vegetal) en el que alertaban sobre el creciente desconocimiento de los escolares estadounidenses sobre todo lo relacionado con el mundo vegetal.

Las plantas no se mueven, no suponen una amenaza, no destacan por su color; son algunas de las razones que los autores apuntaban para demostrar que los seres humanos somos incapaces de advertir la presencia de las plantas, de reconocer su importancia, de apreciar sus formas y, además, como animales que somos, pensamos que son seres inferiores.

Si después de leer este capítulo, se acerca a una flor para contar sus pétalos o, cuando coma una manzana, se entretiene en buscar su simetría pentameral, estará dejando de ser un ciego vegetal.

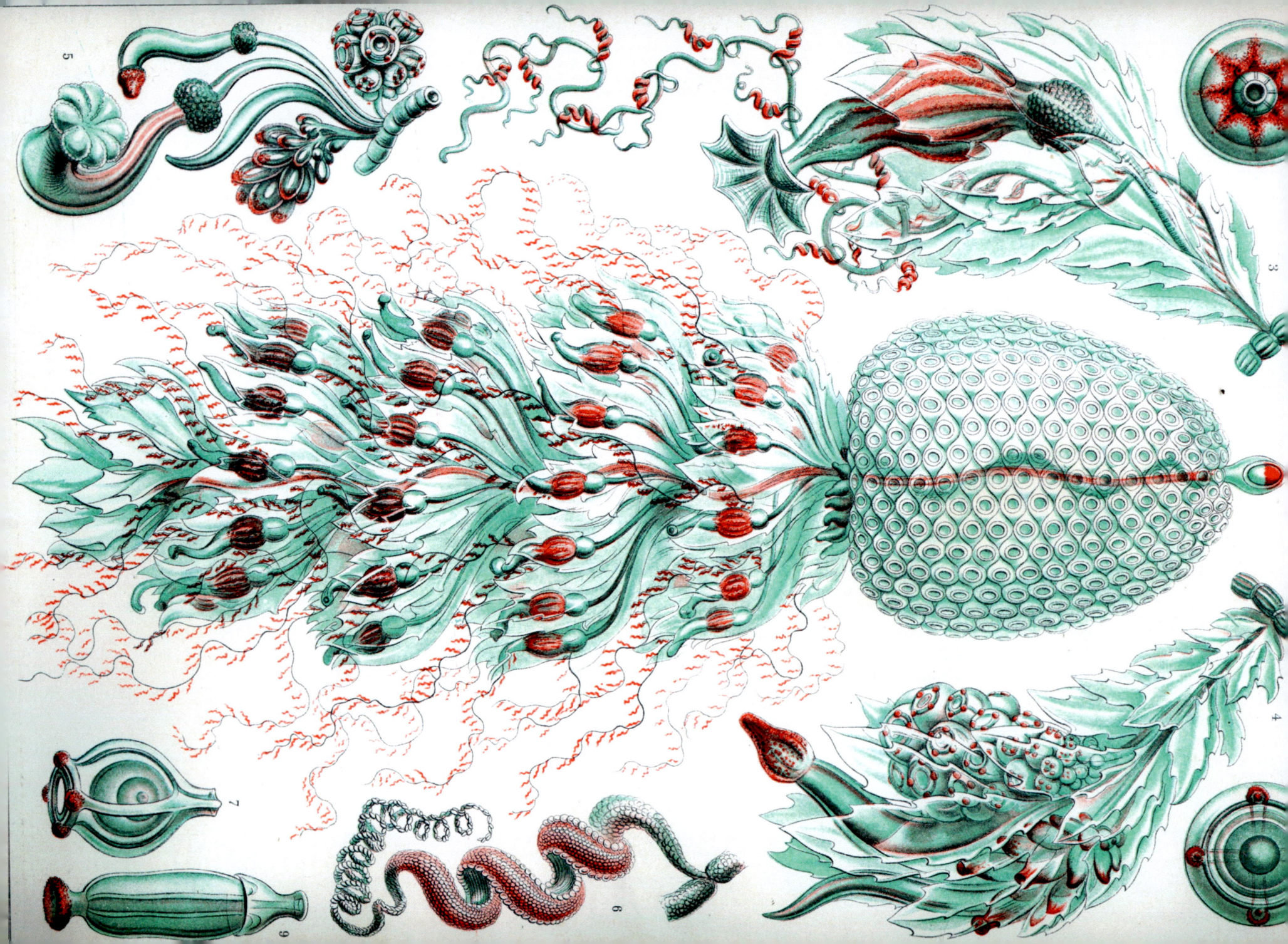

Tercera parte: la fusión de genes triple

La primera parte de la obra está dedicada a las células sin núcleo diferenciado, es decir, a los organismos procariotas. El segundo tramo, que acabamos de terminar, supone un tremendo salto cualitativo: versa sobre los eucariotas. El tercero, que iniciamos ahora, también se inserta en el dominio *Eukarya*; entonces ¿qué rasgo marca la diferencia respecto a los reinos *Discoba*, *Haptista*, *Cryptista*, *Harosa* y *Archaeplastida* recientemente estudiados?

El antepasado común de todos los organismos vistos en la segunda parte debió ser una célula eucariota, heterótrofa y biflagelada. Sin embargo, el ancestro de todos los organismos que aparezcan en las próximas páginas será una célula eucariota, heterótrofa y uniflagelada. En muchos textos, los primeros conforman el grupo *Bikonta* y los segundos, el grupo *Unikonta*. Pero la evolución es caprichosa y, normalmente, ha propiciado la pérdida de los flagelos por lo que no siempre resulta fácil identificar claramente si un organismo es biconto o uniconto.

Una diferencia a nivel molecular que la evolución posterior no ha podido enmascarar es que los bicontos sintetizan dos enzimas relacionadas con la división celular (la timidilato sintasa y la dihidrofolato reductasa) por medio de un único gen, mientras que en los organismos unicontos esas enzimas son fabricadas por dos genes diferentes.

Por otro lado, la apomorfia de los unicontos es la fusión, en uno solo, de los tres genes que codifican tres enzimas involucradas en la biosíntesis de la pirimidina (carbamoil fosfato sintasa, dihidroorotasa y aspartato carbamoiltransferasa). A su vez, la pirimidina resulta un compuesto esencial en la creación de la timina, la citosina y el uracilo, bases nitrogenadas de los ácidos nucleicos. Dichas enzimas son inducidas por sendos genes tanto en los organismos bicontos como en bacterias y arqueas.

Una característica más de las criaturas que irán apareciendo a lo largo de las páginas de esta última parte es que son exclusivamente heterótrofas y no se tiene conocimiento de ninguna especie que, poseyendo clorofila, pudiera ser autótrofa gracias a la realización de la fotosíntesis.

Siphonophorae

La imagen de Haeckel con la que comienza el último tercio de esta obra representa una serie de sifonóforos. Son unos de los animales más simples que existen. A decir verdad, se trata de colonias de varios individuos que establecen una relación simbiótica mutuamente beneficiosa. Probablemente surgieron hace unos 700 millones de años, durante el Precámbrico.

El orden en el que se exponen las ramas del árbol de la vida, es decir, los diferentes grupos de los organismos vivos que existen, no le debería confundir haciéndole creer, equivocadamente, que estas criaturas y otras que se expondrán a continuación, aparecieron después de las plantas que se acaban de presentar.

El orden de exposición no sigue una cronología evolutiva, sino que avanza por una rama hasta completar todas las bifurcaciones que salen de ella.

ESPECIES CONOCIDAS

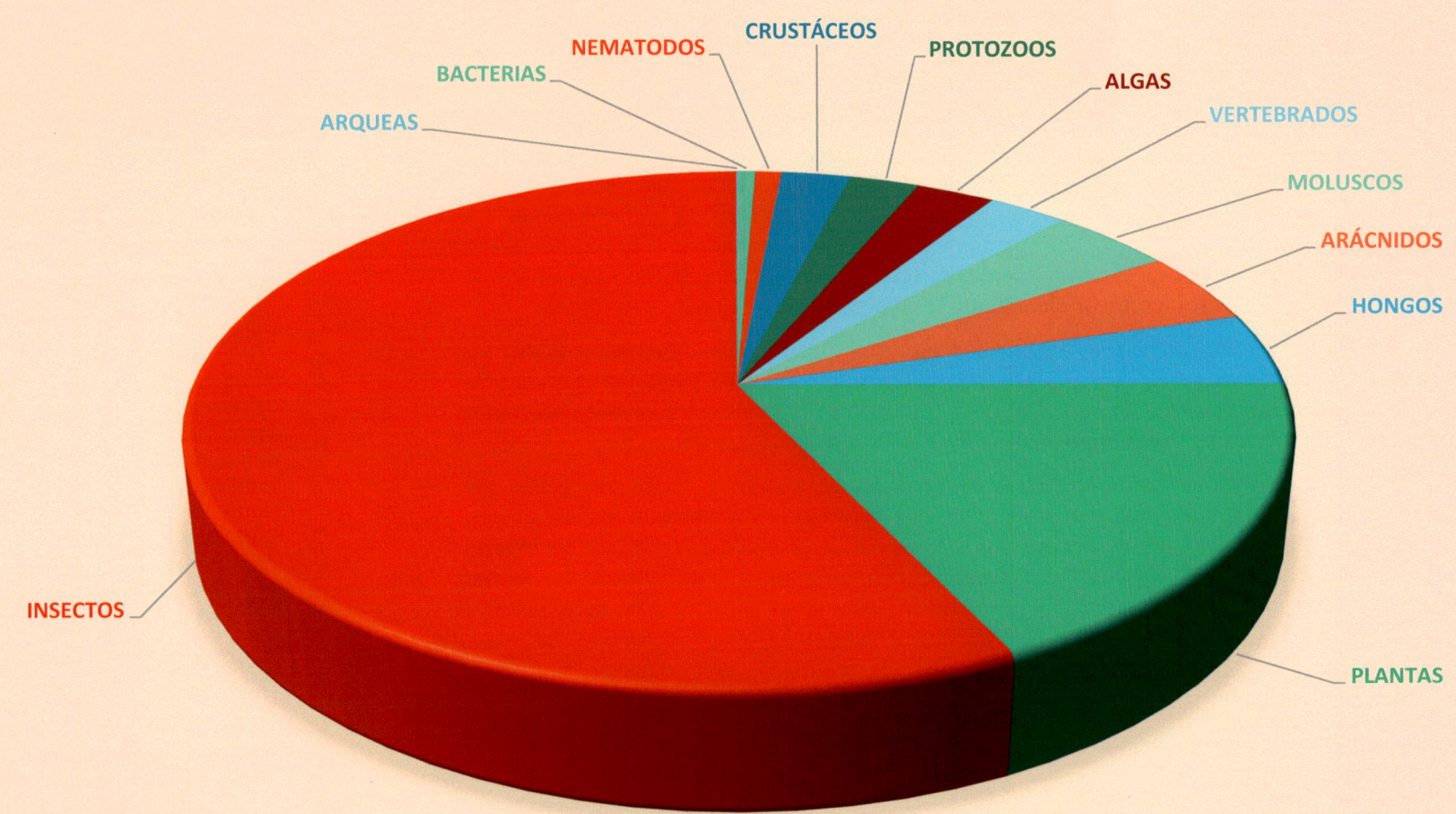

ARQUEAS

BACTERIAS

NEMATODOS

CRUSTÁCEOS

PROTOZOOS

ALGAS

VERTEBRADOS

MOLUSCOS

ARÁCNIDOS

HONGOS

PLANTAS

INSECTOS

En el estudio del gran dominio *Eukarya* hemos puesto el foco en el filo *Metamonada*, en el reino *Discoba*, en el superreino *Hacrobia*, en el subdominio *Diaphoretickes* y, claro está, en muchos de los grupos en los que estos se subdividen. Completa el dominio eucariota y, por tanto, el árbol de la vida, el subdominio *Amorphea*. Dicho de otra manera, el resto de las páginas del libro versarán sobre las especies que se incluyen bajo ese gran paraguas.

Con diversos matices, son varios los nombres que se le han dado a este subdominio: *Amorphea*, *Unikonta* o *Podiata*. El primero se refiere a la falta de una nota morfológica característica que pudiera describir las especies del grupo. El segundo término sugiere la presencia de un solo flagelo, al menos, en los organismos más simples. El tercero hace referencia a la temprana aparición de los pseudópodos en las primeras células eucariotas uniflageladas y heterótrofas, a partir de las que evolucionaron todas las especies que comprende este conjunto.

Entre dichos rasgos, la presencia de flagelos requiere cierta reflexión. El sentido común nos dice que primero debió aparecer un organismo uniflagelado y, después, la evolución propiciaría la aparición de un segundo flagelo. Sin embargo, en algunos unicontos se observan dos cuerpos basales o cinetosomas que, recordemos, son las estructuras que soportan los flagelos. Así pues, se debería asumir que los organismos unicontos surgieron tras la pérdida de uno de los flagelos de un ser biflagelado primordial.

A pesar de que los análisis genéticos no son concluyentes, en la actualidad muchos científicos creen que no se deben dar por sentadas secuencias evolutivas como las arriba mencionadas. Es más prudente pensar que unicontos y bicontos son clados hermanos que evolucionaron a la par.

Esta posición viene reforzada también por el hecho mencionado al inicio de esta parte: la fusión doble de unos determinados genes distingue a los organismos bicontos, y la fusión triple de otros genes define los unicontos. Ambos hechos no están relacionados y debieron ocurrir independientemente el uno del otro.

Las especies conocidas

El objetivo de esta obra es apreciar, en su verdadera magnitud, el alcance del milagro de la vida a través de la presentación breve de 225 categorías diferentes de seres vivos.

Si la representación de cada uno de esos conjuntos fuera proporcional a la importancia del grupo a tenor del número de especies descritas, se tendría que dedicar una página a las bacterias, 40 a las plantas y 128 a los insectos, por citar tres categorías. En realidad, se han dedicado 11 a las bacterias, 37 a las plantas y 6 a los insectos.

Este segundo enfoque nos parece una manera más racional de acercarse a la diversidad de vida que (que sepamos) solo ha florecido en el planeta Tierra.

En el gráfico de la izquierda se han representado, por sus nombres comunes, las categorías existentes proporcionalmente al número de especies catalogadas.

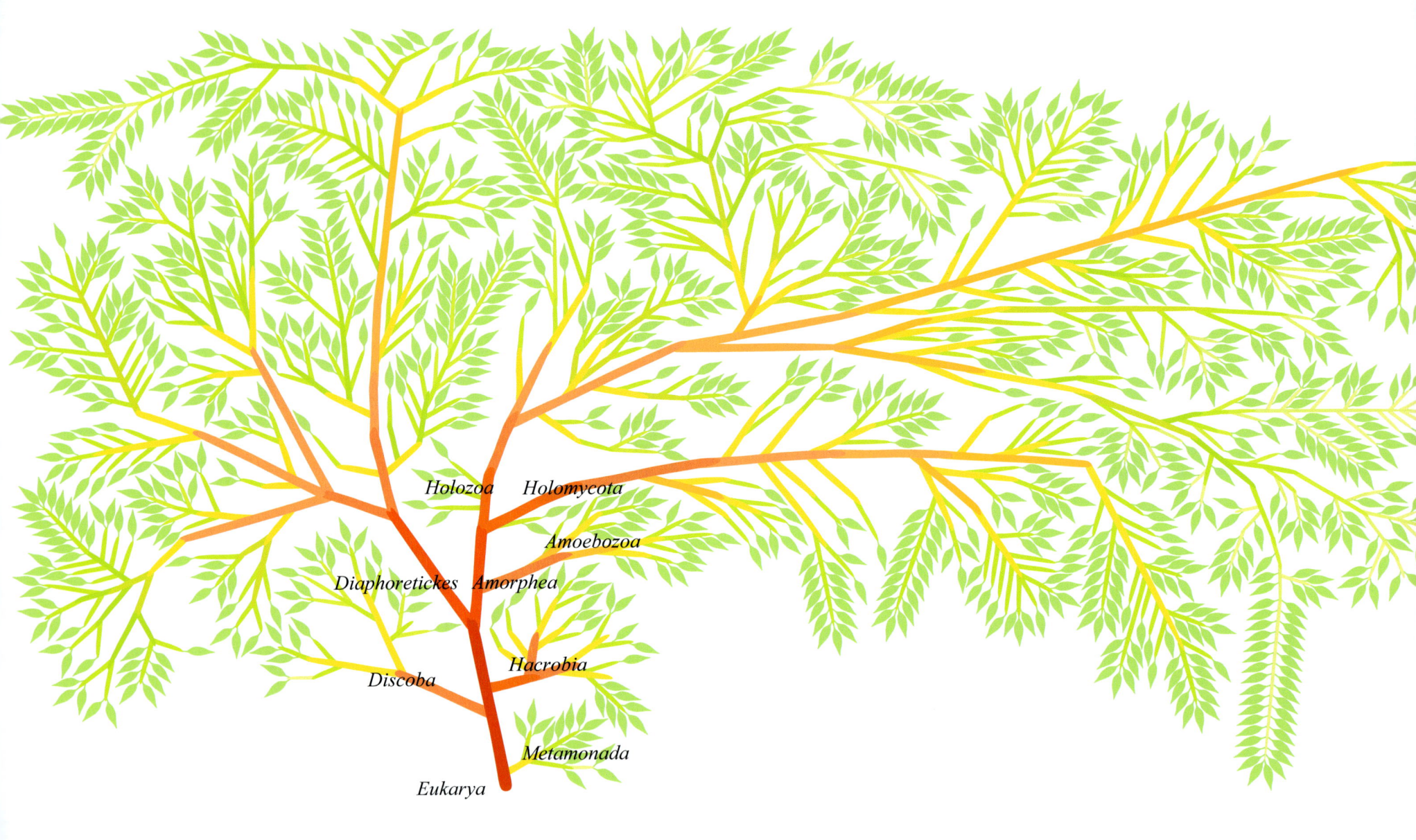

Las notas definitorias del subdominio *Amorphea* son las siguientes:

a) Ya hemos comentado que este grupo se caracteriza por la fusión, en uno solo, de los tres genes que, entre otras cosas, gobiernan la producción de unas enzimas involucradas en la biosíntesis de la pirimidina, compuesto esencial en la creación de bases nitrogenadas.

b) Los organismos unicelulares presentan, por lo general, un solo flagelo. No obstante, determinados grupos, o bien han perdido ese flagelo, o bien poseen un segundo apéndice. Lo que sí parece ser constante, es la posesión de dos cuerpos basales y, en el caso de organismos uniflagelados, la posición posterior del flagelo, es decir, en la parte opuesta al sentido del movimiento.

c) No se ha descrito ninguna especie que sea autótrofa y pueda elaborar su propio alimento; todas son heterótrofas y se surten de diversas estrategias a fin de obtener el carbono que necesitan para crear sus estructuras.

d) La energía necesaria para llevar a cabo sus funciones vitales la extraen por medio de la respiración aerobia, es decir, en presencia de oxígeno. Como ya sabemos, este tipo de respiración se lleva a cabo en las mitocondrias, organelas con mucha superficie en relación con su volumen.

Es el grupo con mayor variedad, pues engloba más de las tres cuartas partes de las especies conocidas. Incluye muchos organismos unicelulares ameboides, multicelulares, multinucleados, los animales pluricelulares y los consabidos hongos.

Compendiosamente, dentro de *Eukarya* se distinguen dos grandes subdominios: *Diaphoretickes* y *Amorphea*. Por su parte, *Amorphea* se divide en dos superreinos, *Holomycota* y *Holozoa*, y un reino, *Amoebozoa*. En un sentido amplio y con palabras llanas, se podría resumir que amorfeos son todas las amebas, hongos y animales; estos dos últimos, por su diversidad, con una jerarquía por encima de las amebas. Procederemos a desgranar los taxones más importantes comenzando por el reino *Amoebozoa*.

No resulta fácil encorsetar las, aproximadamente, cinco mil especies que comprende el reino *Amoebozoa*. El nombre de este variado grupo significa 'animales ameba'; dos palabras que nos desvelan sendas características de los amebozoos: son células deformables quimioheterótrofas que se alimentan mediante fagocitosis, gracias a las expansiones filiformes de su citoplasma con las que atrapan bacterias y otros protozoos.

En general, se puede afirmar que son organismos nucleados; que poseen mitocondrias con crestas tubulares ramificadas; que pueden desplazarse por pseudópodos gracias al flujo interno del citoplasma; que, o bien son unicelulares, o bien desarrollan plasmodios, es decir, masas ameboides multinucleadas; que pueden presentar flagelos; que viven tanto en agua dulce como salada, así como en suelos húmedos; que se nutren mediante fagocitosis, y que, algunos de vida simbiótica, pueden ser parásitos patógenos.

En la parte más interna del citoplasma suele haber una zona más granular llamada endoplasma, si bien la zona periférica, denominada ectoplasma, es más rígida y transparente. El movimiento de la célula se produce como consecuencia de la continua transformación del endoplasma en ectoplasma y viceversa. La forma de los pseudópodos, así originados, se utiliza muchas veces como un rasgo clasificatorio.

La mayoría de amebozoos son células desnudas, con todo algunos fabrican diminutas escamas o incluso caparazones que les sirven de protección. Suelen medir unas pocas decenas de micrómetros, pero no es menos cierto que *Chaos* spp. (recuerde, las especies del género *Chaos*) sobrepasan el milímetro de longitud.

Como veremos a continuación, los flagelos marcan la diferencia entre los dos superfilos en los que se suele subdividir (con más o menos unanimidad) el reino *Amoebozoa*: *Lobosa* y *Evosea*. Los primeros no presentan flagelos, mientras que los miembros de *Evosea* son generalmente multiflagelados y aquellos que han perdido los flagelos conservan los microtúbulos.

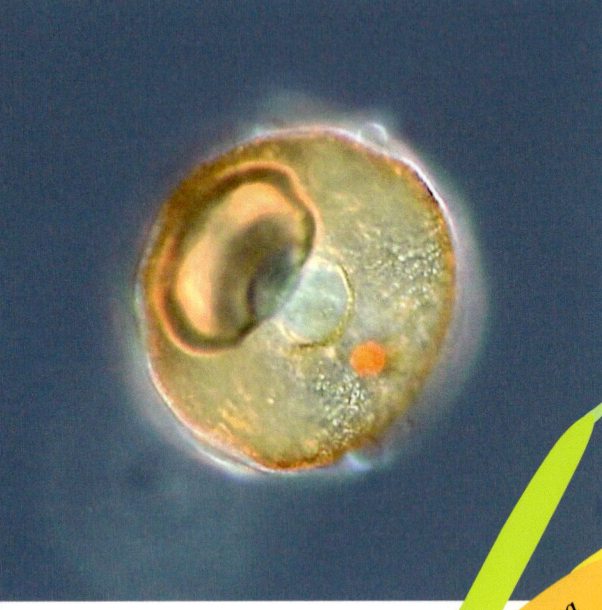

El espécimen de la fotografía del género *Arcella*, del orden *Arcellinida*, es un ejemplo de amebozoo que elabora una testa con materiales orgánicos. La concha tiene una abertura a través de la cual salen los pseudópodos. Habita en los charcos de agua dulce de todo el mundo, así como entre el follaje húmedo. Se alimenta de diatomeas, algas verdes unicelulares o protozoos que atrapa mediante sus pseudópodos.

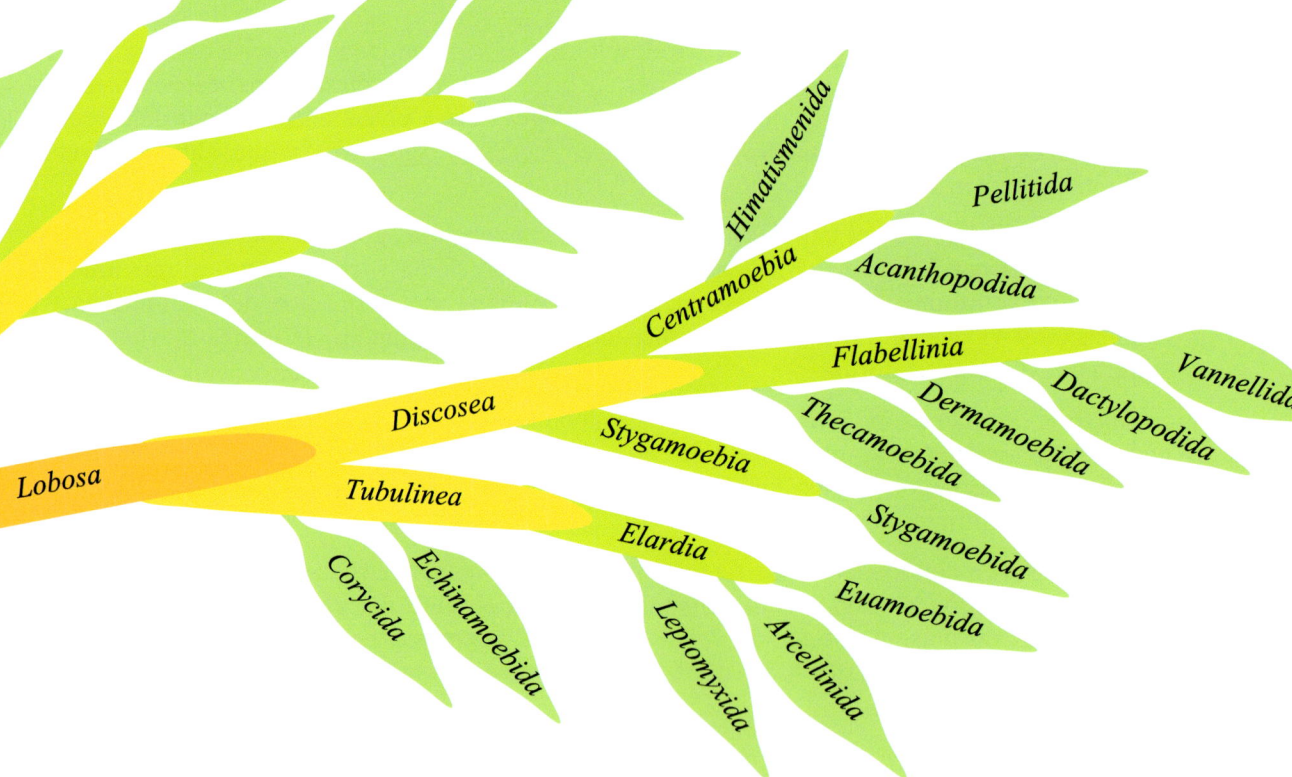

Amoebozoa

Evosea

Lobosa

Discosea

Tubulinea

Centramoebia

Himatismenida

Pellitida

Acanthopodida

Flabellinia

Vannellida

Stygamoebia

Thecamoebida

Dermamoebida

Dactylopodida

Stygamoebida

Elardia

Euamoebida

Corycida

Echinamoebida

Leptomyxida

Arcellinida

Se pueden destacar, amén de los datos genómicos, dos notas que sustentan la existencia del clado *Lobosa*: la ausencia de flagelos (junto con la desaparición de aquellas estructuras que los soportan) y la formación de lobopodios, pseudópodos con forma de dedos: cortos, gruesos y con los extremos redondeados. No sin discrepancias, se admite la existencia de dos filos lobosos:

a) *Tubulinea* incluye organismos con un aspecto más o menos cilíndrico que poseen numerosos pseudópodos, también cilíndricos. Además de los géneros *Amoeba* y *Chaos* que presentan células desnudas, comprende la mayoría de los amebozoos que producen caparazones. Estos pueden estar formados por materiales calcáreos o silíceos que elabora el propio ejemplar o por granos de arena y otras partículas inorgánicas que recoge, fagocita y, posteriormente, aglutina mediante alguna sustancia orgánica.

b) *Discosea* comprende aquellos amebozoos que durante la locomoción adoptan una forma de disco y realizan sus desplazamientos sin la ayuda de pseudópodos diferenciados. Carecen de otros rasgos distintivos como testas o flagelos.

El funcionamiento de los pseudópodos siempre ha despertado la curiosidad de los biólogos. Recordará que describíamos el movimiento ameboide de forma similar al que puede hacer una persona, desplazando simplemente su centro de gravedad, dentro de un balón hinchable gigante. La formación de los pseudópodos es mucho más compleja, como podrá imaginar.

Concretamente, los lobopodios se forman gracias a la organización de una especie de canal en el interior del citoplasma. A través de dicho canal, desde el centro de la célula hacia la periferia, fluye el endoplasma cargado con subunidades de actina. Los lípidos de la membrana plasmática catalizan la formación de un entramado de unidades de actina que producen un citoplasma más rígido, que llamamos ectoplasma, y que da forma a ese canal. Otras reacciones químicas permiten que unas largas moléculas de miosina tiren de los filamentos de actina, deshagan la parte posterior del canal y el ectoplasma se convierta en endoplasma. Se establece así un flujo continuo de protoplasma que da forma al pseudópodo.

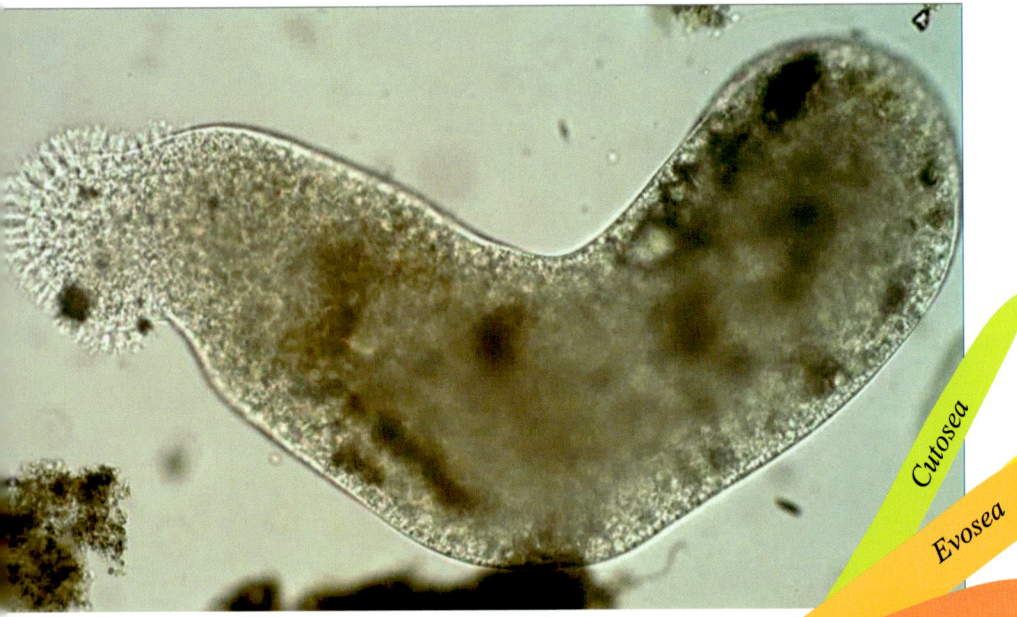

Mastigamoebida

Squamocutida

Archamoebea

Pelobiontida

Flamellidae

Protosteliida

Fractovitellida

Variosea

Cavosteliida

Holomastigida

Conosa

Mixomycetes

Dictyostelia

Myxogastria

Protosporangiida

Cutosea

Evosea

Amoebozoa

Pelomyxa palustris (orden *Pelobiontida*) es un organismo unicelular ameboide amitocondriado y multinucleado que destaca por sus grandes dimensiones: puede medir desde medio milímetro hasta cinco milímetros. Otra característica llamativa es la cola vellosa que exhibe en un extremo (en la parte izquierda de la fotografía).

Habita en los sedimentos anaeróbicos del fondo de estanques de agua dulce o de corrientes de movimiento lento de todo el hemisferio norte. Se alimenta de las bacterias que fagocita, pero que ingiere lentamente lo que hace que muchas veces las bacterias se instalen en su hospedador como simbiontes.

Tradicionalmente, atendiendo a los flagelos, *Ameobozoa* se dividía en dos grupos: *Conosa* para agrupar las especies flageladas y *Lobosa* que reunía las especies sin flagelos. Y dentro de *Lobosa*, se distinguían tres clados: *Tubulinea*, *Discosea* y *Cutosea*.

Ya conocemos los dos primeros, por su parte *Cutosea* reúne células sin flagelos de hábitat marino marcadas por presentar, sobre la membrana citoplasmática, una capa delgada y flexible a modo de cubierta protectora. Esta capa tiene varios orificios a través de los cuales salen los pseudópodos.

Pero en la década 2010, los análisis genómicos apuntaban que *Cutosea* no estaba relacionado con *Lobosa*. Algunos taxonomistas propusieron, entonces, la creación de un nuevo hogar para alojar al sintecho y de esta forma apareció el superfilo *Evosea* que, con alguna matización, resulta de la suma del tradicional *Conosa* más *Cutosea*.

En definitiva, *Evosea* comprende especies amebozoas uniflageladas o multiflageladas, así como aquellas que, habiendo perdido los flagelos, conservan todavía los microtúbulos y abarca las clases *Cutosea*, *Variosea*, *Archamoebea* y *Myxomycetes*, estas tres últimas agrupadas, si queremos, bajo el filo *Conosa*.

Variosea es un pequeño, diverso y poco estudiado grupo distinguido por sus pseudópodos, ya sea en forma de ramificaciones que surgen de un apéndice mayor o subpseudopodio, ya sea con apariencia de redes de finos e irregulares hilos denominados reticulopodios.

Archamoebea incluye especies flageladas caracterizadas por la ausencia de mitocondrias. Se creía que esta cualidad era un rasgo primitivo y de ahí el nombre de este grupo. Ahora se sabe que se trata de una adaptación a la ausencia de oxígeno de los hábitats en los que medran: sedimentos anaeróbicos del fondo de estanques de agua dulce. Algunas especies son comensales o parásitos internos de animales y humanos.

A continuación, veremos con más detalle la clase *Myxomycetes*.

Myxomycetes, *Eumycetozoa* o *Myxomycota*, son los tres nombres científicos con los cuales se conocen determinados mohos mucilaginosos de aspecto ameboide. Otros mohos son excavatas, rizarios y estramenopilos. Los mohos mucilaginosos suelen proliferar en las áreas húmedas y oscuras del bosque y se caracterizan por que, en alguna etapa de su ciclo vital, forman cuerpos multinucleados o multicelulares que se alimentan de materia orgánica en descomposición. En otro tiempo, se clasificaron como hongos inferiores.

Los mixomicetos adoptan tres formas distintas durante el transcurso de su vida; a saber:

a) Mixamebas. Son células ameboides uninucleadas de vida libre que se mueven a través de pseudópodos o flagelos, que crecen, se dividen y nutren mediante fagocitosis hasta que el alimento —generalmente bacterias— escasea.

b) Moho mucilaginoso. Cuando las condiciones medioambientales no son las propicias, las mixamebas segregan un determinado mensajero químico, gracias al cual cada organismo migra hacia el interior del grupo para formar una única gran masa protoplasmática multinucleada de tamaño macroscópico denominada plasmodio. No obstante, en algunas especies simplemente se produce la agregación de individuos (pseudoplasmodio). El plasmodio se desplaza lentamente en busca de alimento; si lo encuentra crece y se extiende cada vez más, pudiendo formar películas de vivos colores y varios metros cuadrados de superficie.

c) Cuerpos fructíferos. Cuando la sequedad del ambiente se hace insoportable, el moho mucilaginoso forma varios montículos de los que crecen sendos pies esbeltos (ver imagen de la página izquierda). En las puntas de estos pies se forman los denominados cuerpos fructíferos, que no son otra cosa sino estructuras que contienen esporas. (Pronto veremos que el cuerpo fructífero de algunos hongos se corresponde con las típicas setas que todos conocemos). Cuando las condiciones sean óptimas, se liberarán las esporas y cada espora producirá varias mixamebas dispuestas a iniciar un nuevo ciclo vital.

Recordará que en páginas anteriores se había dividido el gran subdominio *Amorphea* en un reino, *Amoebozoa*, y en dos superreinos, *Holomycota* y *Holozoa*, Vistos los 'animales ameba', es el momento de adentrarnos en el misterioso mundo de los hongos.

Técnicamente, *Holomycota* o *Nucletmycea* se define como «el clado más extenso que contiene a *Neurospora crassa* y formas emparentadas (Shear & Dodge, 1927), pero no a *Homo sapiens* (Linnaeus, 1758)». Veamos con calma el sentido de esta definición.

Aun en textos no especializados, para referirse a una especie, es muy común el empleo de la nomenclatura binomial que venimos utilizando y conocemos, mas en escritos científicos el nombre de la especie se suele acompañar, entre paréntesis, del apellido del autor que primero publicó oficialmente ese nombre y del año en el que realizó la descripción de la especie.

Pensemos en una encrucijada particular del árbol de la vida en forma de Y, y situemos en el extremo final de sus brazos un moho (u hongo microscópico) denominado *Neurospora crassa* y un mamífero bípedo conocido como *Homo sapiens*.

La definición anterior es un modo elegante y preciso de referirse a cada uno de los brazos de ese nudo, *Holomycota* y *Holozoa*, con *Neurospora crassa* y *Homo sapiens*, respectivamente, en cada uno de los extremos superiores. En estas circunstancias, se dice que *Holomycota* y *Holozoa* son clados hermanos.

Holomycota comprende la clase *Cristidiscoidea* y el reino *Fungi*, de manera que es igualmente válido afirmar que *Cristidiscoidea* y *Fungi* son hermanos, si bien el último ha tenido bastante más familia que el primero, por lo que merecerá un estudio más detallado.

Cristidiscoidea incluye células ameboides con pseudópodos filiformes, de vida eminentemente parásita, caracterizados por tener mitocondrias con crestas discoidales; algunas especies forman mohos mucilaginosos (ver imagen de la página siguiente). Sin duda se trata de un clado basal de *Holomycota* que se sitúa como eslabón de unión entre los amebozoos y los hongos.

Anton de Bary

Heinrich Anton de Bary (1831-1888) fue un médico, botánico y micro-biólogo alemán considerado el fundador de la micología.

La micología o micetología es la ciencia biológica que se dedica al estudio de los hongos. Hasta el siglo XX se consideró una rama de la botánica.

En los años 1840, el mildiu causaba estragos entre las cosechas. De Bary se consagró al estudio de esas enfermedades y demostró que determinados hongos surgían a partir de células de la planta infectada.

También se le considera el padre de la fitopatología, ciencia que estudia las enfermedades de las plantas.

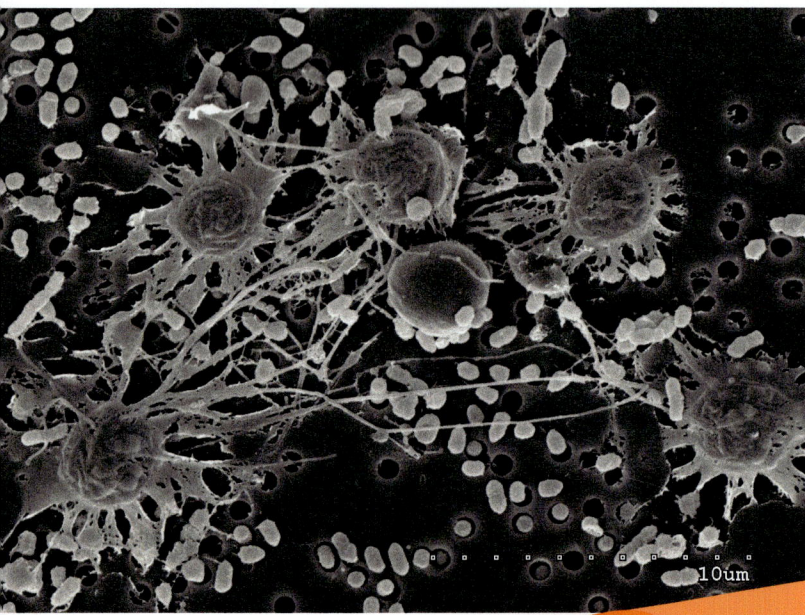

Parvularia atlantis es una ameba filopodiada cuyo cuerpo celular mide aproximadamente cuatro milésimas de milímetro (4 µm). En la imagen, se aprecian tanto células quísticas —mucho más pequeñas— como ameboides con sus largos y finos filopodios formando una extensa red.

P. atlantis se clasifica dentro del orden *Nucleariida* de la clase *Cristidiscoidea*. Los análisis filogenéticos sitúan dicha rama en el superreino *Holomycota* paralelamente al reino *Fungi* —pero al margen de él—, tal y como se observa en esta representación del árbol de la vida.

Eumycota

Fungi

Opisthosporida

Holomycota

Nucleariida

Cristidiscoidea

Fonticulida

Fungi, y una decena más de sinónimos que no nombraremos, designa un amplio grupo —con categoría de reino— que incluye los mohos, las levaduras y las setas. Se conocen unas cien mil especies, pero se cree que puedan existir más de un millón.

Es uno de los tres reinos que ha dominado con notable éxito el medio terrestre, junto con las plantas y los animales. Es un reino extraño a mitad de camino entre las primeras y los segundos. Los tres descienden de aquel organismo unicelular que se aventuró a conquistar, hace millones de años, el hábitat terrestre.

Por ser inmóviles y porque las células de los hongos poseen pared celular, durante mucho tiempo se clasificaron como plantas. Se distinguen de ellas, no obstante, en que el componente principal de la pared celular de los hongos es la quitina, mientras que el de las plantas es la celulosa, como sabemos. Además de por botánicos, fueron estudiados por microbiólogos, ya que algunos hongos, como las levaduras, son unicelulares.

Sin embargo, puestos a establecer relaciones, están más emparentados con los animales dado que, como ellos, son heterótrofos y la quitina es el componente principal del exoesqueleto de los artrópodos. A mayor abundamiento, los hongos suelen mantener como sustancia de reserva el glucógeno, como los animales, y no el almidón, como las plantas.

En este punto resulta necesario poner de relieve las diferencias entre ellos. Las plantas han desarrollado la habilidad de elaborar compuestos orgánicos utilizando la energía lumínica, son fotosintéticas; los animales han desarrollado distintas habilidades, como el movimiento, para obtener la materia orgánica de otros organismos vivos, son heterótrofos, y los hongos han adquirido la capacidad de absorber los nutrientes del medio ambiente, son osmótrofos.

Recordemos, finalmente, que existen unos matrimonios muy bien avenidos conformados por algunas especies de hongos y de algas verdes o cianobacterias: los líquenes. Se llevan tan bien que, a veces, no es posible distinguir entre el huésped y el hospedador.

Erik Acharius

Como decíamos en la página 161, los líquenes son los holobiontes por antonomasia: dos organismos diferentes que se comportan como una unidad biológica. Aquí no se estudian como una rama independiente del árbol de la vida, puesto que lo que sí se tratan son los hongos y las algas por separado. Existe, no obstante, toda una ciencia dedicada a su estudio: la liquenología.

Se considera que el médico sueco Erik Acharius (1757-1819) es el padre de la liquenología. Sus cuatro obras al respecto fueron seminales. Su interés podría haber sido suscitado por su compatriota Carlos Linneo, quien había agrupado los pocos líquenes que se conocían dentro del género *Lichen*. Acharius revisó y amplió ese taxón.

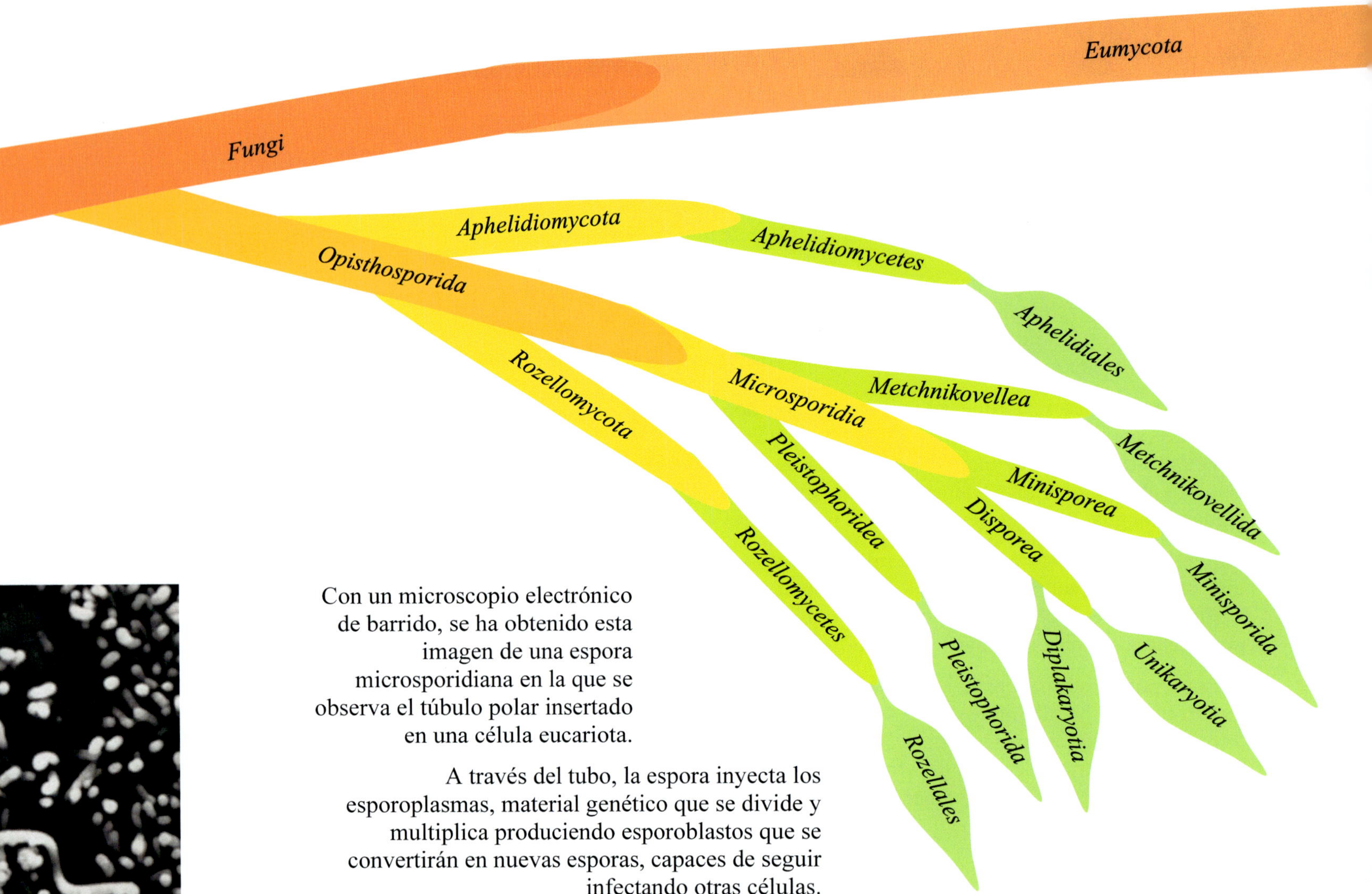

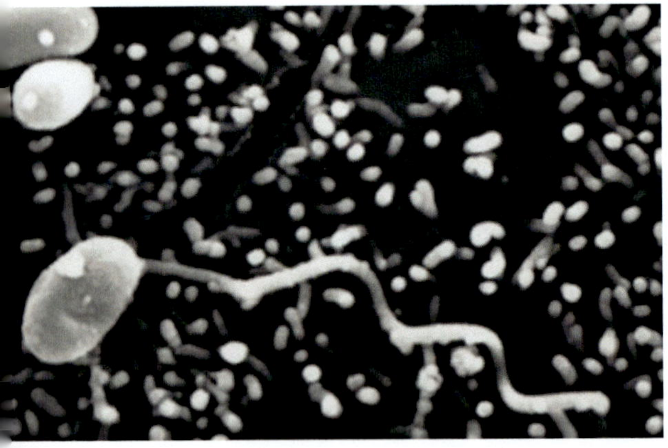

Eumycota

Fungi

Aphelidiomycota

Opisthosporida

Aphelidiomycetes

Aphelidiales

Rozellomycota

Microsporidia

Metchnikovellea

Metchnikovellida

Pleistophoridea

Minisporea

Minisporida

Rozellomycetes

Disporea

Unikaryotia

Diplakaryotia

Pleistophorida

Rozellales

Con un microscopio electrónico de barrido, se ha obtenido esta imagen de una espora microsporidiana en la que se observa el túbulo polar insertado en una célula eucariota.

A través del tubo, la espora inyecta los esporoplasmas, material genético que se divide y multiplica produciendo esporoblastos que se convertirán en nuevas esporas, capaces de seguir infectando otras células.

Aphelidiomycota es un pequeño filo de hongos parásitos con un complejo ciclo de vida que incluye etapas de espora, quiste y células ameboides. En la forma de quiste, se ha identificado quitina en la pared celular, rasgo distintivo de los hongos. En el estado celular flagelado, se alimentan fagocitando el contenido interno del organismo hospedador, normalmente algas.

Rozellomycota es un desconocido filo de hongos endoparásitos de otros hongos. Son células ameboides de paredes quitinosas, con una gran mitocondria, que viven dentro de las células del hospedador absorbiendo su contenido citoplasmático. Las esporas son flageladas.

Microsporidia es un filo de hongos con un millar de especies caracterizadas por ser parásitas intracelulares de animales, cuyas células penetran a través de un tubo germinal con el que obtienen los nutrientes. Como consecuencia de la adaptación a la vida parásita han perdido las mitocondrias. Su nombre hace alusión al tamaño microscópico de sus esporas uniflageladas. Suelen parasitar las células intestinales de peces y aves, pero también se han encontrado en algunos gusanos de seda y abejas melíferas. Ocasionalmente, pueden afectar al ser humano causando enfermedades en el intestino, los ojos o los pulmones.

Aphelidiomycota, *Rozellomycota* y *Microsporidia* se agrupan —no sin controversia— en un superfilo denominado *Opisthosporida* (u *Opisthosporidia*). Como vemos, se trata de hongos unicelulares parásitos, por lo general intracelulares, que presentan quitina tanto en las etapas ameboides como esporoides de su ciclo vital. Las esporas son flageladas. Los opistospóridos que han perdido las mitocondrias, en su lugar, presentan mitosomas, orgánulos citoplasmáticos que realizan una función similar a las mitocondrias, mas no contienen información genética.

Constituyen un grupo basal de hongos. Se cree que el modo de vida parasitario está relacionado en fuerte medida con el origen de los hongos. El parasitismo habría favorecido la nutrición osmótrofa en perjuicio de la fagótrofa, a la vez que la rigidez de las paredes de quitina habría determinado el abandono de los modos de vida ameboides.

Si no existiesen los opistospóridos —esos hongos unicelulares y, temporalmente, uniflagelados que acabamos de ver en la página contigua— no sería necesario distinguir entre los hongos, en general, y los verdaderos hongos, en particular. Empero la realidad es la que es.

Fungi incluye a los opistospóridos y a los eumicetos, que ahora nos ocupan. Los primeros constituyen el superfilo *Opisthosporida* y los segundos el subreino *Eumycota*. ¿Qué diferencias hay entre unos y otros para que apreciemos dos clados distintos? Aparte de los resultados filogenéticos, no se observa ningún rasgo excluyente, pero sí ciertas generalidades o tendencias evolutivas:

a) Los opistospóridos son unicelulares, mientras que los eumicetos son, generalmente, pluricelulares, excepto las levaduras y algunos quitridios.
b) Los eumicetos se reproducen siempre sexualmente y los opistopóridos, por su parte, también lo hacen asexualmente.
c) A excepción de los quitridios, los eumicetos han perdido ese flagelo ancestral que todos los opistospóridos sí poseen.

En definitiva, son tres características —fuera de los datos moleculares— que han propiciado la distinción entre opistospóridos y eumicetos y que estos últimos se llamen verdaderos hongos, que eso es lo que significa *Eumycota*.

Son organismos terrestres heterótrofos, o bien simbióticos —ya sea como parásitos, ya sea estableciendo una relación mutuamente beneficiosa—, o bien saprofitos, es decir, consiguiendo la materia orgánica que necesitan de los residuos de otros organismos (excrementos, cadáveres, hojas...). Junto con algunos animales y muchos microorganismos, son los grandes recicladores de la materia orgánica del planeta. En todo caso, se dice que son fundamentalmente absorbotróficos porque absorben los nutrientes —bien del huésped, bien del entorno— resultantes de una digestión extracelular externa a ellos.

Chytridiomycota

Blastocladiomycetes

Physodermatales

Blastocladiales

Neocallimastigomycetes

Neocallimastigales

Monoblepharidomycetes

Harpochytriales

Synchytriales

Chytridiomycetes

Caulochytriales

Spizellomycetales

Chytridiales

Saccopodiales

Cladochytriales

Rhizophlyctidales

Monoblepharidales

Gromochytriales

Rhizophydiales

Lobulomycetales

Polyphagales

Mesochytriales

Polychytriales

Nephridiophagales

El reino de los hongos, *Fungi*, se divide en un superfilo, *Opisthosporida*, y en un subreino, *Eumycota*. En el estudio de los eumicetos, se distinguen seis filos, *Neocallimastigomycota*, *Blastocladiomycota*, *Chytridiomycota*, *Glomeromycota*, *Mucoromycota* y *Zoopagomycota*, y un gran infrarreino llamado *Dikarya*.

En este zum inicial al subreino *Eumycota*, podemos leer las clases y órdenes que encontramos dentro de los tres primeros filos: *Neocallimastigomycota*, *Blastocladiomycota* y *Chytridiomycota*.

Usted recordará que la sistemática es una disciplina viva y que nuevos descubrimientos dan al traste con clasificaciones que se tenían por asentadas. Y, en una ciencia relativamente nueva como la micología, la taxonomía es, si cabe, más cambiante.

Tradicionalmente, los verdaderos hongos se dividían en hongos inferiores y superiores, separándolos en cuatro filos: *Chytridiomycota*, *Zygomycota*, *Ascomycota* y *Basidiomycota*. Estos dos últimos, los considerados hongos superiores, se solían reunir en un superfilo denominado *Dikarya*.

Al progresar en el conocimiento de los hongos, se han descrito nuevas especies para las que ha habido que crear nuevos filos. *Neocallimastigomycota*, *Blastocladiomycota*, *Zoopagomycota* o *Mucoromycota*, son algunos de los nuevos nombres que los micólogos han tenido que aprender.

Chytridiomycota es uno de los filos más consensuados. Son un grupo basal de organismos acuáticos mayoritariamente saprobios, si bien existen algunas especies parásitas de plantas, insectos, anfibios u otros hongos. Son los únicos eumicetos que en una fase de su ciclo vital producen células móviles o zoosporas; hay especies unicelulares y pluricelulares.

Los quitridiomicetos (o quitridios) presentan la morfología típica de los hongos que, a diferencia de plantas y animales, no se estructuran en tejidos diferenciados. Se componen de filamentos cenocíticos, es decir, muchos núcleos compartiendo un mismo citoplasma, a través de los que absorben los nutrientes. Estos filamentos se denominan hifas.

El conjunto de las hifas se llama micelio. El micelio constituye el talo o la parte vegetativa del hongo. Es la forma esferoidal o de cacerola del micelio la que da nombre a este filo. Dentro de esa cacerolita se forma el esporangio que produce las zoosporas.

Batrachochytrium dendrobatidis es el quitridio responsable de la disminución, en las últimas décadas, de la población de anfibios de América y, de hecho, ha causado la extinción de varias especies de ranas. Provoca una enfermedad que ataca a la piel denominada quitridiomicosis.

La quitridiomicosis

Típicas de los bosques tropicales americanos, las ranas arlequín (*Atelopus* spp.), entre otras, se encuentran en grave peligro de extinción. El deterioro y fragmentación de su hábitat y enfermedades como la quitridiomicosis son posibles causas.

En la microfotografía inferior (junto a un ejemplar de *Atelopus zeteki*) se observan dos esporangios de *Batrachochytrium*, con numerosas zoosporas, hallados en la capa más externa de la epidermis de una ranita.

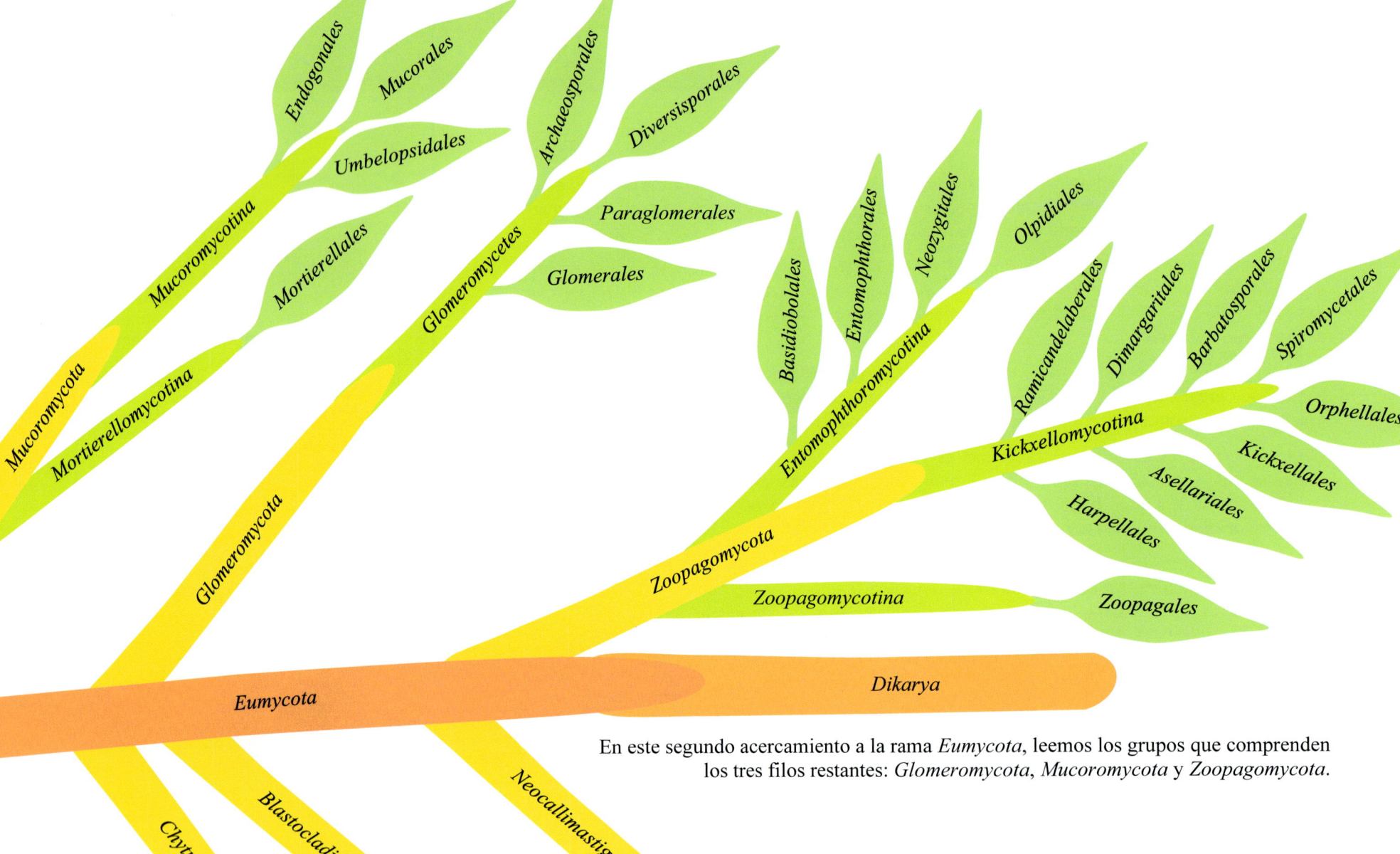

Endogonales

Mucorales

Umbelopsidales

Mucoromycotina

Mortierellales

Archaeosporales

Diversisporales

Paraglomerales

Glomeromycetes

Glomerales

Basidiobolales

Entomophhorales

Neozygitales

Olpidiales

Entomophthoromycotina

Ramicandelaberales

Dimargaritales

Barbatosporales

Spiromycetales

Kickxellomycotina

Orphellales

Kickxellales

Asellariales

Harpellales

Mucoromycota

Mortierellomycotina

Glomeromycota

Zoopagomycota

Zoopagomycotina

Zoopagales

Eumycota

Dikarya

Chytridiomycota

Blastocladiomycota

Neocallimastigomycota

En este segundo acercamiento a la rama *Eumycota*, leemos los grupos que comprenden
los tres filos restantes: *Glomeromycota*, *Mucoromycota* y *Zoopagomycota*.

Zygomycota ha sido uno de esos taxones tradicionales que se ha tenido que reinventar a sí mismo para no quedarse obsoleto. Los cigomicetos se definían como aquellos hongos que producían cigosporas.

La cigospora es una resistente estructura de generación de esporas creada por la fusión de los gametos de dos hifas especializadas compatibles. No debemos pensar en hifas masculinas o femeninas porque no hay ningún rasgo morfológico o diferencia estructural que las distinga; es mejor hablar de hifas positivas y negativas, por ejemplo.

Pues bien, una vez que dos hifas compatibles se han encontrado, se fusionan y producen una célula multinucleada con una dura pared denominada cigosporangio, en cuyo interior se halla una cigospora. Cuando las condiciones ambientales sean favorables, el cigosporangio se abrirá, la cigospora emitirá un largo filamento o esporangióforo (que no es otra cosa sino una hifa especializada) con un esporangio en su extremo, que es el que dará origen a las esporas.

Así definido, *Zygomycota* era un grupo parafilético. Recientemente, se quitaron los clados que sobraban y se añadieron nuevos grupos para definir un grupo monofilético: *Zoopagomycota*.

Los zoopagomicotes son, o bien saprobios, o bien parásitos de otros organismos. Sus hifas pueden ser continuas como las de los quitridiomicetos o estar compartimentadas mediante septos, como las de los llamados hongos superiores. En este sentido están a mitad de camino entre los hongos más basales y los más evolucionados.

Se reproducen tanto sexualmente, mediante producción de zoosporas, como asexualmente formando esporangióforos. Estas hifas especializadas son las que muchas veces se identifican con el moho que observamos, por ejemplo, sobre el pan o la fruta estropeados. En sus extremos se forman los esporangios productores de esporas. Cuando los esporangios están maduros, se abren y el viento dispersa las esporas que, en condiciones favorables de temperatura y humedad, germinarán y producirán nuevos micelios.

Las hifas

Típicamente, la parte vegetativa de los hongos (denominada micelio) se compone de hifas. Las hifas son hebras de células multinucleadas.

Las hifas penetran en el sustrato en el que crece el hongo como si fueran las raíces de una planta. Pero se diferencian esencialmente de las raíces porque estas se limitan a absorber los nutrientes, mientras que las hifas secretan enzimas para digerir todo lo que hay en el sustrato y que luego, efectivamente, absorben como si de raíces se trataran.

En aquellos hongos parásitos, las hifas producen en sus extremos los denominados haustorios, complejas estructuras que, literalmente, roban los nutrientes del hospedador.

Algunas hifas se especializan en la reproducción y se transforman en esporangióforos; son los filamentos blanquecinos que identificamos como el moho de los alimentos estropeados.

Con la identificación diaria de nuevas especies de hongos, los tradicionales filos *Ascomycota* y *Basidiomycota* se estaban quedando pequeños. Como una familia numerosa que crece y tiene que mudarse de casa, estos taxones cambiaron de categoría transformándose en superfilos y, consiguientemente, *Dikarya*, que recoge ambos grupos, pasó a redefinirse como infrarreino.

Dikarya es el conjunto de los hongos superiores, por debajo del reino de los verdaderos hongos o *Eumycota*, que incluye tanto especies unicelulares como pluricelulares. Estas últimas se caracterizan por los siguientes rasgos:

a) Aparte de hifas cenocíticas, también tienen células con dos núcleos o dicariotas.
b) Carecen de flagelos en todas las etapas del ciclo vital.
c) Tienen hifas compartimentadas mediante septos, lo cual es una ventaja ante eventuales pérdidas del citoplasma por roturas de la pared celular.
d) Amén de la reproducción asexual, presentan reproducción sexual mediante la fusión de dos células haploides compatibles.

Los cuerpos vegetativos unicelulares se conocen genéricamente con el nombre de levaduras y los cuerpos pluricelulares son los tizones, las colmenillas, las trufas o los hongos que proliferan en los bosques como, por ejemplo, el bello *Pleurotus citrinopileatus* de la página 243.

Esos cuerpos fructíferos tienden a crecer en la superficie, aunque algunas especies prefieren hacerlo por debajo del nivel del suelo. Se denominan, respectivamente, epigeos e hipogeos y son las setas o las trufas que aparecen fotografiadas en las páginas de las guías que circulan entre los recolectores aficionados.

Además de los ascomicetos y los basidiomicetos, que pronto analizaremos, existe un cajón de sastre denominado *Deuteromycota* en el que más de 25.000 especies, de las que solo se conoce su fase asexual, esperan a ser catalogadas. En realidad, no se trata de un taxón como ese nombre parece evocar, ni son «hongos imperfectos» como también se les conoce.

Las setas

En micología, se define seta como el cuerpo fructífero de un hongo en forma de sombrilla que está sostenida por un pie. Las partes principales son:

- Píleo. Es el sombrero que puede adoptar varias formas, incluso en la misma especie, o variar a lo largo del tiempo.
- Himenio. Es la parte inferior del sombrero, donde se producen las esporas. Típicamente suele tener laminillas.
- Estipe o pedicelo. Es el pie que sustenta el sombrero y puede estar adornado con un velo.
- Volva. Es la parte inferior del pie que suele estar semienterrada y tener forma abultada. Es debajo de la volva donde se encuentra la parte vegetativa del hongo: el micelio.

Píleo

Himenio con láminas

Estipe

Velo

Volva

Arthoniales
Lichenostigmatales
Arthoniomycetes
Coniocyiales
Coniocybomycetes
Triblidiales
Collemopsidiales
Collemopsidiomycetes
Hysteriales
Dothideales
Capnodiales
Dothideomycetes
Myriangiales
Patellariales
Pleosporales
Chaetothyriales
Pyrenulales
Verrucariales
Coryneliales
Eurotiales
Eurotiomycetes
Onygenales
Mycocaliciales
Geoglossales
Geoglossomycetes
Acarosporales
Lecanorales
Peltigerales
Teloschistales
Agyriales
Lecanoromycetes
Baeomycetale
Ostropales
Pertusariales
Candelariales
Gyalectales
Umbilicariales
Laboulbeniales
Laboulbeniomycetes
Pyxidiophorales
Orbiliomycetes
Orbiliales
Lichinomycetes
Lichinales
Capnodiales
Leotiomycetes
Cyttariales
Pezizomycotina
Pezizomycetes
Erysiphales
Pezizales
Helotiales
Boliniales
Calosphaeriales
Coronophorales
Diaporthales
Halospheriales
Hypocreales
Thelebolales
Rhytismatales
Leotiales
Lulworthiales
Sordariomycetes
Melioales
Microascales
Xylariales
Trichosphaeriales
Sordariales
Phyllachorales
Ophiostomatales
Xylonomycetes
Symbiotaphrinales
Xylonales

Ascomycota es el grupo de hongos de mayor diversidad, con más de 30.000 especies, todas ellas caracterizadas por la forma de los pequeños saquitos de los esporangios, que se denominan ascocarpos; pueden ser epigeos (ver imagen de la derecha) o hipogeos.

Los ascomicetos se pueden reproducir de forma asexual, por medio de unas esporas haploides llamadas conidios, o de forma sexual, por medio de las esporas fabricadas en los ascocarpos o ascosporas. Pueden ser microscópicos y unicelulares como *Candida albicans*, el patógeno que provoca la candidiasis, o *Saccharomyces cerevisiae*, la levadura que se usa en la fermentación de la cerveza, o ser pluricelulares como las trufas o las colmenillas.

Las especies del género *Tuber* mantienen una relación simbiótica con las raíces de determinados árboles, especialmente con los del género *Quercus* (encinas y robles), denominadas micorrizas. Son hongos hipogeos de forma irregular más o menos redondeada y color oscuro. Por su aroma y sabor, son harto queridas en gastronomía *T. melanosporum* y *T. magnatum*, conocidas como trufa negra y blanca, respectivamente.

Del mismo orden (*Pezizales*), son las especies del género *Morchella*, comúnmente llamadas colmenillas. Algunas especies son muy apreciadas en la mesa, pero debido a las toxinas que contienen jamás se deben consumir crudas.

Otros ascomicetos son parásitos de las plantas como, por ejemplo, *Ophiostoma* spp., que en los olmos provocan la grafiosis o *Claviceps* spp., que afecta a determinados cereales, sobre todo al centeno; es lo que se conoce como cornezuelo del centeno. Aunque la planta no sufre un gran daño, sí pueden producir una grave enfermedad, denominada ergotismo, en los animales o las personas que ingieran granos infectados.

Penicillium spp., son ascomicetos cosmopolitas que, a veces, pudren los alimentos mal refrigerados y, otras veces, colaboran en la producción de sabrosos quesos como el roquefort. La penicilina, un antibiótico de amplio espectro, se produce a partir de *P. chrysogenum*.

Basidiomycota
Ustilaginomycotina
Malasseziomycetes
Malasseziales
Ustilaginomycetes
Urocystales
Ustilaginales
Urocystidales
Exobasidiomycetes
Ceraceosorales
Doassansiales
Entylomatales
Exobasidiales
Tilletiales
Microstromatales
Georgefischeriales
Agaricomycotina
Dacrymycetes
Dacrymycetales
Tremellomycetes
Cystofilobasidiales
Tremellales
Filobasidiales
Agaricomycetes
Trechisporales
Thelephorales
Sebacinales
Russulales
Polyporales
Jaapiales
Hymenochaetales
Gloeophyllales
Corticiales
Cantharellales
Auriculariales
Phallales
Hysterangiales
Gomphales
Geastrales
Boletales
Amylocorticiales
Atheliales
Agaricales
Pucciniomycotina
Pucciniomycetes
Helicobasidiales
Pachnocybales
Platygloeales
Pucciniales
Septobasidiales
Spiculogloeomycetes
Spiculogloeales
Tritirachiomycetes
Tritirachiales
Microbotryomycetes
Heterogastridiales
Kriegeriales
Leucosporidiales
Microbotryales
Sporidiobolales
Mixiomycetes
Mixiales
Cystobasidiomycetes
Cystobasidiales
Erythrobasidiales
Naohideales
Cryptomycocolacomycetes
Cryptomycocolacales
Classiculomycetes
Classiculales
Atractiellomycetes
Atractiellales
Agaricostilbomycetes
Agaricostibales
Spiculogloeales

Finalmente, otro gran grupo de hongos superiores que divergieron de los ascomicetos hace unos 390 millones de años es *Basidiomycota*. Se caracterizan por los basidios y las basidiosporas. El basidio es el cuerpo reproductor con silueta de bastoncillo que poseen todos los basidiomicetos y que no es otra cosa que una hifa especializada.

En aquellos hongos cuyos cuerpos fructíferos adoptan la forma de una seta (la gran mayoría del filo *Agaricomycotina*), los basidios son minúsculos y se localizan en las laminillas que aparecen en la parte inferior del sombrero. Por su parte, las basidiosporas se forman en la parte exterior de los basidios.

El micelio (o cuerpo vegetativo) a partir del cual crece la seta (o cuerpo fructífero) forma una trama por debajo de la superficie. Absorbe los nutrientes del suelo creciendo de manera radial, a modo de círculos, y, si las condiciones de humedad y temperatura son las adecuadas, de la noche a la mañana, puede aparecer un anillo de setas (ver imagen) porque es en la periferia donde el micelio, al encontrar más nutrientes, se halla más activo.

En aquellos hongos que son parásitos de insectos, otros hongos o plantas (principalmente los de los filos *Pucciniomycotina* y *Ustilaginomycotina*), los basidios están contenidos en estructuras simples que asoman a través de la superficie del hospedador. Los fitopatógenos reciben los nombres comunes de royas o tizones. En particular, *Ustilago maydis* infecta el maíz y se conoce como el carbón del maíz por la masa oscura de las esporas que produce. Crece entre los granos del maíz, es comestible y en México se considera un manjar.

Los yesqueros son hongos que suelen prosperar en los tocones y troncos muertos de árboles de hoja caduca, especialmente hayas. Tienen forma de concha y crecen formando escalones por lo que se conocen como hongos en repisa o estante. Además, los yesqueros del género *Trametes* resultan ser el alimento de las orugas de ciertos lepidópteros.

Algunas especies de *Amanita*, *Cortinarius* y *Lepiota* se encuentran entre las setas más tóxicas.

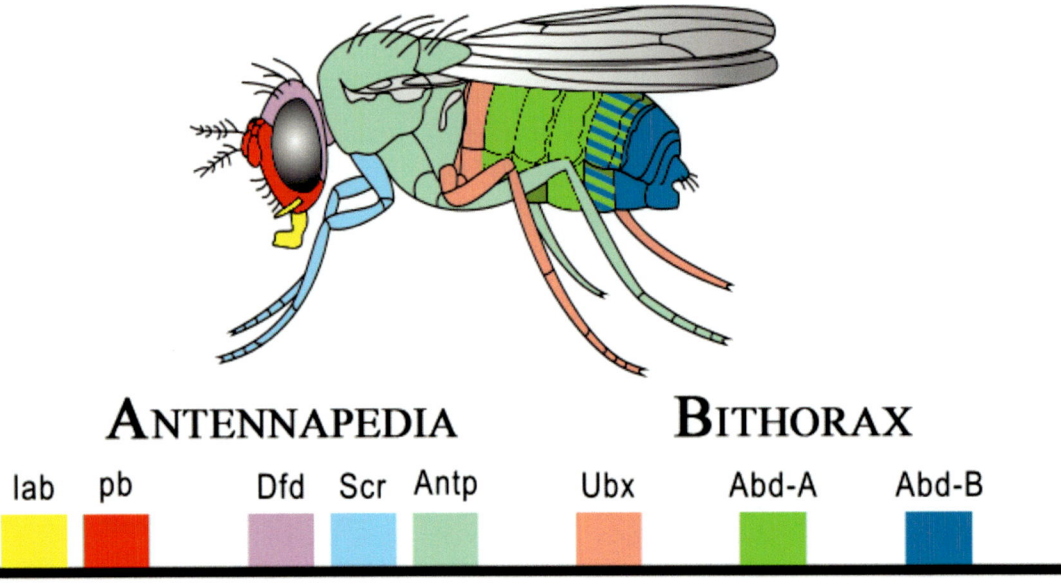

ANTENNAPEDIA   **BITHORAX**

lab   pb   Dfd   Scr   Antp   Ubx   Abd-A   Abd-B

Lab: Labial
Pb: Proboscipedia
Dfd: Deformado
Scr: Comba sexual reducida
Antp: Antennapedia

Ubx: Ultrabithorax
Abd-A: Abdominal A
Abd-B: Abdominal B

Hace mil millones de años, aproximadamente, un conjunto de genes se agrupó y controló, posteriormente, la evolución de un grupo de organismos que hoy conocemos, genéricamente, como animales.

En efecto, tan recientemente como en 1983, se descubrió el papel biológico que jugaban una serie de genes denominados homeobox. Todos los eucariotas tienen un grupo de estos genes y los animales tienen un subconjunto de genes homeobox, denominados homeóticos, cuya función consiste en controlar el origen de zonas enteras del cuerpo del animal. Esos genes codifican proteínas que actúan en la transcripción de otros genes que dirigen el desarrollo de distintos segmentos corporales, indicando qué parte del embrión se transformará en las patas o en la cabeza, por ejemplo.

Realmente, no todos los genes homeobox tienen una función homeótica —mas sí la mayoría— y no todos los genes homeóticos tienen una estructura homeobóxica —pero muchos sí—. Los genes animales homeobóxicos que tienen una función homeótica se denominan genes Hox.

Es por ello que la taxonomía animal se puede apoyar en las pequeñas diferencias que se observan en los genes Hox para definir con todo rigor los diferentes clados, desde las esponjas hasta los primates. Por supuesto, la complejidad y tamaño de la cadena Hox se refleja de manera directa en la complejidad y desarrollo del animal: una mosca solo tiene un conjunto Hox, mientras que los vertebrados tienen cuatro, por citar dos casos.

En resumen, los estudios actuales parecen apuntar algo muy sencillo de expresar aunque difícil de confirmar: la apomorfia del reino animal es la posesión de genes Hox que controlan y dirigen el plan corporal. De demostrarse sería una gran noticia para todos los zoólogos. Y todo eso ocurrió, como decimos, hace mil millones de años. Desde entonces una secuencia de genes ha estado controlando la evolución de los animales, entre los cuales se encuentra el ser humano en un nivel evolutivo privilegiado.

Los genes Hox

El término homeosis fue acuñado, en 1894, por el biólogo inglés William Bateson (1861-1926) para referirse a las variaciones naturales de ciertas partes del cuerpo que muestran características de otras regiones.

Tiempo después, este término se usó en relación con las mutaciones en las que una parte del cuerpo se apropia de un lugar que no le corresponde como, por ejemplo, una mosca a la que le crecen patas en la cabeza, en el lugar de las antenas.

Finalmente, se demostró que mutaciones semejantes están relacionadas con los genes Hox. El orden de las partes del cuerpo está controlado directamente por la secuencia genética.

En la imagen de la página izquierda se puede observar la correspondencia entre los distintos genes y las partes de la mosca del vinagre (*Drosophila melanogaster*).

Animalia
Acanthoecida
Choanoflagellatea
Craspedida
Ministeriida
Filasterea
Capsasporida
Ichthyophonida
Mesomycetozoea
Dermocystida
Holozoa
Eumycota
Holomycota
Amorphea
Amoebozoa

Amoebozoa, *Holomycota* y *Holozoa* completan el subdominio *Amorphea*. A buen seguro recordará que metamonados, discobos, hacrobios, diaforéticos y amorfeos son todos los grupos eucariotas que incluyen, respectivamente, células caracterizadas por la presencia de flagelos y la carencia de mitocondrias; organismos unicelulares biflagelados, citostomados y aerobios, con algunas excepciones; organismos definidos por la posesión de cloroplastos (entre los que destacan las plantas); organismos que, al menos ancestralmente, presentan alvéolos corticales y plastos, y, por último, las amebas, los hongos y los animales. Lo cierto es que *Holozoa* incluye algo más que animales: organismos unicelulares más parecidos a animales que a hongos.

Quizás los holozoos más conocidos, además de los animales, sean los coanoflagelados que se asemejan mucho a las células de las esponjas encargadas de la alimentación, por lo que, en un principio, se pensó que eran una clase de esponjas de mar unicelulares. También aparecen en colonias como la de la imagen, de unos 200 individuos.

Los mesomicetozoos son un pequeño grupo de protistas en su mayoría parásitos de peces, que dejan en sus hospedadores esferas llenas de esporas que germinan en células flageladas o ameboides dispuestas a infectar otros individuos.

Un grupo más de holozoos que no son animales propiamente dichos es *Filasterea*. Se trata de amebas uninucleadas con una serie de largos tentáculos radiados, como si de una estrella de mar con muchos brazos se tratara.

En resumen, pero sin unanimidad, *Mesomycetozoea*, *Filasterea* y *Choanoflagellatea* son tres clases basales de holozoos, precursores ancestrales de los animales y que, recientemente, se ha propuesto agrupar en un clado que se podría llamar *Teretosporea*. Sin más dilación, pasaremos a estudiar el gran reino de los animales, *Animalia*, con el que deberíamos sentirnos bastante identificados. Uno de los objetivos de la obra es comprender que el cuerpo del ser humano es parte de la cadena evolutiva y vital.

Protostomia

Deuterostomia

Parazoa

Eumetazoa

Animalia

Choanoflagellatea

Filasterea

Holozoa

Mesomycetozoea

Hemos dividido el dominio *Eukarya* en dos subdominios: *Diaphoretickes* y *Amorphea*. A su vez, dentro de *Amorphea*, hemos estudiado dos superreinos: *Holomycota* y *Holozoa*. Dejando a un lado las tres ramas de escasa entidad que brotan en la parte inferior (*Mesomycetozoea*, *Filasterea* y *Choanoflagellatea*), *Holozoa* se identifica con el reino *Animalia*. En la descripción de *Animalia*, consideraremos dos subreinos: *Parazoa* y *Eumetazoa*.

Veamos, por fin, si «esto de los animalitos es un asco».

Animalia es el reino de aquellos organismos eucariotas que son pluricelulares y heterótrofos. Corresponde exactamente al antiguo grupo de los metazoos, en contraposición a los protozoos. Dicho de otra manera: excepto los holozoos unicelulares, o sea, filastéreos, mesomicetozoos y coanoflagelados, todos los holozoos son metazoos, esto es, animales.

También se podría añadir que los animales no tienen cloroplastos, que se mueven, que tienen simetría bilateral, que se reproducen sexualmente, que sus organismos están organizados en tejidos…, pero no siempre es así. Existen excepciones. Es más seguro definir *Animalia* por su típico desarrollo embrionario, que atraviesa una fase de blástula en la que se determina un plan corporal fijo, gracias a los genes Hox, como sabemos. También se puede añadir la carencia de pared celular… y poco más.

Aquí se dará por supuesto que *Animalia* es un taxón monofilético derivado de un antepasado común cuyas apomorfias son las arriba mencionadas. En las páginas sucesivas se estudiarán un total de treinta y dos filos admitidos por la mayoría de los zoólogos, no sin discrepancias, sobre todo, en los detalles.

Sobre el origen de los organismos pluricelulares, en general, y de los animales, en particular, los coanoflagelados y los poríferos (que incluyen las conocidas esponjas de mar) tienen mucho que aportar.

Por un lado, debemos reconocer que las esponjas son muy diferentes del resto de animales. Prácticamente, todo el organismo está al servicio de unas células, llamadas coanocitos, que son las encargadas de la digestión. Por otra parte, los coanoflagelados unicelulares pueden formar colonias, auténticas pelotas de células. Algunas de esas colonias recuerdan la estructura corporal de las esponjas. Y si tenemos en cuenta, además, que los coanocitos de las esponjas son semejantes a los coanoflagelados, el puente entre protozoos y metazoos está tendido.

Zoo...

Zoología: ciencia que estudia los animales.

Zoogeografía: ciencia que estudia la distribución de las especies animales.

Zoografía: parte de la zoología que tiene por objeto la descripción de los animales.

Zootomía: parte de la zoología que estudia la anatomía de los animales.

Zootecnia: arte de la cría y mejora de los animales domésticos.

Zoófago: que se alimenta de materias animales.

Zoofito: dicho de un animal que presenta rasgos propios de los vegetales.

Zoomorfo: que tiene apariencia de animal.

Zoopsicología: psicología animal.

Zoofobia: aversión exagerada a determinados animales.

Al adentrarnos en el reino *Animalia*, lo primero que encontramos son dos subreinos: *Parazoa* y *Eumetazoa*. Como sus nombres sugieren, se trata, respectivamente, de organismos parecidos a los animales (literalmente 'al lado de los animales') y de verdaderos animales (exactamente 'animales buenos').

Solo en una cosa están de acuerdo los zoólogos: *Parazoa* es el clado basal de *Animalia* que agrupa organismos sin tejidos claramente diferenciados. Pero sobre lo que se deba reunir debajo de este nombre no hay mucho acuerdo y, sin unanimidad, se suelen incluir en este subreino tres filos: *Placozoa*, *Archaeocyatha* y *Porifera*.

Porifera, como veremos a continuación incluye las conocidas esponjas de mar. *Archaeocyatha* es un grupo extinto de organismos marinos de forma cilíndrica que vivieron en todos los ambientes marinos someros del Cámbrico. Permanecían inmóviles anclados al sustrato y fueron los auténticos constructores de arrecifes, durante unos 30 millones de años, hasta su declive con la proliferación de los primeros poríferos.

No se cuenta con mucha información sobre *Placozoa*, excepto que este filo se creó para dar cabida a un extraño organismo encontrado en un acuario, en 1883, por el zoólogo alemán Franz E. Schulze: una criatura redondeada y plana, de aspecto ameboide, de poco más de un milímetro de diámetro, que se desliza por las superficies en las que se alimenta por absorción y que se llamó *Trichoplax adhaerens*. En 1896, se descubrió otro organismo muy similar, el *T. reptans*, que nunca más ha vuelto a describirse. A finales del pasado siglo, se avistaron nuevos ejemplares de *T. adhaerens* en diversos mares templados. Todo un filo para dos especies.

En resumen, esponjas y placozoos constituyen este pequeño subreino animal de organismos carentes de tejidos claramente diferenciados y sin órganos, aunque no tiene nada que ver la abrumadora simplicidad de los placozoos (apenas tres capas de células) con la sofisticación relativa de las esponjas, tal y como veremos a continuación.

El animal más simple

El animal más simple que se conoce es *Trichoplax adhaerens*: unos pocos miles de células (se han contabilizado hasta seis tipos diferentes) dispuestas en tres capas que forman una especie de hamburguesa de poco más de un milímetro de diámetro y unas 25 micras de espesor. Carece de tejidos u órganos; no hay simetría corporal manifiesta y, como las amebas, cambia continuamente su forma. Se alimenta de pequeñas partículas de detritos orgánicos que digiere externamente. Se reproduce asexualmente.

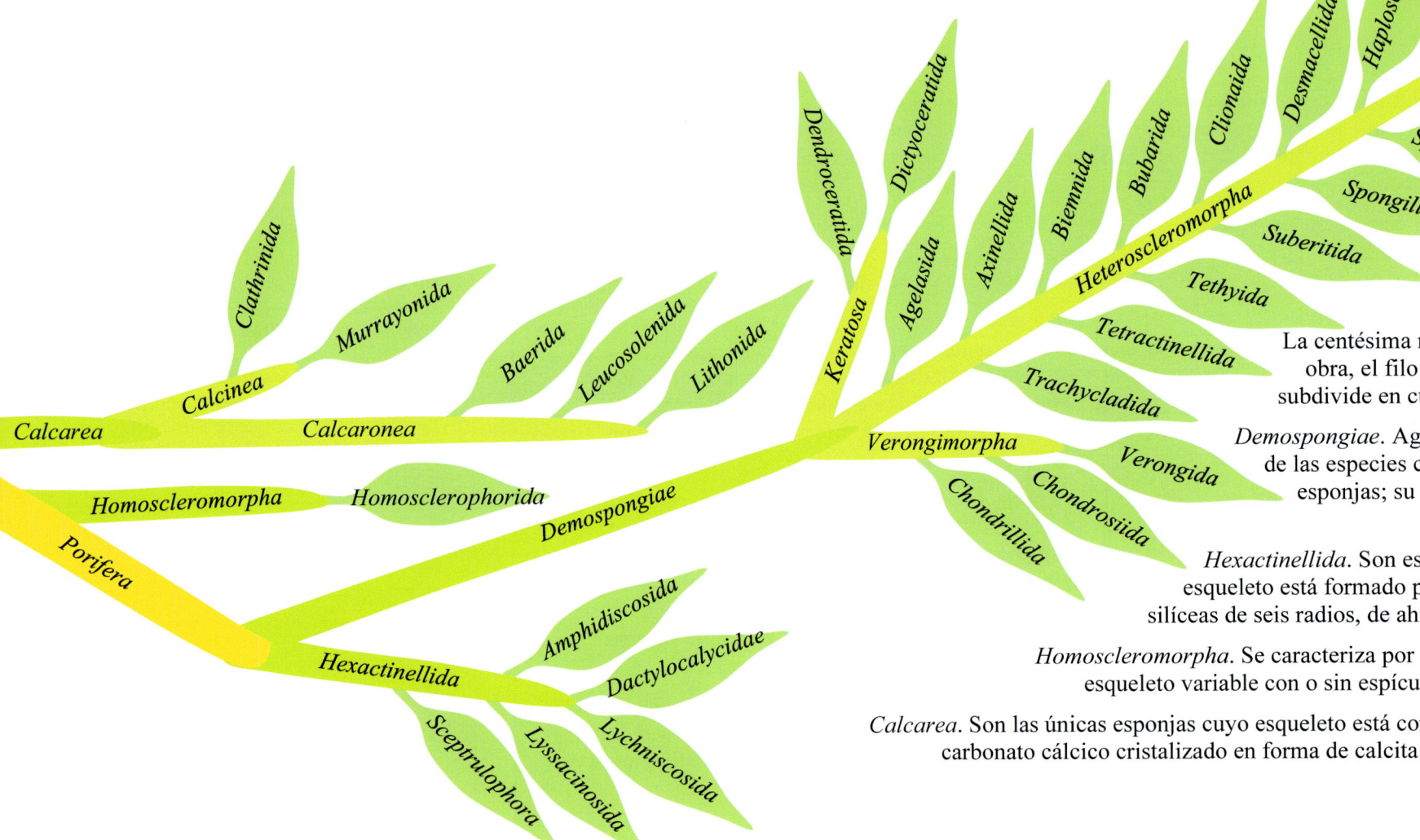

Clathrinida
Murrayonida
Calcinea
Baerida
Leucosolenida
Lithonida
Calcaronea
Calcarea
Homoscleromorpha
Homosclerophorida
Demospongiae
Porifera
Hexactinellida
Amphidiscosida
Dactylocalycidae
Lychniscosida
Lyssacinosida
Sceptrulophora
Keratosa
Dendroceratida
Dictyoceratida
Agelasida
Axinellida
Biemnida
Bubarida
Clionaida
Heteroscleromorpha
Desmacellida
Haplosclerida
Merliida
Poecilosclerida
Polymastii
Scopalinida
Sphaerocladina
Suberitida
Spongillida
Tethyida
Tetractinellida
Trachycladida
Verongida
Verongimorpha
Chondrosiida
Chondrillida

La centésima rama de esta obra, el filo *Porifera*, se subdivide en cuatro clases:

Demospongiae. Agrupa el 90% de las especies conocidas de esponjas; su esqueleto es silíceo.

Hexactinellida. Son esponjas cuyo esqueleto está formado por espículas silíceas de seis radios, de ahí su nombre.

Homoscleromorpha. Se caracteriza por presentar un esqueleto variable con o sin espículas de sílice.

Calcarea. Son las únicas esponjas cuyo esqueleto está compuesto por carbonato cálcico cristalizado en forma de calcita o aragonito.

Los miembros de *Porifera* tienen una estructura diferente a la de cualquier otro animal. Como todos los poríferos son una u otra clase de esponja, nos podemos referir a ellos indistintamente con cualquiera de estos nombres. Una esponja es, en esencia, un sistema filtrador de agua: un saco provisto de numerosos orificios o poros, tanto en el lado de fuera como en el de dentro. Un orificio más grande situado en el ápice superior, el ósculo, realiza las funciones de desagüe.

Porifera incluye más de 9.000 especies diferentes de esponjas (en la imagen aparecen hasta cuatro de ellas). Todas, excepto un centenar de agua dulce, viven en el mar, en todos los océanos y a todas las profundidades. Y unas pocas proliferan en aguas salobres. Si tenemos en cuenta que los registros fósiles más antiguos tienen 600 millones de años de antigüedad, debemos admitir que son una forma de vida terriblemente exitosa.

Como en su etapa adulta viven ancladas al sustrato, dirigen el agua hacia los poros batiendo los cilios de los coanocitos. Toman todas las partículas suspendidas de forma no selectiva y, a través del ósculo, devuelven el agua filtrada. Además de los coanocitos, en la alimentación también intervienen otras células: pinacocitos y arqueocitos.

Aunque no se pueda hablar de tejidos propiamente dichos, la capa más externa de la esponja está formada por pinacocitos y es algo parecido a la piel de la esponja. La cavidad interior se halla tapizada de coanocitos y, entre ambas superficies, una matriz gelatinosa llamada mesohilo o mesoglea contiene varios tipos de células ameboides, fibrillas elásticas de colágeno y espículas silíceas o calcáreas que realizan las funciones de un esqueleto.

Finalmente, debemos mencionar la extraordinaria capacidad de regeneración que tienen las esponjas. Pueden formar un nuevo organismo a partir de la agregación de fragmentos sueltos y un trocito de esponja también puede desarrollarse hasta formar un nuevo individuo. Este caso se puede ver como una forma de reproducción asexual. También se reproducen sexualmente y la gran mayoría mantienen las larvas en el interior hasta que crecen lo suficiente para ser liberadas.

Spiralia

Ecdysozoa

Protostomia

Ambulacraria

Deuterostomia

Chordata

Cnidaria

Eumetazoa

Xenacoelomorpha

Ctenophora

En el estudio del subreino *Eumetazoa* se considerarán cinco grupos: *Cnidaria*, *Ctenophora*, *Xenacoelomorpha*, *Protostomia* y *Deuterostomia*; los tres primeros con categoría de filo y los dos últimos con jerarquía de infrarreino, tal y como se muestra en la figura.

Como adelantamos, *Eumetazoa* comprende los verdaderos animales que se suelen definir como criaturas con tejidos propiamente dichos. Estos tejidos aparecen gracias a la especialización celular. Pero si añadimos que la especialización celular también da origen a la formación de órganos, como los sensoriales, y, estos, a la aparición de sistemas, como el nervioso, o de aparatos, como el digestivo, a buen seguro pronto encontraremos eumetazoos que no encajan en la definición.

La principal característica de los eumetazoos, la apomorfia definitoria, se encuentra en el desarrollo embrionario, concretamente en una etapa llamada gastrulación, que supone el paso de blástula a gástrula (ver ilustración de la derecha).

Una vez activado el cigoto, podemos fijarnos en tres secuencias de la película cinematográfica del desarrollo embrionario: la primera es la mórula, una bola de 16 a 64 células embrionarias llamadas blastómeras; la segunda fotografía es la blástula, que se forma cuando las blastómeras abandonan el interior de la mórula para dirigirse a la periferia y formar una esfera hueca con una sola capa de células, como si de la piel se tratara; la tercera etapa es la gástrula, que se origina con la invaginación de una zona de la blástula denominada blastoporo (que en la imagen se ha coloreado de color rojo). La gástrula es también una esfera hueca, mas con dos capas celulares.

Con la gastrulación, el embrión gana una orientación axial gracias a la aparición del blastoporo, así como dos capas de células denominadas ectodermo y endodermo que son, respectivamente, la capa exterior e interior de la gástrula.

Esta incipiente diferenciación celular es la base sobre la que se cimienta el subsiguiente desarrollo embrionario que, dijimos, gobiernan los genes Hox. El endodermo dará origen, luego, a los aparatos digestivo y respiratorio y, en los animales superiores, el endodermo formará una tercera capa intermedia, denominada mesodermo, que conformará otros órganos, sistemas y aparatos.

Desarrollo embrionario

El cigoto resultante de la unión de los gametos masculino y femenino sufre un proceso de segmentación en el cual se producen varias mitosis y se origina una masa de células embrionarias, las blastómeras, que conforman la mórula.

Posteriormente, la mórula experimenta el proceso de blastulación que se describe suficientemente en la siguiente imagen:

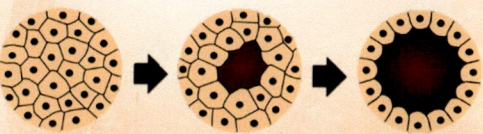

Y la blástula se transforma en gástrula mediante la invaginación del blastoporo (en color rojo):

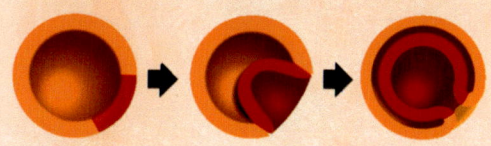

El filo *Cnidaria* se divide en tres subfilos: *Anthozoa*, *Medusozoa* y *Endocnidozoa*.

Los antozoos son cnidarios que se presentan exclusivamente en forma de pólipo e incluyen anémonas, corales o plumas de mar.

Medusozoa agrupa a las conocidas medusas, mientras que *Endocnidozoa* son cnidarios microscópicos endoparásitos de peces.

El filo *Cnidaria* (se pronuncia «nidaria», la «c» es muda) recibe el nombre de unas células urticantes denominadas cnidocitos y que están presentes en la boca y en los tentáculos con los que medusas, corales, plumas de mar, anémonas e hidras atrapan a sus presas.

Tienen simetría radial, un cuerpo con la configuración de un saco hueco y una cavidad gastrovascular con una sola abertura, lo cual es una manifestación clara de que su cuerpo se ha constituido a partir de dos capas de células embrionarias, el ectodermo y el endodermo, originadas tras la invaginación del blastoporo.

Es más, la estructura corporal común a todos los cnidarios, ya sean medusas, ya sean pólipos, es bien simple. Consta de una epidermis exterior que procede del ectodermo; una gastrodermis interior que proviene del endodermo y constituye la cavidad gastrovascular, y una sustancia gelatinosa intermedia, denominada mesoglea, que es mayoritariamente agua con unas pocas células y muchas proteínas colágenas, que funcionan a modo de hidroesqueleto.

Existen especies sésiles (en forma de pólipo) y otras de movimiento libre (con configuración de medusa) que, aunque son torpes nadadoras, sí resultan eficaces depredadoras. En realidad, todos los cnidarios son carnívoros en cuanto a su alimentación se refiere.

Son los animales más simples que constan de un sistema nervioso primitivo, que coordina sus actividades con la colaboración de algunos órganos sensoriales. Reúne más de diez mil especies que están presentes, excepto las hidras que son de agua dulce, en los hábitats marinos poco profundos de todo el mundo. Son animales simples pero muy bellos.

¿Recuerda la alternancia de generaciones haploides y diploides de las plantas? El dimorfismo de los cnidarios recuerda de alguna manera esa sucesión. Su ciclo de vida alterna los dos tipos morfológicos que hemos visto: pólipo (sésil) y medusa (vágil). El organismo comienza su vida como una larva que se metamorfosea en un pólipo. El pólipo se reproduce asexualmente para formar medusas, que son dioicas y se reproducen sexualmente.

Tradicionalmente, el filo *Cnidaria* se dividía en las clases *Hydrozoa*, *Scyphozoa* y *Anthozoa* que incluían, respectivamente, las hidras, las medusas y los corales. Poco después se añadió otra clase, *Cubozoa*, llamadas comúnmente cubomedusas por su forma cúbica o avispas de mar por la peligrosidad de su veneno. No en balde, *Chironex fleckeri*, una cubomedusa que habita en las costas de Oceanía, es considerada la criatura más letal del planeta.

Nuevos descubrimientos obligaron a hacer algunos reajustes taxonómicos. Por una parte, se creó un nuevo subfilo, *Medusozoa*, en el que agrupar *Hydrozoa*, *Scyphozoa* y *Cubozoa* y, por otra parte, *Anthozoa*, adquirió también la categoría de subfilo para incluir las clases *Octocorallia* y *Hexacorallia*.

Los antozoos se pueden describir como 'animales flor', tal y como sugiere su nombre. Son cnidarios que no presentan el típico dimorfismo y solo aparecen en la configuración de pólipos. Se conocen más de 6.000 especies tales como las anémonas, los corales blandos y pétreos, así como las plumas, los pensamientos y los abanicos de mar. Son animales marinos de aguas superficiales y profundas, frías y templadas, solitarios o coloniales.

Los pólipos suelen tener forma cilíndrica con simetría radial según el eje que determina el disco bucal y el pie o base del pólipo. La boca no da paso directo a la cavidad gastrovascular, sino que entre ambas partes se interpone una especie de faringe. La simetría es hexámera u octámera, lo cual se pone de manifiesto en el número de tentáculos que tienen alrededor del orificio bucal y sirve para distinguir los dos órdenes que se conocen.

Son los restos de los hexacorales, concretamente los del orden *Scleractinia*, los que contribuyen a la formación de los arrecifes, mientras que los octocorales, también llamados corales blandos, no producen esqueletos de carbonato cálcico y no contribuyen, por tanto, a la construcción de las barreras de coral, aunque sí viven en ellas. De igual importancia en los arrecifes es el papel que desempeñan las algas rojas rodofitas *Corallinales* spp.

Abraham Trembley

Considerado padre de la biología (junto con Aristóteles), Abraham Trembley (1710-1784), naturalista suizo, fue el primero en advertir la reproducción por división de los protozoarios.

Precursor de la biología experimental y celular, Trembley es más conocido, sin embargo, por sus trabajos sobre las hidras. Él pensaba que había descubierto una nueva especie, cuando lo cierto es que el neerlandés Anton van Leeuwenhoek (1632–1723) ya había publicado algunas descripciones 40 años antes, si bien Leeuwenhoek creía que se trataba de un tipo de planta. El científico autodidacta neerlandés, reconocido como el padre de la microbiología, fue un enconado opositor de la teoría de la generación espontánea.

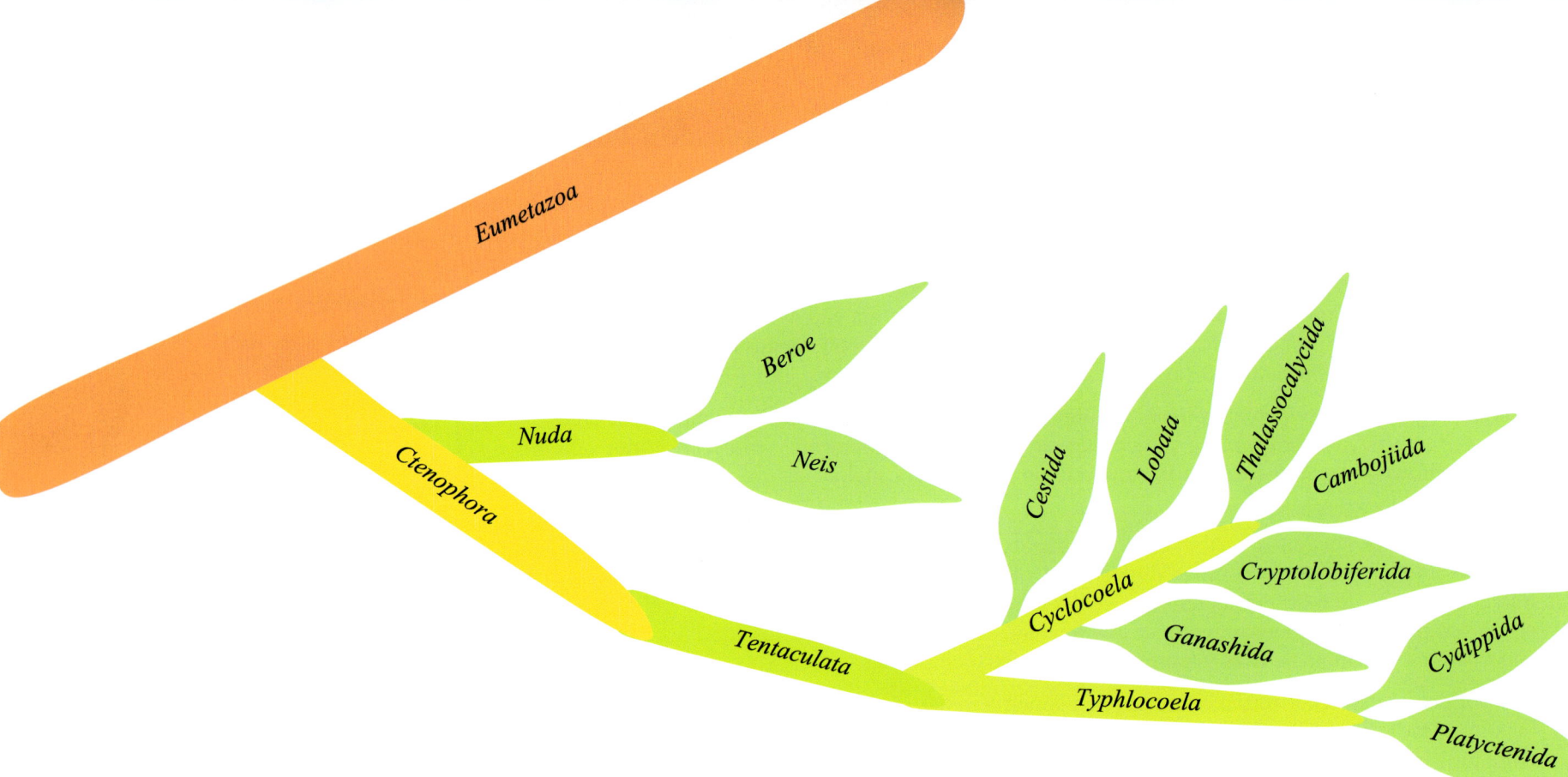

Fuera de los cnidarios, otro filo de eumetazoos es *Ctenophora*; los ctenóforos son llamados también medusas peine, por los peines ciliados que presentan. En él consideramos dos clases: *Nuda* y *Tentaculata*. La primera, sin embargo, no posee los característicos tentáculos ciliados, mientras que la segunda sí. En la actualidad, muchos científicos creen que estos, y no las esponjas, habrían sido los primeros animales en aparecer sobre la faz de la tierra.

Con apenas doscientas especies, el pequeño y desconocido filo *Ctenophora* (se pronuncia «tenófora») comprende animales muy simples caracterizados por la blástula didérmica típica de su desarrollo embrionario, la carencia de tejidos especializados u órganos en el sentido estricto de las palabras y la posesión de ocho filas de peines ciliados que baten al unísono para nadar, dispuestas meridionalmente en sus redondeados y, normalmente, luminiscentes cuerpos.

Salvo las pocas especies de la clase *Nuda*, los ctenóforos poseen unos tentáculos retráctiles (ver imagen de la derecha) que utilizan para capturar y llevarse a la boca las presas que consisten, principalmente, en zooplancton. Estos filamentos poseen unas células especializadas adhesivas, denominadas coloblastos, que, al contacto con una presa, liberan una sustancia pegajosa.

Los ctenóforos poseen un sistema digestivo semejante al de los cnidarios formado por boca, laringe y cavidad gastrovascular. Sin embargo, a diferencia de sus parientes, poseen dos estrechos canales a través de los cuales excretan los alimentos no digeridos.

Sus sistemas nervioso y sensorial también son parecidos. Los peines de cilios poseen un plexo nervioso que controla el movimiento coordinado de los mismos, pero no existe un órgano central de control como el de los animales más complejos. Las medusas, por ejemplo, también cuentan con un plexo subdérmico de células nerviosas mediante el que coordinan los movimientos natatorios.

El órgano sensorial de los ctenóforos consiste en un receptáculo llamado estatocisto del que, por medio de unos cilios, cuelga una concreción calcárea denominada estatolito. Cuando el animal se mueve, debido a la acción de la gravedad, el estatolito cambia su orientación y ejerce una presión desigual sobre los cilios de los que pende. De esta manera, el ctenóforo detecta la acción de la gravedad y, consecuentemente, las direcciones arriba y abajo adquieren sentido. El estatocisto, junto con el estatolito, constituyen un primitivo órgano del equilibrio que responde a los estímulos de la gravedad, es un georreceptor.

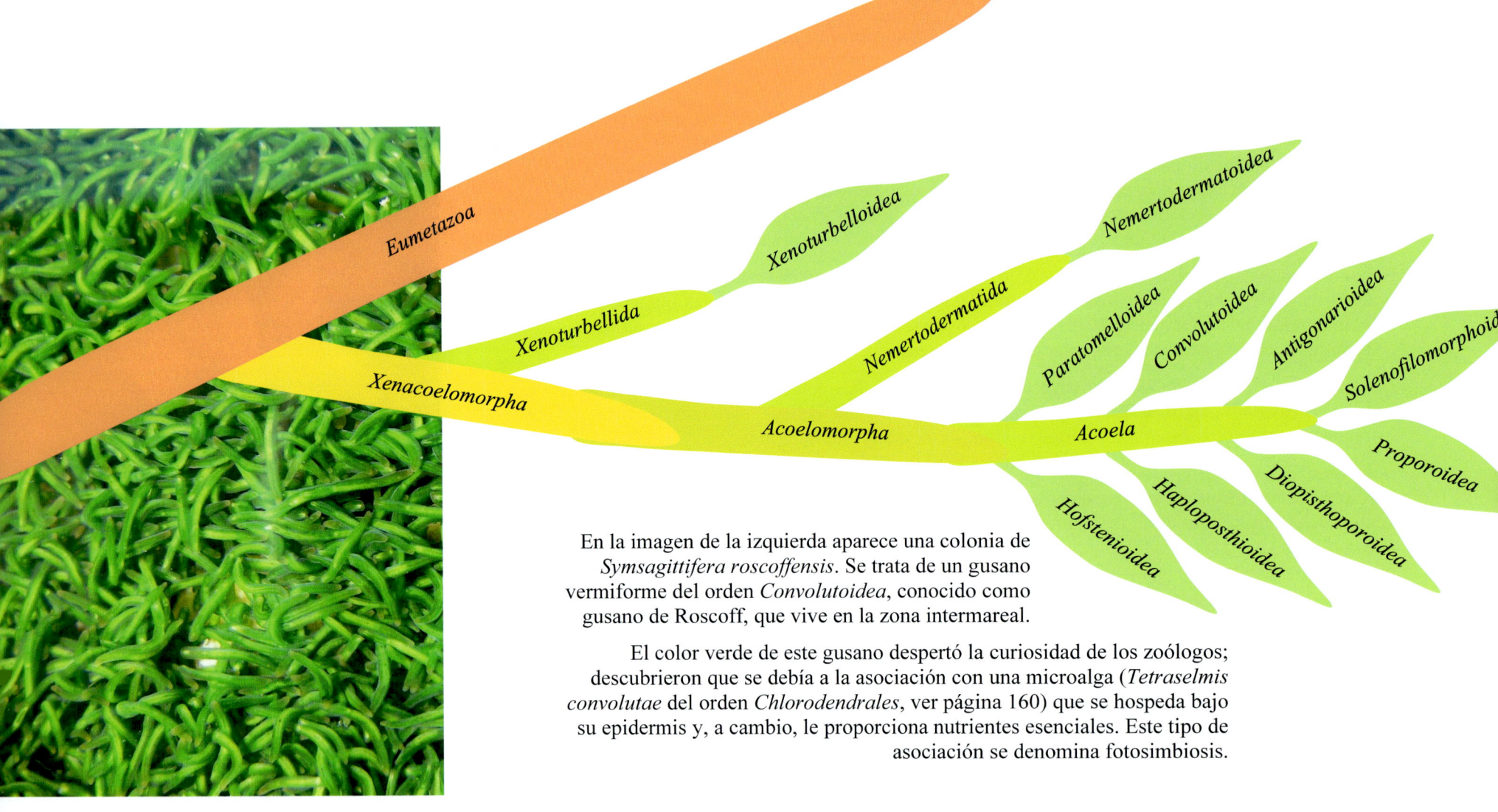

Eumetazoa

Xenoturbelloidea

Nemertodermatoidea

Xenoturbellida

Nemertodermatida

Paratomelloidea

Convolutoidea

Antigonarioidea

Solenofilomorphoid

Xenacoelomorpha

Acoelomorpha

Acoela

Proporoidea

Hofstenioidea

Haploposthioidea

Diopisthoporoidea

En la imagen de la izquierda aparece una colonia de *Symsagittifera roscoffensis*. Se trata de un gusano vermiforme del orden *Convolutoidea*, conocido como gusano de Roscoff, que vive en la zona intermareal.

El color verde de este gusano despertó la curiosidad de los zoólogos; descubrieron que se debía a la asociación con una microalga (*Tetraselmis convolutae* del orden *Chlorodendrales*, ver página 160) que se hospeda bajo su epidermis y, a cambio, le proporciona nutrientes esenciales. Este tipo de asociación se denomina fotosimbiosis.

Los platelmintos son gusanos planos y, durante mucho tiempo, estuvieron incluyendo entre sus filas unos intrusos que solo fueron desenmascarados cuando lo permitieron las actuales técnicas filogenéticas. Gracias a los análisis moleculares, se pudo colocar en su lugar (o no) un pequeño grupo de gusanos vermiformes: los xenacelomorfos.

Concretamente, las especies del filo *Xenacoelomorpha* posee un número de genes Hox menor que los platelmintos. La posición exacta de esta rama dentro del árbol de la vida es una cuestión, por el momento, sin resolver. Parecen estar a mitad de camino entre los animales asimétricos o de simetría radial como los cnidarios o los ctenóforos, que se acaban de tratar, y los animales con simetría bilateral, que pronto estudiaremos. En todo caso, los últimos estudios sitúan los xenacelomorfos en la posición más basal de los animales bilaterales.

En cuanto al desarrollo embrionario, presentan una mayor evolución que cnidarios y ctenóforos, pues la gástrula posee tres capas de células y no dos como las de aquellos. Sin embargo, carecen de un verdadero intestino que es una de las ventajas que, en teoría, debería proporcionar esa tercera capa. Dicho de otra manera, esa tercera capa de células embrionarias formará el celoma del organismo que, entre otros sistemas, contiene el aparato digestivo y, sin embargo, estos gusanos vermiformes carecen de celoma, son acelomados.

Como sus primos, efectivamente, no poseen un verdadero sistema digestivo y la ingestión y la excreción se realiza a través de un único orificio. El sistema nervioso también es subdérmico, simple y sin centralizar, aunque con matices científicamente muy intrigantes.

Independientemente de su posición filogenética, este grupo es de gran interés, puesto que las distintas especies presentan pequeñas diferencias en la organización del sistema nervioso. El estudio de este filo tal vez ayude a responder cómo se pasa de un sistema nervioso subdérmico y difuso a uno ramificado, con axones que recorren longitudinalmente el cuerpo, y centralizado en la parte anterior del organismo, es decir, en la cabeza.

Usted recordará que en los animales más simples el estómago se puede describir como un saco con una única abertura por la que, o bien se introducen los alimentos a digerir, o bien se expulsan las sustancias no asimiladas. Es la evolución del aparato digestivo la que nos conduce a una nueva rama del árbol de la vida, concretamente la aparición de las dos aberturas del tracto digestivo: la boca y el ano. Se trata de una rama muy muy frondosa que, a su vez, se divide en dos, según sea el origen del orificio bucal: *Protostomia* y *Deuterostomia*.

En esa gran rama con categoría de infrarreino de los protostomados, el origen de la boca se halla en el blastoporo embrionario, mientras que la boca de los deuterostomados se forma a partir de una nueva abertura. No obstante, no son pocos los casos particulares que se alejan de esa norma y se han estudiado algunas especies protostomadas cuyo ano —y no la boca— se origina a partir del blastoporo. En otras ocasiones, se ha descubierto que el blastoporo embrionario se cierra por el medio, dejando dos poros en los extremos que dan lugar a la boca y el ano.

Los sistemas nerviosos de ambos grupos también son diferentes, al menos, en su estructura primordial, porque la gran diversidad de los animales existentes, muchas veces, enmascara esas diferencias. En los protóstomos el sistema nervioso se forma a partir de dos cordones paralelos que corren a lo largo del vientre, en tanto que en los deuteróstomos un solo cordón neuronal recorre el dorso. En ambos grupos, existe un centro de control conformado por la agregación de nervios en la parte anterior del cuerpo.

No menos importante, es la aparición en la gástrula de una tercera capa de células embrionarias, el mesodermo, situada entre el ectodermo y el endodermo, que posibilitará la formación de diferentes órganos. Los animales que poseen esta tercera hoja se denominan triblásticos o triploblásticos, y tanto protóstomos como deuteróstomos son triblásticos, en contraposición a los animales diblásticos (o diploblásticos), como cnidarios o ctenóforos. Otra característica común a los triblásticos es la simetría bilateral que presentan, en contraste con la simetría radial típica de los animales diblásticos.

Estudiadas las ramas más humildes que arrancan del tronco eumetazoo, iniciamos la descripción de los infrarreinos *Protostomia* y *Deuterostomia*. A su vez, cada uno de estos se parte en dos ramas:

Ecdysozoa: que se identifica con los artrópodos, es decir, insectos, arañas, crustáceos, etc.

Spiralia: que incluye moluscos y anélidos.

Ambulacraria: o equinodermos y hemicordados.

Chordata: que *grosso modo* podemos equiparar a los vertebrados.

Sabiendo que la ecdisis es la muda de los artrópodos, el nombre de este clado, *Ecdysozoa*, puede arrojar luz sobre sus caracteres definitorios. Reúne, efectivamente, especies cuyo rasgo común es la posesión de una cutícula externa o exoesqueleto, que periódicamente se renueva de una vez en un proceso que en biología se conoce como ecdisis.

Previamente a la ecdisis, el organismo entra en un período de reposo durante el cual el viejo exoesqueleto se separa de las células epidérmicas subyacentes. Cuando la cutícula antigua se ha desprendido de la epidermis, el animal segrega un jugo digestivo entre estas dos capas al tiempo que comienza la formación de un nuevo exoesqueleto. Una vez que las capas interiores del viejo exoesqueleto son digeridas y absorbidas, rasga la parte dorsal del tegumento exterior mediante los bruscos movimientos corporales que realiza, lo que le permite salir del viejo exoesqueleto. Antes de que, al contacto con el aire, la nueva cutícula se curta y endurezca, el cuerpo del animal ha tenido tiempo de expandirse. La ecdisis se realiza al menos una vez durante el ciclo vital de la criatura y permite su crecimiento.

Ecdysozoa es un grupo con un prestigio que viene dado por las siguientes cifras: si el 90% de las especies animales descritas son invertebrados, el 90% de los invertebrados conocidos son ecdisozoos. Comprende, entre otros, nematodos, priapúlidos, loricíferos, artrópodos, onicóforos, tardígrados y quinorrincos. Esta explosión de vida tuvo lugar hace más de 500 millones de años, a comienzos del periodo Cámbrico, coincidiendo con cambios en la química de los océanos y la proliferación de predadores, lo que facilitaría, respectivamente, la precipitación de carbonatos e induciría la aparición de los primeros exoesqueletos.

Con los ecdisozoos entraremos de lleno en el mundo de la simetría bilateral y la cefalización. Pensemos que en la vida marina de cnidarios y ctenóforos, las presas o los depredadores pueden aparecer en cualquier punto alrededor del animal. Pero cuando se busca activamente la comida, la pareja o el refugio, la dirección del movimiento cobra relevancia y las palabras «dorso» y «vientre» adquieren sentido. Dicho de otra manera: aparecen los cuerpos simétricos con cabeza.

Nos encontramos entre los animales triblásticos en los que el mesodermo debería ser el origen del celoma y, sin embargo, los ecdisozoos más basales (*Loricifera*, *Priapulida* y *Kinorhyncha*), agrupados bajo el filo *Scalidophora*, no son celomados, son pseudocelomados.

Todos los animales triblásticos exhiben simetría bilateral. La gran mayoría, además, tienen celoma: una cavidad corporal que se forma a partir de las células del mesodermo embrionario. Muchos órganos internos se localizan dentro del celoma, protegidos por esa capa de células y las del endodermo, que se sitúan más internamente (y constituyen el tubo digestivo).

Por el contrario, el pseudocele es una cavidad sin revestimiento celular, llena de líquido a presión, que ocupa el espacio entre la epidermis (que procede del ectodermo) y el intestino (que emana del endodermo). Los órganos están realmente libres en el interior del pseudocele. Respecto a los eumetazoos más basales que son acelomados, el pseudocele representa un avance evolutivo importante al ser un espacio apto para el desarrollo de diferentes órganos y sistemas, así como para la circulación y distribución de compuestos orgánicos, además de funcionar como un hidroesqueleto que da consistencia al cuerpo.

Los loricíferos fueron descubiertos recientemente. Son animales submilimétricos que viven en los sedimentos marinos de todos los océanos; poseen un esqueleto externo que recuerda una loriga o armadura. Algunas especies son anaerobias lo cual resulta sorprendente.

Los priapúlidos son gusanos vermiformes centimétricos que viven en las galerías que excavan en los fondos marinos fríos a cualquier profundidad. Su cuerpo parece una salchicha con una trompa, en la que se sitúa la boca rodeada de espinas curvas y uno o dos penachos caudales con función, probablemente, respiratoria (ver imagen).

Los quinorrincos son animales marinos cosmopolitas milimétricos cuyo cuerpo está dividido en cabeza, cuello y un tronco segmentado que se refleja en las placas cuticulares. Las espinas que rodean la cabeza son un rasgo peculiar: tienen función sensorial y locomotora.

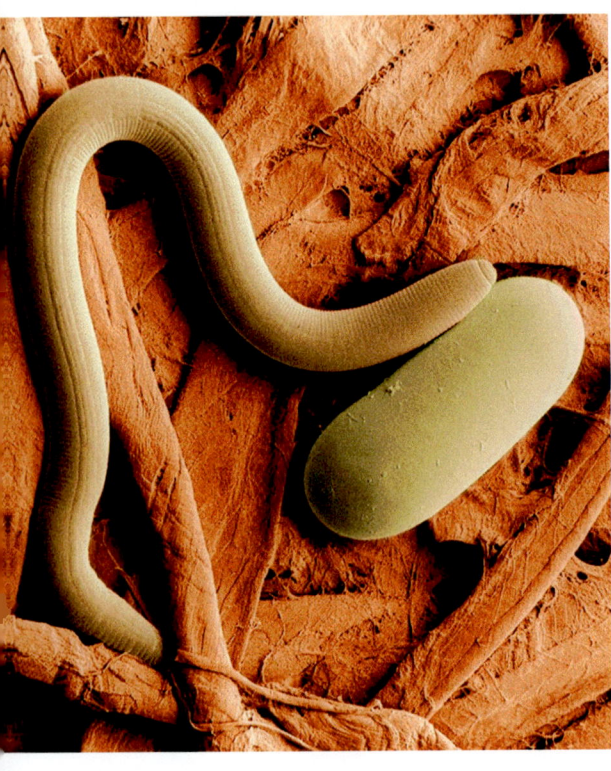

Heterodera glycines es un nematodo cosmopolita, del orden *Tylenchida*, que parasita las plantas de soja. A través de la raíz, penetra en el tejido vascular de la planta, donde se alimenta. La hembra pone centenares de huevos que protege dentro de quistes como el de la imagen.

Mononchida

Isolaimida

Dorylaimida

Enoplida

Stichosomida

Enoplia

Triplonchida

Araeolaimida

Chromadorida

Desmoscolecida

Diplogasterida

Tylenchida

Adenophorea

Chromadoria

Desmodorida

Spirurida

Monhysterida

Diplogasteria

Ascaridida

Chromadorea

Spiruria

Nematoda

Rhabditia

Rhabditida

Drilonematida

Camallanida

Gordioida

Chordodea

Strongylida

Nematoida

Gordea

Nematomorpha

Nectonematoida

Nectonematoida

Ecdysozoa

Los nematodos son un grupo de gusanos pseudocelomados cosmopolitas parásitos o de vida libre, tales como las lombrices, triquinas, anisakis, anquilostomas y filarias. Son dioicos y su cutícula es flexible y relativamente gruesa.

Es uno de los filos más numerosos del reino animal. Se conocen más de 25.000 especies y se cree que podrían existir millones; de hecho, cada organismo vivo tiene sus nematodos parásitos típicos. Por el número de especies, detrás de los artrópodos, los nematodos son los ecdisozoos más variados. También se conocen con el nombre de nematelmintos.

Nematoida comprende dos subfilos, *Nematomorpha* y *Nematoda*, conocidos vulgarmente como gusanos filiformes y redondos, respectivamente. Los nematomorfos son extraordinariamente finos en comparación con su longitud que puede alcanzar el metro; son, sobre todo, parásitos de artrópodos. Los nematodos son gusanos notablemente sencillos dotados de una cutícula gruesa que mudan para crecer, no segmentados, con ambos extremos afilados y carentes de músculos circulares. Se mueven gracias a la contracción de los músculos longitudinales que actúan contra la cutícula y contra la turgencia del pseudocele.

El nematodo mejor estudiado es *Caenorhabditis elegans*, pues, en realidad, se conocen cada una de las 959 células de las que está formado y se ha secuenciado la totalidad de su genoma. (En los nematodos es común la constancia del número de células).

Ascaris lumbricoides es el mayor nematodo que parasita el ser humano; puede llegar a medir 35 centímetros. Se le llama lombriz intestinal por su parecido a la lombriz de tierra. Provoca una enfermedad, generalmente de síntomas leves, denominada ascariasis que afecta a la cuarta parte de la población mundial.

Wuchereria bancrofti es el nematodo causante de la llamada filariasis linfática, que afecta a más de 120 millones de personas en el mundo y cuyo principal síntoma es la elefantiasis. Los nematodos de vida libre resultan muy beneficiosos por su insaciable apetito de bacterias.

La nematología

Al menos en Estados Unidos, el biólogo Nathan Augustus Cobb (1859-1932) es considerado el padre de la nematología.

¿Pero que es la nematología? Es la ciencia que estudia los gusanos redondos o nematodos. Aunque biólogos como Hooke o Leeuwenhoek ya habían observado esa clase de gusanos en los siglos XVII y XVIII, la nematología no se erige como disciplina independiente hasta mediados del siglo XIX. Además de cuestiones taxonómicas, estudia aquellos gusanos que parasitan animales y cosechas.

Cobb describió más de mil especies diferentes de nematodos. En 1918, publicó las obras que sentaron las bases de esta ciencia: *Contributions to a Science of Nematology* y *Estimating the Nema Population of Soil*.

USNM 235499

0.2mm

Crustacea

Hexapoda

Arthropoda

Myriapoda

Euonychophora

Chelicerata

Udeonychophora

Apochela

Parachaela

Eutardigrada

Thermozodia

Mesotardigrada

Arthrotardigrada

Heterotardigrada

Tardigrada

Panarthropoda

Onychophora

Echiniscoidea

Aunque morfológicamente los gusanos que acabamos de ver y los artrópodos, cuyo estudio iniciamos ahora, no se parecen mucho —en realidad, no se parecen en nada: los primeros se caracterizan por la ausencia de apéndices y los segundos se definen como invertebrados con patas—, lo cierto es que los panartrópodos son, evolutivamente hablando, la continuación de los nematodos.

Las notas que definen el filo *Panarthropoda* son la posesión de un verdadero celoma, la cefalización —unas veces es incipiente y en otras ocasiones se ha perdido— y la segmentación del cuerpo. Estos rasgos se traducen en presencia de apéndices con garras o uñas y en un sistema nervioso ventral coordinado. Son panartrópodos los gusanos aterciopelados, los ositos de agua y los artrópodos.

Probablemente, los onicóforos o gusanos aterciopelados son unas de las criaturas que más dudas ha suscitado entre los zoólogos. Aúnan cualidades propias tanto de los anélidos como de los artrópodos. No tienen una cabeza diferenciada y sí un sistema nervioso bien desarrollado y centralizado. También disponen de aparatos circulatorio, excretor, respiratorio y digestivo. Poseen células sensoriales repartidas a lo largo del cuerpo y un par de ojos en la base de las antenas. Disponen de entre 14 y 43 pares de patas.

Los ositos de agua o tardígrados (ver imagen en la página anterior) son criaturas submilimétricas de lentos movimientos provistas de ocho patas, descritos como los seres vivos más resistentes: han sobrevivido al vacío del espacio exterior, a temperaturas inferiores a 200 °C bajo cero o superiores a 150 °C, a la desecación prolongada, a la radiación ionizante, etc.

Como los onicóforos y los artrópodos que veremos en las próximas páginas, los tardígrados también poseen un sistema circulatorio consistente en una cavidad derivada del celoma, llamada hemocele, rellena de un líquido circulatorio, denominado hemolinfa, que baña directamente los órganos internos que se encuentran en el celoma.

El celoma

Si el pseudocele es un avance evolutivo valiosísimo, el celoma supone todo un salto cualitativo en la organización corporal. Algunas de las ventajas del celoma ya se vislumbran en el pseudocele como, por ejemplo, su funcionamiento a modo de hidroesqueleto, pero otras son innovadoras.

El mesodermo se repliega en uno o varios sacos para formar el celoma propiamente dicho, así como otros órganos que quedan protegidos por medio de pleuras que les confieren independencia funcional y los aíslan del líquido de relleno celomático.

Además, el celoma contribuye eficientemente a la segmentación, pues el líquido celomático ayuda a la circulación de los productos del metabolismo y, estructuras funcionales que normalmente estarían distribuidas difusamente, ahora pueden concentrarse en uno o varios órganos más complejos y eficaces.

Maxillopoda

Malacostraca

Ostracoda

Cephalocarida

Remipedia

Insecta

Ellipura

Hexapoda

Crustacea

Diplopoda

Branchiopoda

Chilopoda

Pauropoda

Arachnida

Pycnogonida

Arthropoda

Symphyla

Myriapoda

Chelicerata

Merostomata

A modo de resumen: los panartrópodos que no son onicóforos ni tardígrados, son artrópodos.

Por su parte, los artrópodos son, o bien quelicerados, o bien crustáceos, o bien miriápodos, o bien hexápodos.

Con más de 1.300.000 especies descritas, los artrópodos representan, al menos, el 80% de las especies animales conocidas. Están presentes en todos los ecosistemas marinos, de agua dulce, terrestres y aéreos. Si bien no existe una rama de la zoología dedicada específicamente al estudio global de los artrópodos, sí hay ciencias que estudian los insectos (entomología), los arácnidos (aracnología), los crustáceos (carcinología) y los miriápodos (miriapodología).

Algunos artrópodos son pequeños, como los ácaros que miden décimas de milímetro; la mayoría son centimétricos, y unos pocos, como los cangrejos araña *Macrocheira* spp., miden más de un metro de envergadura. A pesar de semejante variedad, es fácil citar unas cuantas características comunes a todos ellos:

a) Están provistos de un exoesqueleto quitinoso que mudan periódicamente.
b) Poseen numerosos apéndices articulados como patas, antenas, mandíbulas o quelíceros.
c) El cuerpo está formado por varios segmentos, unidos entre sí por medio de membranas, que se repiten en el sentido del eje anteroposterior del animal. Además, dichos segmentos adquieren cierta diferenciación que determina la formación de grupos funcionales llamados tagmas como, por ejemplo, la cabeza, el tórax y el abdomen de los insectos.
d) Reducción del celoma en favor del hemocele. En los individuos adultos, la cavidad del hemocele rellena de hemolinfa es mucho mayor que la del celoma que, prácticamente, ha desaparecido. Como consecuencia, el aparato circulatorio está reforzado por un corazón tubular, y los músculos locomotores cuentan más con la rigidez del exoesqueleto que con la turgencia del celoma.

Desde un punto de vista evolutivo, los primeros artrópodos en aparecer fueron los trilobites (ver imagen de la derecha) que pulularon en las aguas de todos los mares durante más de 300 millones de años (¡se han descrito unas 20.000 especies!). Su exoesqueleto quitinoso endurecido por carbonato cálcico marcaba tres tagmas denominados cefalón, tórax y pigidio. Después aparecieron los quelíceros, los crustáceos, los miriápodos y los insectos; veámoslos poco a poco.

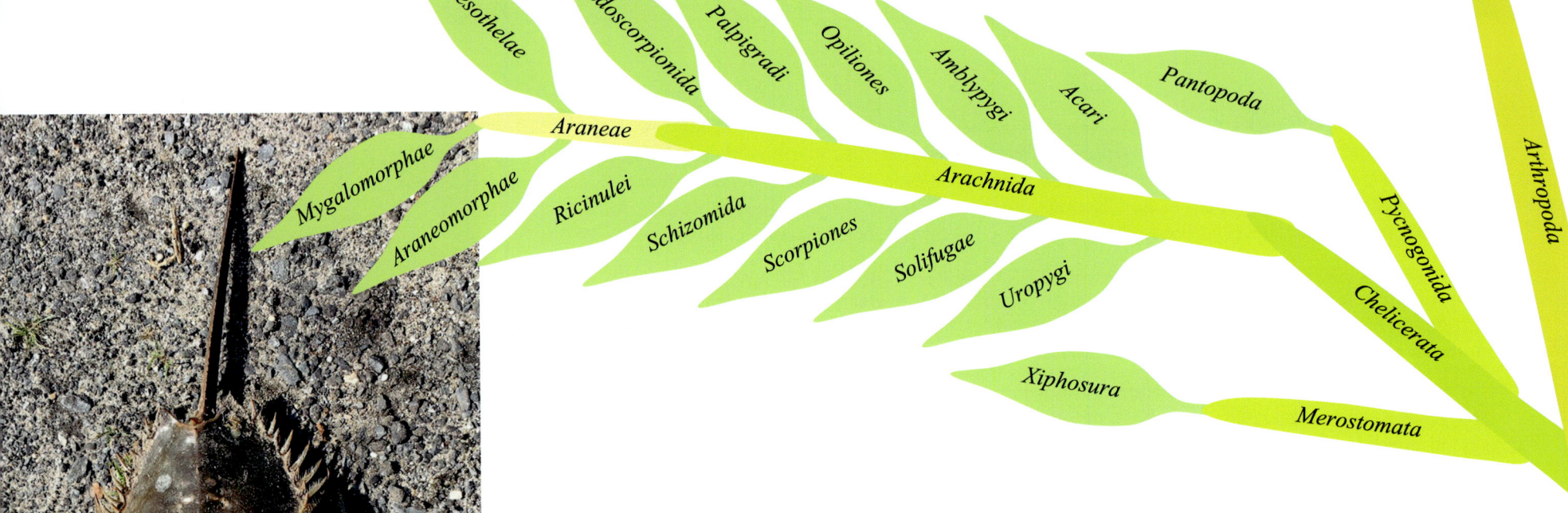

A la izquierda, aparece un ejemplar de *Limulus polyphemus*, nombrado vulgarmente como cangrejo cacerola. Pertenece a la clase *Merostomata*, al orden *Xiphosura*, a la familia *Limulidae*, al género *Limulus*, la cual solo cuenta, en la actualidad, con la especie *L. polyphemus*. Aunque el origen de esta especie no se remonta a más de 20 millones de años, se estima que es muy similar a las que vivieron hace más de 200 millones de años.

Esta superclase de artrópodos que incluye arañas, escorpiones, segadores, ácaros, arañas de mar y cangrejos cacerola se distingue por tener seis pares de apéndices en los tagmas anteriores: un par de quelíceros, un par de pedipalpos y cuatro pares de patas. Algunas especies, no obstante, tienen cinco pares de patas en perjuicio de los pedipalpos. Todas carecen de antenas.

Los quelíceros son los elementos bucales situados justo antes de la boca, que acaban en punta y se usan para agarrar el alimento. Están formados por dos piezas que se denominan artejos. En algunas especies, están asociados a las glándulas venenosas con las que inoculan veneno a sus presas.

Los pedipalpos son el segundo par de apéndices y constan de seis artejos. Llaman la atención, por ejemplo, los de los escorpiones con el último artejo acabado en pinza. Los pedipalpos han evolucionado en una gran variedad de formas y funciones. Los siguientes cuatro pares de apéndices son las patas marchadoras. Suelen estar compuestos de ocho artejos, dos más que, por ejemplo, las patas de los insectos. Son los apéndices usados para deambular.

Se conocen más de 100.000 especies de quelicerados; la gran mayoría pertenecen a la clase *Arachnida*. La clase *Merostomata* comprende el único relicto del extinto grupo que dominó los mares durante todo el Paleozoico, es decir, durante 240 millones de años, entre el que destacan los escorpiones gigantes de agua o euriptéridos como los de la imagen de la derecha. En la actualidad, solo incluye cuatro especies de cangrejos cacerola o xifosúridos, caracterizados por tener dos tagmas: un cefalotórax de forma semicircular y un abdomen cuya última pieza, o telson, es larga y afilada.

La clase *Pycnogonida* agrupa un millar de arañas de mar, denominadas así por su parecido con las arañas, aunque su cuerpo tiene una morfología muy peculiar: sus patas (la mayoría de las especies tienen 8, pero otras tienen 10 o 12) son largas y delgadas, y su cuerpo tiene un grosor similar al de las patas. Se encuentran en todos los mares, si bien prefieren las aguas polares.

Uno de los órdenes más importantes de arácnidos es *Acari*. Se han descrito más de 40.000 especies de ácaros, pero tal vez existan 10 veces más; a descubrirlas todas se dedica la acarología. Generalmente, los ácaros son animales submilimétricos y se encuentran en todos los hábitats. Los hay terrestres, marinos, dulceacuícolas, parásitos, depredadores, fitófagos, micófagos, detritívoros, hematófagos, inocuos, patógenos, fitosanitarios, dañinos…

Abajo, a la derecha, aparece una especie indeterminada del género *Mononychellus*, de la familia *Tetranychidae*. Los ácaros de esta familia, normalmente, viven en la superficie inferior de las hojas de las plantas que perforan para alimentarse, causando un daño irreparable en el hospedador. Otro de los géneros de la familia *Tetranychidae* es *Oligonychus*; en la imagen central se muestra un ejemplar de casi medio milímetro de longitud de *Oligonychus coffeae*, conocido como arañita del café, que se puede ver durante el período de crecimiento activo del café y el té. Y, a la izquierda, *Lorryia formosa*, también llamado ácaro amarillo, es un inquilino muy común del follaje de los cítricos de todo el mundo.

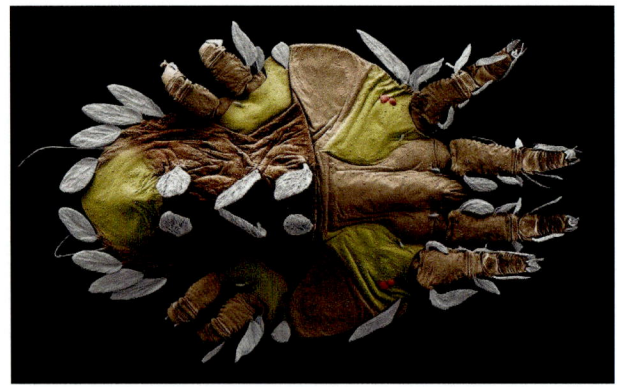
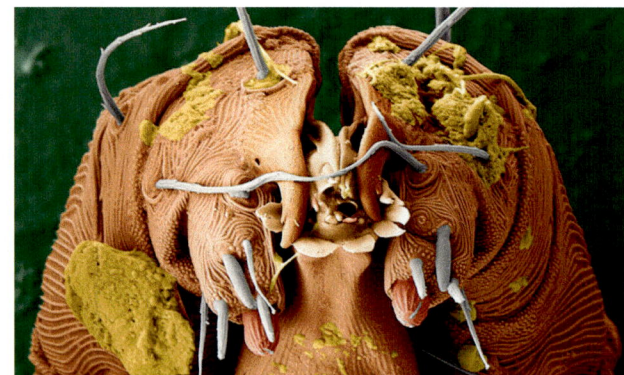

En el ecuador de esta obra se encuentra la clase *Arachnida*. Son artrópodos, arañas, segadores, escorpiones, ácaros, garrapatas, aradores, vinagrillos…, con una enorme variabilidad anatómica. Son el segundo grupo más numeroso del reino animal, detrás de los insectos. Son cosmopolitas —aunque prefieren las zonas cálidas y secas— y, la mayoría, carnívoros y terrestres.

Pese a su diversidad, todos tienen dos tagmas, el prosoma y el opistosoma. Los segmentos del prosoma están fusionados y forman un escudo protector; en él se insertan los quelíceros, los pedipalpos —a veces muy desarrollados y especializados— y cuatro parejas de patas locomotoras. En el opistosoma se centralizan las funciones de respiración, reproducción y digestión; en algunas especies está segmentado, como en los escorpiones.

Arachnida incluye once órdenes entre los que destaca *Araneae*. Las arañas causan un recelo irracional cuando es bien cierto que son animales huidizos y su veneno, generalmente, es inocuo para el ser humano. Además, son asaz beneficiosas porque mantienen a raya a los molestos insectos. Existen, no obstante, especies peligrosísimas como la araña errante brasileña (*Phoneutria fhera*), que está considerada la araña más venenosa, o la viuda negra (*Latrodectus mactans*), reconocible por la marca de color rojo que luce en el abdomen.

Se caracterizan por la estrecha conexión entre el prosoma y el opistosoma, así como por la fabricación de seda. Todas las especies producen seda, una proteína compleja compuesta de aminoácidos, que utilizan para cazar presas, envolver capullos, como material de construcción o para trasladarse. En el extremo posterior del opistosoma se encuentran las glándulas secretoras denominadas hileras, que producen un fluido que se endurece al contacto con el aire.

No menos curioso es el orden *Scorpiones*. Los escorpiones llaman la atención, sobre todo, por sus pedipalpos con aspecto de pinzas; su pequeño prosoma, y su opistosoma subdividido en dos partes: una anterior ancha y segmentada, y otra posterior estrecha y acabada en un telson modificado con funciones de aguijón. Seguramente, son los artrópodos terrestres más antiguos.

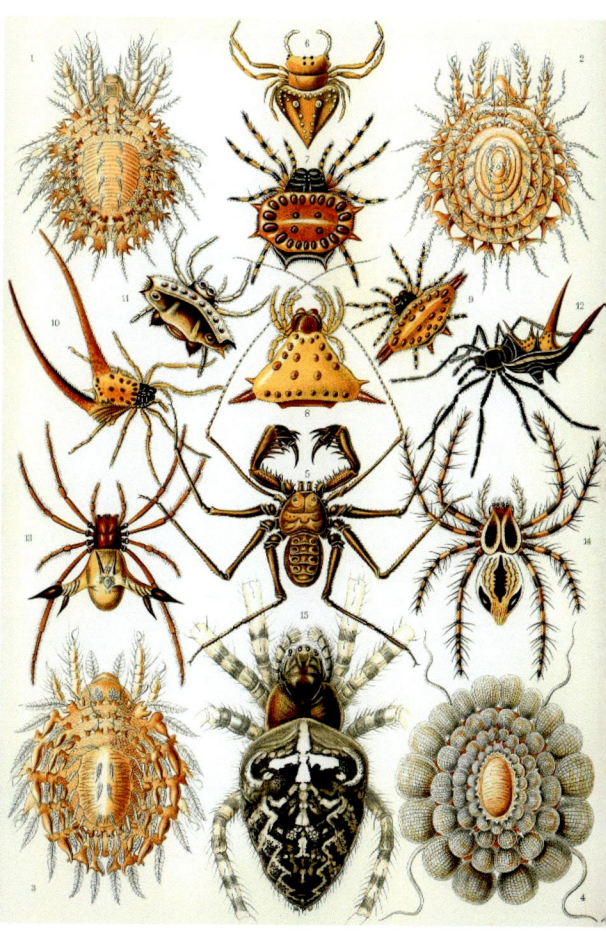

Crustacea es uno de los grupos zoológicos de mayor éxito. Detrás de los quelicerados, los crustáceos son, por el número de especies, los reyes del medio acuático y algunas especies también se han adentrado en el hábitat terrestre, como las cochinillas (más conocidas como bichos bola). Son conspicuos porque entre sus filas se encuentran los ingredientes de las más suculentas viandas: bogavantes, langostas, centollos, langostinos, gambas, percebes…

Su cuerpo se caracteriza por la tagmatización y la segmentación (algunas especies tienen varias decenas de metámeros), así como por los apéndices que cuelgan de los segmentos y que tienen las más variadas funciones: natación, deambulación, alimentación, respiración, reproducción…

En la mayoría de los crustáceos se pueden señalar tres tagmas: céfalon, pereion y pleon. Lo que diferencia los crustáceos del resto de artrópodos es la posesión de dos pares de antenas: dos antenas propiamente dichas muy desarrolladas y dos anténulas más pequeñas. Además, en el céfalon se distinguen varios pares de mandíbulas. Téngase en cuenta que el céfalon se forma por la fusión de varios metámeros y cada metámero, ancestralmente, tiene sus propios apéndices. Por esta razón, los crustáceos se suelen describir como los mandibulados acuáticos. El céfalon suele estar protegido por un escudo que, a veces, se prolonga hasta el pereion y otras cubre por completo todo el cuerpo.

El pereion está formado por entre tres y once segmentos, cada uno con sus correspondientes apéndices. Los primeros tienen tendencia a transformarse en apéndices bucales auxiliares para manipular el alimento y los demás suelen convertirse en patas marchadoras. En algunas especies uno de esos apéndices bucales está bastante desarrollado a modo de pinza prensil.

El número de metámeros del pleon es variable. Los apéndices del pleon son los pleópodos. En aquellas especies que los tienen, realizan diversas funciones y, así, en algunos pleópodos cuelgan las branquias y otros sirven para la transferencia del esperma o la puesta de huevos. El telson, junto con otras láminas, puede formar un abanico caudal.

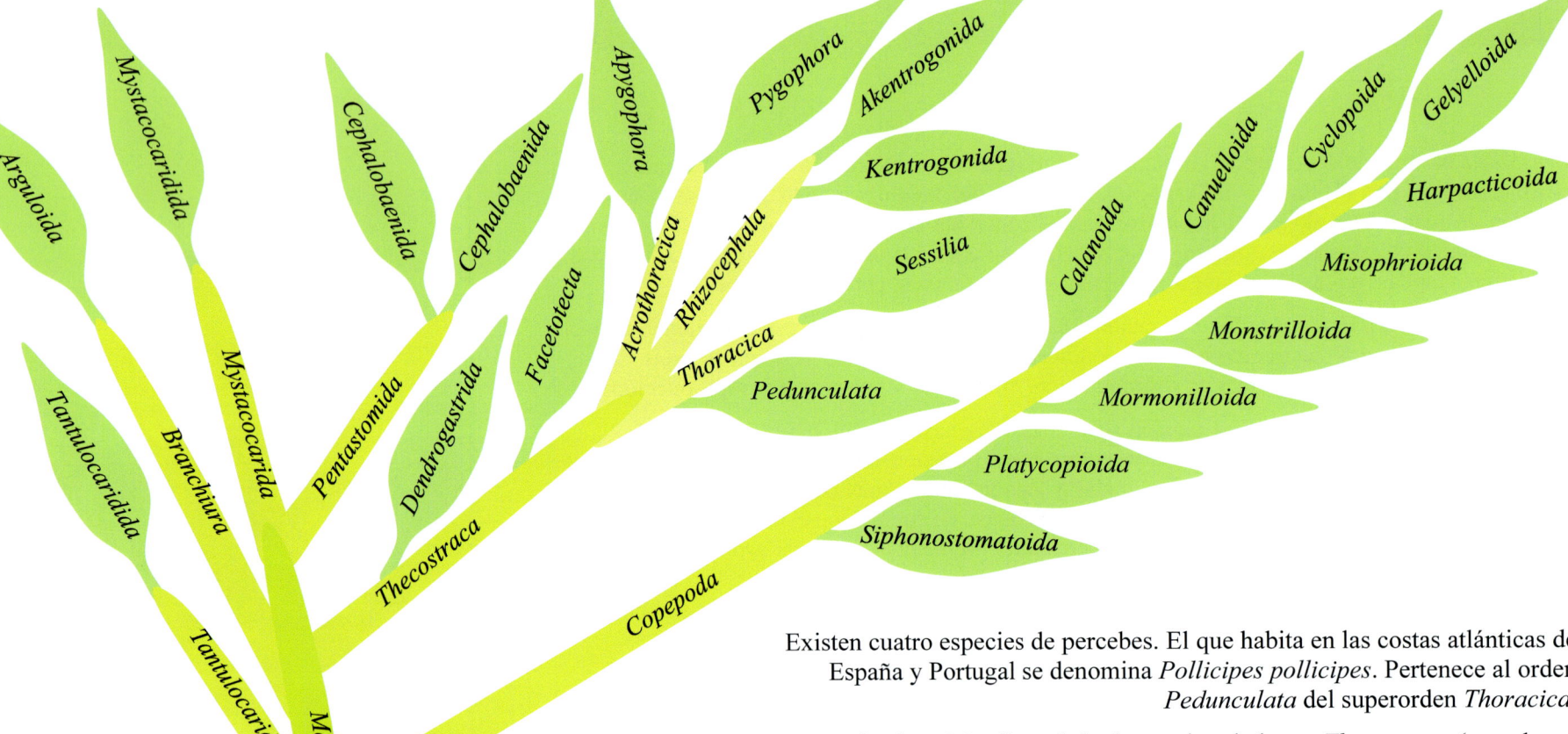

Existen cuatro especies de percebes. El que habita en las costas atlánticas de España y Portugal se denomina *Pollicipes pollicipes*. Pertenece al orden *Pedunculata* del superorden *Thoracica*.

Por su parte, la clase *Maxillopoda* incluye seis subclases: *Thecostraca* (percebes y bellotas de mar), *Tantulocarida* (diminutas especies parásitas poco estudiadas), *Branchiura* (ectoparásitos de peces), *Pentastomida* (parásitos obligados de las vías respiratorias de reptiles, aves y mamíferos), *Mystacocarida* (pequeños crustáceos que constituyen parte del edafón de la zona intermareal) y *Copepoda* (crustáceos de vida libre que forman el zooplancton).

Pese a ser un grupo ampliamente estudiado, *Crustacea* guarda algunos secretos como, por ejemplo, cuál era el antepasado común a todos ellos, o las relaciones filogenéticas entre las diferentes clases de crustáceos: *Branchiopoda*, *Remipedia*, *Cephalocarida*, *Maxillopoda*, *Ostracoda* y *Malacostraca*.

Los branquiópodos son crustáceos generalmente pequeños entre los que, probablemente, los más conocidos sean las pulgas de agua, animales prácticamente transparentes que abundan en las charcas y estanques, excepcionalmente prolíficos y que son el alimento de multitud de peces.

Los remípedos son crustáceos con aspecto de milpiés, que fueron descubiertos hace menos de cincuenta años en cuevas profundas de agua salada. Los cefalocáriodos también se descubrieron a mediados del siglo pasado, son animales milimétricos que parecen gambitas.

Por su parte, los maxilópodos son una clase de crustáceos muy variada que incluye, entre otros, copépodos como los que se muestran en la imagen de Haeckel, cirrópodos como los percebes y bálanos (también llamados bellotas de mar) y pequeños crustáceos de vida parásita que se confunden con simples larvas.

A pesar de esta aparente disparidad de formas, todos coinciden en lo esencial y su cuerpo está formado por cinco segmentos cefálicos, seis torácicos y, generalmente, cuatro abdominales sin apéndices.

En particular, los percebes están encerrados en una fuerte piel y segregan, además, un caparazón de placas calcáreas o uña. El céfalon y el pleon se han reducido en favor del pereion que posee unos apéndices en forma de plumas llamadas cirros. Sacando esos mechones a través de las placas de protección, los percebes filtran el agua y retienen el alimento. Son monoicos, pero deben practicar la fecundación cruzada entre distintos individuos. Como otros crustáceos, incuban sus huevos y sus larvas atraviesan diversas fases de desarrollo. Su estado inicial o nauplio constituye parte del zooplancton marino. Los adultos son sésiles.

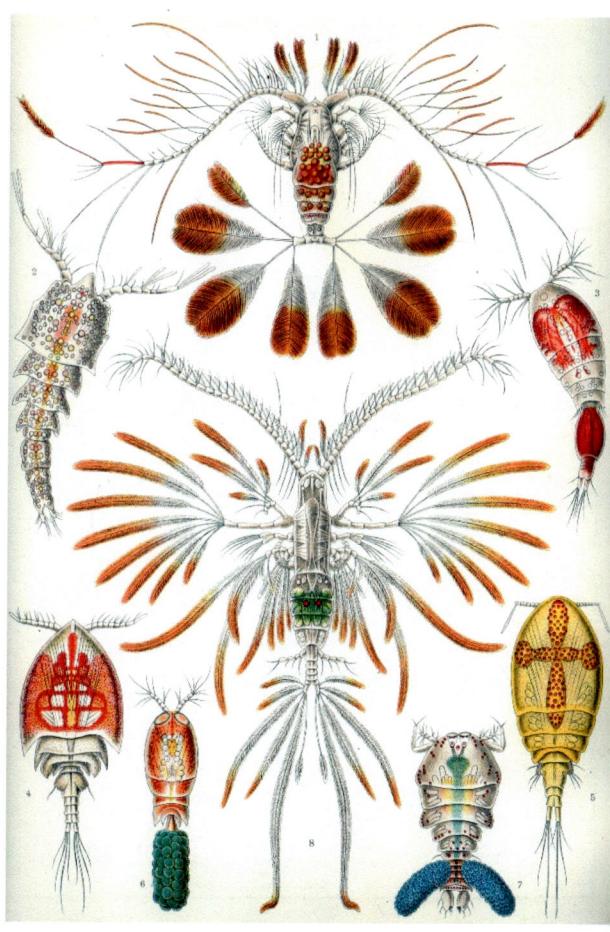

Lophogastrida

Mictacea

Isopoda

Mysida

Cumacea

Spelaeogriphacea

Bochusacea

Tanaidacea

Peracarida

Amphipoda

Thermosbaenacea

Anaspidacea

Leptostraca

Bathynellacea

Syncarida

Decapoda

Eucarida

Eumalacostraca

Hoplocarida

Euphausiacea

Amphionidacea

Leptostraca

Malacostraca

Phyllocarida

Crustacea

Los ostrácodos, otra clase de crustáceos, son confundidos muchas veces con moluscos por el duro caparazón que recubre completamente su cuerpo. Esto es un ejemplo de lo que los biólogos llaman evolución convergente: se da cuando dos estructuras similares, la concha en este caso, aparecen por caminos evolutivos independientes (como pueden ser el de los artrópodos y el de los moluscos), sencillamente, porque es algo positivo.

Al lado de este grupo de crustáceos con concha, existe otra clase con un caparazón algo más blando denominada *Malacostraca*, que es lo que significa su nombre. Incluye tres subclases muy desiguales: *Phyllocarida*, *Hoplocarida* y *Eumalacostraca*.

Los filocáridos constituyen el clado más basal. Poseen 20 segmentos corporales, lo que parece indicar que la evolución implica pérdida de segmentos. Son unos organismos milimétricos con un caparazón que recubre la parte anterior de su cuerpo. Habitan las aguas profundas pobres en oxígeno.

Los hoplocáridos son un conjunto de depredadores marinos robustos, conocidos comúnmente como galeras o mantis marinas por el parecido con esos insectos, su mimetismo y voracidad. Sus apéndices anteriores se han transformado en potentes martillos con los que golpean a sus presas con una aceleración equivalente a la de un proyectil.

El grupo de los eumalacostracos es amplísimo y diverso, con la peculiaridad de que los tres primeros segmentos del tórax están fusionados con la cabeza formando el cefalotórax. Tienen una enorme importancia ecológica y económica, puesto que entre sus filas está el kril, eslabón crucial de la cadena trófica de todos los ecosistemas oceánicos, así como los apreciados decápodos: gambas, cangrejos, cigalas, bogavantes, langostas…

Las más de 10.000 especies de cochinillas y otras tantas de pulgas de agua que también comprende *Eumalacostraca* es prueba de esa gran diversidad. Las primeras han conquistado con éxito el medio terrestre y las segundas son pelágicas, bentónicas o semiterrestres.

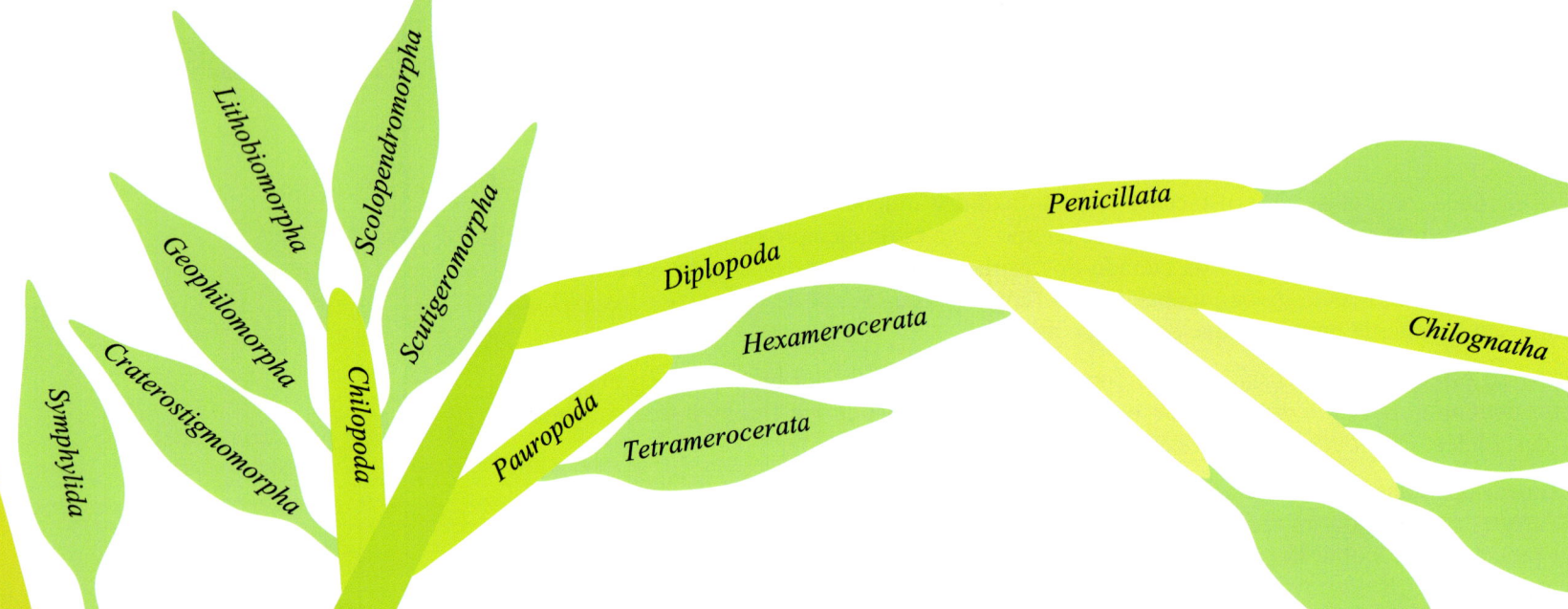

Otra de las divisiones importantes de los artrópodos está constituida por los célebres ciempiés y escolopendras (clase *Chilopoda*) junto a los milpiés y cardadores (*Diplopoda*), además de los pequeños bichos que pululan entre la hojarasca y el mantillo o se esconden debajo de las piedras y el musgo (clases *Pauropoda* y *Symphyla*), todos ellos etiquetados como miriápodos.

Myriapoda significa literalmente 'diez mil pies', y es que la característica que mejor define este clado es la tenencia de uno o dos pares de patas en cada uno de los numerosos segmentos que forma su cuerpo, entre 10 y 150: ¡en *Illacme plenipe* se han llegado a contar 375 pares de patas!

Otro rasgo común es la posesión de un par de antenas de forma y longitud variables. En la base de estas se hallan los órganos de Tömösváry, órganos sensoriales exclusivos de los miriápodos y los colémbolos (que estudiaremos más adelante). Aunque su función exacta se desconoce, se cree que podría estar relacionada con la detección de sustancias químicas, la presión o la humedad. Además, en la cabeza tienen un par de ojos simples, a excepción de la escutígera de la imagen de la derecha, que tiene ojos compuestos. La mayoría de los miriápodos prefieren los ambientes húmedos y oscuros, y por eso se dice que son higrófilos y lucífugos, respectivamente, pues, al contrario que los insectos, los miriápodos carecen de una capa cérea protectora en la cutícula y una exposición prolongada al sol provocaría la desecación de sus cuerpos.

Los paurópodos y los sínfilos poseen una cutícula blanda sin calcificar que confiere a su cuerpo, de unos pocos milímetros, un color blanco y un aspecto frágil. Los primeros poseen entre 9 y 11 pares de patas, los segundos, 12. Los quilópodos son carnívoros; algunas especies son veloces y voraces depredadoras que cazan a sus presas inoculando veneno, a cuyo efecto poseen unas glándulas venenosas asociadas al primer par de patas, que se ha transformado en uñas queratinizadas denominadas forcípulas. Los segmentos del cuerpo suelen estar diferenciados formando tagmas. Las patas, así como las antenas, acostumbran a ser largas y finas. Con más de 30 cm de longitud, una protagonista habitual de los documentales de naturaleza es la peligrosa —aunque no mortal— escolopendra gigante (*Scolopendra gigantea*).

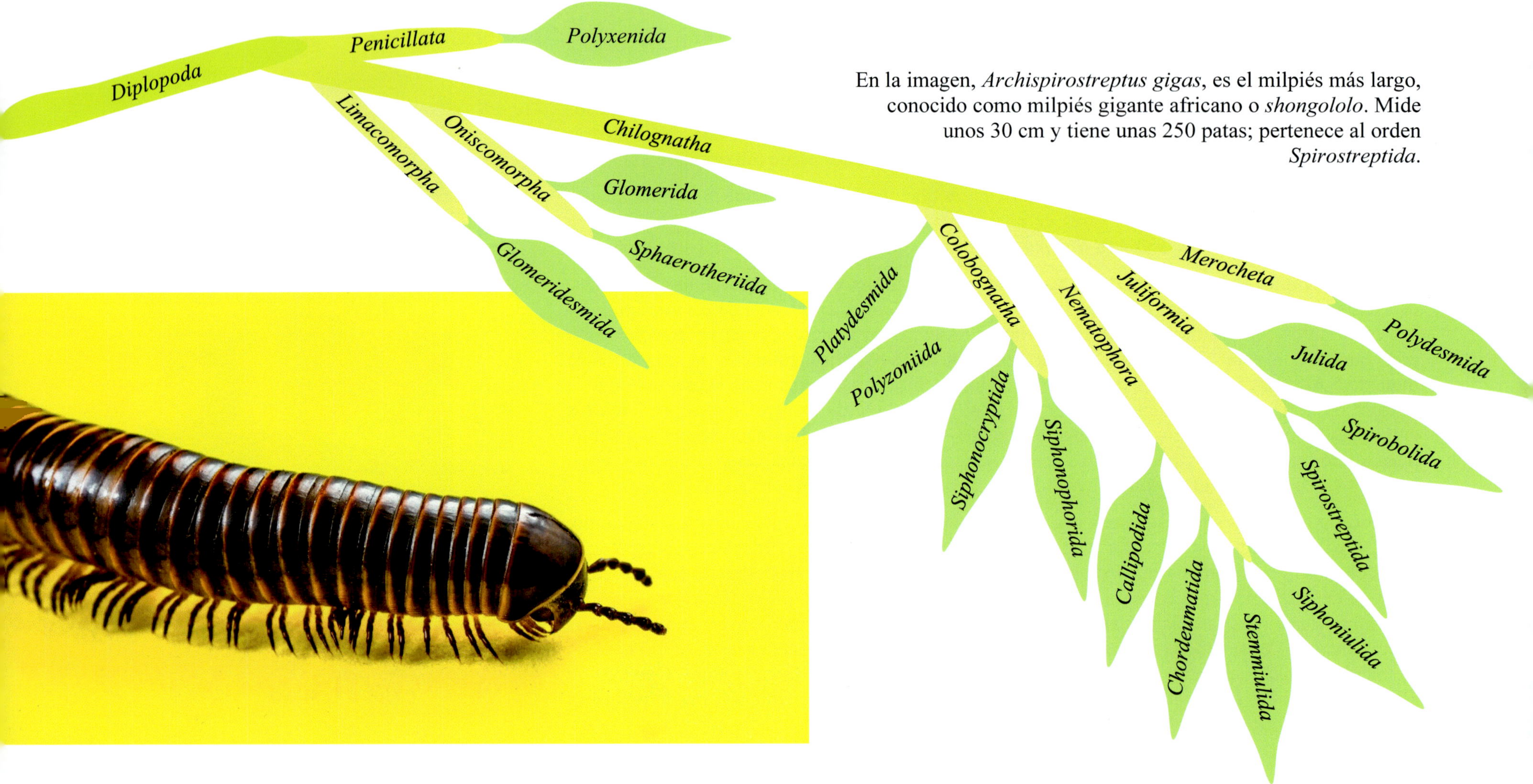

Diplopoda

Penicillata

Polyxenida

Limacomorpha

Oniscomorpha

Chilognatha

Glomerida

Glomeridesmida

Sphaerotheriida

Platydesmida

Polyzoniida

Colobognatha

Siphonocryptida

Nematophora

Siphonophorida

Juliformia

Callipodida

Merocheta

Chordeumatida

Stemmiulida

Siphoniulida

Spirostreptida

Julida

Polydesmida

Spirobolida

En la imagen, *Archispirostreptus gigas*, es el milpiés más largo, conocido como milpiés gigante africano o *shongololo*. Mide unos 30 cm y tiene unas 250 patas; pertenece al orden *Spirostreptida*.

Entre los miriápodos destacan con luz propia los diplópodos, miembros de un grupo con categoría de clase denominado *Diplopoda*. Los diplópodos tienden a ser detritívoros y se alimentan de materia orgánica en descomposición. A excepción de los segmentos próximos a la cabeza, el resto son todos iguales entre sí. Normalmente cada segmento está formado por la fusión de dos metámeros, lo que explica que se observen dos pares de patas en cada segmento; estas son siempre cortas. Suelen poseer glándulas odoríferas que producen sustancias de olor muy desagradable, cianhídricas, y que expulsan cuando se ven amenazados.

Se les conoce con el nombre genérico de milpiés. La principal diferencia entre los ciempiés (o quilópodos) y los milpiés (o diplópodos) se advierte al observar el número de patas de cada segmento: los milpiés tienen dos pares, mientras que los ciempiés tienen un solo par. Además, los milpiés carecen de forcípulas y no son venenosos como los ciempiés, y tienen antenas cortas y acodadas para sondear el sustrato, en tanto que los ciempiés tienen largas antenas filiformes. Estas características se reflejan en su forma de alimentación: los milpiés se alimentan de hojarasca y material orgánico suelto, si bien los ciempiés son insaciables depredadores.

Debido a su incapacidad para morder o picar, para escapar de sus predadores, los diplópodos han desarrollado diversas estrategias. Algunas especies se enroscan y forman una bola aprovechando la calcificación de su exoesqueleto; otras emiten secreciones líquidas de diversa naturaleza más o menos potentes, y otras especies, como los polixénidos de la subclase *Penicillata*, poseen un cuerpo no calcificado jalonado por numerosos manojos de pelos que se desprenden fácilmente, enredándose en la boca o apéndices de sus depredadores.

Los diplópodos respiran a través de cuatro espiráculos ubicados ventralmente en cada segmento y que se conectan al sistema traqueal. El sistema circulatorio es abierto con un corazón tubular que discurre dorsalmente a lo largo de todo el cuerpo. El sistema digestivo es un simple tubo con glándulas salivales que facilitan la digestión de los alimentos. Los órganos excretores son dos pares de tubos de Malpighi.

La histología

Se considera que el biólogo italiano Marcello Malpighi (1628-1694) es el fundador de la histología, aquella parte de la anatomía que estudia la estructura, composición y funcionamiento de los tejidos orgánicos.

Entre otras cosas, con la ayuda del microscopio, Malpighi observó por primera vez células vegetales vivas; investigó el papel de las papilas gustativas y cutáneas; estudió la estructura del riñón, del hígado o del bazo; presentó pruebas del desarrollo embrionario….

También se dedicó al estudio minucioso de los insectos. Observó los tubos que llevan su nombre y que ahora sabemos que son un eficiente sistema excretor de productos nitrogenados presente en insectos, miriápodos, arácnidos y tardígrados.

Arthropoda

Hexapoda

Diplura

Ellipura

Collembola

Protura

Insecta

Archaeognatha

Zygentoma

Pterygota

Palaeoptera

Neoptera

La cuarta y última superclase de artrópodos es *Hexapoda*. Así, también ponemos fin a los panartrópodos caracterizados por la posesión de un verdadero celoma, la cefalización y la segmentación del cuerpo.

Su nombre, que significa 'seis patas', hace referencia a la cualidad más distintiva del grupo: un tórax perfectamente definido sustentado por tres pares de patas. Es como si la evolución de los artrópodos hubiera favorecido la reducción del número de segmentos y de apéndices.

A juzgar por el número de especies (¡más de un millón!), se puede afirmar que es el grupo más exitoso del planeta. Excepto en mar abierto (en donde solo proliferan *Halobates* spp.), pueblan todos los hábitats susceptibles de alojar vida. Muchos entomólogos cifran la causa de semejante éxito en la posesión de alas. Efectivamente, a los hexápodos más evolucionados les cabe el honor de haber inventado el vuelo: generalmente tienen dos pares de alas, aunque algunas especies solo tienen un par y otras las han perdido.

Ese millón de especies comparten una tagmatización homogénea: cabeza, tórax y abdomen. En la cabeza se han fusionado seis segmentos. En ella se encuentran dos grandes ojos compuestos, tres ojos simples u ocelos, dos antenas con formas y funciones muy variables y el aparato bucal adaptado al tipo de alimentación del insecto (ver imagen de la derecha).

El tórax está formado por tres segmentos llamados protórax, mesotórax y metatórax. Cada uno cuenta con un par de patas locomotoras insertas en posición ventrolateral, formadas por seis artejos y adaptadas a la forma de vida del animal. En los hexápodos alados, las alas se insertan en los últimos metámeros.

Entre nueve y once segmentos forman el abdomen. Excepto alguna especie con genitales externos, los segmentos abdominales no presentan apéndices. No obstante, en el último metámero pueden aparecer dos o tres cercos largos y delgados con función sensorial, o cortos y robustos con función defensiva.

Palaeoptera

Pterygota

Neoptera

Zygentoma

Insecta

Archaeognatha

Protura

Diplura

Protura

Poduromorpha

Ellipura

Collembola

Entomobryomorpha

Symphypleona

Neelipleona

Hexapoda

La superclase de artrópodos *Hexapoda*, se divide en dos clases: una de hexápodos no alados denominada *Ellipura* y otra de hexápodos alados llamada *Insecta*. Por sus características, *Ellipura* es un puente evolutivo de enlace entre los miriápodos y los insectos.

Pero además, de la rama *Hexapoda*, brota una pequeña hoja con categoría de orden: *Diplura*. Los dipluros son hexápodos no alados y ciegos que viven en el edafón, marcados por los dos cercos abdominales. En la imagen izquierda aparece una especie indeterminada de la familia *Campodeidae*.

Ellipura es, sin lugar a duda, la clase más basal de hexápodos. No presentan apéndices alados y sí apéndices en el abdomen, por lo que se sitúan más cerca de los miriápodos que de los insectos. En desuso por ser parafilética, una división clásica de los hexápodos se hacía en relación con la posesión de alas, y distinguía entre pterigógenos y apterigógenos según tuvieran alas o no. En este sentido los ellipuros son apterigotos o ápteros, es decir, carecen de alas.

Otras características primitivas que discurren paralelas a la carencia de alas se encuentran en el aparato bucal y en los ojos. Todos los apterigotos son endognatos, es decir, las diferentes piezas de la boca se retraen dentro de la cabeza, y la mayoría son ciegos o, si poseen ojos, estos están formados por unas ocho unidades sensoriales u omatidios.

Ellipura se divide en dos subclases: *Collembola* y *Protura*. Los colémbolos son animales de unos pocos milímetros de longitud que se encuentran en cualquier medio con cierta humedad. Su aparato bucal es masticador, pero la cara ha crecido por encima de las mandíbulas de modo que estas son poco visibles. Disponen de sendos ocelos laterales formados por 10 omatidios y de los poco estudiados órganos sensoriales de Tömösváry. Como peculiaridad, los colémbolos poseen un aparato saltador, denominado fúrcula, localizado por debajo del abdomen que, gracias a la presión del líquido hemocélico, lanza al animalito una distancia equivalente a 200 veces su tamaño. Se conocen como saltarines y *Podura aquatica* (en la imagen de la derecha) es uno de ellos.

Los proturos son animales extraños: sin antenas, sin ojos, sin aparato impulsor de la hemolinfa, sin tráqueas para la respiración, sin pigmentación… Aunque poseen seis patas, caminan sobre cuatro porque las delanteras las llevan levantadas usándolas como órganos sensoriales. Son ubicuos en los suelos húmedos y se les encuentra hasta unos 10 cm de profundidad. Sus piezas bucales endognatas están adaptadas para chupar, probablemente, micorrizas. También son ápteros, ciegos y endognatos los miembros de un pequeño orden, *Diplura*, marcados por la posesión de un par de cercos en el extremo abdominal. Japígidos y campodeas son habituales dipluros del edafón.

Los miembros más acreditados del club de los hexápodos son los insectos. Algunos autores consideran que ambas palabras son sinónimas; aquí preferimos no hacerlo. El camino evolutivo que nos introduce de lleno en el mundo de los insectos está jalonado por la forma del aparato bucal y la existencia de las alas. Los grupos basales de *Hexapoda* son endognatos y apterigotos. Solo cuando aparezcan las piezas bucales ectognatas, es decir, sobresaliendo de la cara del animal, hablaremos de insectos propiamente dichos; los más basales todavía sin alas, empero enseguida surgirán los alados o pterigotos.

Aparte de los aspectos morfológicos de los que se ha hablado, los insectos se caracterizan por que, en algún momento de su vida, generalmente cuando pasan a la etapa adulta, experimentan un cambio drástico llamado metamorfosis.

No es que la metamorfosis sea exclusiva de los insectos, pues la ecdisis de todos los artrópodos no es sino una metamorfosis sencilla. Pero la metamorfosis propia de los insectos es más que un cambio de tamaño, es un cambio de forma, de adquisición de la madurez y, en su caso, de las alas. En general, el embrión se transforma en larva y la larva, a través de varios estadios intermudas, se transforma en pupa o crisálida. Con la muda imaginal, la pupa se convertirá, finalmente, en un individuo adulto o imago, nombre que alude al concepto de imagen ideal.

No podemos negar que la mayoría de nosotros asociamos los insectos con plagas dañinas o, cuanto menos, molestas y, sin embargo, su eliminación total causaría más daños que beneficios. En nuestro afán por controlar las plagas hemos pasado por alto que los insectos son un eslabón fundamental de la cadena trófica, que son el agente polinizador de las plantas más importante, o que de ellos obtenemos determinados productos de carácter terapéutico. Y no nos percatamos de que, o bien los insectos se alimentan de vegetales, o bien se comen los unos a los otros. Dado el número de insectos existentes, si las plantas no se han extinguido ya es porque unos insectos mantienen a raya a otros. En esta idea simple se basan los modernos métodos biológicos de lucha contra las plagas nocivas.

Control biológico de plagas

En la agricultura, el control de plagas y enfermedades mediante productos químicos presenta muchos inconvenientes: el principal, el riesgo de contaminación que acarrea, tanto para los alimentos como para el entorno y la salud. Por ello, el control biológico de plagas se presenta como una alternativa ecológica y eficaz. Así es, utilizando determinados organismos vivos (como depredadores o parásitos) se pueden controlar las poblaciones de otros organismos perjudiciales para la agricultura.

El entomólogo inglés Charles V. Riley (1843-1895) es considerado el padre de esta técnica: en 1888, introdujo una mariquita australiana (*Rodolia cardinalis*) en Estados Unidos que resultó ser un eficaz depredador de la cochinilla acanalada (*Icerya purchasi*), una plaga de los cítricos.

*Eukarya**Amorphea**Holozoa**Animalia**Eumetazoa**Protostomia*\
Ecdysozoa*Panarthropoda**Arthropoda**Hexapoda**Insecta*

305

En la imagen aparece un inquilino habitual de nuestras casas, *Lepisma saccahrina*, recordado vulgarmente como pececillo de plata. Pertenece al orden *Zygentoma*, uno de los más basales de la clase *Insecta*.

Ephemeroptera

Palaeoptera *Odonata*

Pterygota

Paraneoptera

Neoptera

Polyneoptera

Zygentoma

Insecta

Archaeognatha

Neuropterida

Holometabola

Tres tagmas, tres pares de patas, dos pares de alas, antenas pequeñas y ojos compuestos y ocelos, son algunos de los rasgos que definen la subclase de los insectos voladores propiamente dichos, científicamente denominados pterigotos. Aparecieron a comienzos del Carbonífero, hace 360 millones de años.

Entre endognatos y pterigotos hay no menos de 700 especies de insectos sin alas agrupados en dos órdenes: *Archaeognatha* y *Zygentoma* conocidos, respectivamente, como saltarines de roca y pececillos de plata. Ambos se desarrollan directamente (sin metamorfosis) y poseen largas antenas y tres cercos abdominales. Los humanos solemos compartir techo con los zigentomos.

Si los crustáceos eran los mandibulados acuáticos, los insectos son los mandibulados alados. Pero ¿cómo aparecieron las alas? Las alas son extensiones, o bien de la cutícula, o bien de las patas, que muy probablemente surgieron a partir de las branquias de primitivos insectos acuáticos o de crustáceos. Quizá, con el tiempo, esas láminas se convirtieron en un elemento de amortiguación en los primeros insectos saltadores.

Para que se conviertan en verdaderas alas, es necesario un sistema muscular que bata esos alerones. Básicamente, existen dos modos de propulsión: mediante unos músculos verticales que tiran directamente de las alas o mediante unos potentes músculos longitudinales que distorsionan la caja torácica. El primero es más primitivo y es propio, por ejemplo, de las libélulas. El segundo, más evolucionado, es el que realizan las moscas, por citar un caso.

Seguramente, el enorme éxito de los insectos no se debe a las alas (o no se debe solo al aparato volador), sino a la organización interna de sus múltiples sistemas. El corazón tubular que impulsa la hemolinfa mediante movimientos peristálticos; la extensa red de finos tubos que, conectados con el exterior, permiten el intercambio de gases; el sistema nervioso centralizado en un cerebro, y una serie de órganos sensoriales poco comunes, son solo una muestra de esa complejidad que ha hecho posible su tremenda adaptabilidad a lo largo de la evolución.

Carapacea

Pisciforma

Furcatergalia

Ephemeroptera

Anisoptera

Zygoptera

Palaeoptera

Odonata

Pterygota

Neoptera

Paraneoptera

Polyneoptera

Neuropterida

Holometabola

Son tantos los clados en los que se subdivide *Pterygota* que los entomólogos no se ponen de acuerdo en cómo agruparlos. Aquí se ha escogido la clasificación propuesta por el sitio web Integrated Taxonomic Information System que, siguiendo las últimas publicaciones científicas, se dedica a poner un poco de orden en lo que a taxonomía se refiere.

Allí se divide *Pterygota* en dos grupos: *Paleoptera* y *Neoptera*. Como su nombre indica, los paleópteros son los insectos alados más basales. No es raro encontrar autores que tachan este conjunto de parafilético. En todo caso, coinciden en contemplar solo dos órdenes dentro de él: *Ephemeropteroidea* y *Odonatoptera* u *Odonata*.

Ambos se distinguen por tener un sistema de músculos verticales que tiran directamente de las alas, así como por no doblar las alas cuando están en reposo; estas permanecen extendidas, como las alas de un avión. Se desarrollan a través de una metamorfosis sencilla, denominada hemimetábola, que incluye únicamente tres fases: huevo, ninfa e imago.

Los efemerópteros, conocidos vulgarmente como efímeras o cachipollas, se caracterizan por la posesión de dos o tres largos filamentos caudales en el extremo del abdomen. Las ninfas viven en agua dulce; son muy parecidas a los adultos, mas difieren sustancialmente en el modo de vida. Las ninfas que viven en el agua se denominan náyades. Las náyades crecen hasta formar un estado preadulto llamado subimago. El subimago ya tiene alas, empero no es sexualmente maduro. Es el imago el que tiene la capacidad de reproducirse. En realidad, esa es su única misión en la vida; ni siquiera tiene boca para alimentarse y en apenas un día morirá.

De los odonatos solo quedan dos estirpes no extintas: las libélulas y los caballitos del diablo. Son llamativos los enormes ojos compuestos y el primer par de patas adelantadas con los que localizan y capturan a sus presas; son unos depredadores formidables. En reposo, las alas de los caballitos yacen longitudinalmente al abdomen (ver imagen derecha), mientras que las de la libélula descansan perpendicularmente (ver imagen izquierda).

*Animalia**Eumetazoa**Protostomia**Ecdysozoa**Panarthropoda*\\
Arthropoda*Hexapoda**Insecta**Pterygota**Paleoptera*

309

Los zapateros (*Gerris lacustris*, suborden *Hemiptera*) se mantienen sobre la superficie del agua gracias a la tensión superficial.

Al hacerlo, en cada punto de contacto, la superficie del líquido se deforma ligeramente produciendo una pequeña concavidad.

Esa deformación sería imperceptible a no ser por la sombra que produce sobre el fondo del río.

Efectivamente, cuando la luz del sol incide sobre la superficie plana del agua, cualquier punto del fondo será alcanzado por algún rayo, pero la refracción en una interfaz cóncava desvía el haz de luz en diferentes direcciones, de modo que debajo de la deformación no llega ningún rayo y aparece una sombra oscura, tal y como se aprecia en la fotografía de la izquierda.

Es fácil definir el grupo *Neoptera*: comprende aquellos insectos alados que pueden abatir las alas sobre el abdomen, en contraste con los grupos más primitivos que no pueden. Es un grupo muy extenso que se tiene que desgranar despacio. Comprende cuatro órdenes: *Polyneoptera*, *Paraneoptera*, *Neuropterida* y *Holometabola*.

Los polineópteros presentan cualidades ancestrales: metamorfosis hemimetábola, patas bien diseñadas para andar o correr, mandíbulas masticadoras y cortantes y, en las especies más basales, cercos abdominales.

Es un conjunto heterogéneo en el que encontramos las temidas cucarachas, las agresivas mantis, las sociales termitas, los primitivos plecópteros, las carroñeras tijeretas, los camaleónicos insectos palo, corteza u hoja (en la imagen, un insecto del orden *Phasmida*), los recién descubiertos gladiadores y los ruidosos ortópteros (saltamontes, grillos y langostas). Algunas especies de ortópteros estridulan frotando entre sí las alas anteriores.

Respecto a los polineópteros, los paraneópteros exhiben varias reducciones como, por ejemplo, en la venación de las alas o en el número de artejos de las patas, así como simplificaciones en los aparatos excretor y nervioso. El aparato bucal presenta adaptaciones específicas al tipo de alimentación del insecto.

Son paraneópteros los piojos, las arañuelas que infestan muchos cultivos y cien mil especies de hemípteros (chinches, cigarras, pulgones, zapateros…) entre los que destaca la vinchuca (*Triatoma infestans*), principal transmisor del mal de Chagas.

Los neuroptéridos se caracterizan por una metamorfosis completa u holometábola con estadios de larva, pupa e imago y por la profusa venación de sus cuatro alas. Tanto en su fase larvaria como adulta, son unos depredadores consumados y generalistas por lo que, algunas especies, son utilizadas en programas de control biológico de plagas.

A continuación veremos con más detalle los holometábolos.

¡Una de cada cuatro especies descritas de cualquier organismo vivo es un coleóptero!

Casi 400.000 especies de escarabajos, cocuyos, cantáridas, gorgojos, mariquitas, cicindelas, ciervos volantes, carábidos… dan muestra de la extraordinaria versatilidad de un diseño simple, consistente en un par de alas duras córneas que esconden un segundo par membranoso.

Esas alas coriáceas, denominadas élitros, protegen las verdaderas alas cuando el animal no vuela (ver imagen a la izquierda). Los élitros se insertan en el mesotórax y llegan hasta el abdomen, mientras que las alas lo hacen en el metatórax. En algunas especies, estas son pequeñas o faltan por completo y entonces, erróneamente, se dice que el insecto es áptero cuando en realidad tiene un par de élitros. En general, los coleópteros no son buenos voladores.

Otras características comunes a toda esta plétora de insectos son: piezas bucales masticadoras, antenas compuestas por once artejos, protórax muy desarrollado, patas formadas por seis artejos, abdomen con diez segmentos en los machos y nueve en las hembras y metamorfosis complicadas (las larvas sufren muchas mudas, las pupas pasan mucho tiempo inactivas, etc.).

Se suelen clasificar en cuatro grupos: arcostematos, mixófagos, adéfagos, y polífagos. Los primeros son los más primitivos y las especies existentes en la actualidad son el relicto del grupo predominante durante el Pérmico (hace entre 300 y 250 millones de años), antes de la diversificación de los holometábolos. Los segundos son un grupo poco numeroso de pequeños escarabajos de hábitos acuáticos que se alimentan de algas.

Los adéfagos están altamente especializados y, entre otros, incluyen las cicindelas con variados colores de brillo metálico y élitros verdes o amarillos, y los voraces carábidos tremendamente beneficiosos para la agricultura porque comen muchas orugas perjudiciales.

Los polífagos son el grupo más numeroso y diverso reuniendo mariquitas (*Coccinellidae* spp.), gorgojos (*Curculionidae* spp.) y todo tipo de escarabajos (*Scarabaeidae* spp.): de la piel, las hojas o los muebles, peloteros o voladores, rinoceronte, hércules, Goliat, toro, ciervo…

Los holometábolos se encuentran en la cima de la evolución de los insectos. Reciben el nombre de la metamorfosis completa, u holometábola, que sufren como parte inherente de su desarrollo. Con ella se separan por completo las fases de crecimiento y de reproducción, de modo que los individuos no compiten entre sí, ya que se diversifica tanto el medio en el que viven como la fuente de nutrientes.

La única preocupación de las larvas es alimentarse para crecer tras diversas mudas. En algunas especies, las larvas reciben nombres específicos como orugas, gusanos o cresas (recordemos que la ninfa es una larva parecida al individuo adulto). La pupa es un estado de inactividad, el insecto permanece envuelto y no se alimenta; es el periodo durante el que se forman las alas. Cuando la pupa eclosiona, emerge un imago adulto cuya misión principal es reproducirse.

Destacamos los miembros más memorables, tratando los coleópteros en la página izquierda:

a) Lepidópteros. Son las mariposas y constituyen el segundo grupo más numeroso (¡con más de 150.000 especies descritas!), detrás de los coleópteros. Sus rasgos más notorios son el cuerpo cubierto de escamas y la probóscide del aparato bucal.

b) Dípteros. Siguiendo de cerca a las mariposas y polillas, los tábanos, moscas, mosquitos y típulas constituyen también un grupo asaz numeroso. Su nota definitoria es que las alas posteriores se han transformado en dos estabilizadores zumbadores; solo tienen dos alas.

c) Himenópteros. Abejas, abejorros, avispas y hormigas (fértiles) se caracterizan por tener un par de alas membranosas grandes y un segundo par mucho más pequeño. Ambos pares se hallan ligados de forma que funcionan como uno solo. Únicamente las hormigas reproductoras tienen alas.

d) Sifonápteros. Conocidos popularmente como pulgas, estos ectoparásitos hematófagos son famosos por los grandes saltos que pueden dar, mediante los cuales pasan de un animal a otro para chupar su sangre. No tienen alas: han renunciado a ellas porque no las necesitan. Pueden transmitir enfermedades peligrosas como el tifus o la peste bubónica.

Riftia pachyptila —en la imagen— es un gusano tubícola gigante que se aloja en el interior de un tubo quitinoso de más de un metro de longitud y vive cerca de fumarolas oceánicas, a varios miles de metros de profundidad. De su extremo superior, emerge una pluma branquial roja con la que absorbe las sustancias sulfurosas que emanan de las fuentes hidrotermales y de las que se nutren unas bacterias quimiolitótrofas (concretamente gammaproteobacterias) que se alojan en su interior, en un órgano *ad hoc*. A su vez, estas bacterias ayudan al gusano a sintetizar su propio alimento pues, como todos los gusanos de tubo, carece de boca y, en general, de aparato digestivo.

Denominado genéricamente pogonóforo, se trata de un anélido del superfilo *Spiralia* que no se sabe a ciencia cierta en qué clase u orden incluir. Es solo un ejemplo de los muchos guayes con los que la taxonomía debe lidiar a diario.

Junto con los ecdisozoos que se acaban de estudiar, el superfilo *Spiralia* conforma el grupo de los animales protóstomos. Recordaremos que definíamos los protostomados como aquellos organismos triblásticos con simetría bilateral, en los que el blastoporo embrionario da origen a la boca del animal, y que los ecdisozoos se caracterizan por las sucesivas mudas, o ecdisis, del exoesqueleto, sin las que el crecimiento sería imposible.

En definitiva, los animales espirales son protóstomos en los que la segmentación del embrión, mediante la cual el óvulo fecundado se convertirá en la blástula —esa esfera hueca de células—, es de tipo espiral.

Las dos primeras divisiones mitóticas del cigoto se efectúan siempre de la misma manera y, a partir de la tercera, se puede definir un eje longitudinal en la mórula. Si las sucesivas divisiones se realizan en planos perpendiculares a dicho eje, se dice que la segmentación es radial, pero cuando el plano de segmentación es oblicuo respecto a ese eje, estamos ante una segmentación espiral.

La segmentación radial es típica, por ejemplo, de las estrellas de mar, mientras que la espiral se da, como veremos, en moluscos y gusanos —en la imagen, gusano tubícola gigante—. Tras la segmentación gradual del embrión, ya sea radial, ya sea espiral, se forma la blástula que, con la invaginación del blastoporo, se convertirá en gástrula. En los embriones con segmentación espiral, el blastoporo se transforma en boca y con la segmentación radial, en ano. Los primeros son, entonces, protóstomos y los segundos son deuteróstomos.

Otro rasgo propio de la segmentación espiral —y, por lo tanto, de los filos de *Spiralia*— es que la segmentación es determinada, lo cual quiere decir que cada blastómera dará origen a una parte muy concreta del organismo. La segmentación determinada se contrapone a la segmentación indeterminada, en la que cada célula de la blástula tiene el potencial de desarrollarse en un embrión entero. En la determinada, las células son mucho más específicas.

Como no podía ser de otra manera, el clado *Spiralia* no está exento de controversia. No son infrecuentes los textos (incluso los relativamente modernos) en los que no aparece ninguna mención a dicho grupo; en su lugar encontramos el término *Lophotrochozoa*.

Así es, tradicionalmente los protóstomos se han dividido en ecdisozoos y lofotrocozoos. Otras veces se ha dicho que estos clados forman un grupo heterogéneo de animales pseudocelomados, aunque parece que esta idea ya ha sido abandonada. Otro grupo de pseudocelomados que ha perturbado el sueño de muchos biólogos ha sido *Gnathifera*: pequeños animales vermiformes con una clara división del cuerpo en tres partes, cabeza, tronco y cola.

Aquí preferimos seguir el criterio de un joven biólogo burgalés, Gonzalo Giribet, todo un experto en invertebrados, quien, en 2002, propuso un nuevo superfilo, *Spiralia*, para agrupar gnatíferos y lofotrocozoos, toda vez que los análisis moleculares respaldaban tal parentesco.

En definitiva, *Chaetognatha* es el primer filo de animales espirales que estudiaremos y que en el pasado se incluía dentro de *Gnathifera*. Los quetognatos (así se suele castellanizar el nombre latino) son mayoritariamente criaturas marinas con forma de huso. Tienen uno o dos pares de pequeñas aletas laterales y una gran aleta caudal que más que darles el aspecto de un pez, les confieren la forma de una flecha. No en vano los individuos de la única clase de quetognatos existente, *Sagittoidea*, se conocen como gusanos flecha (ver imagen en la página anterior).

Su rasgo más característico es el aparato bucal: tiene unos dientes y unos garfios queratinosos que utiliza para capturar a sus presas, generalmente, copépodos y cilióforos. Además, en la cabeza albergan unas bacterias cuyas toxinas utilizan para envenenar a sus víctimas. Se han encontrado tanto en alta mar como en las proximidades de la costa.

La cavidad corporal está revestida por una membrana y, por lo tanto, representa un verdadero celoma dividido en compartimentos. Tienen ojos compuestos, otros órganos sensoriales y un sistema nervioso simple, pero no tienen sistema respiratorio ni circulatorio.

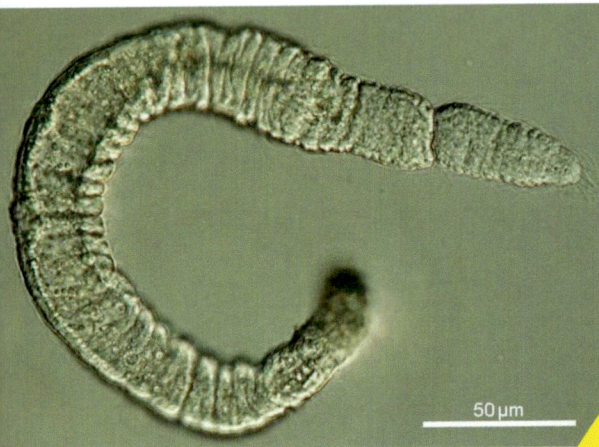

50 µm

Muchos animales microscópicos forman parte del edafón marino, como *Haplognathia gubbarnorum* (a la izquierda), un gnatostomúlido del orden *Filospermoida* con apenas medio milímetro de longitud.

Phoronida

Mollusca

Spiralia

Rotifera

Conophoralia

Micrognathozoa

Gnathostomulida

Bursovaginoidea

Scleroperalia

Micrognathozoa

Aphragmophora

Filospermoidea

Filospermoida

Limnognath

Phragmophora

Sagittoidea

Chaetognatha

Otro filo de animales espirales es *Gnathostomulida*. Los gnatostomúlidos son criaturas marinas vermiformes de tamaño milimétrico que habitan en los fangos costeros, incluso en ambientes anaeróbicos. Por sus rasgos, son miembros de pleno derecho del grupo de los gnatíferos.

Se descubrieron a mediados del siglo pasado porque hasta entonces habían pasado inadvertidos dado su tamaño y transparencia. Se alimentan de los microorganismos que se hallan entre los granos de arena y que atrapan gracias a las características mandíbulas de que están dotados.

La boca y faringe están situadas en la parte ventral de la cabeza. El aparato masticador está constituido por una placa basal, que usan para raspar el sustrato en busca de bacterias, algas y detritos, y un par de mandíbulas. El intestino es lineal, simple y ciego. Poseen varios órganos excretores, denominados nefridios, con una función similar a la de los riñones de los animales vertebrados.

Presentan una epidermis ciliada con microvellosidades. El sistema nervioso, aunque bastante simple, posee un ganglio cerebroideo del que parten tres cordones nerviosos hacia el extremo posterior del tronco, siguiendo los músculos longitudinales. La locomoción se debe al batido de los cilios de la epidermis, así como a las contracciones de los músculos longitudinales.

Los gnatostomúlidos son hermafroditas. El aparato reproductor femenino de cada individuo posee un largo ovario asociado a un receptáculo seminal. Para reproducirse, deben realizar la fecundación con otro individuo. El huevo fecundado es expulsado al exterior por medio de contracciones del cuerpo. El cigoto se transformará por segmentación espiral en una larva ciliada, carente de órganos internos y cavidad intestinal.

El filo *Micrognathozoa* es otro pequeño grupo de gnatíferos, que poseen las mandíbulas más complejas descubiertas hasta ahora en un invertebrado: están formadas por 32 piezas móviles que expulsan fuera para comer. Con apenas una décima de milímetro de longitud, son unos de los animales más pequeños que se conocen.

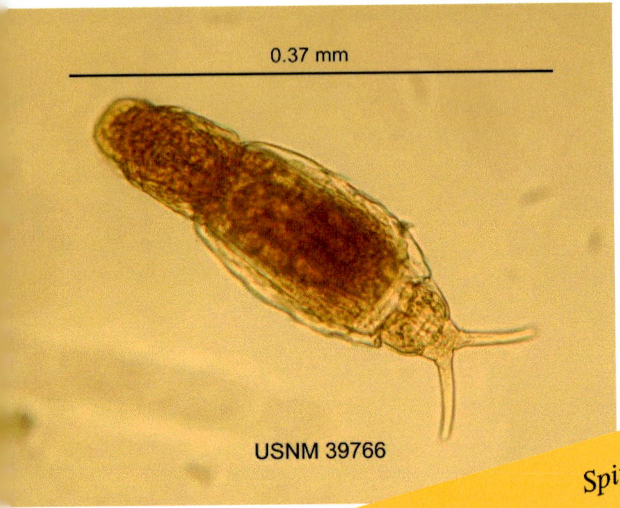

0.37 mm

USNM 39766

En esta microfotografía se distingue claramente, abajo a la derecha, el pie de este rotífero de agua dulce del orden *Ploimida*, denominado *Dicranophorus forcipatus*.

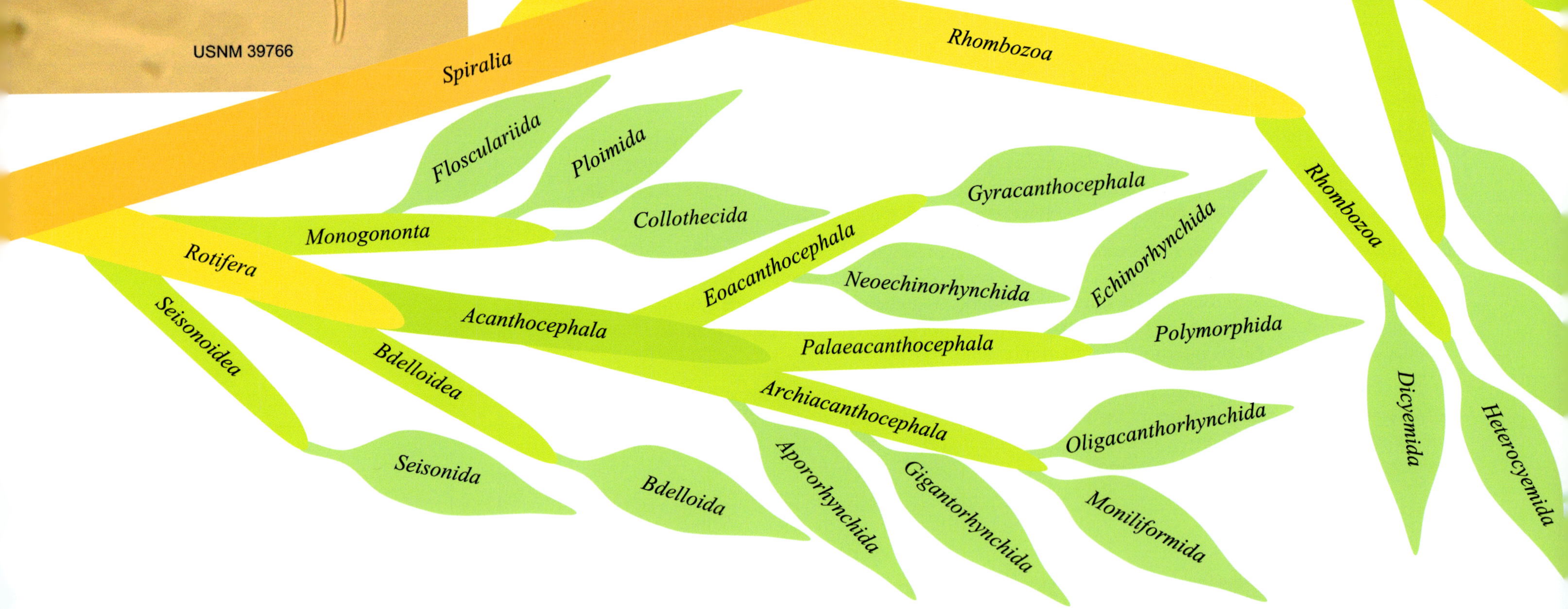

Spiralia

Rhombozoa

Platyhelminthes

Floscullariida

Ploimida

Gyracanthocephala

Rhombozoa

Collothecida

Echinorhynchida

Monogononta

Eoacanthocephala

Neoechinorhynchida

Rotifera

Polymorphida

Acanthocephala

Palaeacanthocephala

Seisonoidea

Bdelloidea

Dicyemida

Heterocyemida

Archiacanthocephala

Oligacanthorhynchida

Seisonida

Bdelloida

Apororhynchida

Gigantorhynchida

Moniliformida

El cuarto y último filo gnatífero es *Rotifera*. Los rotíferos poseen una sofisticada corona ciliada en la cabeza que, cuando baten, se asemeja a una rueda que estuviera girando, y eso es lo que significa el nombre que se les ha dado.

Esa estructura se denomina aparato rotador y su función es doble: natatoria y alimenticia. En el extremo de la cola tienen dos apéndices a modo de pies que usan para sujetarse al sustrato. En esa posición el movimiento suave de los cilios del aparato rotador conduce las partículas de alimento (generalmente, otros protozoos y algas microscópicas) hacia el interior del aparato digestivo. Allí, el llamado mástax —un órgano semejante a la molleja de las gallinas— tritura los nutrientes.

El rotífero también puede nadar a gran velocidad mediante el movimiento coordinado de los cilios del aparato rotador. Otras veces, en cambio, se arrastra por el sustrato como si fuera una oruga sujetando y soltando, alternativamente, el pie y el aparato rotador.

Existen especies milimétricas, si bien muchas no alcanzan el medio milímetro de longitud. En general, son dulciacuícolas y transparentes, pero excepcionalmente algunas especies son marinas o terrestres y otras exhiben bellos colores. Suelen encontrarse en las aguas superficiales y en las orillas.

La mayoría de los rotíferos son nadadores de vida libre, algunas especies son sésiles y otras pocas forman colonias. Las que se fijan al sustrato suelen fabricar sus propios refugios o cubiertas protectoras. Las especies que no viven en el interior del agua sino, por ejemplo, sobre musgos, pueden formar un tipo de quiste cuando escasea el agua y permanecer aletargadas, incluso años, hasta que las condiciones de humedad vuelvan a ser las adecuadas. Esta facultad se denomina reviviscencia y solo puede darse cuando la desecación es lenta.

Existe un marcado dimorfismo sexual ya que los machos suelen tener el aparato digestivo atrofiado, puesto que su existencia está dirigida exclusivamente a la reproducción.

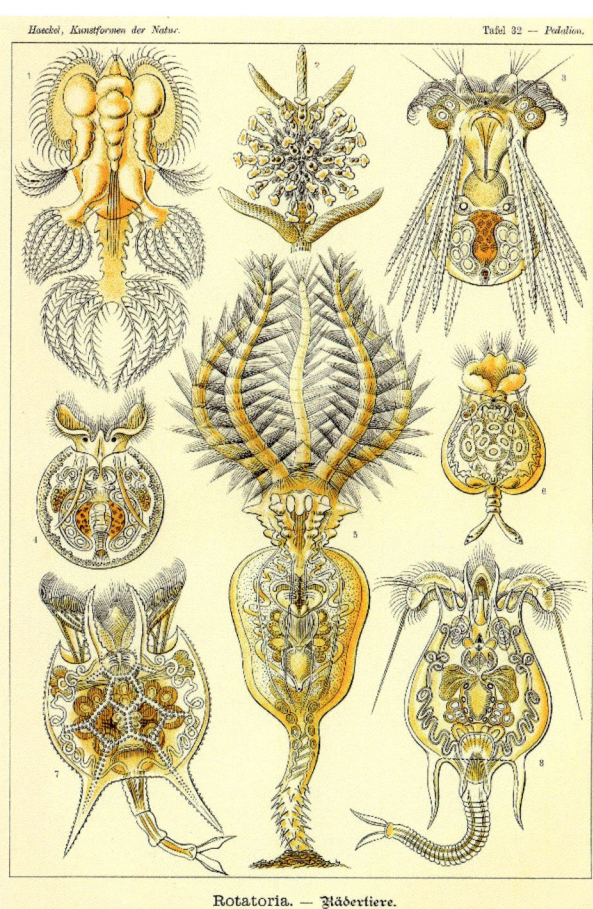

Rotatoria. — Rädertiere.

Hasta que el biólogo español Gonzalo Giribet propusiera la existencia del superfilo *Spiralia*, toda la fama se la llevaba el clado *Lophotrochozoa*. Dicho grupo se definía por una estructura denominada lofóforo: un órgano en forma de corona, provisto de numerosos tentáculos ciliados que rodean la boca con la función de conducir los nutrientes hacia el tubo digestivo.

Pues bien, los filos *Chaetognatha*, *Gnathostomulida*, *Micrognathozoa* y *Rotifera* (que se acaban de tratar) son gnatíferos, mientras que los que ahora iniciamos son lofotrocozoos: *Rhombozoa*, *Platyhelminthes*, *Gastrotricha*, *Cycliophora*, *Annelida*…

Los rombozoos, también conocidos como diciémidos, son metazoos parásitos milimétricos muy simples, pero con un ciclo de vida bastante complejo, que acostumbran a morar en los riñones y mucosas de cefalópodos como calamares, sepias o pulpos.

Los platelmintos son un tipo de gusanos definidos por un cuerpo aplanado y dorsoventralmente deprimido. No tienen celoma ni sistema vascular sanguíneo, empero son triblásticos. Suelen ser hermafroditas y habitar ambientes marinos, fluviales o terrestres húmedos.

Son los animales más simples que presentan un sistema nervioso central; en realidad, una masa de neuronas bilobulada situada en la parte anterior del gusano, con la única función de analizar la información sensorial. Es el indicio más simple de cefalización y supone un avance crucial en la evolución del sistema nervioso.

Cestoda es una clase de gusanos planos que parasitan varios huéspedes, incluidas las personas. Los más sabidos son las tenias; constan de innumerables anillos y pueden alcanzar varios metros de longitud. En el estado adulto viven en el intestino de los vertebrados, al cual se fijan mediante las ventosas o ganchos que tienen en un órgano denominado escólex, localizado en la porción cefálica. La solitaria común (*Taenia solium*) se enquista en los músculos del cerdo o de la vaca, de donde pasa al ser humano cuando ingiere la carne cruda de aquellos. Causa una enfermedad denominada teniasis, caracterizada por alteraciones digestivas y neurológicas.

El gusano árbol de Navidad (*Spirobranchus giganteus*), del orden *Sabellida*, se introduce en corales dejando fuera dos coronas de diverso color.

Considerados como grupo parafilético, los gusanos se han dividido, tradicionalmente, en cuatro tipos: nematelmintos, platelmintos, nemertinos y anélidos. Los nematelmintos o nematodos ya fueron tratados cuando hablamos de los ecdisozoos; las otras tres clases son animales espirales.

Sin duda, los gusanos más evolucionados y de mayor éxito biológico son los del filo *Annelida*; probablemente, anélidos conocidos por todos sean las lombrices y las sanguijuelas. Las estirpes que moran en el mar (poliquetos, gusanos cacahuete, tubícolas…) son las más abundantes y variadas en su aspecto —ver imagen izquierda—, mientras que las familias terrestres son más uniformes y semejantes a las lombrices.

El cuerpo de los anélidos está constituido por una serie de metámeros iguales que, no obstante, en algunas especies pueden adquirir cierta especialización. En general, cada segmento tiene sendas protuberancias laterales que usan para caminar a modo de pies y pueden presentar, además, cirros, antenas, palpos u otros apéndices —ver imagen derecha—. Los metámeros de la parte anterior del cuerpo suelen diferenciarse más marcando la cabeza: o bien están desprovistos de apéndices, o bien poseen apéndices especializados. Los segmentos del aparato bucal, por ejemplo, exhiben apéndices sensoriales y mandíbulas quitinosas. La cabeza posee, también, un par de ganglios neuronales y órganos sensoriales.

Bajo la epidermis encontramos una capa de musculatura circular y por debajo de esta, otra longitudinal. La mayoría de las especies poseen cerdas quitinosas o quetas con función táctil o locomotriz. El sistema vascular incluye un vaso dorsal que transporta la sangre hacia la parte anterior, y un vaso ventral que la transporta hacia la parte posterior. Los dos sistemas están conectados por vasos laterales. El sistema nervioso, similar al de los artrópodos, consta de dos cordones ventrales que en cada metámero se unen en un ganglio. De él parten los nervios laterales que recorren el cuerpo por debajo de la cutícula. El aparato excretor está formado por un par de nefridios en cada metámero. Los nefridios son los órganos encargados de expulsar los productos de la excreción.

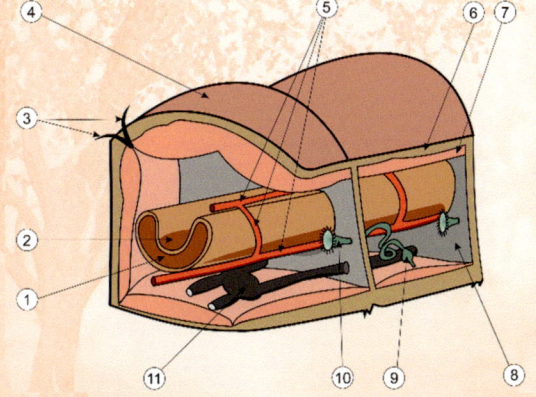

Sección típica de un anélido

1. Tubo digestivo
2. Pliegue intestinal
3. Quetas
4. Cutícula
5. Vasos sanguíneos
6. Epitelio
7. Musculatura circular
8. Tabique del metámero
9. Célula terminal del nefridio
10. Nefridio
11. Ganglio nervioso del metámero

Otro grupo de lofotrocozoos es *Mollusca*; su nombre alude al cuerpo blando que los define. Son invertebrados protóstomos, con celoma, triblásticos, de simetría bilateral, no segmentados, de cuerpo blando desnudo o protegido por una concha.

Los moluscos son muy conocidos por el público en general. La proliferación de los moluscos en los ambientes acuáticos solo es comparable a la de los insectos en el medio terrestre. Por el número de especies, *Mollusca* es el tercer grupo más numeroso, con unas 100.000 especies observadas, detrás de los insectos y de los arácnidos. Destacan por su asombrosa diversidad morfológica, junto con la extrema variabilidad de planes corporales.

Siempre han interesado a la humanidad: por su valor como alimento, por sus conchas apreciadas desde la antigüedad, por lo que se puede aprender del registro fósil que han dejado, por la importancia que tienen como hospedador intermedio de agentes patógenos, por los daños que pueden causar en cultivos o infraestructuras… Debieron de aparecer antes del Cámbrico, hace unos 540 millones de años. La especialidad zoológica que estudia los moluscos se denomina malacología.

Se distinguen de los artrópodos y de los gusanos por la ausencia de segmentación. No obstante, su cuerpo blando se encuentra claramente dividido en una región cefálica, una masa visceral y un pie muscular cuya función es la locomoción. Aparte de esto, exhiben dos características únicas en el reino animal: una concha calcárea que protege la masa visceral, excepto en algunos órdenes de cefalópodos, y un aparato bucal llamado rádula formado por hileras de dientes quitinosos.

En la mayoría de los moluscos, la masa visceral está cubierta por el manto y este, por la concha que es segregada por aquel. En la parte posterior del manto existe una cavidad denominada paleal en donde se alojan, entre otros, los órganos respiratorios y sensoriales, además de las salidas del sistema excretor, reproductor y digestivo.

Conquiliología

La conquiliología, una rama de la malacología, es el estudio científico de las conchas de los moluscos para entender su compleja taxonomía, así como su valor estético.

Concretamente, los conquiliólogos se ocupan de los gasterópodos, bivalvos, poliplacóforos y escafópodos (puesto que, excepto los nautilos, los cefalópodos no tienen conchas). No obstante, sobre todo en Europa, los conquiliólogos también estudian las conchas de otros invertebrados como equinodermos, cnidarias y crustáceos, por lo que rigurosamente hablando deberíamos redefinir la conquiliología como una parte de la zoología.

Hay que advertir que la recolección de conchas en la playa que muchos turistas realizan no es una actividad inocua, sino que afecta gravemente al equilibrio del ecosistema marino. Sería preferible que, como «buenos» turistas, nos limitemos a tomar «buenas» fotografías.

Con relativa unanimidad entre los malacólogos, se suelen considerar los siguientes grupos de moluscos. Las clases *Caudofoveata* y *Solenogastres* incluyen moluscos de aspecto vermiforme sin concha por lo que, comúnmente, se llaman aplacóforas. Por otra parte, los moluscos de la clase *Polyplacophora* se caracterizan por una coraza constituida por ocho piezas simétricas y, contrariamente al resto de moluscos, la cabeza no es discernible; se conocen vulgarmente como quitones.

Como indica su nombre, *Monoplacophora* incluye veinte especies de moluscos protegidos por una concha de una sola pieza. Se conocía su existencia por los restos fósiles y se creían extintos, pero fueron redescubiertos en los años 50 del siglo pasado en aguas abisales. Se les considera el grupo basal de los bivalvos.

La clase *Bivalvia* es la más famosa. Se distingue por una concha constituida por dos valvas. También se les conoce como lamelibranquios porque las branquias están formadas por varias laminillas, o pelecípodos por la forma en hacha del pie, o acéfalos porque no tienen una región cefálica perfectamente definida, o aglosos porque tampoco tienen rádula y en su lugar la boca presenta palpos labiales carnosos.

Todos los bivalvos son acuáticos y la mayoría, de agua salada, filtradores, sedentarios y vida libre. Moran, o bien enterrados en la arena, o bien adheridos a las rocas u otros sustratos. Son bien reconocidos bivalvos como las ostras, almejas, navajas, mejillones, madreperlas, dátiles de mar o coquinas. Menos notorias son las bromas, temidas por excavar guaridas en la madera.

La madreperla es la ostra perlera (*Pteriidae* spp.). La perla se forma como mecanismo protector cuando un cuerpo extraño —un grano de arena, un parásito…— se introduce en el interior del molusco. El manto, irritado, reacciona cubriendo la partícula con una mezcla de proteínas y carbonato cálcico para terminar formando un nódulo de nácar. Pueden estar adheridas a la concha o libres en el manto; estas últimas son las que se denominan perlas finas.

Unas mil especies de moluscos conforman la clase *Scaphopoda*. Su nota definitoria es la concha tubular cónica ligeramente curvada y abierta por ambos extremos, conocida como concha colmillo de elefante. Tienen una cabeza y una rádula poco desarrolladas.

Gastropoda es la clase más extensa de los moluscos, comprende caracoles, lapas y babosas de agua salada, agua dulce y terrestres. Los gasterópodos se caracterizan por la torsión de la masa visceral que, durante las primeras fases del desarrollo, gira hasta media vuelta sobre el pie y la cabeza, haciendo que el ano pase a estar en posición anterior. Algunas especies, no obstante, han evolucionado deshaciendo ese giro, hecho que se denomina detorsión.

Además de la torsión visceral, otro rasgo peculiar de los gasterópodos es el arrollamiento de la concha. Este no tiene nada que ver con la torsión, puesto que, de hecho, los registros fósiles demuestran que el arrollamiento apareció antes que la torsión. En un principio, la concha formaba una espiral plana, pero, evolutivamente hablando, la espiral cónica resultó ser más compacta y ventajosa.

Típicamente, los gasterópodos tienen una región cefálica bien definida, con dos o cuatro tentáculos, estatocistos, ojos y una desarrollada rádula, y un pie musculoso ventral. Suelen presentar una concha de una sola pieza por lo que también se les denomina univalvos.

La concha típica es cónica, espiralada y diestra. Esto significa que cuando se observa la concha con el ápice hacia arriba, la abertura de esta aparece a la derecha. Excepcionalmente, en algunos univalvos la concha es siniestra y en muy pocas especies se dan los dos casos. No obstante, en los grupos más evolucionados la concha está atrofiada, reducida o ha desaparecido como en el bello nudibranquio de la imagen, perteneciente al orden *Apogastropoda*.

Los gasterópodos marinos respiran por branquias. En los moluscos esas branquias se denominan ctenidios y se localizan en los laterales de la cavidad paleal. Sin embargo, los gasterópodos terrestres, como caracoles y babosas, han transformado el manto en un verdadero pulmón.

La última clase de moluscos es *Cephalopoda*. Comprende organismos de cuerpo alargado u ovoideo, cabeza robusta bien diferenciada, pie transformado en una serie de brazos musculosos por delante de la cabeza, y una boca dotada con una estructura llamada pico de loro, formada por dos mandíbulas córneas similares al pico de un ave.

Son cefalópodos los familiares pulpos, calamares, sepias, argonautas y nautilos, así como los extintos amonites. Son marinos, carnívoros y ágiles cazadores; son los moluscos más evolucionados y, probablemente, los invertebrados más inteligentes. En todo caso, no hay duda sobre otro récord: el calamar gigante (*Architeuthis* spp.), con más de 10 metros de longitud y 300 kilogramos de peso, es el invertebrado más grande.

La clase *Cephalopoda* incluye seis órdenes: *Nautilida*, *Sepiida*, *Sepiolida*, *Spirulida*, *Teuthida* y *Octopoda*. Los nautilos son cefalópodos con concha espiralada septada; el animal solo vive en la última cámara.

Los sepíidos tienen una concha interna porosa denominada jibión —o bien aplanada, o bien espiralada y dividida en cámaras como en el nautilo— que utilizan para regular la flotabilidad, tienen ocho brazos y dos tentáculos. Los sepiólidos son similares a las sepias, pero carecen de jibión.

Los espirúlidos tienen una concha interna espiral plana provista de cámaras de aire que utilizan como órgano de flotación. La única especie no extinta es *Spirula spirula* y, aunque vive en las profundidades del océano, es fácil encontrar sus conchas en las playas.

Los téutidos son los calamares; tienen concha interna, ocho brazos fuertemente musculados y dos tentáculos no retráctiles. Los octópodos son pulpos y argonautas; los primeros no tienen concha y las hembras de los segundos secretan un caparazón en abanico; sus ocho brazos poseen dos filas de ventosas. Tanto pulpos como calamares tienen un órgano llamado hipónomo que les permite moverse rápidamente, al expulsar a presión el agua de la cavidad paleal.

Architeuthis

Architeuthis es un género de cefalópodos del orden *Teuthida* que podría incluir hasta 8 especies de calamares conocidos vulgarmente como calamares gigantes. Son animales de dimensiones extraordinarias: ¡hasta 10 metros de largo! Uno de los mayores especímenes encontrados fue una hembra de 18 metros, cuyo cadáver quedó varado en una playa de Nueva Zelanda. También se han encontrado en el Atlántico Norte, en las costas de Sudáfrica y de las Islas Canarias.

Esos no serían los más grandes. El mayor es, según datos actuales, el calamar colosal (*Mesonychoteuthis hamiltoni*), también llamado cranquiluria antártica. Es la única especie de su género y se estima que puede alcanzar los 15 metros de longitud. Con un diámetro de hasta 25 centímetros, los ojos de estas criaturas son los más grandes del reino animal.

Si tenemos en cuenta que la ballena azul puede medir 30 metros de longitud, el gusano cordón de bota o *Lineus longissimus* (ver imagen) es un animal prodigioso, pues es más largo que una ballena: es el animal más largo que existe con unos 50 metros. Es una especie de gusano nemertino que se encuentra en las costas del mar del Norte y del mar Báltico.

Estudiados ya nematelmintos, platelmintos y anélidos, ya solo restan por estudiar los gusanos nemertinos, acintados o cintiformes. Con algo más de un millar de especies, el filo *Nemertea* no constituye un grupo extenso ni variado; se trata de gusanos no segmentados sin celoma diferenciado con el cuerpo deprimido y muy alargado. También se conoce como *Rhynchocoela*.

Normalmente, son gusanos marinos de vida libre y llamativos colores de unos pocos decímetros de longitud. Suelen vivir en aguas poco profundas debajo de las piedras o entre las algas. Pero algunas especies se han adaptado a la vida pelágica y otras son dulceacuícolas o viven en la tierra húmeda. Son gusanos bastante simétricos y la cabeza, algo más ancha, se distingue por la coloración, la boca, los ojos u otros órganos sensoriales. El cuerpo está revestido por una capa de cilios vibrátiles que usan para arrastrarse, bucear o nadar, junto a la acción combinada de los movimientos del cuerpo.

Son exclusivamente carnívoros. Poseen un órgano bucal característico: una especie de trompa reversible que, en reposo, se aloja dentro de una cavidad llena de líquido, llamada rincocele, que puede estar asociada a la boca (y, por tanto, al tubo digestivo) o no. Cuando el gusano detecta una presa, comprime los músculos del rincocele y el aumento de la presión hidrostática hace que la probóscide se eyecte afuera. Esta se arrolla o pega en la presa para, luego, llevarla a la boca y tragarla. Después de cazar, un músculo retractor vuelve la probóscide a su alojamiento.

Otro rasgo igualmente llamativo es la facilidad con la que algunas especies pueden fragmentar su cuerpo cuando se sienten amenazadas, mecanismo de defensa que se denomina autotomía. En condiciones adecuadas esos fragmentos se regeneran posteriormente.

A la vista de la lámina adjunta de Haeckel en la que representa diferentes briozoos, no es de extrañar que durante mucho tiempo *Bryozoa* se clasificara como un grupo hermano de *Hydrozoa*. También es razonable que se les bautizara como 'animales musgo' —eso es lo que significa su nombre— o que se les confunda con corales y algas, dada su apariencia. Al mismo tiempo, se usa como sinónimo de *Bryozoa* el término *Ectoprocta* que significa 'ano externo', pues estos animales tienen el ano fuera del círculo ciliado o lofóforo.

Generalmente, establecen colonias sobre algas, conchas o rocas con una apariencia similar a las celdas de una colmena, que los zoólogos llaman tapetes o musgos marinos (en la imagen derecha *Membranipora membranacea*, del orden *Cheilostomata*). Y es que cada individuo de la colonia, o zooide, vive en una cámara denominada zoecio, que puede ser calcárea, gelatinosa o quitinosa. De modo semejante a los corales, determinadas especies de briozoos forman incrustaciones sobre los sustratos en los que se asientan.

En algunas colonias, cada zooide se especializa en una función: de alimentación, reproducción, fijación, limpieza, etc. Los zooides pueden ser tubulares o poliédricos, dispuestos en un solo estrato o en varias capas, formando matojos o masas gelatinosas, según las especies, y, aunque los zooides son milimétricos, las colonias llegan a tener una extensión considerable.

En el zooide se distinguen dos partes: el polípido y el cístido. El polípido está formado por el lofóforo, el aparato digestivo, la masa muscular y el sistema nervioso, mientras que el cístido es la pared que segrega el exoesqueleto, es decir, el zoecio. El polípido empuja el lofóforo a través del opérculo del zoecio para capturar el alimento.

Carecen de estructuras respiratorias, circulatorias o excretoras. Sencillamente el intercambio gaseoso tiene lugar a través del cístido, el celoma se encarga del transporte interno y las sustancias de desecho se expulsan invirtiendo el movimiento de los cilios del lofóforo. Existen, además, poros en las paredes de los zoecios que permiten el intercambio del fluido celomático.

2.0 mm

Hace 540 millones de años, en los albores del Cámbrico, los braquiópodos poblaban los mares. De los miles de especies de los que se tiene constancia por los registros fósiles (ver imagen de la página anterior), solo han perdurado hasta nuestros días unos pocos centenares. Sin duda, se trató de un diseño muy exitoso, parecido al de los bivalvos.

Efectivamente, el manto segrega una concha que suele ser quitinosa en vez de calcárea (como la de los moluscos); la inferior se adhiere al sustrato mediante un pedicelo o pedúnculo, en tanto que la superior tiene libertad de movimiento. Es una fórmula que funciona y otro ejemplo de convergencia evolutiva. Esta semejanza ha sido motivo de no pocas discusiones entre los malacólogos. La diferencia entre ambos modelos se encuentra en el tipo de simetría: en los bivalvos es lateral y en los braquiópodos, dorsoventral.

Brachiopoda es un filo de animales mayoritariamente marinos y sésiles. La valva ventral o peduncular suele ser un poco más grande que la dorsal o superior. El cuerpo ocupa la mitad posterior del volumen que definen las dos valvas. Ahí se alojan los nefridios, un pequeño corazón, los ganglios nerviosos, el aparato digestivo y las gónadas.

En la mitad anterior se halla el lofóforo que suele tener forma de herradura. Los cilios del lofóforo no solo crean corrientes de agua para conducir el alimento hasta la boca, sino que también expulsan las partículas no deseadas y pueden absorber nutrientes disueltos en el agua.

Brachiopoda pone el broche final a este extensísimo y variadísimo superfilo de animales cuya segmentación embrionaria es de tipo espiral. Se han quedado en el tintero, sin embargo, los filos *Gastrotricha*, *Cycliophora*, *Entoprocta* y *Phoronida* que en conjunto incluyen unos pocos centenares de especies milimétricas pseudocelomadas, caracterizadas por esa corona florida que hemos denominado lofóforo.

Y con *Spiralia* también concluimos los protostomados, que definíamos como aquellos animales triblásticos en los que el blastoporo embrionario da origen a la boca del organismo.

A estas alturas es absolutamente superfluo insistir en que este no es un libro de animales: está muy claro que es una aproximación a todas (o casi todas) las clases de seres vivos. Y también es perfectamente comprensible que nuestra arrogancia como seres racionales nos haga creer que los animales vertebrados son más interesantes e importantes que el resto de las criaturas: microbios, hongos, invertebrados, plantas…

¿Dónde están, entonces, los peces, las aves, los reptiles… y, por supuesto, los mamíferos? ¡Llevamos más de la mitad del libro ¿y todavía no han aparecido?!, se preguntará.

No se apure: ya se aproximan.

Efectivamente, iniciamos un nuevo capítulo que está dedicado a los organismos deuteróstomos. Debemos recordar que esta distinción surge en contraposición a los organismos protóstomos. Cuando el origen de la boca se halla en el blastoporo embrionario, nos encontramos ante los protostomados, y cuando la boca nace a partir de un nuevo orificio del embrión, estamos frente a los deuterostomados.

Por eso, resulta evidente que en los protóstomos primero se forma la boca y después el ano (si es el caso, pues hemos visto no pocos animales que solo cuentan con un orificio en el tubo digestivo), al tiempo que en los deuteróstomos primero se engendra el ano y después la boca del aparato digestivo.

¿No es asombroso que la diferencia esencial entre un langostino y un chimpancé (por citar un caso) no sea todo aquello que salta a la vista, sino que haya que buscarla en las primeras etapas de su formación, es decir, que en el primero la boca se origina a partir del blastoporo, mientras que en el segundo es el ano el que aparece a partir de esa invaginación de la gástrula?

Por tanto, respondiendo a la pregunta del encabezamiento: en los animales «inferiores» se forma la boca en primer lugar y en los animales «superiores» el ano aparece primero.

Un ligero paseo por los intricados caminos del árbol de la vida no significa que nos perdamos, que nos despistemos o que no sepamos dónde estamos. Sí puede suponer que determinados aspectos técnicos sean tratados superficialmente, pero hemos de ubicarnos.

Deuterostomia y *Protostomia* son los dos grandes grupos con categoría de infrarreino que, junto con unos pocos filos más, completan el subreino *Eumetazoa*. Y los subreinos *Eumetazoa* y *Parazoa* constituyen el reino *Animalia*. Dicho de otra manera: los deuteróstomos (o sea, equinodermos, anfibios, reptiles, aves y mamíferos) junto con los protóstomos (nematodos, panartrópodos, platelmintos, anélidos, moluscos…) constituyen el subreino de los organismos triblásticos, y estos, más las criaturas sin tejidos propiamente dichos (es decir, las esponjas de mar), forman el conjunto de los animales.

Los principales rasgos de los deuteróstomos son:

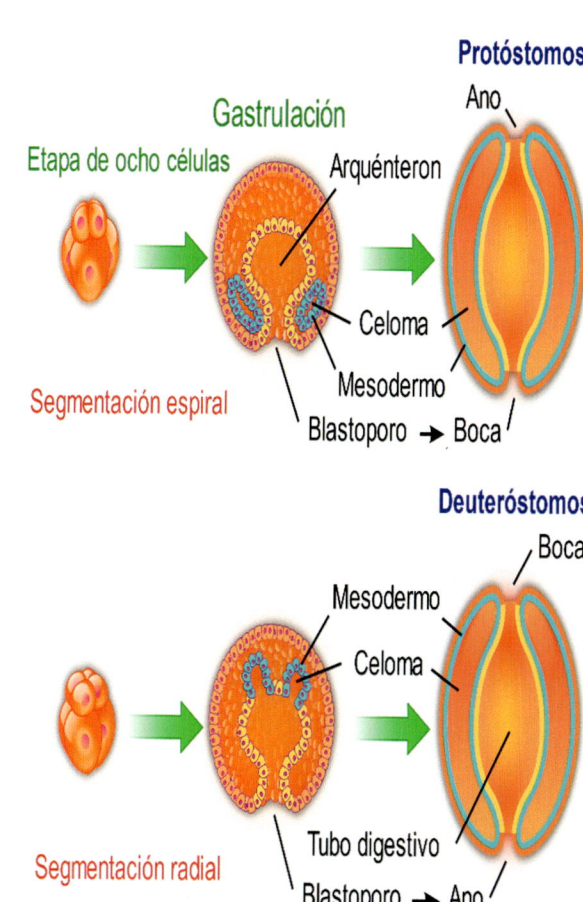

a) La segmentación del cigoto que dará lugar a la blástula es de tipo radial, es decir, se produce en planos perpendiculares al eje polar de la blástula.

b) La segmentación es indeterminada, lo cual quiere decir que cada blastómera, antes de la gastrulación, tiene el potencial de desarrollarse en un embrión completo.

c) El blastoporo embrionario da lugar al ano del tubo digestivo.

d) Son organismos triblásticos lo que está íntimamente unido al tipo de simetría bilateral que exhiben. Usted deberá recordar que la simetría radial es propia de los organismos diblásticos.

e) La tercera capa embrionaria que da lugar, normalmente, a tres cavidades celomáticas —el mesodermo— se forma a partir de determinadas células de la parte interna o más profunda del endodermo, mientras que en los protóstomos se forma a partir de células endodérmicas muy próximas al blastoporo (ver imagen de la derecha).

f) El cordón nervioso central discurre por el dorso de los animales deuteróstomos, si bien en los protóstomos el sistema nervioso dispone de dos cordones en posición ventral.

Deuterostomia

Ambulacraria

Echinodermata

Hemichordata

Chordata

Tunichata

Cephalochordata

Craniata

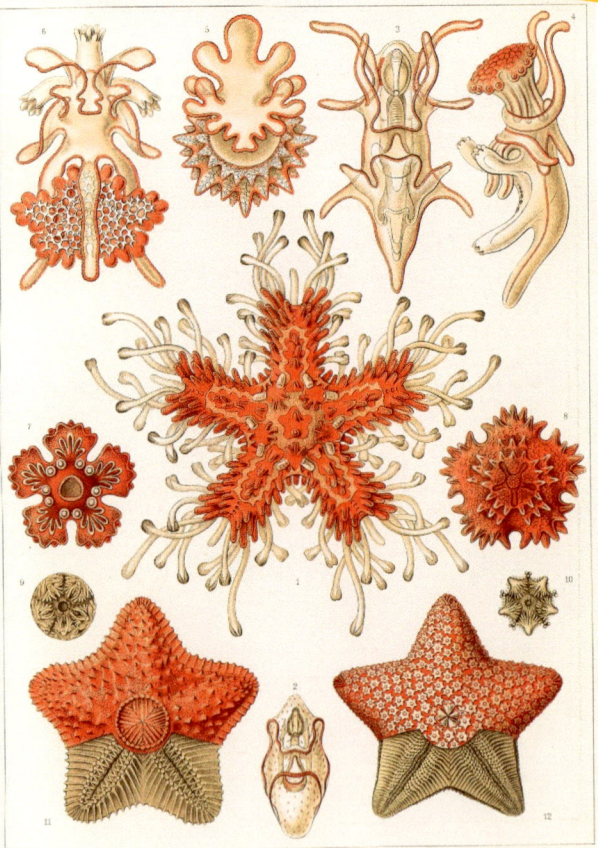

Haeckel, Kunstformen der Natur.

Tafel 40

Asteridea. — Seesterne.

En la cuadragésima lámina del naturalista Ernest Haeckel, aparecen representados los diferentes estados larvarios de una estrella de mar, que se desarrollan a partir de la larva tornaria (en la siguiente página):

1. Larva escafularia: en la parte inferior central marcada con el número 2.
2. Larva bipinnada: en la parte superior, la segunda a la derecha, indicada con el número 3.
3. Larva braquiolaria: arriba a la derecha con el dígito 4.
4. Metamorfosis final: en la parte superior a la izquierda, numerada con el 6.

El grupo más basal de animales deuteróstomos es el superfilo *Ambulacraria*. No es un grupo muy extenso ni variado, pues incluye menos de 10.000 especies de las que el 99% corresponden al filo de las estrellas de mar y los erizos de mar, comúnmente conocidos como equinodermos. El resto, apenas un centenar de especies, son unas criaturas mucho menos populares de aspecto vermiforme llamadas hemicordadas.

Durante mucho tiempo se creyó que los hemicordados eran un clado hermano de los cordados (que pronto aparecerán) cuando en realidad están más emparentados con los equinodermos, tal y como los caracteres morfológicos y genéticos han puesto de manifiesto abrumadoramente.

El caso es que el grupo que incluye tanto equinodermos como hemicordados, recibe su nombre por el peculiar aparato de las estrellas y erizos de mar: el sistema ambulacral, un conjunto de tubos por los que circula el agua y que actúan, simultáneamente, como órgano de locomoción y de respiración.

A fin de cuentas, lo que define el superfilo *Ambulacraria* no es el sistema ambulacral, sino que hay que buscarlo en las primeras etapas de vida de estos animales, examinando la morfología de las larvas, esos organismos embrionarios de vida independiente y autosuficiente que, hasta convertirse en adultos, sufren diversas metamorfosis.

Pues bien, todos los ambulacrarios adultos se desarrollan a partir de un tipo de larva que los especialistas denominan tornaria (ver imagen derecha). Constituye parte del zooplancton, posee unas bandas ciliares singulares y tiene simetría bilateral.

Esa similitud común a todos los ambulacrarios enseguida se difumina y, según los filos, la larva tornaria adquiere las tres partes típicas de los hemicordados o se transforma en otro tipo de larva, denominada bipinnaria y que es propia de los equinodermos. Estas últimas, abandonan la zona planctónica y sufren una espectacular metamorfosis. Nótese que, por ejemplo, una estrella de mar tiene simetría pentámera, pero se desarrolla a partir de una larva con simetría bilateral.

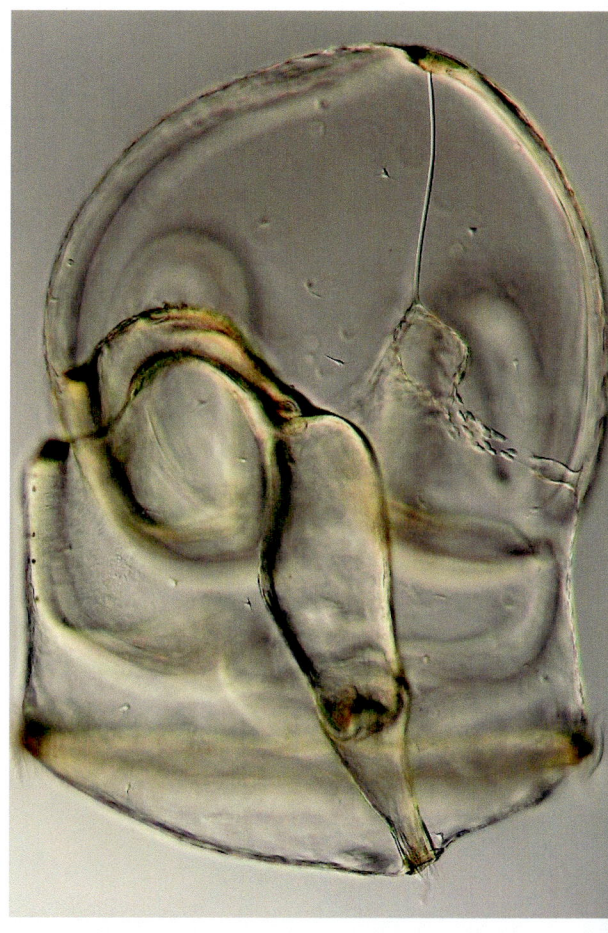

Eleutherozoa

Echinodermata

Pelmatozoa

Hemichordata

Pterobranchia

Rhabdopleurida

Ambulacraria

Enteropneusta

Enteropneustida

El eminente helmintólogo y taxónomo alemán Johann Wilhelm Spengel (1852-1921), en una obra publicada en 1893, dejó bellas imágenes como esta en la que aparecen algunos enteropneustos:

1.   *Ptychodera clavigera*, visto desde el lado dorsal.
2.   *Ptychodera minuta*, desde la parte ventral.
3.   *Ptychodera minuta*, desde el lado dorsal.
4.   *Ptychodera erythraea*, desde la cara dorsal.
5.   *ScMzocardium brasiliense*, desde el lateral.
6.   *Glandiceps talaboti*, vista parcial del lado dorsal.
7.   *Glandiceps haeksi*, ejemplar adulto visto desde el lado ventral.
8.   *Glandiceps haeksi*, ejemplar adulto desde el lado dorsal.
9.   *Glandiceps haeksi*, ejemplar joven.
10. *Balanoglossus Jcoicalevskii*.
11. *Balanoglossus hupfferi*.

Como hemos comentado anteriormente, el filo *Hemichordata* se relacionó durante algún tiempo con los animales cordados. Los cordados se denotan por la presencia del notocordio, estructura embrionaria que dará lugar al sistema nervioso central del organismo adulto. Y es que la mayoría de las especies de hemicordados poseen un cordón nervioso dorsal, que se creía semejante al notocordio de los animales superiores.

Posteriormente, se comprobó que ese cordón nervioso procedía de una evaginación del tubo digestivo que llegaba hasta la boca, estructura que se llamó estomocorda, y, si bien no se asemejaba al notocordio, parecía ser su precursora. De ahí que se añadiese el prefijo hemi- al nombre del grupo, pues, a pesar de que no eran cordados, se aproximaban mucho a ellos.

Además de esa estructura rudimentaria, los hemicordados presentan una serie de hendiduras branquiales muy características, las faringotremas, que son órganos de filtración para ingerir el alimento y realizan algún intercambio gaseoso. También los cordados no vertebrados las tienen, lo que vino a incrementar la confusión inicial.

Son hemicordados dos clases bien diferentes, *Enteropneusta* y *Pterobranchia*, que, no obstante, presentan semejanzas en su plan corporal: la parte frontal es el prosoma que, o bien consiste en una especie de probóscide, o bien tiene forma de escudo; la segunda parte es una especie de collar, el mesosoma, donde se sitúa la abertura de la boca; la tercera es el tronco más o menos largo según las especies, llamado metasoma.

Conocidos como gusanos bellota, los enteropneustos son organismos flácidos y viscosos de tamaño centimétrico y vida libre, mientras que los pterobranquios son animales coloniales tubícolas milimétricos parecidos a los briozoos. Los primeros son dioicos y se reproducen sexualmente liberando sus gametos en el agua. Los segundos se reproducen asexualmente, aunque se cree que los zooides son dioicos y presentan cierto dimorfismo sexual; las larvas son lecitotróficas, es decir, no buscan su alimento, sino que se nutren de sus propias reservas.

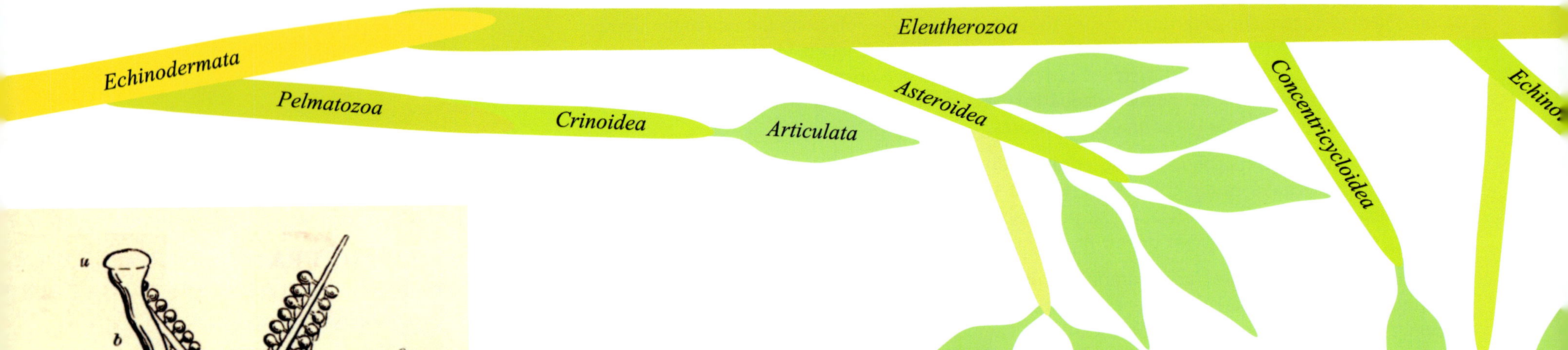

Echinodermata

Pelmatozoa

Eleutherozoa

Crinoidea

Articulata

Asteroidea

Concentricycloidea

Echino...

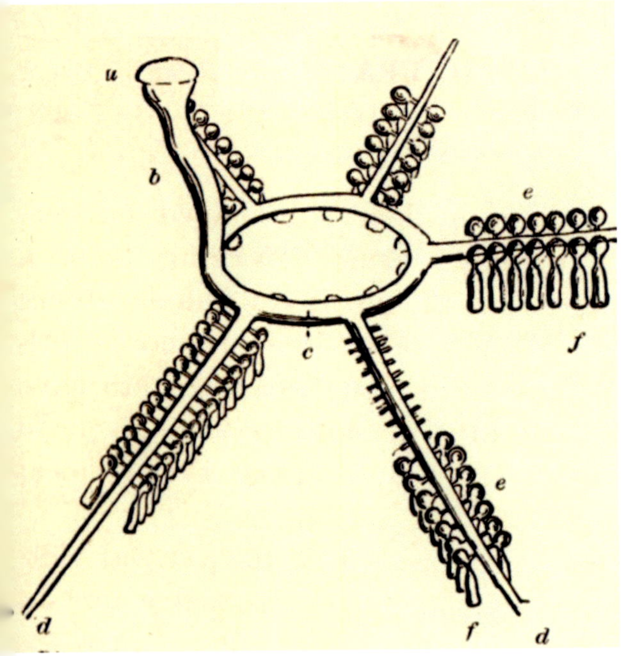

En este diagrama del sistema vascular acuífero de una estrella de mar, dibujado por Augusta Arnold, se detallan sus diferentes partes:

a) Madreporito
b) Conducto pétreo
c) Canal anular
d) Canales radiales
e) Ampollas
f) Podios

Unas 7.000 especies de ofiuras y de estrellas, erizos, pepinos (o cohombros), lirios y margaritas de mar constituyen el filo *Echinodermata*, comúnmente conocido por su peculiar simetría de tipo pentámera —¡única en el reino animal!—, aunque el nombre alude a su esqueleto interno constituido por una infinidad de huesecillos calcáreos, denominados osículos, que, o bien están articulados entre sí, o bien constituyen un caparazón rígido, y forman espículas o púas en el exterior del cuerpo.

Y más notorio todavía es el sistema ambulacral de los equinodermos que, lejos de nacer como un método de locomoción, era, sobre todo, un sistema de alimentación diseñado para recoger y conducir al estómago los nutrientes, tan único y notable como el tipo de simetría.

Efectivamente, más que hablar del órgano ambulacral tenemos que referirnos al sistema vascular acuífero, constituido por una serie de reservorios, tubos celomáticos y terminaciones tentaculares que, a lo largo de un par de surcos, sobresalen del cuerpo y son los que llamamos pies ambulacrales o podios.

El líquido acuoso celomático se mantiene en contacto con el agua del mar a través de una placa perforada llamada madreporito. Mediante contracciones de los músculos asociados al sistema vascular, el individuo puede aumentar la presión hidrostática y poner en funcionamiento sus numerosos podios, que desempeñan funciones tan diversas como la locomoción, el intercambio gaseoso, la alimentación, la fijación al sustrato o la percepción sensorial.

En resumen, la compleja metamorfosis que transforma larvas bilaterales en adultos radiales, el polifacético aparato acuífero (con sus pies ambulacrales), el endoesqueleto espinoso, la ausencia de cabeza, de cerebro y de órganos excretores, y un reducido sistema sanguíneo, hacen de los equinodermos unos de los animales más raros que existen y un desafío para los zoólogos.

Conviene no confundir la parte de la zoología que estudia los equinodermos o equinología con la que se ocupa de los caballos o hipología.

Augusta Arnold

La norteamericana Augusta Foote Arnold (1844-1904), además de dos libros de cocina con el pseudónimo Mary Ronald, publicó el que ha sido un manual de referencia en biología marina: *The Sea-Beach at Ebb-Tide*.

Se trata de una guía de la flora y la fauna de invertebrados de las zonas intermareales de las costas de los Estados Unidos, particularmente de la costa este, publicada en una popular revista juvenil: *St. Nicholas Magazine*. Influyó en toda una generación de naturalistas: Rachel Carson y Edward Ricketts, por ejemplo, citan el libro de Arnold en sus bibliografías y los biólogos marinos Myrtle E. Johnson, Richard K. Allen y Joel Hedgpeth mencionan o comentan su obra.

Dentro de los equinodermos se distinguen dos grandes subfilos: *Pelmatozoa* y *Eleutherozoa*. Los pelmatozoos son animales sésiles provistos de un pedúnculo con el que permanecen anclados al sustrato —al menos una gran parte de su vida—, en tanto que los eleuterozoos son mayoritariamente motiles (o vágiles).

Por muy extraños que sean, los equinodermos gozaron de un notable éxito durante más de 100 millones de años, en el Cámbrico y el Ordovícico, experimentando una gran radiación evolutiva, tal y como lo demuestra el abundante registro fósil con más de 13.000 especies catalogadas. Al menos cinco de las clases de equinodermos pedunculados existentes se extinguieron y solo han llegado hasta nuestros días los crinoideos.

Así es, la única clase no extinta de pelmatozoos es *Crinoidea*. Los crinoideos, recordados comúnmente como lirios de mar (*Bourgueticrinida* spp.) o comátulas (*Comatulida* spp.), son criaturas sésiles con el aspecto de una flor, situada en el extremo de un pedúnculo de fijación de unos pocos decímetros de longitud.

La función de esos apéndices florales es atrapar las partículas de alimento que se hallan en suspensión en el agua y llevarlas a la boca. Algunas especies, no obstante, han perdido el pedúnculo y pueden nadar o arrastrarse lentamente moviendo los apéndices florales que, en realidad, son pies ambulacrales. Tal vez este sea el origen del sistema vascular acuífero y la explicación de su versatilidad.

En el centro del cáliz floral se halla la boca y, junto a esta, el ano. De él parten cinco brazos ramificados en muchos otros y cada brazo está adornado de dos filas de barbas laterales. Los surcos ambulacrales están ciliados y sirven para transportar hasta la boca los alimentos que atrapan los podios. Carecen de madreporito y espículas.

El pedúnculo está formado por placas articuladas y adornado por cirros. En la fase adulta, cuando se independizan de su pedúnculo, todavía pueden anclarse al suelo con los cirros.

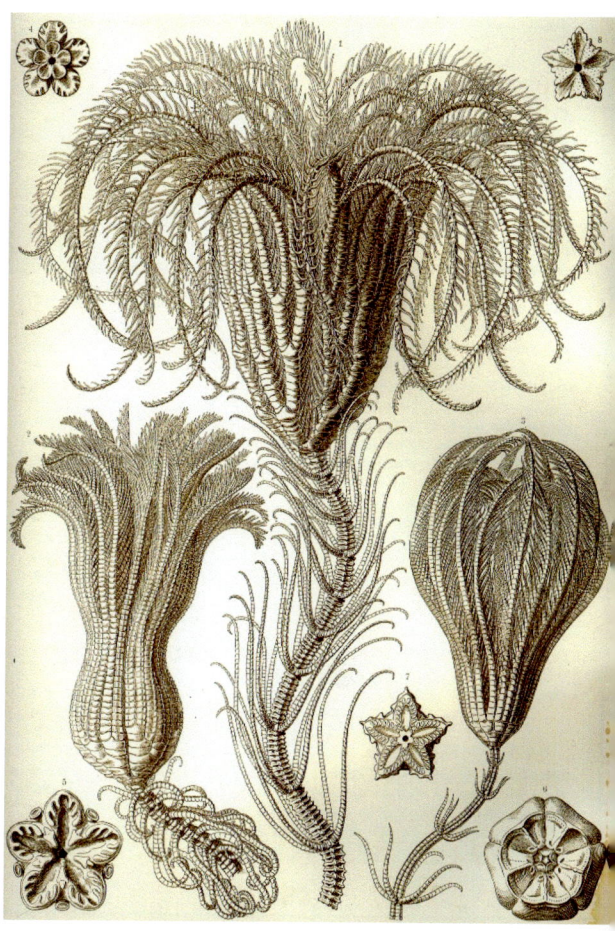

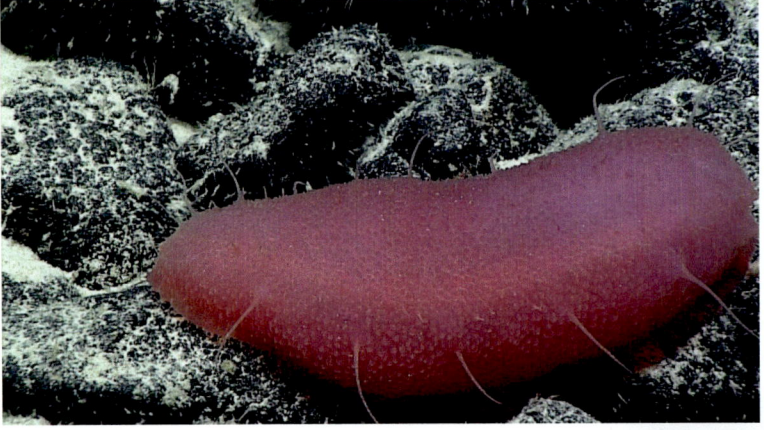

Las dos tendencias evolutivas de los equinodermos están representadas por los pelmatozoos, organismos preferentemente sésiles, y por los eleuterozoos, criaturas motiles según indica su nombre, *Eleutherozoa*, que significa 'animales libres'. El subfilo *Eleutherozoa* comprende cinco clases: *Concentricycloidea* o margaritas de mar, *Holothuroidea* o pepinos de mar, *Ophiuroidea* u ofiuras, *Asteroidea* o estrellas de mar y *Echinoidea* o erizos de mar.

Los concentricicloideos son unos pequeños animales de forma discoidal descubiertos, en 1986, en aguas profundas neozelandesas. Las margaritas de mar presentan simetría radial, pero no tienen brazos y los pies ambulacrales describen una circunferencia alrededor del disco (ver imagen superior en la página anterior).

Si los equinodermos son animales raros, los holoturoideos son los equinodermos más extraños. Reciben el nombre de una cucurbitácea porque eso es lo que parecen (ver imagen central). Son preferentemente sedentarios y, en la mayoría de las especies, los osículos son muy pequeños y están embebidos en el interior de su cuerpo, carnoso y alargado, que descansa lateralmente. Los pies ambulacrales, o bien están distribuidos por todo el cuerpo, o bien en cinco bandas radiales, o bien solo en el lado que está apoyado en el sustrato. En este último caso, aparece una simetría bilateral secundaria. Cuando se sienten estresados pueden expulsar todo el aparato digestivo, lo que puede ser una treta para escapar de sus depredadores, y después son capaces de regenerar las partes perdidas, lo que hemos llamado autotomía.

Las ofiuras son los equinodermos que han evolucionado en un mayor número de especies y, probablemente, también son los más abundantes, pues se encuentran en todas las profundidades, incluso parecen ser particularmente abundantes en los fondos abisales. Típicamente poseen cinco brazos alargados y finos que se pueden desdoblar en muchos más (ver imagen inferior de la página anterior). Cada brazo consiste en una sucesión de osículos que cubren, incluso, los surcos ambulacrales.

A continuación, con más detalle, se tratarán las estrellas y los erizos de mar.

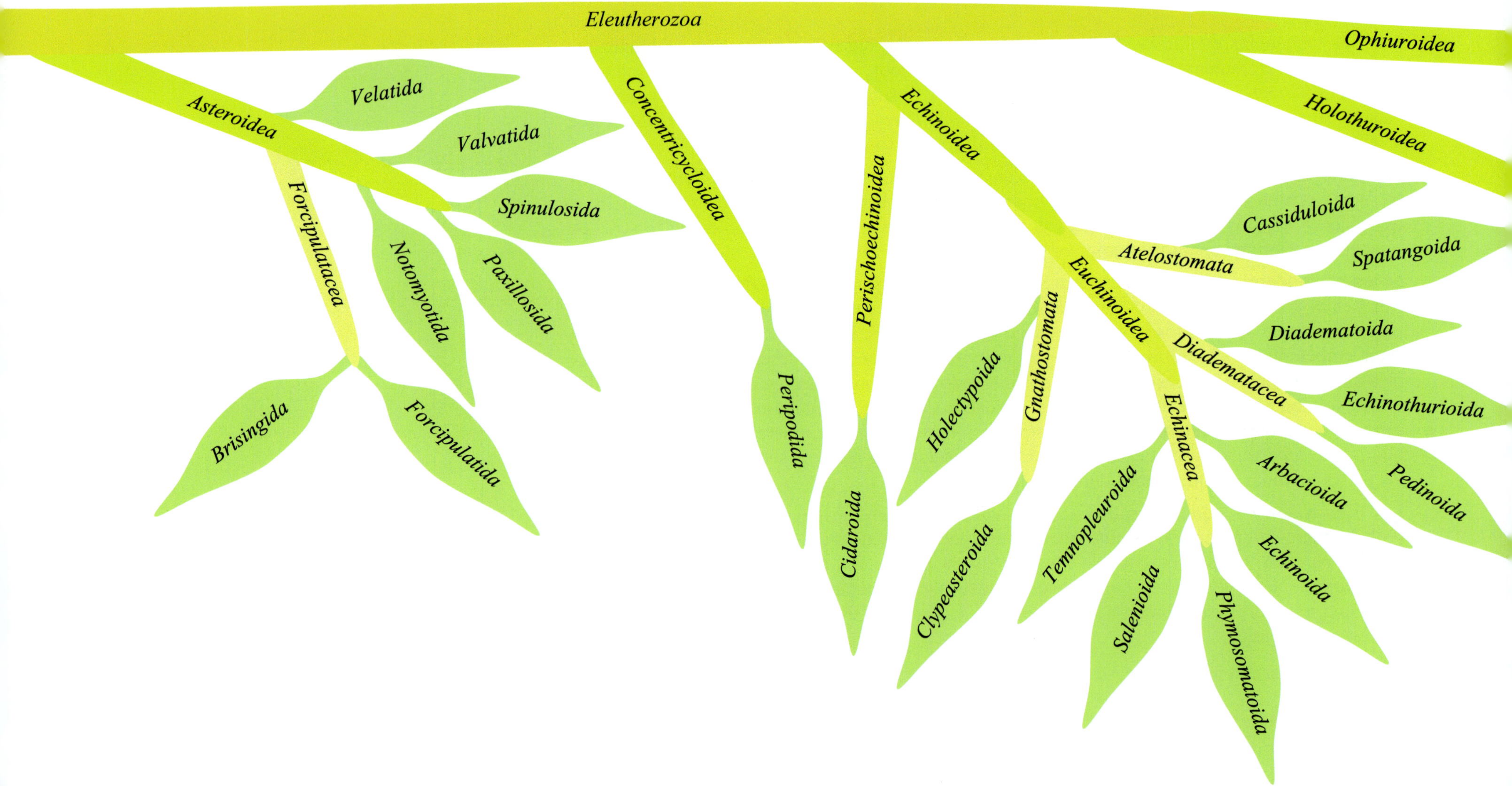
Eleutherozoa
Ophiuroidea
Holothuroidea
Asteroidea
Velatida
Valvatida
Spinulosida
Forcipulatacea
Notomyotida
Paxillosida
Brisingida
Forcipulatida
Concentricycloidea
Peripodida
Perischoechinoidea
Cidaroida
Echinoidea
Atelostomata
Cassiduloida
Spatangoida
Euchinoidea
Gnathostomata
Holectypoida
Clypeasteroida
Diadematacea
Diadematoida
Echinothurioida
Pedinoida
Echinacea
Temnopleuroida
Salenioida
Phymosomatoida
Arbacioida
Echinoida

La principal diferencia entre la clase *Asteroidea* y *Ophiuroidea* es que en las estrellas de mar no se observa una señal clara entre el final del disco y el comienzo de los brazos, como la patente articulación que sí presentan las ofiuras.

Los asteroideos son animales cosmopolitas que habitan, generalmente, en aguas poco profundas. Según las especies, son de color anaranjado, amarillento, escarlata, grisáceo… La inmensa mayoría tiene cinco radios, si bien hay especies con siete y otras con un número mayor: ¡hasta 50! En todo caso, los brazos son más robustos que los de las ofiuras y los utilizan ágilmente para moverse y atrapar o envolver a sus presas.

Los asteroideos se apoyan en el fondo sobre su cara ventral en la que se halla la superficie oral. De la boca parte un surco ambulacral hacia cada uno de los brazos. En los extremos de los brazos suelen tener podios con una función sensorial y un ocelo u ojo rudimentario. El ano se sitúa en la cara opuesta o aboral.

Son maestros en el uso de los pies ambulacrales. Se suelen desplazar con suavidad, pero algunas especies son bastante ligeras. Además de los pies terminados en ventosas, algunas especies poseen otro tipo de podios, denominados pedicelarios, terminados en dos pinzas con capacidad para abrirse y cerrarse. Tienen, principalmente, funciones de limpieza y defensivas.

Las estrellas de mar son animales muy voraces y se alimentan de una forma cuando menos curiosa. Primeramente, proceden a la evaginación del estómago a través de la boca, rodeando y envolviendo aquello que van a comer. Luego, segregan enzimas sobre la comida, haciendo una especie de digestión externa y, por último, absorben los nutrientes.

La mayoría son dioicas, tienen un par de gónadas en cada brazo y abandonan los huevos a su suerte o, a veces, los envuelven en una sustancia gelatinosa a modo de protección. Las larvas de vida libre reciben el nombre de bipinnarias y las que se fijan al sustrato son braquiolarias. En algunas especies se suceden los dos tipos hasta que se metamorfosean en estrellitas.

*Amorphea**Holozoa**Animalia**Eumetazoa**Deuterostomia*\\
Ambulacraria*Echinodermata**Eleutherozoa**Asteroidea*

355

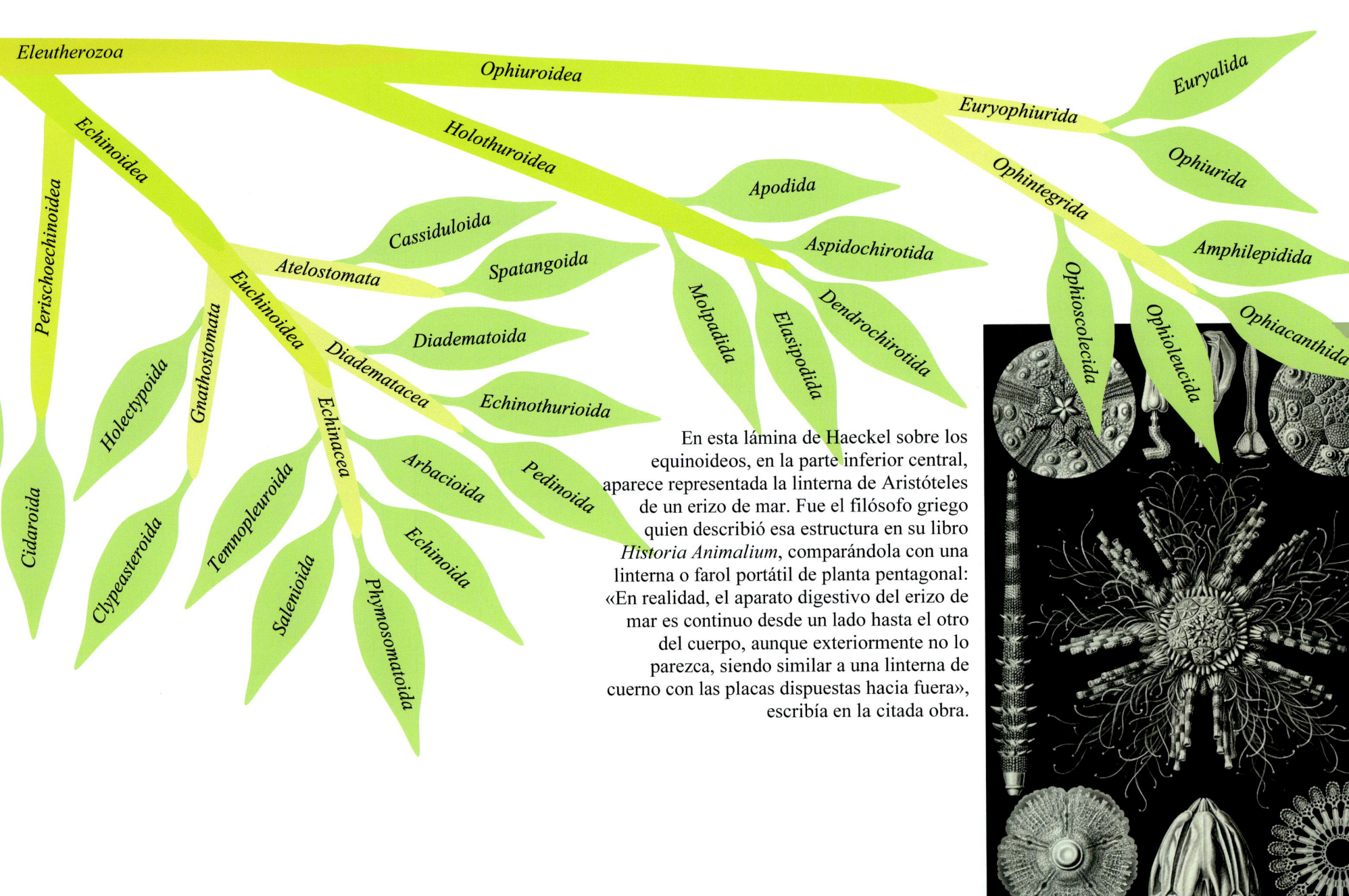

Eleutherozoa

Ophiuroidea

Euryalida

Euryophiurida

Echinoidea

Holothuroidea

Ophiurida

Ophintegrida

Periscboechinoidea

Apodida

Aspidochirotida

Amphilepidida

Cassiduloida

Atelostomata

Spatangoida

Molpadida

Dendrochirotida

Ophiscolecida

Ophioleucida

Ophiacanthida

Euchinoidea

Gnathostomata

Diadematoida

Elasipodida

Holectypoida

Diadematacea

Echinothurioida

Echinacea

Cidaroida

Clypeasteroida

Temnopleuroida

Arbacioida

Pedinoida

Salenioida

Echinoida

Phymosomatoida

En esta lámina de Haeckel sobre los
equinoideos, en la parte inferior central,
aparece representada la linterna de Aristóteles
de un erizo de mar. Fue el filósofo griego
quien describió esa estructura en su libro
Historia Animalium, comparándola con una
linterna o farol portátil de planta pentagonal:
«En realidad, el aparato digestivo del erizo de
mar es continuo desde un lado hasta el otro
del cuerpo, aunque exteriormente no lo
parezca, siendo similar a una linterna de
cuerno con las placas dispuestas hacia fuera»,
escribía en la citada obra.

La última clase de eleuterozoos que consideramos es *Echinoidea*; incluye equinodermos de forma globosa, conocidos comúnmente como erizos de mar, y de forma discoidea, llamados dólares de arena. Los equinoideos están ampliamente distribuidos, viviendo en todos los mares y a todas profundidades.

La mayoría tienen simetría radial, aunque al carecer de brazos es más difícil de apreciar. Otros, como los dólares de arena y los erizos acorazados, han vuelto a la simetría bilateral de las larvas. Recordemos que también algunos holoturoideos son bilaterales. La boca se encuentra en el plano ventral en contacto con el sustrato, mientras que el ano se halla en el plano superior, pero en los dólares de arena y en los erizos acorazados el ano ha emigrado hasta el plano oral, definiendo un eje anteroposterior de simetría bilateral.

Su rasgo más peculiar es el esqueleto externo armado mediante la soldadura de los osículos. En ese caparazón se articulan las características púas móviles. Por supuesto, también cuentan con cinco pares de podios ambulacrales, así como pedicelarios de tres pinzas que, en algunas especies, sirven para inocular toxinas a sus presas. Se mueven mediante la acción combinada de las púas y de los pies ambulacrales.

Con todo, el atributo clave de los equinoideos es la denominada linterna de Aristóteles. Se trata de una compleja estructura masticatoria que conecta la boca con el esófago; un conjunto de osículos que adoptan la forma de una pirámide de base pentagonal, en cuyo ápice se sitúan unos potentes dientes de carbonato cálcico. En el proceso de masticación de los alimentos, este mecanismo es accionado por medio de cinco pares de músculos anclados al caparazón que proyectan o retraen los dientes. El sistema es bastante efectivo, dado que algunas especies lo utilizan para excavar madrigueras en la roca. Otras tienen una linterna muy reducida o ha desaparecido por completo.

Con los equinoideos concluimos los ambulacrarios y damos la bienvenida a los cordados.

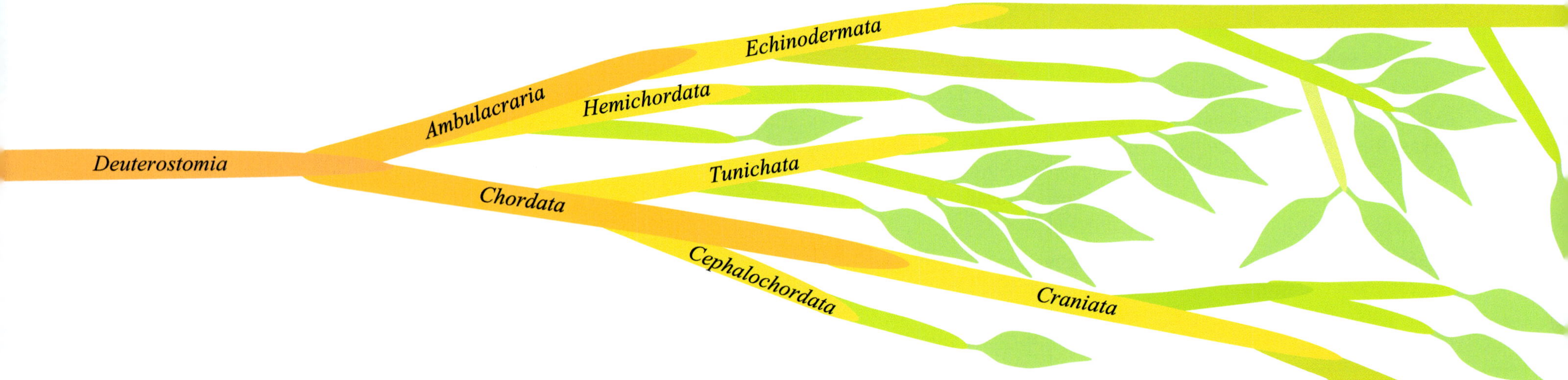

Deuterostomia

Ambulacraria

Echinodermata

Hemichordata

Chordata

Tunichata

Cephalochordata

Craniata

En el capítulo VII iniciábamos el estudio del gran grupo que, comúnmente, denominamos animales, y lo hacíamos presentando un clado, *Holozoa*, con categoría de superreino. Dentro de él, además de tres clases de escasa entidad, se encuentra el reino *Animalia*. En la descripción de *Animalia*, contemplamos dos subreinos: *Parazoa* y *Eumetazoa*, y dentro de este último, dos infrarreinos, *Protostomia* y *Deuterostomia*, además de tres filos (*Cnidaria, Ctenophora* y *Xenacoelomorpha*). Es el infrarreino *Deuterostomia* el protagonista del capítulo VIII en el que nos encontramos. Con la presentación del superfilo *Chordata*, que ahora comenzamos, entraremos paso a paso en el mundo de los vertebrados: peces, anfibios, reptiles, mamíferos y aves.

Además del superfilo *Ambulacraria*, el otro gran grupo que forma el infrarreino *Deuterostomia* es *Chordata*. Al menos durante alguna fase de su vida, los cordados presentan los siguientes rasgos o apomorfias:

a) Notocorda. Es una estructura flexible de células fuertemente empaquetadas envueltas en una vaina que se extiende a lo largo del cuerpo. En la mayoría de los grupos persiste durante toda la vida, en otros se transforma en vértebras cartilaginosas u óseas.

b) Cordón nervioso dorsal y tubular. Mientras que, en los invertebrados, el cordón nervioso es ventral y macizo, en los cordados discurre por el plano dorsal y es hueco, aunque con el paso del tiempo suele quedar cerrado. El extremo anterior se ensancha para formar un cerebro altamente desarrollado.

c) Hendiduras branquiales faríngeas. Semejantes a las faringotremas de los hemicordados, esos órganos de filtración para ingerir el alimento se transformarán, durante el desarrollo embrionario, en las branquias de los peces o en los más dispares órganos de otros animales: mandíbulas, amígdalas, trompa de Eustaquio, oído interno, glándulas…

d) Endostilo. Es una glándula que produce una mucosidad que atrapa partículas de alimento.

e) Cola postanal. Se trata de una prolongación del cuerpo del animal por detrás del ano que originalmente tenía una función de propulsión en el agua.

f) Músculos longitudinales. De no ser por la presencia del esqueleto interno que se sustenta en la notocorda, estos músculos encogerían el cuerpo en lugar de doblarlo. El esqueleto hace que el cuerpo, y particularmente la cola, se arquee, lo que es fundamental a la hora de propulsarse, ya sea nadando o corriendo.

En su conjunto, detrás de artrópodos y moluscos, los cordados son el grupo más numeroso y diverso. Los grupos mencionados y, particularmente, los vertebrados definen el funcionamiento de prácticamente todos los ecosistemas: están en la cumbre de la cadena trófica y muestran patentes señales de inteligencia, sobre todo los mamíferos.

Arcos faríngeos

En esta fotografía de un embrión humano durante un embarazo ectópico, marcados con una flecha, se observan los arcos faríngeos o branquiales. El embarazo ectópico (fuera del útero) es la principal causa de morbilidad fetal. (Los embriólogos prefieren usar el término «branquial» solo cuando los arcos van a cumplir una función respiratoria acuática).

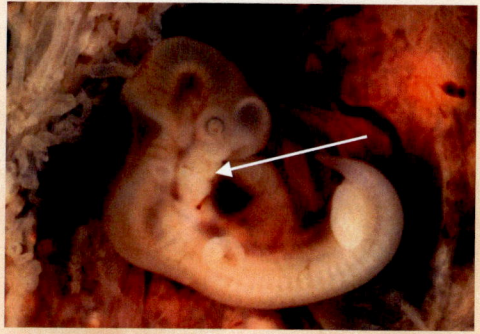

En este punto, es interesante recordar lo que decíamos en la página 18 sobre ontogenia y filogenia.

Existen dos nombres para referirse a un mismo grupo: *Tunichata* y *Urochordata*. El primero hace referencia al revestimiento inerte de celulosa que protege y cubre todo el organismo adulto a modo de túnica. El segundo hace alusión a la notocorda que recorre exclusivamente la cola de las larvas; en el animal adulto, la cola y, con ella, la notocorda, desaparecen por completo.

La mayoría de los tunicados o urocordados parecen pequeñas bolsas de gelatina de vivos colores, que pueden encontrarse ancladas en el arrecife o en cualquier otro sustrato. Según las especies, son organismos marinos de vida solitaria o colonial.

Se alimentan mediante filtración. Poseen dos orificios: uno más grande por el que aspiran el agua del mar y otro más estrecho por el que la expelen una vez filtrada. La glándula endostilo, característica de los cordados, desempeña un papel crucial en ese proceso. Es un surco de células ciliadas situadas a lo largo de la faringe, que producen una mucosa yodada que se pega a las partículas de alimento. Los cilios de las hendiduras branquiales de la faringe arrastran dicho moco y forman una lámina —como si del bolo alimenticio se tratara— que es transportada por los cilios hasta el estómago.

Parece que, gracias a este invento de los tunicados, los cordados acometieron un cambio en su método de alimentación, pasando de la digestión externa de los equinodermos a la extracción de partículas de alimento suspendidas en el agua y la posterior digestión interna.

Como decimos, poseen una túnica conformada por una clase de celulosa llamada tunicina que es secretada por el epitelio externo; puede considerarse un exoesqueleto que, a diferencia de los artrópodos, no hace falta mudar al crecer. Bajo el epitelio se encuentran dos capas musculares: una externa circular y otra interna longitudinal. En las citadas aberturas de entrada y salida del agua, la banda circular forma sendos esfínteres que regulan el caudal. El sifón de entrada se halla custodiado por una serie de tentáculos que impiden la entrada de objetos extraños o perjudiciales.

Tres son las clases de tunicados existentes: *Ascidiacea*, *Thaliacea* y *Appendicularia*.

Prácticamente todos los ascidiáceos son organismos sésiles cosmopolitas y coloniales. Los individuos de las especies solitarias suelen ser grandes, mientras que los zooides de las colonias son muy pequeños. La forma del cuerpo siempre es redondeada.

En los ejemplares solitarios, el extremo inferior se ancla al suelo mediante estolones y en la parte superior se abren dos aberturas: el sifón bucal o inhalante y el sifón atrial o exhalante (ver imagen de la página izquierda). En el caso de las colonias, varios zooides se hallan embebidos en una túnica común y algunas especies también comparten el sifón atrial.

Coloquialmente, las ascidias se conocen como «chorros de mar», traducción de la expresión inglesa *sea squirts*, o «jeringas de mar» porque absorben agua del mar para filtrarla y la expulsan de nuevo como si de un surtidor se tratara o, tal vez, sea porque, cuando se sienten estresadas, expulsan un chorro de agua con fuerza por el sifón exhalante. Por esto y por la forma redondeada de su cuerpo, creo que sería más apropiado denominarlas «botijos de mar».

Cuando la ascidia se expande por la acción de los músculos, el agua entra por el sifón bucal y pasa a una amplia faringe en donde se encuentra el endostilo. La faringe está complejamente enrejada por las hendiduras branquiales. El agua pasa a través de las rendijas hacia la cavidad atrial y de ahí, por el sifón exhalante, es expulsada al exterior.

Las larvas son alargadas y transparentes; tienen una cola con notocorda, un cordón nervioso dorsal hueco y una faringe con endostilo y hendiduras branquiales. Normalmente, nadan libremente sin alimentarse hasta que se adhieren en algún sustrato, otras veces se desarrollan dentro de la cavidad atrial de su progenitor. Las larvas se metamorfosean perdiendo la cola y la notocorda, reduciendo el cordón nervioso a dos ganglios y desarrollando enormemente la faringe, hasta convertirse en una cesta con numerosas hendiduras branquiales. En los adultos, salvo por el endostilo, difícilmente se reconocen los rasgos característicos de los cordados.

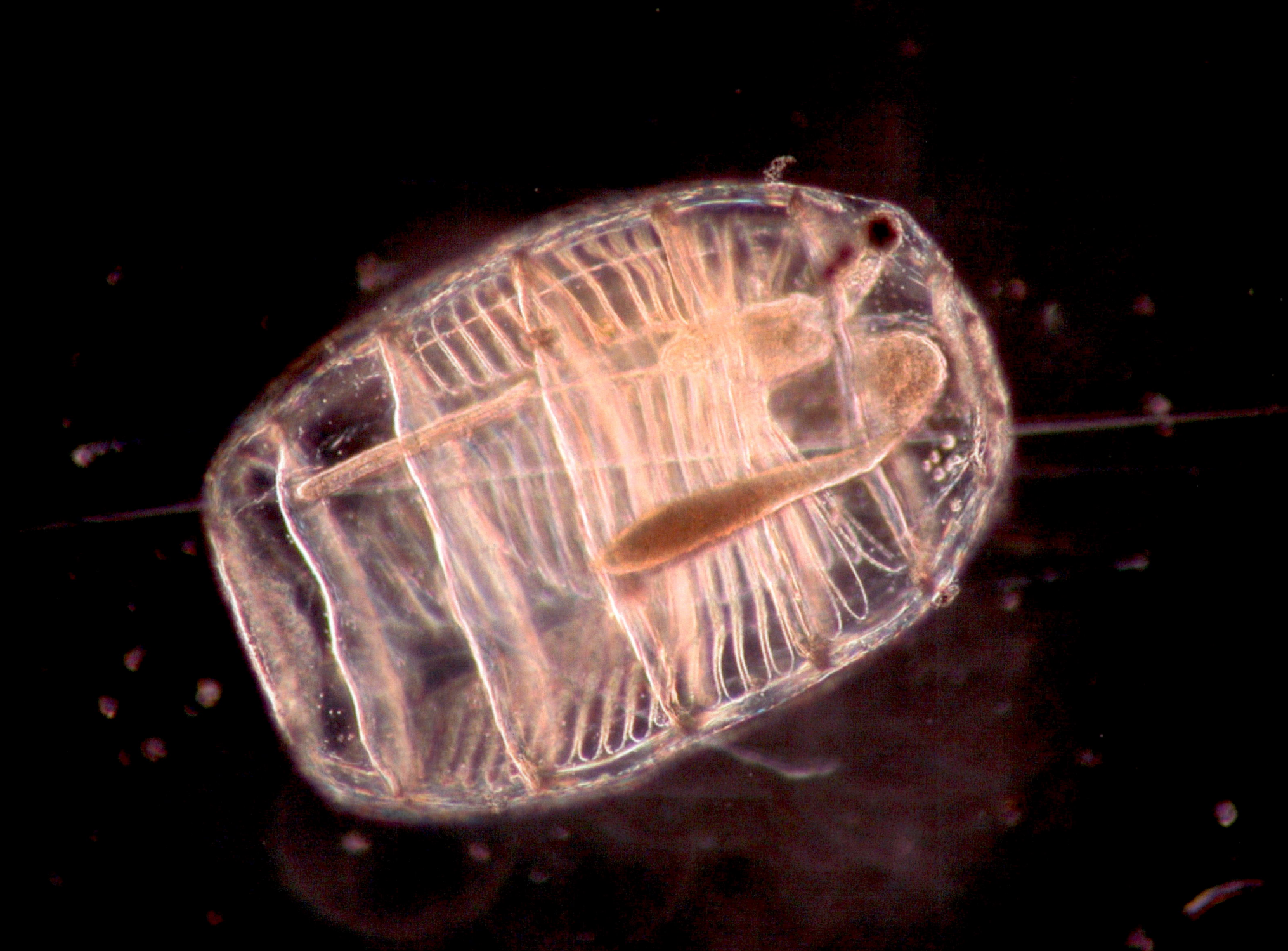

Los tunicados taliáceos son organismos transparentes y gelatinosos de forma redondeada semejantes a un barril, tal y como se ve en la fotografía de la izquierda de un ejemplar del orden *Doliolida*. Son animales de vida libre que forman parte del plancton. Algunas especies alternan una generación de vida libre y reproducción asexual con otra de vida colonial y reproducción sexual (y durante mucho tiempo se pensó que se trataba de dos especies diferentes).

Se mueven mediante propulsión a chorro, pues en estos tunicados el sifón oral y el sifón atrial se hallan en extremos opuestos, lo que les permite crear la corriente de agua necesaria para nadar, gracias a la contracción de sus muchas bandas de musculatura circular. Además de moverse, con la circulación de agua atrapan el alimento y facilitan el intercambio de gases propio de la respiración. Se consideran tres órdenes de taliáceos: *Pyrosomida*, *Salpida* y *Doliolida*.

Los pirosomas son organismos bioluminiscentes de vida colonial que se alojan en una túnica común con un único sifón exhalante. En los mares tropicales se les puede ver formando gráciles cadenas (¡de hasta varios metros de longitud!) que se mueven al unísono gracias a que todos los individuos acompasan sus flujos.

En su fase solitaria, las salpas y los doliólidos se reproducen asexualmente por gemación. Así, en la región cardíaca aparece una colonia en forma de estolón del que penden zooides sexuales. Conforme crece la colonia, el tonel se vacía de contenido y los zooides se especializan en la locomoción, la alimentación o la reproducción, ahora, sexual.

Las apendicularias, la tercera clase de tunicados, son animales milimétricos de aspecto larváceo, que viven alojados en cápsulas esféricas transparentes con dos aberturas. Dicho habitáculo es una estructura de canales destinada a atrapar el alimento. Cuando los canales se obstruyen, el animal huye y fabrica otra cápsula. Su casa se hunde de continuo y, agitándose, debe producir corrientes de agua para impedirlo. Esta clase de criaturas que de adultas conservan el aspecto de las larvas —incluidas la cola y la notocorda— se denominan pedomórficas.

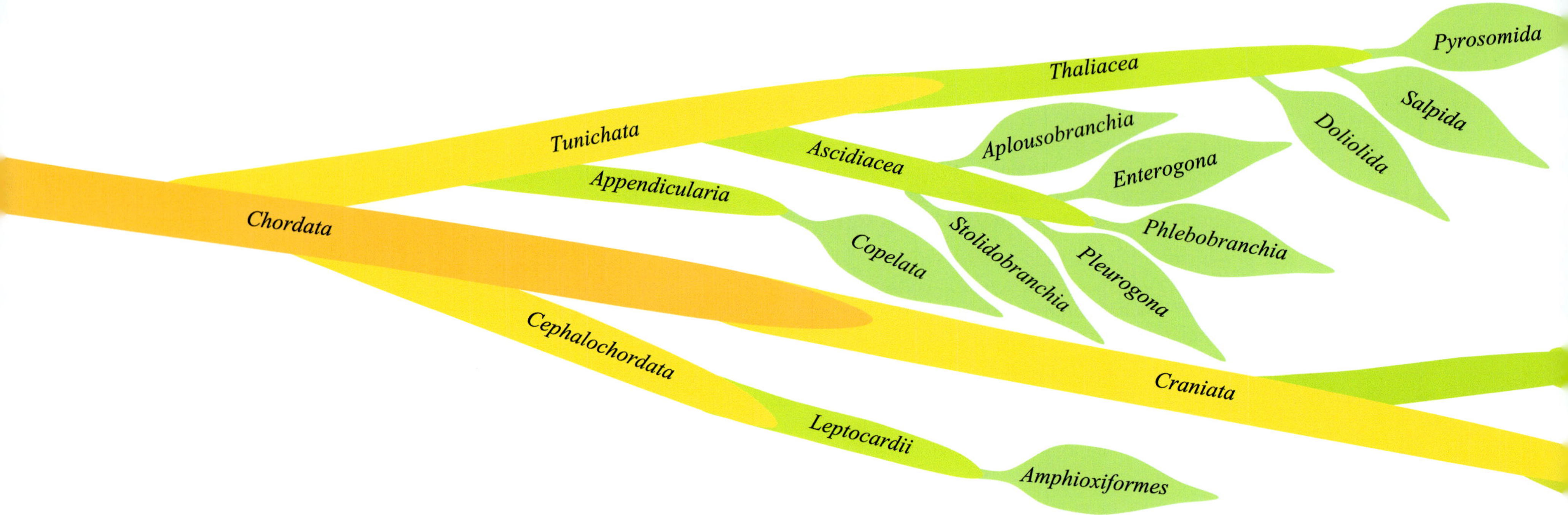
Pyrosomida
Thaliacea
Salpida
Tunichata
Doliolida
Aplousobranchia
Ascidiacea
Enterogona
Appendicularia
Phlebobranchia
Chordata
Copelata
Stolidobranchia
Pleurogona
Cephalochordata
Craniata
Leptocardii
Amphioxiformes

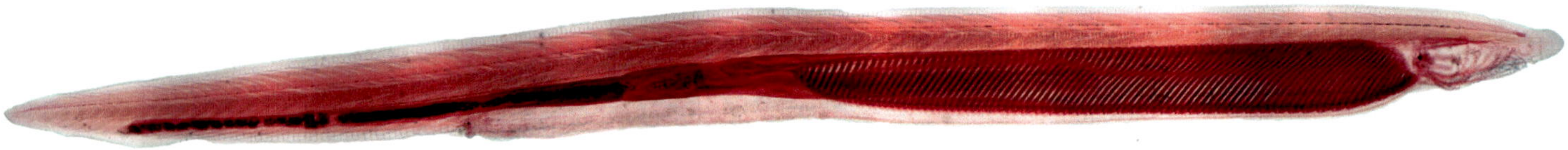

Unas tres docenas de especies conocidas comúnmente como anfioxos o lancetas marinas (ver imagen de la página anterior) forman este importantísimo grupo de cordados: el filo *Cephalochordata*. Se trata de animales acéfalos, lanceolados, aplanados y transparentes de unos 5 centímetros de longitud y aspecto pisciforme, que pueblan los fondos marinos arenosos de todas las costas del planeta.

Los cefalocordados son importantes porque en los cuerpos simples de los individuos adultos se reúnen todas las apomorfias de los cordados: notocorda longitudinal de punta a punta, cordón nervioso dorsal hueco, hendiduras faríngeas, endostilo, músculos laterales longitudinales y una cola después del ano que funciona como una aleta caudal. Los anfioxos son animales bentónicos que se entierran en la arena con la cabeza fuera; mediante una serie de cirros orales dirigen hacia su boca ventral un flujo de agua que filtran para extraer las partículas de alimento. El grueso del cuerpo está ocupado por las vísceras: la faringe con sendas hileras de hendiduras branquiales, el intestino, las gónadas, el sistema circulatorio…

Pese a que son animales eminentemente sedentarios, pueden nadar mediante ondulaciones de su cuerpo, gracias a los músculos longitudinales que actúan contra la rigidez de la notocorda. Son animales dioicos con fecundación externa y un ciclo de vida en el que una larva nadadora se convierte en un adulto bentónico sedentario.

En ninguna otra criatura de fisiología tan simple encontramos reunidas todas las características diagnósticas de los cordados. Y, además, en opinión de muchos biólogos, los anfioxos anticipan el patrón de los cefalocordados e, incluso, de los vertebrados: un ciego hepático precursor del páncreas, una musculatura segmentada y el anteproyecto de un complejo sistema circulatorio cerrado (aunque, eso sí, todavía sin corazón, pues la sangre es impulsada por las contracciones peristálticas de las paredes de la aorta). Mas existe un pero: la asimetría de las larvas pone en entredicho que los anfioxos puedan ser el antepasado de los vertebrados. Lo que no obsta para que lo dicho anteriormente sea cierto.

It's a Long Way From Amphioxus

Si teclea este título en el canal de YouTube, descubrirá una canción muy famosa entre los biólogos que está basada en un poema del zoólogo Philip H. Pope (?-1970) y se canta con la melodía de la canción de *music hall* de 1912 titulada *It's a Long Way to Tipperary*.

El estribillo dice así:

It's a long way from Amphioxus. It's a long way to us. It's a long way from Amphioxus to the meanest human cuss. Well, it's goodbye to fins and gill slits, and it's welcome lungs and hair! It's a long, long way from Amphioxus, but we all came from there.

(Hay un largo camino desde el anfioxo. Es un largo camino hasta nosotros. Hay un largo camino desde el anfioxo hasta las cumbres del pensamiento humano. Así que adiós a branquias y aletas y ¡bienvenidos pelo y piel! Hay un largo largo camino desde el anfioxo, pero venimos de él).

La coexistencia de dos términos idénticos dentro del reino animal (el superorden *Gnathostomata* de la clase *Echnoidea* y el subfilo *Gnathostomata* del filo *Craniata*) se justifica porque la regla de no homonimia del código internacional de nomenclatura zoológica no se aplica a rangos superiores a la familia, como es este caso.

Y hay más coincidencias: *Craniata* también es una clase del filo *Brachiopoda* (ver página 334).

Algunos autores, para evitar estas coincidencias, proponen nombres ligeramente diferentes. No es extraño encontrar textos que se refieren al filo *Craniata* de los cordados como *Craniota* y denominan *Craniiformea* esa clase de braquiópodos.

Craniata

Cyclostomi

Chondrichthyes

Gnathostomata

Osteichthyes

Tetrapoda

El filo que ahora iniciamos será el último del que hablemos. Y es que todas las ramas que nos restan por estudiar —un total de 73— surgen de este vástago: *Craniata*. El rasgo definitorio de los craneados, como su nombre indica, es la posesión de un verdadero cráneo, ya sea óseo o cartilaginoso, es decir, una caja que protege los principales órganos del sistema nervioso.

Recuerde que los artrópodos son invertebrados con una cabeza, un tórax y un abdomen bien diferenciados, pero en sus padres, los panartrópodos, la cefalización no es tan manifiesta y está completamente ausente en sus abuelos, los nematodos.

Somos plenamente conscientes de que la evolución lleva su ritmo y ese cráneo, al que nos hemos referido más arriba, no surge de la noche a la mañana. En los vertebrados ocurre algo similar a los invertebrados: los tunicados no tienen un cuerpo segmentado al uso, si bien en los anfioxos ya se anticipa la cabeza. Mas lo que verdaderamente define este filo no es la cabeza sino una parte de ella: el cráneo.

En definitiva, *Craniata* es el tercer y último filo de los cordados que se distingue por la posesión de: un cráneo que protege un cerebro que se prolonga en una espina dorsal y una red nerviosa compleja; una glándula (la hipófisis) encargada de controlar la homeostasis y el crecimiento; un sistema circulatorio formado por un corazón, con varias cámaras que bombea la sangre a través de un sistema de arterias, venas y capilares; una serie de vísceras como el páncreas, el hígado o los riñones con diversas funciones metabólicas, y una aleta caudal o cola que, no obstante, en algunas especies se ha perdido.

Imaginando por un momento que la evolución fuese lineal (y dando por buenos los clados en esta obra descritos), esto querría decir que han sido necesarios 107 filos antes de la aparición de los craneados. Atrás quedan cianobacterias, euriarqueotas, percolozoos, bigiros, dinoflagelados, cercozoos, espermatofitas, zoopagomicotes, poríferos, panartrópodos, platelmintos, moluscos… y tantos otros hitos igualmente necesarios en el fabuloso camino de la evolución.

Craniata

Cyclostomi

Myxini

Hyperoartia

Myxiniformes

Petromyzontiformes

Chondrichthyes

Gnathostomata

Osteichthyes

Tetrapoda

En la frondosísima rama *Craniata*, hay dos bifurcaciones. Una modesta ramita llamada *Cyclostomi* (con categoría de superclase) y un fértil ramal denominado *Gnathostomata* (con categoría de subfilo).

Dentro del filo *Craniata* vamos a considerar dos grupos: la superclase *Cyclostomi* y el subfilo *Gnasthostomata*. (Que uno tenga categoría de superclase y otro de subfilo solo se justifica por la variedad del grupo). Los primeros son craneados sin mandíbulas y los segundos, vertebrados con mandíbulas.

Aparte de las numerosísimas especies extintas, *Cyclostomi* agrupa unas 60 especies de mixinos (*Myxiniformes* spp.) y unas 40 de lampreas (*Petromyzontiformes* spp.). A simple vista parecen una clase de anguilas, aunque se diferencian de ellas en tres aspectos esenciales. El primero, como decimos, es que no tienen mandíbulas, el segundo es que tampoco tienen apéndices, es decir, aletas, y el tercero es que tienen un esqueleto cartilaginoso.

En 1889, el paleontólogo estadounidense Edward D. Cope (1840-1897) definió la clase *Agnatha* para designar toda una serie de peces sin mandíbulas extintos, excepto los actuales mixinos y lampreas. Como según lo caracterizó Cope dicho grupo era parafilético, en la actualidad se ha abandonado esta designación en favor de *Cyclostomi*. No obstante, no pasa nada si decimos que los ciclóstomos son peces agnatos, o sea, sin mandíbulas.

La piel de los ciclóstomos está recubierta de moco en lugar de escamas. La boca está dotada de ventosas para asirse a sus presas y una lengua con dientes córneos para desgarrarlas. Disponen de un corazón con varias cavidades y un sistema arterial y venoso cerrado. La fecundación es externa y las larvas pasan varios meses inmóviles en el fondo y alimentándose por filtración.

Los mixinos, conocidos vulgarmente como peces bruja, presentan una boca terminal equipada con cuatro pares de tentáculos (ver imagen superior), un saco nasal comunicado con la faringe y de 5 a 15 pares de bolsas branquiales. No poseen vértebras y son hermafroditas.

Las lampreas, como la de la imagen inferior, presentan una boca circular succionadora, un saco nasal no conectado a la boca y 7 pares de bolsas branquiales. Tienen sexos separados y una espina dorsal formada por una especie de incipientes vértebras denominadas arcualias.

En el subfilo *Gnathostomata* encontramos los trillados peces, anfibios, reptiles, aves y mamíferos. Los peces aparecen en dos ramas diferentes, *Chondrichthyes* y *Osteichthyes*, que agrupan a los peces cartilaginosos y óseos, respectivamente. Por su parte, los anfibios, reptiles, aves y mamíferos se reúnen bajo un paraguas llamado *Tetrapoda*.

Gnathostomata

Chondrichthyes

Osteichthyes

Actinopterygii

Holocephali

Sarcopterygii

Elasmobranchii

Tetrapoda

Amphibia

Mammalia

Sauropsida

Tal y como anticipábamos, el subfilo *Gnasthostomata* reúne vertebrados diferenciados por poseer mandíbulas articuladas; los gnatóstomos o gnatostomados se oponen, pues, a los agnatos e incluyen los conocidos peces, anfibios, reptiles, aves y mamíferos.

¿Tan importante es la aparición de las mandíbulas? Sí, en realidad, es un avance evolutivo crucial: permite la depredación activa de un alimento más grande y la manipulación del mismo, junto con el empleo —y esto es lo verdaderamente importante— de otros objetos.

¿Cómo aparecieron las mandíbulas? La opinión generalizada —empero no unánime— es que se formaron a partir de los dos primeros arcos branquiales, mediante un proceso de osificación y ensanchamiento para satisfacer, probablemente, una mayor demanda de ventilación. Así, uno de esos arcos pasaría a formar la mandíbula inferior y otro la superior. Posteriormente, ambos arcos se articularían y el superior se uniría al cráneo. En algunos peces actuales, sin embargo, la mandíbula superior está separada del cráneo.

Otras notas de los gnatóstomos que podemos añadir a las ya mencionadas es la presencia de una espina dorsal compuesta por vértebras, de apéndices pectorales y pelvianos que constituyen aletas y la culminación de estas en forma de extremidades, así como las vainas de mielina alrededor de las ramificaciones o axones de las células nerviosas y un sistema inmunitario evolucionado y complejo.

Como sinónimo de *Craniata*, se suele usar el término *Vertebrata* en alusión a la columna metamerizada característica de los animales vertebrados, pero ya hemos visto que no todos los craneados poseen vértebras. Si se excluyen los ciclóstomos, y en particular los mixinos, craneado sí es igual a vertebrado; con propiedad, *Vertebrata* es sinónimo de *Gnasthosmata*.

Para su estudio, dividimos los gnatóstomos en tres grupos: los peces cartilaginosos (es decir, la clase *Chondrichthyes*), los peces óseos (o la superclase *Osteichthyes*) y el resto de los animales que tienen cuatro extremidades (esto es, la superclase *Tetrapoda*).

Gnathostomata
Chondrichthyes
Osteichthyes
Actinopterygii
Holocephali
Holocephalimorpha
Elasmobranchii
Selachimorpha
Batoidea
Sarcopterygii
Tetrapoda
Mammalia
Amphibia
Sauropsida

Con una notocorda perfectamente desarrollada y metamerizada en una serie de vértebras, un endoesqueleto cartilaginoso y mandíbulas, queda totalmente definida la clase *Chondrichthyes*.

Incluye peces cartilaginosos como los conocidos tiburones, rayas o mantas y las menos famosas quimeras. Tal vez, se le antoje un gran salto evolutivo el existente entre una lamprea y un tiburón. Y así es, las diferencias entre mixinos o lampreas y tiburones o rayas son abrumadoras, pero existe una buena razón para ello y es la siguiente.

La inmensa mayoría de las especies de la clase *Cyclostomi* se extinguieron antes del Jurásico. Aparecieron a finales del Cámbrico, hace 500 millones de años; alcanzaron una gran diversidad a lo largo de unos 60 millones de años (durante el Ordovícico, el Silúrico y el Devónico); empezaron a decaer durante el Carbonífero y el Pérmico hasta que, finalmente, desaparecieron por completo en alguno de los episodios de extinción masiva del Triásico, hace unos 250 millones de años.

De los restos fósiles (ver reconstrucción digital de un ostracodermo en la imagen superior), hoy se sabe que eran grandes peces agnatos equipados con placas o escamas óseas que, de existir hoy en día, no representarían un salto apreciable con los placodermos (ver reconstrucción digital inferior), precursores de los actuales tiburones. Ambos grupos nadaron en los mares devónicos.

En griego, *Chondrichthyes* significa `pez cartilaginoso´ y es que su esqueleto no está formado por verdaderos huesos, sino por cartílagos. El cartílago es un tejido conectivo elástico, carente de vasos sanguíneos, formado por una matriz extracelular o pericondrio y por células dispersas denominadas condrocitos. En el ser humano, encontramos tejido cartilaginoso en la faringe, en las articulaciones o en los pabellones auriculares, por citar tres casos.

Los condrictios son verdaderos animales vertebrados porque el notocordio está calcificado y forma vértebras con apariencia de huesos. Si evolucionaron a partir de agnatos óseos, el esqueleto cartilaginoso debería ser considerado un carácter secundario.

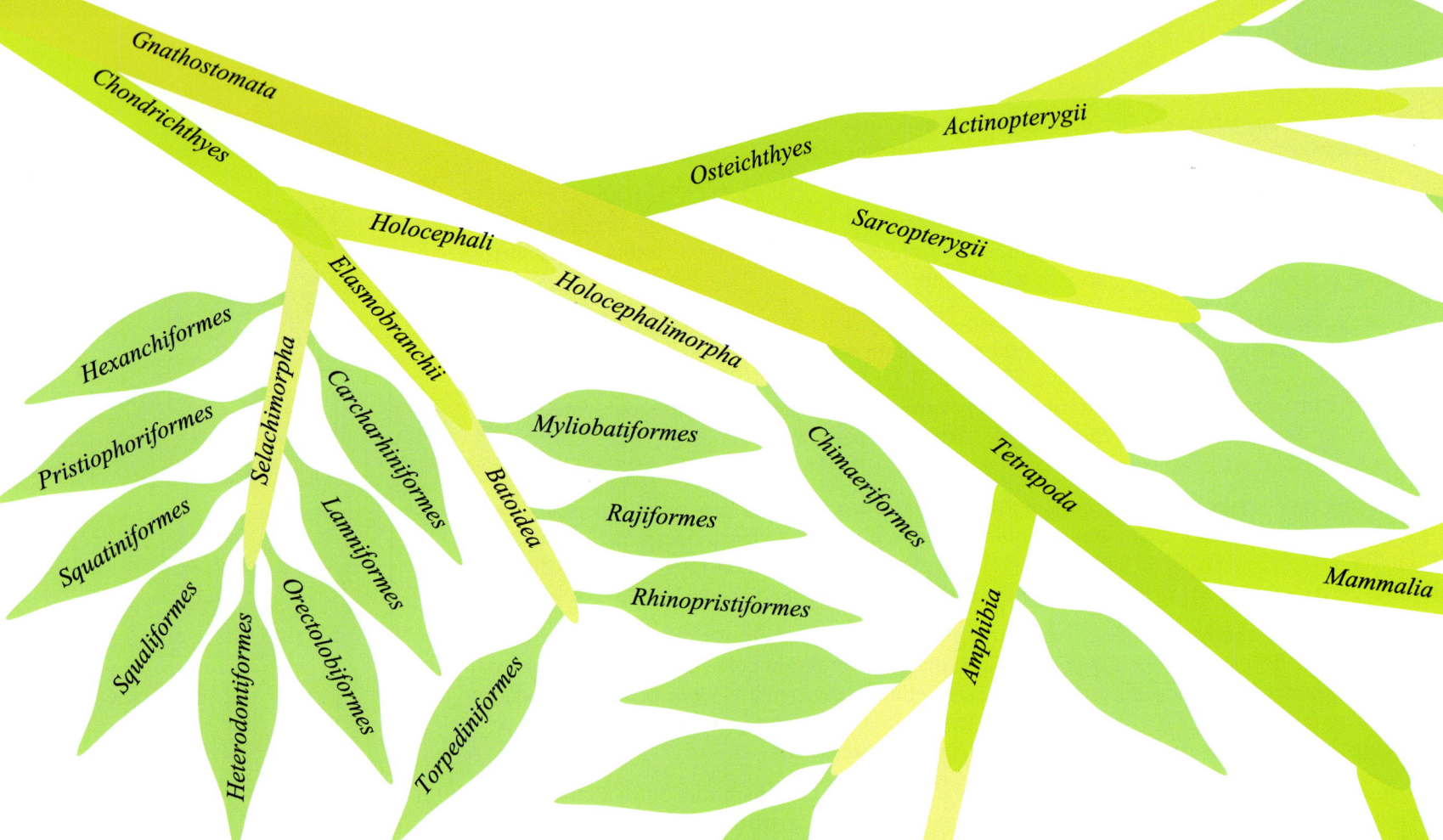

Los modernos condrictios se dividen en dos subclases: *Holocephali* y *Elasmobranchii*; los primeros tienen la mandíbula superior unida al cráneo, mientras que en los segundos la mandíbula superior está separada del cráneo. Otra diferencia notable entre ambos grupos es que el cuerpo de los holocéfalos apenas está recubierto de dentículos dérmicos, es decir, una especie de duras escamas cónicas hechas de dentina, al tiempo que la piel de los elasmobranquios parece papel de lija.

También es significativo que ninguna de las especies de holocéfalos posean espiráculos, pero que muchas de los elasmobranquios sí. Los espiráculos son los orificios respiratorios externos de muchos artrópodos terrestres, así como de algunos vertebrados acuáticos. Son muy visibles y característicos en los cetáceos, por ejemplo, mas en los tiburones apenas se advierten unos pequeños orificios detrás de los ojos.

Por su aspecto grotesco, coloquialmente, a los holocéfalos se les denomina quimeras o peces rata o fantasma. La primera aleta dorsal está provista de una gran espina anterior con un saco de veneno en la base, la cola es delgada y la cabeza robusta. Según las especies, miden entre uno y dos metros de longitud.

Poseen cinco arcos branquiales y los cuatro primeros se hallan cubiertos exteriormente por un repliegue opercular membranoso. En vez de dientes, las mandíbulas están provistas de unas placas dentales anchas y lisas, especialmente diseñadas para triturar a sus presas que consisten, preferiblemente, en moluscos, crustáceos y equinodermos. Viven en las frías aguas de los mares árticos y subárticos entre los 1.500 y 2.000 metros de profundidad.

Se conocen unas 50 especies vivas, todas del orden *Chimaeriformes*. Los rinoquiméridos (*Rhinochimaeridae*) tienen un morro excepcionalmente largo con numerosas terminaciones nerviosas que usan para localizar a sus presas. Los quiméridos (*Chimaeridae*) —como el de la imagen— presentan el morro redondeado y corto, aunque una cola mucho más larga.

Aparte de las diferencias entre holocéfalos y elasmobranquios mencionadas anteriormente, los miembros de la subclase *Elasmobranchii* se distinguen por poseer entre cinco y siete pares de arcos branquiales; un par de espiráculos detrás de los ojos; una boca ventral dotada de varias hileras de dientes, y un cuerpo recubierto de dentículos dérmicos muy duros y ásperos.

Tradicionalmente, se disciernen dos superórdenes, *Selachimorpha* y *Batoidea*, con el cuerpo generalmente fusiforme y aberturas branquiales laterales, como los tiburones, o con el cuerpo predominantemente aplanado y aberturas branquiales en la cara ventral, como las rayas o el pez sierra, respectivamente.

Los selaquimorfos son depredadores especialmente dotados. A larga distancia, localizan sus presas a través de los grandes órganos olfatorios, así como mediante el denominado sistema de la línea lateral, órgano sensorial que sirve para detectar las vibraciones del agua circundante. A media distancia, utilizan preferentemente la vista y, en las distancias cortas, se guían por las ampollas de Lorenzini, gracias a las cuales detectan el campo bioelectromagnético que cualquier organismo vivo produce a su alrededor.

Es un grupo heterogéneo como muestra la diversidad de formas, que van desde el pez martillo o el pez sierra hasta el zorro marino, o de tamaños, que van desde el inofensivo tiburón ballena hasta el temido tiburón blanco. Es característica de todos ellos, la aleta caudal heterocerca, cuya asimetría se debe a la prolongación de la columna vertebral sobre el lóbulo superior de la aleta.

Los batoideos están especialmente adaptados a la vida en los fondos marinos, con las aletas pectorales ensanchadas y fusionadas a la cabeza. Como a menudo tienen la parte ventral del cuerpo enterrada en la arena, toman el agua para la respiración por los espiráculos que están situados dorsalmente, en vez de por las branquias. Incluye varios órdenes: las rayas o mantas; los peces sierra; las rayas torpedo o eléctricas que pueden generar una carga eléctrica para aturdir a sus presas, y las rayas venenosas o águilas de mar.

*Holozoa**Animalia**Eumetazoa**Deuterostomia**Chordata**Craniata*\
Gnasthosmata*Chondrichthyes**Elasmobranchii*

379

En el subfilo *Gnathostomata* se encuentran la clase *Chondrichthyes* (tiburones, mantas..., conocidos como peces cartilaginosos) y las superclases *Osteichthyes* y *Tetrapoda*. La primera reúne los denominados peces óseos y la segunda agrupa mamíferos, anfibios y saurópsidos.

Chondrostei

Neopterygii

Actinopterygii

Gnathostomata

Osteichthyes

Sarcopterygii

Dipnoi

Coelacanthimorpha

Tetrapoda

Amphibia

Mammalia

Sauropsida

Otro de los grupos de animales vertebrados con mandíbulas es el de los peces óseos u osteíctios. Con la jerarquía de superclase, *Osteichthyes*, incluye todos los peces mandibulados dotados de un esqueleto interno eminentemente óseo o con pocas piezas cartilaginosas.

Y aunque se definen como peces óseos, lo cierto es que la subclase *Chondrostei* (en la que se incluyen los esturiones) tiene esqueleto cartilaginoso. El rasgo que mejor distingue el grupo no tiene que ver con su esqueleto sino con la capacidad de nadar.

La vejiga natatoria es un órgano que poseen la mayoría de los peces, consistente en una bolsa de paredes flexibles llena de gas. Los peces tienen una densidad ligeramente mayor que la del agua y, por lo tanto, tienden a hundirse. Variando el volumen de gas de la vejiga, el pez controla la flotabilidad; unos peces salen a la superficie para tragar aire y flotar más y cuando necesitan hundirse lo eructan, otros extraen los gases necesarios del torrente sanguíneo.

El caso es que, mediante este órgano de flotabilidad, el pez no tiene necesidad de realizar un esfuerzo muscular adicional. Todos los peces óseos, excepto los que viven en el fondo y no se beneficiarían de una flotabilidad neutra, y aquellos peces pulmonados que pueden hundirse verticalmente exhalando el aire de los pulmones, tienen vejiga natatoria, mientras que los ciclóstomos y condrictios de esqueleto cartilaginoso no tienen este órgano de flotación. Por eso los tiburones no pueden dejar de nadar: no tienen vejiga y solo pueden controlar la profundidad a la que nadan mediante movimientos exclusivamente musculares; si dejan de nadar, se hunden.

Además del esqueleto óseo y la vejiga natatoria, los peces osteíctios se caracterizan por una serie de apéndices entre la región pilórica del estómago y la región proximal del intestino, denominados ciegos pilóricos. Por otra parte, los ciclóstomos y condrictios no tienen ciegos pilóricos, sino una estructura espiral en el intestino delgado con la que se aumenta la superficie eficaz del intestino, semejante a un tornillo de Arquímedes. La familia de los esturiones tiene, sin embargo, un esqueleto cartilaginoso, así como válvula espiral.

Pisces

Como grupo, *Pisces* es parafilético, puesto que incluye los peces sin mandíbulas o agnatos (*Cyclostomi*) como las lampreas y mixinos, los peces con mandíbulas cartilaginosos (*Chondrichthyes*) como las quimeras, los tiburones o las rayas y los peces mandibulados óseos (*Osteichthyes*) como las sardinas o los celacantos.

Pisces más que un grupo filogenético es un grupo tipológico de animales acuáticos que respiran a través de branquias y suelen estar recubiertos por escamas y dotados de aletas que les permiten nadar.

La rama de la zoología que estudia los peces se denomina ictiología. Se han descrito más de 30.000 especies y cada año se descubren unas 200.

Se considera que el padre de la ictiología es el naturalista sueco Peter Artedi (1705-1735). Murió ahogado al caer en un canal de Ámsterdam con tan solo 30 años.

Por su parte, la superclase *Osteichthyes* se divide en dos clases: *Sarcopterygii* y *Actinopterygii*. La primera es un relicto de antiguos peces de aletas lobuladas carnosas y los segundos son los peces de aletas radiadas, con miles de especies diferentes.

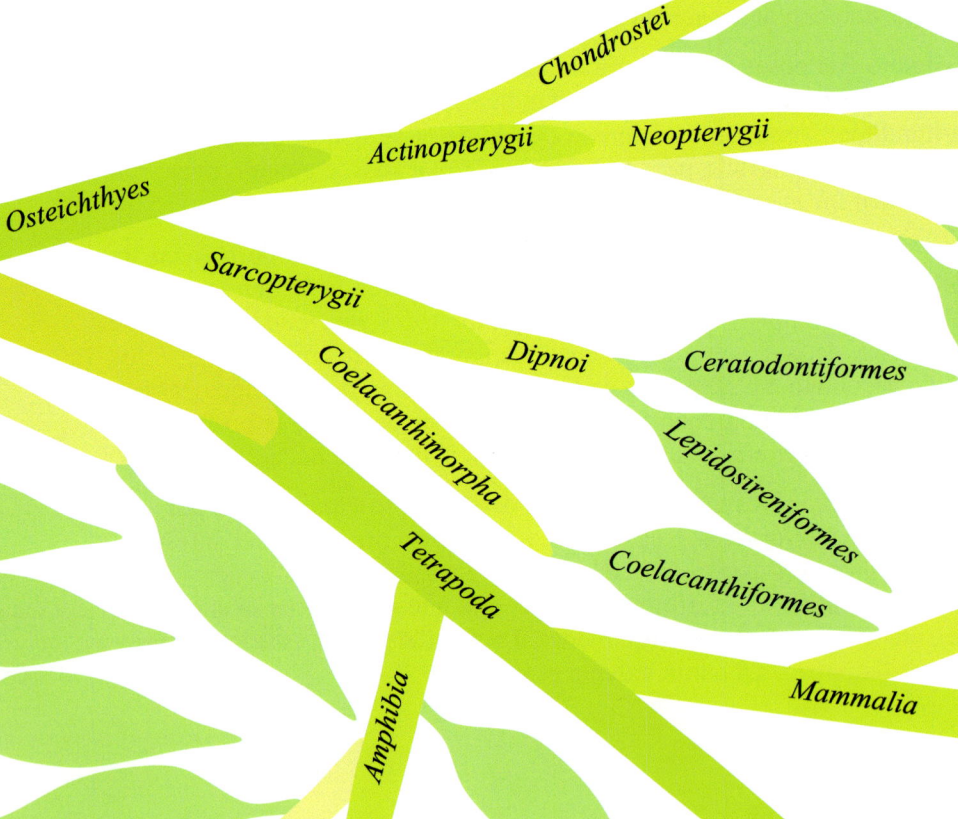

Es bueno echar un vistazo al pie de la página, alguna que otra vez, para recordar dónde nos encontramos. Dentro de los animales que han producido un cráneo para proteger los órganos más delicados (*Craniata*), hemos considerado dos conjuntos: los que no poseen mandíbulas (*Cyclostomi*) y los que sí las tienen (*Gnasthosmata*). Y dentro de estos últimos hemos visto los que cuentan con esqueleto cartilaginoso (*Chondrichthyes*); ahora estamos estudiando los que tienen esqueleto óseo (*Osteichthyes*), y nos quedan por examinar los que han desarrollado cuatro extremidades (*Tetrapoda*).

Los osteíctios se subdividen en dos clases: *Sarcopterygii* o peces de aletas lobuladas sostenidas por una especie de puntales centrales, y *Actinopterygii* o peces de aletas con radios esqueléticos.

Para contar las especies de sarcopterigios, nos basta con los dedos de las manos: son un relicto. Los actinopterigios, por su parte, son un grupo muy numeroso con más de 30.000 especies, lo que significa que prácticamente la mitad de los vertebrados son peces óseos de aletas radiadas. Sin embargo, hace 400 millones de años, los sarcopterigios pululaban en todos los hábitats acuáticos, dominando sobre los actinopterigios durante los 60 millones de años devónicos.

Los peces sarcopterigios tienen un cuerpo robusto que puede llegar a medir metro y medio de longitud. Poseen potentes mandíbulas y duros dientes con esmalte; la piel está recubierta por fuertes escamas. La aleta caudal es dificerca, lo que quiere decir que la columna vertebral llega hasta el comienzo de esta y la membrana de la aleta crece simétricamente hacia arriba y hacia abajo (ver imagen inferior).

Las aletas pectorales y pelvianas son fuertes y carnosas; se encuentran en los extremos de cortos apéndices fabricados con piezas óseas y densa musculatura; los radios dermales son cortos. Se cree que estas aletas podrían ser usadas para arrastrarse sobre el fondo. De hecho, la opinión generalizada es que una clase extinta de sarcopterigios, denominada *Tetrapodomorpha*, es la precursora de los actuales vertebrados tetrápodos (anfibios, reptiles, mamíferos y aves).

Latimeria chalumnae

El celacanto de las Comores es una especie de sarcopterigio que se creía extinto hasta que, en 1938, la naturalista sudafricana Marjorie Courtenay-Latimer (1907-2004), directora del Museo de East London, llamó la atención de la comunidad científica al descubrir un ejemplar entre las capturas que un pescador local había sacado frente a la desembocadura del río Chalumna (Sudáfrica).

En 1952, se encontró un segundo espécimen en las islas Comores. Se cree que la especie se encuentra en peligro crítico de extinción.

Del mismo modo que la conocida *Archaeopteryx* se considera una criatura a mitad de camino entre los dinosaurios con plumas y las aves modernas, el *Tiktaalik* —aquí representado— se considera el eslabón intermedio entre los antiguos peces del Devónico y los primeros tetrápodos.

Estos grupos extintos que presentan rasgos intermedios se conocen como formas o fósiles transicionales, y su estudio es clave en la determinación de las relaciones filogenéticas entre especies. Otros nexos perdidos que deberíamos mencionar son el *Ambulocetus* spp., entre mamíferos terrestres y cetáceos, y el *Australopithecus* spp., entre simios y humanos.

El *Tiktaalik roseae*, aquí recreado, tenía las características principales de un pez (branquias, escamas, etc.), pero con unas extremidades propias de un cocodrilo (articuladas en hombro, codo y muñeca), un cráneo plano como el de los actuales anfibios, los dientes afilados de un depredador y un cuello que podía moverse independientemente del cuerpo (lo que no es posible en los peces).

En 2004, un grupo de paleontólogos hallaron tres esqueletos fósiles muy bien preservados de *Tiktaalik roseae* en la isla de Ellesmere, la más septentrional del Archipiélago Ártico Canadiense. Hace unos 375 millones de años, la isla Ellesmere formaba parte del continente laurentiano, centrado en el Ecuador y con un clima mucho más cálido. Sus descubridores creen que, a la sazón, esta criatura podía empujar con sus extremidades su cuerpo de más de dos metros de longitud hacia la orilla, por breves periodos de tiempo, y respirar aire.

Como hemos dicho, los días gloriosos de los peces de aletas carnosas quedan muy muy lejos. Hoy, para su estudio se subdividen en tres subclases:

a) *Tetrapodomorpha*. Se trata de sarcopterigios extintos con diversos caracteres intermedios entre los verdaderos peces y los anfibios. Aquí, no se considerarán.

b) *Coelacanthimorpha*. Incluye diversos géneros extintos y uno solo vivo en la actualidad denominado *Latimeria* con dos especies: el celacanto de las Comores (*L. chalumnae*), descubierta en 1938, y el celacanto indonesio (*L. menadoensis*) descubierta en 1998.

c) *Dipnoi*. Reducidos en la actualidad a seis especies, se conocen con el nombre de peces pulmonados porque poseen auténticos pulmones funcionales.

Efectivamente, se conocen dos órdenes de peces pulmonados o dipnoos: *Ceratodontiformes* y *Lepidosireniformes*, tipificados, respectivamente, por poseer aletas anchas, un pulmón y grandes escamas y aletas estrechas, un par de pulmones y escamas pequeñas. También poseen orificios nasales que no se comunican con la boca; su función es olfativa, no la de respirar: para captar el aire de la atmósfera, lo tragan por medio de la boca.

Viven en los ríos y, si se secan, se entierran en el barro; con su propia mucosidad, forman un capullo en el que se envuelven, y respiran aire atmosférico por un agujero que dejan a modo de respiradero. Este proceso, similar a una hibernación, se denomina estivación.

El único ceratodontiforme, el pez pulmonado de Queensland, habita en oquedades sumergidas de los ríos Mary y Burnett del este australiano. El pez de barro americano o *pirá cururú* es el único lepidosireniforme que nada en los ríos sudamericanos: en las cuencas del Amazonas y del Paraná. Cuatro especies más de lepidosireniformes (en la imagen *Protopterus aethiopicus*) nadan en los ríos de África occidental y central. Como, generalmente, las condiciones de sequía suelen ser extremas, elaboran sofisticados capullos de mucosa para la estivación que se prolonga durante toda la estación seca; llegado el caso, podrían sobrevivir hasta cuatro años.

*Holozoa**Animalia**Eumetazoa**Deuterostomia**Chordata**Craniata*\ *Gnasthosmata**Osteichthyes**Sarcopterygii**Dipnoi*

385

A su vez, la rama *Actinopterygii* se bifurca en dos: una de escasa entidad, *Chondrostei*, y la más importante, *Neopterygii*. Entre otros, la primera agrupa los singulares esturiones y en la segunda hallamos desde atunes hasta caballitos de mar.

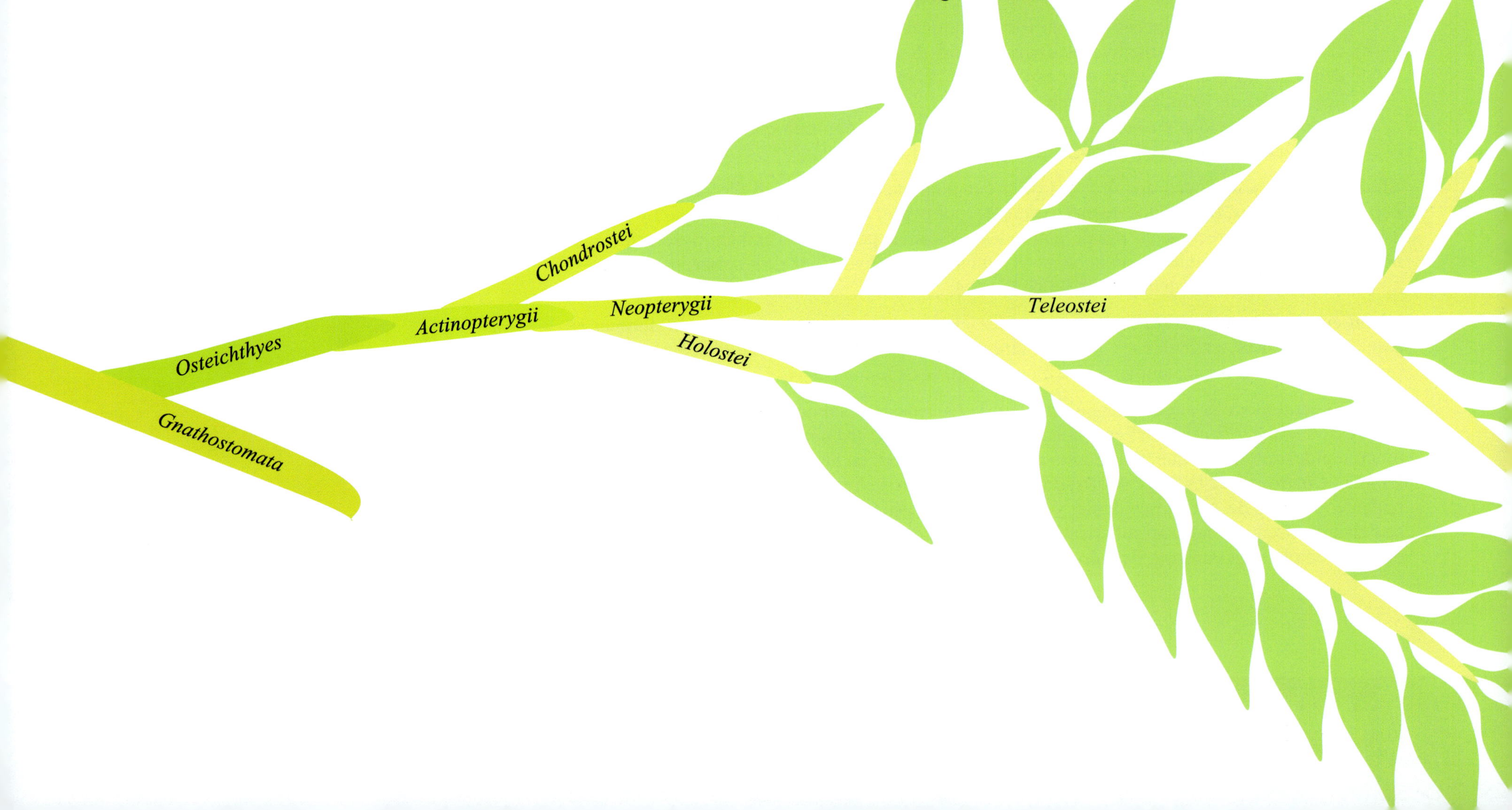

Chondrostei

Teleostei

Actinopterygii

Neopterygii

Osteichthyes

Holostei

Gnathostomata

Prácticamente, la mitad de los vertebrados pertenecen a la clase *Actinopterygii*, pues, concluida la era devónica, hace 360 millones de años, los peces óseos de aletas con radios esqueléticos experimentaron una radiación evolutiva importantísima, y empezaron a reemplazar a los sarcopterigios.

Las aletas de los actinopterigios constituyen prolongaciones membranosas muy vascularizadas, sostenidas por radios óseos o cartilaginosos que pueden ser, o bien enteros y generalmente duros, o bien segmentados y normalmente blandos, o bien una combinación de ambos. La musculatura que mueve las aletas está en el cuerpo, no en los propios apéndices como en el caso de los peces sarcopterigios.

De este modo, las aletas radiadas resultan unas estructuras apropiadas para la natación: son ágiles, flexibles y ligeras. Es fácil imaginar que las aletas lobuladas de los sarcopterigios pudieran evolucionar hacia las extremidades de los tetrápodos, capaces de sostener pesados cuerpos, pero es imposible defender que las extremidades tengan su origen en las aletas de los actinopterigios, aunque es cierto que existen algunos peces de aletas radiadas que deambulan fatigosamente sobre el barro.

Generalmente, el cuerpo de los peces de aletas radiadas es fusiforme y la aleta caudal es homocerca, esto es, se prolonga desde el extremo posterior del eje de la columna vertebral de forma más o menos simétrica. Tienen el cráneo cartilaginoso en parte calcificado y recubierto por huesos dérmicos, y cuentan con un solo par de aberturas branquiales protegidas por huesos operculares.

Otra innovación introducida por los actinopterigios es la aleta dorsal única, en contraposición a los sarcopterigios y condrictios que, normalmente, tienen dos. No debemos olvidar, así mismo, la vejiga natatoria que la mayoría de los peces óseos tienen y que se originó a partir de los pulmones pares de los primitivos lepidosireniformes.

Tipos de aleta caudal

La aleta caudal puede presentar diferentes morfologías:

A. Heterocerca. Es asimétrica porque la columna vertebral se prolonga por el lóbulo superior, como en los tiburones, o por el inferior, como en los peces voladores.
B. Protocerca. Una pequeña membrana se extiende alrededor del extremo de la columna vertebral. Es típica de los mixinos.
C. Homocerca. Cola más o menos simétrica como la de los actinopterigios.
D. Dificerca. Con tres lóbulos, como la de los peces de aletas lobuladas.

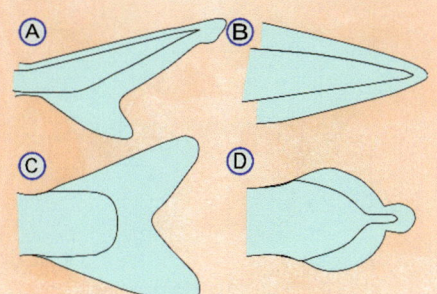

Osteichthyes

Actinopterygii

Chondrostei

Acipenseriformes

Polypteriformes

Neopterygii

Holostei

Teleostei

La clase *Actinopterygii* se divide en dos subclases: *Chondrostei* y *Neopterygii*. La primera incluye unas pocas especies relicto de un grupo otrora mucho más variado, y la segunda subclase agrupa las especies que reemplazaron aquellas más primitivas. En la primera encontramos los esturiones y otros extraños peces, mientras que en la segunda están los atunes, las carpas, los salmones, los bacalaos, los caballitos de mar… y un larguísimo etcétera.

No es por casualidad que el nombre de la primera subclase de peces óseos, *Chondrostei*, se parezca al término que designa los peces de esqueleto cartilaginoso como tiburones, rayas y quimeras, *Chondrichthyes*, puesto que durante mucho tiempo se creyó que los condrósteos estaban más relacionados con los peces cartilaginosos que con los óseos. De hecho, estos peces tienen un esqueleto fundamentalmente cartilaginoso.

¿Entonces, los condrósteos no son peces óseos? Sí, sí lo son, pero han sufrido una regresión en su evolución que se ha traducido, entre otras cosas, en la pérdida de osificación del esqueleto. Hasta que las pruebas moleculares demostraron lo contrario, se pensó que los esturiones estaban más emparentados con los tiburones que con las truchas, por decir algo. A pesar de las señas morfológicas contradictorias, los condrósteos son actinopterigios de pleno derecho.

A su vez, *Chondrostei* se subdivide en dos grupos: *Acipenseriformes* y *Polypteriformes*. Los acipenseriformes incluyen a los amenazados esturiones (ver imagen de la página anterior) y a los poco investigados peces espátula. Se trata de criaturas de esqueleto fundamentalmente cartilaginoso, la aleta caudal es heterocerca y el intestino está provisto de válvula espiral (como los escualos, ¿recuerda?). Sin embargo, tienen vejiga natatoria.

Los polipteriformes son unos peces anguiliformes dulceacuícolas conocidos comúnmente como bichires. La veintena de especies descritas se encuentran confinadas en las aguas de ríos y lagos africanos. Poseen espiráculos como los condrictios y pulmones como los dipnoos, si bien algunas especies presentan rasgos propios como una aleta dorsal compuesta por pequeñas aletas.

Chondrostei, un grupo discutido

En el momento de redactar esta obra, no está claro que *Chondrostei* sea un grupo monofilético. La clasificación aquí expuesta es esta:

Existe otra propuesta:

De ser así, *Acipenseriformes* y *Polypteriformes* constituirían un conjunto parafilético.

Neopterygii

Holostei

Teleostei

Palaeonisciformes es el nombre dado a un grupo extinto de peces óseos de aletas radiadas, como el ejemplar de la imagen perteneciente a una especie sin identificar de la familia *Coccolepididae*, que vivió hace 150 millones de años y que se expone en el Museo de Historia Natural de Brunswick (Alemania).

Desde que los neopterigios reemplazaran a los primitivos peces óseos de aletas radiadas, conocidos como paleonisciformes (cuyos únicos representantes vivos son los esturiones y unos pocos extraños peces más), los neopterigios son el grupo de vertebrados más numeroso, con una amplia variedad morfológica y adaptado a todos los ambientes acuáticos, tanto marinos como dulceacuícolas y salobres, de cualquier parte del planeta, desde fondos abisales hasta charcos someros temporales.

Su enorme éxito se debió a la gran velocidad de desplazamiento que podían alcanzar con sus aletas de nuevo diseño, que esto es lo que significa el término *Neopterygii*. Aparecieron al final del periodo Pérmico, hace unos 250 millones de años, y se diversificaron durante la era Mesozoica. Se piensa que surgieron primero en agua dulce y que tenían estructuras parecidas a pulmones, que utilizaban cuando el caudal de los ríos disminuía en las estaciones secas. Cuando empezaron a vivir en el mar, esos pulmones perdieron su utilidad y se transformaron en órganos de flotación, más útiles en aguas abiertas.

Las nuevas aletas y la vejiga natatoria vinieron acompañadas de otras innovaciones como son: variaciones en el cráneo que facilitaban una mayor eficiencia y movilidad mandibular durante la alimentación; escamas más finas, ligeras y flexibles que ofrecían una menor resistencia hidrodinámica; notocorda plenamente segmentada y totalmente osificada que proporcionaba fuerza adicional para una natación más activa; la aleta caudal asimétrica heterocerca fue sustituida por una cola simétrica homocerca.

Respecto al movimiento dentro del agua, debemos insistir en que la particular morfología del cuerpo de los peces, en forma de huso, es la más adecuada para nadar. Además, los peces controlan la profundidad de sus movimientos mediante la vejiga natatoria. En realidad, para ascender o descender no necesitarían las aletas, pero sí para avanzar horizontalmente y realizar otros movimientos con mayor precisión. Las aletas también resultan útiles para otros quehaceres como caminar por el fondo, enterrarse en la arena, palpar o saltar fuera del agua.

¿Cómo respiran los peces?

Las branquias de los peces son una serie de finos filamentos agrupados en los denominados arcos branquiales.

Cada arco branquial está compuesto de numerosos pliegues formando lamelas ricamente vascularizadas mediante capilares sanguíneos.

Las branquias se encuentran en el interior de la faringe y están protegidas del exterior por medio de una placa móvil, que denominamos opérculo.

El agua entra por la boca suave y continuamente (a pesar de que, a veces, el pez parezca dar bocanadas), pasa a través de los filamentos branquiales y es devuelta al exterior por los opérculos.

En las lamelas, la corriente de agua es opuesta al flujo sanguíneo. Esta disposición es la más eficaz a la hora de extraer del agua la mayor cantidad posible de oxígeno y expulsar el dióxido de carbono.

Neopterygii
Teleostei
Holostei
Amiiformes
Lepisosteiformes

Los neopterigios incluyen dos superórdenes: *Holostei*, con solo ocho especies en la actualidad, y *Teleostei*, con miles de especies. Así como los condrosteos (representados por los esturiones) son el grupo basal de los peces con aletas radiadas o actinopterigios, los holósteos son el grupo más primitivo de los peces más evolucionados o neopterigios.

Respecto a los peces teleósteos, los holósteos tienen un esqueleto menos osificado y las escamas son similares a las que tienen los esturiones: son de tipo ganoideo, si bien las de los peces teleósteos son de otros tipos. Las escamas ganoideas tienen forma de rombo y están compuestas por una capa superior de esmalte denominada ganoína y una capa inferior osificada.

A su vez, el superorden *Holostei* se subdivide en dos órdenes: *Amiiformes* y *Lepisosteiformes*. Hoy en día, los peces amiiformes solo están representados por una sola especie, *Amia calva*, conocida como el pez del cieno (ver imagen superior). Es un ávido cazador de un metro de longitud. Vive entre las algas de las aguas dulces poco profundas del este de Norteamérica como las de los Grandes Lagos y el Mississippi. Respecto a otros peces primitivos, su mandíbula tiene mayor movilidad, sin llegar a alcanzar la versatilidad de las mandíbulas de los teleósteos.

Las siete especies vivientes de lepisosteiformes son nombradas como pejelagartos o peces lagarto. Según los tipos, llegan a alcanzar los tres metros de longitud. Existen dos géneros: los *Lepisosteus* (en la imagen central) y los *Atractosteus* (en la inferior). Los primeros se encuentran en zonas muy concretas de Centroamérica y del sur de Estados Unidos, mientras que los segundos tienen una distribución más amplia. Su cuerpo es alargado y llama la atención la posición retrasada de su aleta dorsal. Tienen una prominente mandíbula, dotada con unos afilados dientes —de ahí su nombre—, con la que dan caza a sus presas.

Tanto *Amia calva* como los lepisosteiformes, tragan aire que almacenan en su vascularizada vejiga natatoria y que utilizan —además de como elemento de flotación— como reserva de oxígeno adicional al que obtienen por medio de las branquias.

El grandísimo y variadísimo grupo *Teleostei* comprende los verdaderos peces óseos...

Que ¿por qué decimos «verdaderos»? Dese cuenta de que, una vez introducidos los peces con esqueleto óseo, tuvimos que dejar al margen los peces de aletas lobuladas (celacantos y dipnoos) para centrarnos en los peces de aletas radiadas. Y, todavía, dentro de los peces óseos de aletas radiadas, apartamos a un lado peces como los esturiones que sufrieron una regresión y tienen esqueleto fundamentalmente cartilaginoso. Pero ¡es más!: para dar con los verdaderos peces óseos, dejamos atrás a unos peces óseos con caracteres morfológicos primitivos como el pez del cieno y el pejelagarto.

El dilatado viaje ha valido la pena, no obstante, para dar con el grupo de vertebrados más grande: los teleósteos, los modernos o verdaderos peces óseos. Se trata de 26.000 especies que comparten determinados rasgos: vejiga natatoria tremendamente desarrollada y versátil, cola homocerca, vértebras osificadas, escamas circulares sin ganoína y una mandíbula con una gran movilidad. Sin embargo, como puede imaginar, algunos grupos se apartan de la norma general y presentan ciertas particularidades. De hecho, los teleósteos se dividen, según autores, en unos 40 grupos. A continuación, nos detendremos en los órdenes más representativos.

Semejante diversificación de los teleósteos, de la que dan cuenta los numerosos órdenes existentes, no tiene comparación con ningún otro linaje de vertebrados. Los modernos peces óseos nadan en todos los océanos y a todas profundidades. También se encuentran en las aguas continentales a, prácticamente, cualquier altitud o temperatura. Su diversidad de tamaños y formas —como enseguida veremos— es, igualmente, abrumadora.

Desempeñan un papel esencial en los ecosistemas acuáticos y, para el ser humano, son muy valiosos como lo demuestra el potente desarrollo de la industria pesquera. Habitan en un medio tan inhóspito para el hombre que, quizás por eso, a lo largo de toda la historia, han suscitado un magnetismo inexplicable: ¿quién no se ha sentido hipnotizado ante un acuario?

Lo que caracteriza al orden de teleósteos *Elopomorpha* es el tipo de larva que precede a la etapa adulta. Es un grupo tremendamente variado en cuanto a la morfología externa se refiere que, sin embargo, se desarrolla a partir de un tipo de larva concreto, denominada leptocéfala. Las larvas leptocéfalas necesitan más de un año para desarrollarse completamente, tiempo durante el cual realizan largas migraciones; son planas, casi transparentes, de forma acintada y están provistas de una potente dentición.

Se distinguen cinco subórdenes de elopomorfos. A saber:

a) *Albuliformes*. Los albúlidos mejor analizados son los macabíes. Se mueven en grandes cardúmenes por todos los mares tropicales. Alcanzan menos de un metro de longitud. Su carne no es apreciada, si bien, dado su carácter combativo, es una de las especies preferidas por los aficionados a la pesca deportiva.

b) *Anguilliformes*. Representantes anguiliformes en la mente de todos son las anguilas, las morenas (en la imagen de la izquierda) y los congrios. Se determinan por tener un cuerpo bastante alargado y sin escamas, generalmente. Las anguilas soportan bien un amplio rango de salinidad del agua; son eurihalinas. Un rasgo típico de las morenas son las mandíbulas faríngeas, un segundo par de mandíbulas en el interior de la garganta.

c) *Elopiformes*. El elopiforme más popular entre los pescadores deportivos es el tarpón. Se trata de un gran pez tropical y subtropical que lucha denodadamente por escapar de sus captores.

d) *Notacanthiformes*. Son peces de cuerpo anguiliforme que viven en aguas muy profundas. Se conocen como anguilas espinosas porque en lugar de la aleta dorsal tienen una hilera de espículas.

e) *Saccopharyngiformes*. A este clado pertenecen determinados peces abisales como, por ejemplo, el pez pelícano de aspecto anguiliforme con una boca mucho más grande que el resto del cuerpo. En la cola posee un órgano luminiscente con el que atrae a sus presas.

Las anguilas son catádromas

La mayoría de las especies de anguilas conocidas son catádromas, es decir, viven en aguas dulces, pero van al mar para reproducirse.

La anguila común (*Anguilla anguilla*) vive en los ríos europeos y norteamericanos de la vertiente atlántica. En la madurez, inician una increíble aventura de ocho meses de duración que les lleva hasta el mar de los Sargazos, lugar donde se aparean, desovan y, finalmente, mueren.

Los nueve millones de huevos que pone cada hembra eclosionan a los pocos días e, inmediatamente después, las larvas leptocéfalas (que llamamos angulas) migran de vuelta a los cauces fluviales donde vivieron sus progenitores.

Al cabo de dos o tres años, las angulas llegan a la desembocadura de los ríos donde, al contacto con el agua menos salina, sufren una metamorfosis que las transforma en jóvenes anguilas.

Otros órdenes significativos de peces teleósteos son: *Osteoglossomorpha, Protacanthopterygii, Ostariophysi, Stenopterygii, Paracanthopterygii* y *Acanthopterygii*.

Lo que une a los osteoglosomorfos es la lengua ósea provista de dientes con los que desgarran a sus presas, mas en la morfología y en su modo de vida son un grupo harto diverso, que incluye el amazónico arapaima gigante de 5 metros —después del esturión, es el pez de agua dulce más grande— o los peces africanos eléctricos como el pez elefante o el aba aba, por citar algunos.

Los protacantopterigios a menudo son anádromos, es decir, viven en el mar y migran a aguas dulces para criar. El suborden *Esociformes* incluye peces de agua dulce como el eximio lucio, un depredador muy voraz con la aleta dorsal y anal localizadas en la parte posterior del cuerpo que le dan una silueta inconfundible. Por su parte, el suborden *Salmoniformes* se caracteriza por tener en el dorso una segunda aleta adiposa. Son los peces anádromos por excelencia, pues pasan toda su vida en el mar y remontan los ríos hasta sus cabeceras para desovar en los lechos de grava; en el camino, muchos caen en las zarpas de hambrientos osos pardos.

Los ostariofisiarios se llaman así por la presencia de un vínculo auditivo entre la vejiga natatoria y el oído interno, denominado aparato de Weber, que actúa como un amplificador para las ondas del sonido que, de otro modo, resultarían imperceptibles. El clado agrupa los subórdenes:

a) *Characiformes*. Entre otros peces tropicales, son characiformes las voraces pirañas y las coloridas especies llamadas, genéricamente, tetras.
b) *Cypriniformes*. Son peces de agua dulce y vivos colores como las carpas, lochas y muchos de los peces come-algas que nadan en los acuarios de los aficionados.
c) *Gymnotiformes*. Conocidos como peces cuchillo del Nuevo Mundo, son peces eléctricos de las zonas tropicales de Sudamérica.
d) *Siluriformes*. Los siluros o peces gato se distinguen por los grandes barbillones que se extienden a cada lado de las mandíbulas, semejantes a los bigotes de un gato.

Más de la mitad de las especies de peces conocidas pertenecen al orden *Acanthopterygii*. Bajo esta gran etiqueta se hallan, entre otros, los siguientes subórdenes:

a) *Beloniformes*. Una familia peculiar de beloniformes son los peces voladores; sus aletas pectorales, inusualmente amplias, les permiten, para escapar de sus depredadores, dar grandes saltos y planear fuera del agua distancias de más de 50 metros.

b) *Cetomimiformes*. Comprende pequeños peces abisales con una forma similar a la de las ballenas. Presentan un dimorfismo sexual excepcionalmente fuerte.

c) *Cyprinodontiformes*. Muchas de las especies de pequeños peces de agua dulce (*guppys*, *killis*…) que nadan en los acuarios domésticos son ciprinodontiformes.

d) *Perciformes*. Si la mitad de los peces teleósteos son acantopterigios, la mitad de los acantopterigios son perciformes. Meros, percas, emperadores, roncadores, corvinas, barracudas, caballas, atunes, bonitos, peces payaso, peces cirujano, peces luchadores (en la imagen de la derecha) o rémoras militan en sus filas.

e) *Pleuronectiformes*. Se distinguen por la forma aplanada de su cuerpo y por el inusual desplazamiento de los dos ojos hacia un único lado de la cabeza; en algunas especies, también la boca se desplaza. Viven enterrados en los fondos arenosos y carecen de vejiga natatoria. Platijas, lenguados y gallos son familias de este grupo.

f) *Syngnathiformes*. Con sus extrañas formas, cuesta creer que el pez pipa fantasma (ver página anterior) o el caballito de mar sean verdaderos peces. Pero sí lo son y, junto a los trompeteros, los peces corneta y los peces gamba, constituyen los singnatiformes.

g) *Tetraodontiformes*. Son peces de extrañas formas cuadradas, triangulares o redondeadas, variaciones radicales del plan corporal típico. Su cuerpo es bastante rígido y se mueven lentamente gracias, exclusivamente, al movimiento ondulatorio de la aleta caudal.

Por último, citaremos el orden *Paracanthopterygii* al que pertenecen el bacalao, la merluza o el rape de indiscutible valor comercial.

*Deuterostomia**Chordata**Craniata**Gnasthosmata**Osteichthyes*\
Actinopterygii*Neopterygii**Teleostei**Acanthopterygii*

401

Gnathostomata
Chondrichthyes
Holocephali
Elasmobranchii
Osteichthyes
Actinopterygii
Sarcopterygii
Tetrapoda
Amphibia
Mammalia
Sauropsida

Finalizada nuestra inmersión en las aguas de mares y ríos, es necesario recuperar el aliento y recordar que los gnatostomados son animales caracterizados por poseer una espina dorsal compuesta por vértebras, mandíbulas articuladas y sendas parejas de apéndices pectorales y pelvianos en forma de aletas o, en general, extremidades. Separados en tres grupos, ya hemos estudiado los peces cartilaginosos (es decir, la clase *Chondrichthyes*) y los peces óseos (o la superclase *Osteichthyes*) e iniciamos, ahora, el tercer y último grupo: la superclase *Tetrapoda*.

¿Recuerda, asimismo, que según se cree, una clase extinta de peces sarcopterigios (denominada *Tetrapodomorpha*) con su cuerpo robusto dotado de fuertes aletas apoyadas en cortos apéndices óseos, puede ser la precursora de los actuales vertebrados de cuatro patas? Efectivamente, la opinión generalizada de los investigadores es que todos los anfibios, reptiles, mamíferos y aves evolucionaron a partir de los primitivos peces sarcopterigios de aletas lobuladas, aunque, posteriormente, algunas especies perdieran las extremidades, estas se transformasen en alas o terminasen por volver al medio acuático.

Los primeros tetrápodos debieron aparecer a principios del Devónico Medio, hace unos 390 millones de años. Una hipótesis al respecto sugiere que *Panderichthys rhombolepis*, una especie de tetrapodomorfo precursora de otras como *Tiktaalik* spp. —ver pág. 384—, antes de quedarse varado, cuando se secaba la laguna en la que nadaba, caminaba sobre sus aletas en busca de otras aguas. El panderíctido es el enlace más convincente entre los peces de aletas lobuladas y los tetrápodos.

La historia evolutiva de los tetrápodos no es tanto un problema anatómico de cómo aprender a caminar usando unas aletas preparadas para nadar, podríamos decir, sino una cuestión adaptativa para pasar del medio acuático al medio terrestre. Ya sabemos que algunos peces «aprendieron» a respirar aire atmosférico, por eso el principal problema al que se enfrenta un organismo fuera del agua es la constante presencia de la gravedad. La transición al medio terrestre exige, sobre todo, el fortalecimiento de la columna vertebral.

Las exigencias del medio terrestre

Antes de ver qué problemas debieron afrontar los primeros tetrápodos, deberíamos preguntarnos por qué se aventuraron a abandonar el medio acuático. Una respuesta puede estar en los constantes cambios climáticos del Devónico; otra en la enorme presión de un medio como el acuático abarrotado de depredadores, mientras que el medio terrestre estaba libre de competidores.

Sea como fuere, lo cierto es que el primer reto fue la transmisión del peso del cuerpo al suelo mediante una conexión adecuada entre las extremidades y la columna vertebral.

No menos importante es impedir la deshidratación; esto se solucionó mediante la queratinización de las células epidérmicas. El desarrollo de los pulmones; huevos que impidan la desecación de los embriones, y la eliminación de las toxinas fueron otros problemas que los tetrápodos afrontaron satisfactoriamente.

Tetrapoda
Amphibia
Anura
Caudata
Mammalia
Prototheria
Metatheria
Eutheria
Sauropsida
Testudines
Lepidosauria
Archosauria

Sabemos que la evolución se toma su tiempo, que las cosas no ocurren de hoy para mañana. Y es que dentro de los tetrápodos se pueden apreciar dos *modus vivendi* diferentes: los animales que pasan gran parte de su vida fuera del agua, pero necesitan volver a ella a la hora de reproducirse y los que definitivamente han abandonado el medio acuático.

Efectivamente, los anfibios ponen sus huevos en el agua y las crías nacen necesariamente en el medio acuático, ahí se desarrollan como larvas hasta que crecen, se metamorfosean y salen a tierra como adultos. Otros tetrápodos, como reptiles, mamíferos y aves, no tienen esa necesidad: han evolucionado de tal manera que sus embriones no requieren la protección del agua para desarrollarse. En este escenario, los anfibios constituyen un eslabón de enlace en la cadena de la evolución que conecta los animales acuáticos y los terrestres.

Y, aunque la realidad es caprichosa y nos brinda ejemplos de anfibios que son capaces de prescindir del medio acuático a la hora de reproducirse, lo cierto es que *Amphibia* significa 'dos vidas' dado que esta clase de tetrápodos se desenvuelven con soltura en dos medios, acuático y terrestre, dispares; llevan una doble vida.

También podemos definir los anfibios diciendo que son animales vertebrados ectotermos sin amnios, es decir, anamniotas. El amnios es una envoltura membranosa que evita la desecación de los embriones. Sin cobertura protectora, es imperativo que el animal ponga sus huevos en el agua o, al menos, sobre lechos de tierra muy muy húmedos, en los suelos mojados de umbríos bosques tropicales o —¿por qué no?— llevarlos pegados al cuerpo para procurarles la humedad necesaria en cada momento.

Como los peces también son ectotermos y anamniotas, pues su temperatura corporal está determinada por la del ambiente y no necesitan proteger sus embriones contra la desecación, deberíamos añadir alguna nota más a esa definición inicial. Los anfibios son tetrápodos que, en su etapa adulta, respiran mediante pulmones; comprenden ranas, salamandras y cecilias.

La herpetología y John E. Holbrook

La herpetología es la parte de la zoología que se ocupa del estudio de anfibios y reptiles.

Se considera que el zoólogo y naturalista norteamericano John Edwards Holbrook (1796-1871) es el padre de la misma.

Entre los años 1836 y 1842, escribió una exhaustiva obra en varios volúmenes sobre los anfibios y reptiles de América del norte, titulada *North American Herpetology*, que sigue siendo todo un referente.

Hoy en día, la herpetología se define como la ciencia que estudia los tetrápodos de sangre fría o ectotermos; esto incluye anfibios y reptiles, mas excluye peces. Los herpetólogos advierten que el 40% de las especies anfibias se encuentran en peligro de extinción.

Durante los 60 millones de años templados, húmedos y de abundancia que sucedieron al periodo Devónico, durante el Carbonífero, los tetrápodos se diversificaron rápidamente. Entre los muchos clados de los que se tiene constancia por los restos fósiles (por cierto, caracterizados por tener un número variable de dedos en las extremidades), solo prosperaron los que hoy conocemos como lisanfibios o anfibios modernos. Finalmente, del grupo *Lissamphibia* hoy pululan solo tres órdenes: *Anura*, *Caudata* y *Gymnophiona* particularizados, respectivamente, por no tener cola (como las ranas), por tener cola (como las salamandras) y por no tener extremidades (como las cecilias).

El filo *Anura*, también conocido como *Salientia*, comprende ranas y sapos. Esta distinción es más semántica que taxonómica. Las ranas son batracios de piel lisa, húmeda y suave que se mueven dando saltos, mientras que los sapos son batracios de piel rugosa, áspera y más seca que prefieren caminar en lugar de saltar. En realidad, las patas traseras de los sapos son más cortas y están peor adaptadas a la saltación y por eso prefieren caminar. En todo caso, hay sapos y ranas en cualquiera de los subórdenes en los que se divide el grupo: *Neobatrachia*, *Mesobatrachia* y *Archaeobatrachia*, y por eso decimos que la diferenciación es más bien semántica.

Además de las desigualdades morfológicas mencionadas, los anuros se definen por su peculiar ciclo de vida. La mayoría de las larvas se desarrollan en el agua, carecen de patas, poseen una larga cola y aletas y respiran por medio de branquias; son larvas a las que les hemos dado el nombre de renacuajos (o zapateros, o samarugos), larvas que, para llegar a la madurez, sufren una radical metamorfosis.

Los anuros son los primeros animales en los que aparece un endoesqueleto bien desarrollado. Respecto a los peces, la columna vertebral pierde flexibilidad, el cráneo se aligera y las extremidades poseen tres articulaciones principales. Las manos poseen cuatro dedos, en tanto que las patas, más desarrolladas y musculosas, tienen cinco. A continuación, veamos con más detalle el suborden *Neobatrachia*.

Por el número de especies, los anuros son el grupo de anfibios más prolífico. Las más de 6.000 especies catalogadas se agrupan en, al menos, 50 familias. Para hacer un poco más asequible su estudio, se suelen separar en tres subórdenes. El grupo más antiguo, *Archaeobatrachia*, se individualiza por la falta de unión entre las costillas y la columna vertebral. El siguiente grupo en evolucionar fue *Mesobatrachia* que ya presenta las costillas unidas a la columna.

El grupo *Neobatrachia* es el más numeroso y alberga las especies más modernas y —¡caprichos de la evolución!— se distingue por la ausencia de costillas: la mayoría de las ranas carecen de costillas. Destacaremos algunas especies curiosas.

Los bufónidos (familia *Bufonidae*) son los que más se ajustan a la idea común de sapos: tienen la piel rugosa y las patas traseras más cortas. Las especies del género *Atelopus*, sin embargo, tienen el aspecto de la típica rana. Conocidas como ranas arlequín y distribuidas entre Costa Rica y Bolivia, se encuentran en grave peligro de extinción, cuando no extintas, debido a la destrucción de su hábitat, al aumento de la toxicidad ambiental y al cambio climático.

Llamadas ranas arborícolas comunes, la familia *Hylidae* es un grupo de lo más diverso morfológica y ecológicamente hablando. Suelen vivir en los árboles próximos a los cauces de ríos. Existen otras familias que igualmente presentan hábitos arborícolas.

La rana Goliat (*Conraua goliath*) es el anuro más grande investigado, con más de 30 cm de longitud; habita en el sudoeste de Camerún y en Guinea Ecuatorial continental. La ranita Monte Iberia (*Eleutherodactylus iberia*) es el anfibio más pequeño; se encuentra en peligro crítico de extinción ya que solo habita en los alrededores de un monte de Cuba.

Todos los anfibios poseen glándulas en la piel que segregan toxinas más o menos potentes. En particular, *Dendrobatidae*, una familia de batracios de llamativos colores endémica de América del sur y Centroamérica, llamados ranas punta de flecha, produce secreciones muy venenosas; la ponzoña de *Phyllobates terriblis* (en la imagen de la página anterior) es la más letal del mundo.

El aposematismo

Llamativos colores, olor desagradable o ruidos de advertencia son algunas de las estrategias que determinadas especies (sobre todo, las más peligrosas) exhiben para defenderse de sus depredadores. Este fenómeno se denomina aposematismo.

Destacar la presencia es lo contrario a intentar pasar desapercibido: camuflarse, mimetizarse, quedarse quieto o llevar una vida nocturna son diferentes conductas de lo que se conoce como cripsis.

El reflejo de unken consistente en arquear todo el cuerpo y permanecer inmóvil, hinchar el cuerpo para parecer más grande, el aposematismo o la cripsis son, en definitiva, formas de comunicación animal.

La zoosemiótica, la rama de la biosemiótica que estudia los métodos que usan los animales para comunicarse, es otro término para añadir a la lista de la página 259.

*Holozoa**Animalia**Eumetazoa**Deuterostomia**Chordata**Craniata*\
Gnasthosmata*Tetrapoda**Amphibia**Anura**Neobatrachia*

409

Unas mil especies de salamandras y tritones se reúnen bajo el paraguas del segundo conjunto de anfibios, *Caudata*: animales vertebrados con una larga cola en todas las etapas de su vida, en contraposición al grupo hermano de ranas y sapos, *Anura*, que en la adultez carece de ella. Como los anuros, también habitan en cursos de aguas o zonas húmedas; pero en este caso, solo del hemisferio norte del planeta y en la zona más septentrional de Sudamérica.

Son criaturas pequeñas de unos pocos decímetros de longitud a excepción de algunas especies, como la salamandra gigante de Japón, que pueden sobrepasar el metro de largo. Su cuerpo es similar al de los lagartos, si bien las patas son relativamente cortas y, en algunas especies, o bien tremendamente reducidas, o bien las patas traseras han desaparecido. En tierra se mueven torpemente y en el agua suelen usar la cola para nadar. Una característica de algunas especies es su capacidad para regenerar las extremidades amputadas.

Las larvas suelen tener un aspecto muy diferente a los adultos y se parecen más a un pez con pequeñas patas. Carecen de pulmones y tienen branquias externas en la zona posterior de la cabeza. Algunas especies, en los individuos adultos, presentan un pedomorfismo consistente en la conservación de las agallas filamentosas y las aletas propias del estado larval.

Las especies más basales se agrupan en el suborden *Cryptobranchoidea*, que incluye las denominadas salamandras gigantes de la familia *Cryptobranchidae* y las salamandras asiáticas de la familia *Hynobiidae*.

El suborden *Salamandroidea* reúne las especies más evolucionadas que, en contraste con las más primitivas, se reproducen mediante fertilización interna. Aquí encontramos algunas familias peculiares como las anfiumas, salamandras de un metro de longitud con aspecto de anguila y extremidades vestigiales de uno, dos o tres dedos; las salamandras gigantes del pacífico que pueden croar, al contrario que el resto de sus parientes, o las salamandras sin pulmones que respiran a través de la piel.

Clasificación de los animales en función del medio en el que viven	

Acuáticos — Se dice de los animales que viven en el agua; algunos respiran dentro del agua mientras que otros, como los cetáceos, necesitan subir a la superficie para tomar oxígeno. Refiriéndonos al agua del mar y dependiendo de la profundidad en la que habiten, se habla de animales pelágicos, batiales o abisales.

Aéreos — En biología, se dice de los animales que viven en contacto con el aire atmosférico. Más específicamente, se dice que un animal es aeroterrestre si puede realizar sus funciones vitales (alimentarse, descansar y reproducirse) tanto en el medio terrestre como en el aire.

Arborícolas — Se dice de los animales que viven permanentemente en los árboles por tener alguna adaptación que les facilita estar y desplazarse entre ellos, no se dice así de algunos animales que solo usan los árboles de forma temporal. En efecto, los animales arborícolas utilizan un tipo de locomoción denominada suspensoria; esta puede ser de tres tipos: braquiación (o sea, balanceándose entre las ramas de los árboles usando sus brazos), escalada (es decir, trepando mediante brazos y piernas) o puente (cuando saltan de una parte a otra utilizando sus patas traseras, preferentemente).

Fosores — En biología, se aplica a los animales que viven en galerías excavadas en la tierra o el fango.

Terrestres — En general, se denomina así a los animales que viven en la tierra.

Troglobios — (O troglobiontes). Son aquellos animales, normalmente invertebrados, que han evolucionado adaptándose a la vida en cuevas. Por otra parte, se denominan troglófilos a aquellos animales que ocasionalmente se introducen en oquedades, y trogloxenos a los que lo hacen solo accidentalmente. Un vertebrado troglobio emblemático es el *Proteus anguinus*, un caudato presente en cuevas de Eslovenia, Croacia, Bosnia y Herzegovina. No existen mamíferos exclusivamente troglobios, aunque algunos sí utilizan las cuevas en su ciclo biológico como, por ejemplo, los murciélagos.

Prácticamente desconocidas para el público en general, las cecilias constituyen el tercer y último grupo de anfibios modernos: *Gymnophiona*. Aunque tienen el aspecto de grandes lombrices de un metro de longitud, son animales vertebrados de pleno derecho y su columna se compone de unas 200 vértebras. Se les conoce con el nombre de cecilias porque la familia más representativa se denomina *Caeciliidae*. Con respecto a otros anfibios, se caracterizan por la ausencia de extremidades. Habitan exclusivamente en las tierras emergidas situadas entre los dos trópicos.

Los gimnofiones tienen una cabeza bastante osificada en la que se localizan unos pequeños y rudimentarios ojos que, en algunos casos, están atrofiados o cubiertos de piel, así como un par de tentáculos entre las narinas y los ojos que les permiten detectar olores (son los únicos vertebrados con apéndices de este tipo en la cabeza). Viven en galerías que excavan en la tierra o el fango directamente con la cabeza. A este fin, la piel de la cabeza es dura y la boca se halla retraída en la parte inferior del hocico. En biología, este tipo de vida subterráneo se denomina fosor. Algunas especies, no obstante, son totalmente acuáticas y usan la cabeza para excavar, en busca de alimento, el lecho de los ríos y estanques en los que viven.

Producen tres tipos de secreciones: una venenosa, liberada principalmente por la cola; otra mucosidad secretada por la cabeza que les ayuda a abrirse paso por los túneles, y una tercera producida por una serie de pequeñas glándulas localizadas en la mandíbula superior e inferior, conectadas a la base de cada diente. Estas últimas parecen ser las precursoras de las glándulas venenosas de muchos reptiles y tienen la misión de paralizar o aturdir a sus presas: lombrices, insectos, arácnidos u otros anfibios.

Se reproducen mediante fecundación interna. Son ovovivíparos, es decir, los embriones se desarrollan en el huevo que está en el interior del cuerpo de la madre. Una vez que la madre pone los huevos, las larvas eclosionan y se desarrollan durante un año, a veces, en el interior del canal sexual, alimentándose de las secreciones de la madre, secreciones que son equivalentes a la leche de los mamíferos, lo cual nos lleva directamente al siguiente capítulo.

*Holozoa**Animalia**Eumetazoa**Deuterostomia**Chordata**Craniata**Gnasthosmata**Tetrapoda**Amphibia**Gymnophiona*

413

Iniciamos el estudio de un gran conjunto de organismos caracterizados por ser vertebrados, amniotas y endotermos. Tal y como reza el título del capítulo, son animales con un esqueleto óseo bien desarrollado que mantienen una temperatura corporal constante (lo que conocemos comúnmente como animales de sangre caliente) y cuyos embriones se desarrollan protegidos en el interior de una cámara llena de líquido.

Para poner en su contexto estas notas y hacer una lectura de ellas a la luz de lo expuesto en las últimas páginas, debemos traer a la memoria la diferencia entre peces y anfibios. Ambos grupos son ectotermos y anamniotas. Evolutivamente hablando, el siguiente eslabón va a ser los reptiles amniotas ectotermos, primero, y endotermos, después.

Prácticamente, la totalidad de los animales necesitan mantener su temperatura corporal dentro de un rango relativamente estrecho. Unos utilizan el calor generado internamente y mecanismos como la sudoración para mantener su temperatura corporal constante, independientemente de la temperatura del medio ambiente; son animales endotérmicos o de sangre caliente. Sin embargo, otros son más permisivos y utilizan, por ejemplo, la energía aportada directamente por el Sol para mantener su temperatura que, en todo caso, se mueve dentro de un rango más amplio; son animales ectotermos o de sangre fría.

De entre los anfibios, surgió uno más «listo» que los demás y que protegió sus embriones en un huevo calcáreo y lo envolvió, además, en una membrana a la que llamamos amnios. Ese anfibio inició todo un linaje amniota que técnicamente se denomina *Reptilia*.

Los reptiles se diversificaron en dos grandes clases que llamamos saurópsidos y sinápsidos. Del clado *Sauropsida* proceden, además de las especies extintas, los reptiles y las aves, y del grupo *Synapsida*, los mamíferos. En principio, todos eran animales ectotermos, pero dentro de los sinápsidos, unos pocos ensayaron un nuevo metabolismo que les permitió elevar la temperatura corporal independientemente de la del exterior: habían nacido los mamíferos.

Reptilia

Esta simple palabra es origen de no pocas discusiones acaloradas entre los especialistas. Para algunos, *Reptilia* incluye todos los vertebrados amniotas, es decir, lo que comúnmente se entiende por reptiles, mamíferos y aves. Para otros, *Reptilia* son los amniotas que no son mamíferos ni aves.

Probablemente alguna especie de *Diadectes*, grandes tetrápodos del Pérmico Inferior, sea el antepasado común de reptiles, mamíferos y aves, es decir, el primer amniota. Aunque lo de menos es conocer qué animal concreto lo fue, lo cierto es que hay uno a partir del cual evolucionaron reptiles, mamíferos y aves y que ese clado se llama *Reptilia*.

Para intentar poner un poco de paz, algunos sugieren usar *Reptilia* como sinónimo de amniota y *Reptilia** (con asterisco) para referirse solo a los reptiles, es decir, a los amniotas que no son ni mamíferos ni aves.

Amphibia
Tetrapoda
Prototheria
Mammalia
Metatheria
Ameridelphia
Sauropsida
Australidelphia
Eutheria
Xenarthra
Afrotheria
Laurasiatheria
Euarchontoglires

El segundo gran grupo de tetrápodos —el primero estudiado ha sido *Amphibia*— es *Mammalia*. Los mamíferos se definen como vertebrados endotermos que se alimentan, en las primeras etapas de su vida, de la leche secretada por las madres. No es un grupo muy numeroso, pues cuenta con unas 5.500 especies, pero son un conjunto variadísimo y versátil, con inmensidad de formas y tamaños que han logrado un incontestable éxito.

Como rasgos propios de los mamíferos también pueden citarse los siguientes: sus cuerpos están cubiertos de pelaje que les aísla del frío y, asociadas a los pelos, también tienen glándulas sudoríparas que contribuyen a regular la temperatura; los hematíes de la sangre tienen forma bicóncava y carecen de núcleo; el encéfalo, y especialmente la corteza cerebral, junto con los órganos sensoriales se encuentran altamente desarrollados; la mandíbula inferior está formada por un solo hueso y se articula directamente con el hueso temporal, y el oído medio tiene tres huesos característicos que son el estribo, el yunque y el martillo.

Los mamíferos utilizan el metabolismo oxidativo para generar su propio calor, en contraste con los organismos ectotermos que solo cuentan con el calor que puedan absorber del medio exterior. Y, además de ser endotermos, son homeotermos, lo que significa que tienen un metabolismo capaz de producir el calor necesario, y un sistema de aislamiento y refrigeración encaminado a mantener la temperatura interior prácticamente constante, independientemente de la temperatura medioambiental.

Los mamíferos actuales descienden de un linaje común de sinápsidos que data de finales del Pérmico, hace unos 250 millones de años. Los científicos no aciertan a explicar por qué de entre todos los sinápsidos que existieron solo prosperaron los mamíferos: ¿quizá fue debido a la homeotermia? ¿o fue por el desarrollo placentario típico de los mamíferos más evolucionados, gracias al cual las crías se desarrollan más y mejor en el interior de la madre? Esta nota, precisamente, nos guiará en la clasificación de los mamíferos que iniciamos a continuación.

Una cuestión de orden

Uno de los objetivos que pretende esta obra es mostrar la complejidad del árbol de la vida. Punto que ha de estar claro a la vista de las discrepancias en muchas de las clasificaciones aquí expuestas.

Si pretendiésemos, además, introducir las ramas en un orden cronológico, las incertidumbres serían aún mayores. Habría que presentar también las ramas secas y eso no haría sino complicar un dibujo de por sí enmarañado. No obstante, en la medida de lo posible, todas las ramas se presentan en un cierto orden.

En este contexto, es evidente que los reptiles aparecieron antes que los mamíferos y es igualmente cierto que los mamíferos (al menos, los más primitivos) son anteriores a las aves. Por lo tanto, como las aves evolucionaron a partir de los reptiles, se introducen primero los mamíferos para después tratar reptiles y aves, por ese orden.

Monotremata
Prototheria
Mammalia
Metatheria
Ameridelphia
Australidelphia
Eutheria
Xenarthra
Afrotheria
Laurasiatheria
Euarchontoglires

Vivíparo es todo animal cuyo embrión se desarrolla dentro de una estructura *ad hoc* en el vientre de la madre; ahí recibe los nutrientes necesarios para crecer y madurar hasta el momento del nacimiento; dicho de otra manera, los animales vivíparos dan a luz crías vivas. Ovíparo es todo animal cuyo embrión se desarrolla en el interior de un huevo que la madre pone previamente. (A mitad de camino, están los animales ovovivíparos, cuyos embriones se desarrollan en huevos que permanecen en el interior de la madre —¡o del padre!, como el caballito de mar— y, una vez maduros, o bien eclosionan dentro y el progenitor pare crías vivas, o bien eclosionan inmediatamente después de la puesta).

Aunque algunas especies de insectos, reptiles, peces y anfibios ya habían ensayado el viviparismo como método de reproducción, no es menos cierto que las criaturas vivíparas por antonomasia son los mamíferos. Pero no siempre fue así y, de hecho, la primera clasificación de los mamíferos que puede hacerse distingue entre vivíparos y ovíparos. De las tres subclases que existen de mamíferos, *Prototheria*, *Metatheria* y *Eutheria*, la primera es ovípara y las dos segundas son vivíparas.

En definitiva, los prototerios son mamíferos ovíparos. De entre las muchas especies de mamíferos que ponían huevos durante la era Mesozoica de las que se tiene constancia por los registros fósiles (morganucodontes y multituberculados con aspecto, respectivamente, de musarañas y de roedores que muchos autores no consideran verdaderos mamíferos), solo han subsistido cinco: *Ornithorhynchus anatinus* (u ornitorrinco —en la imagen superior—) y cuatro especies de equidnas (una de hocico corto o de Australia —en la imagen inferior— y tres de hocico largo o de Nueva Guinea, en peligro de extinción).

Estos sobrevivientes pertenecen al orden *Monotremata* caracterizado por poner huevos, como decimos, y tener cloaca, es decir, un orificio en el que desembocan los tractos digestivo y urogenital. La leche con la que alimentan a sus crías se libera a través de los poros de la piel de las glándulas mamarias, pues no tienen pezones. Su homeotermia es limitada.

Mammalia

Prototheria

Monotremata

Metatheria

Ameridelphia

Didelphimorpha

Paucituberculata

Australidelphia

Diprotodontia

Notoryctemorphia

Peramelemorphia

Dasyuromorphia

Microbiotheria

Eutheria

Afrotheria

Xenarthra

Laurasiatheria

Euarchontoglires

Antes de la puesta, los huevos de los ornitorrincos se desarrollan en el útero de la madre durante unos 28 días. Normalmente, la madre pone dos huevos que incuba debajo del vientre durante unos 12 días, hasta que eclosionan. Las crías son amamantadas durante tres o cuatro meses.

Los embriones de los equidnas también se desarrollan de una manera similar: después de entre 9 y 27 días de gestación, la hembra deposita un único huevo en un saco abdominal. La cría nace 10 días después y permanece en el marsupio alrededor de dos meses, lamiendo la leche que resbala por los pelos de la madre hasta el interior de la bolsa.

A la vista de estas secuencias vitales, la segunda subclase de mamíferos, *Metatheria*, se nos antoja un eslabón intermedio entre los ovíparos y los vivíparos placentarios. Los metaterios no ponen huevos; sino que dan a luz crías vivas diminutas, pero están tan poco desarrolladas, tanto anatómica como fisiológicamente, que necesitan de un largo periodo de lactancia y cuidados parentales que se llevan a cabo en un marsupio.

La característica principal de los metaterios es el desarrollo de un marsupio o bolsa abdominal, que funciona a modo de cámara incubadora para sus prematuras crías. Está formado por una duplicación de la piel del vientre y dentro se encuentran las glándulas mamarias. De esta forma, «metaterio» resulta sinónimo de «marsupial», al igual que «prototerio» se corresponde con «ovíparo» y «euterio» con «placentario», con verdadero placentario.

Esto no quiere decir, sin embargo, que los marsupiales no tengan placenta; tienen una placenta primitiva llamada coriovitelina, que se forma de la unión del corión, una membrana que envuelve el amnios, y el vascularizado saco vitelino anexo al embrión. Durante unos pocos días, el feto flota libremente en el interior del útero de la madre envuelto dentro de varias membranas, si bien no «echa raíces» implantándose en la pared uterina, no obtiene mucho alimento de su madre y, en consecuencia, la cría nace inmadura. La placenta coriovitelina es más sencilla que la de los euterios, empero es una verdadera placenta.

Mastozoología

La rama de la zoología que se dedica al estudio de los mamíferos se denomina mastozoología, mamalogía, teriología o mamiferología.

La mastozoología incluye el estudio de los orígenes de los mamíferos, su comportamiento, dieta, diversidad genética y dinámica de sus poblaciones, así como las interacciones de los mamíferos entre sí, con otras especies (incluidas las relaciones depredador-presa) y con su entorno y hábitat.

A su vez, dentro de la mastozoología se consideran diversas subdisciplinas como la cetología que estudia los cetáceos, la quiropterología que se dedica a los murciélagos, la primatología centrada en los primates o la hipología que versa sobre los caballos. Otras disciplinas como la tetrapodología, centrada en los cuadrúpedos cubiertos de pelo, hoy han quedado ampliamente superadas.

Los marsupiales constituyen un caso único, entre otros aspectos, porque su taxonomía parece más una clasificación geográfica que filogenética, pero lo cierto es que en esta ocasión la evolución se ha aliado a la geología y al hecho de que los continentes «floten» erráticamente sobre el manto terrestre chocando entre sí o separándose. La deriva continental explica que los marsupiales de Australia evolucionaran de forma diferente a los de América del Sur.

En el periodo cretácico, la subclase *Metatheria* se separó en dos superórdenes: *Ameridelphia* y *Australidelphia* o, lo que es lo mismo, los marsupiales de América del Sur y los de Oceanía, respectivamente, con la excepción del denominado monito del monte (*Dromiciops gliroides*) que, siendo australidelfo, habita en una pequeña zona del sur de Chile y Argentina.

Los ameridelfos constituyen menos de un centenar de especies de marsupiales sudamericanos divididos en dos órdenes: *Didelphimorphia* con 92 especies, conocidas vulgarmente como zarigüeyas o tacuacines, y *Paucituberculata* con solo 6 especies parecidas a los ratones, llamadas ratones runchos o zarigüeyas-musaraña.

Las zarigüeyas son animales de pequeño tamaño (ver imagen de la página anterior), excepto la única que habita en Norteamérica (*Didelphis virginiana*) que tiene la corpulencia de un gato, y hábitos tanto terrestres como arborícolas, a excepción del yapok (*Chironectes minimus*) de hábitos acuáticos. Tienen una cola prensil que las crías utilizan para aferrarse al cuerpo de la madre, pues algunas especies no tienen marsupio o tienen unos simples pliegues en el vientre. Poseen un dedo oponible en las patas traseras, como los primates.

Los ratones runchos habitan en numerosas zonas de los Andes. Miden unos 10 cm y su aspecto recuerda al de las musarañas. Su cuerpo está cubierto por un denso pelo grisáceo. Están dotados de una larga cola no prensil y la boca está armada con afilados dientes. Son carnívoros y cazan activamente insectos y pequeños vertebrados ayudados de su fino oído y sus sensibles bigotes. Sin marsupio, no cargan con las crías constantemente, sino que las dejan en madrigueras.

Unas 200 especies de marsupiales distribuidas por Oceanía constituyen el clado *Australidelphia*. El hecho de que *Ameridelphia* sea, evolutivamente hablando, más antigua que *Australidelphia* y que la especie más basal de australidelfos, el monito del monte, habite en Sudamérica, avalan la idea de que los marsupiales se originaron en Sudamérica y se radiaron hasta Oceanía, a través de la Antártida, cuando los tres continentes formaban el antiguo supercontinente Gondwana. Y al separarse estas tres partes, los dos grupos evolucionarían de forma independiente.

Se conocen cinco órdenes diferentes de australidelfos:

a) *Microbiotheria*. Es el grupo más basal y la única especie viva, a día de hoy, es el monito del monte que habita en los bosques Patagónicos. Parece un hámster y las hembras poseen un marsupio con cuatro mamas en su interior. La cola es prensil.

b) *Dasyuromorphiae*. Incluye los carnívoros cuoles o gatos marsupiales, los dunnarts o ratones marsupiales, los amenazados numbats y diablos de Tasmania, así como el extinto tigre de Tasmania, cuyo último ejemplar murió el 7 de septiembre de 1936.

c) *Peramelemorphia*. Los peramelemorfos suelen denominarse marsupiales omnívoros e incluyen unas pocas especies de bandicuts y solo una especie de bilby, después de que otra se extinguiera en la década de 1950.

d) *Notoryctemorphia*. Los notorictemorfos reciben el nombre de topos marsupiales, puesto que tienen la misma forma, dimensiones y adaptaciones a la vida subterránea que los topos placentarios. En efecto, poseen en las patas delanteras dos uñas muy largas, unos ojos poco desarrollados y ocultos por el pelo y una placa córnea en el hocico.

e) *Diprotodontia*. Es el grupo más conocido y el que mejor ha sabido adaptarse, dando lugar a formas tan diversas como los temerarios koalas que comen las venenosas hojas de los eucaliptos, los grandes macrópodos —canguros y walabís— o los adorables wombats (ver imagen de la página anterior). Todos poseen dos incisivos en la mandíbula inferior y la sindactilia, consistente en la unión del segundo y tercer dedo de las extremidades posteriores.

Eutheria
Xenarthra
Afrotheria
Laurasiatheria
Euarchontoglires

La tercera y última subclase de mamíferos es *Eutheria*; es un grupo de animales que desarrollan placentas corioalantoideas. Usted recordará que también los embriones de los metaterios se alimentaban brevemente, gracias a las placentas coriovitelinas. Por tanto, excepto los prototerios que ponen huevos, son mamíferos placentarios tanto los euterios como los metaterios, siendo la única desemejanza entre ambos grupos el tipo de placenta.

La placenta corioalantoidea se origina cuando los tejidos del útero materno se fusionan con el corion y el alantoides del embrión. El corion, el anexo embrionario más externo, contacta con los tejidos maternos, mientras que los vasos sanguíneos de la placenta son aportados por el alantoides embrionario.

Otra diferencia entre metaterios y euterios que podemos destacar se observa en los tiempos de gestación y lactancia: como las crías de los metaterios, tras un breve periodo de gestación, nacen muy inmaduras, necesitan una larga lactancia, y como las crías de los euterios se desarrollan mucho más en el interior del útero requieren, en general, de un periodo de lactancia más corto.

La principal característica anatómica distintiva de los euterios es la falta de huesos epipúbicos que sí están presentes en los marsupiales y monotremas. Los huesos epipúbicos son un par de finos huesos que se proyectan hacia adelante, en forma de V, desde los huesos pélvicos y que, en los marsupiales, sostienen la bolsa de la madre. La ausencia de dichos huesos permite la expansión del abdomen de los euterios durante el embarazo.

Otros rasgos distintivos se aprecian en la dentición, así como en las extremidades traseras; concretamente, en la terminación abultada de la tibia y del peroné, que forma el tobillo, y en la posición relativa de las articulaciones entre los metatarsos y los huesos cuneiformes a los que se unen. El encéfalo tiene dos grandes hemisferios cerebrales conectados por un cuerpo calloso y no tienen cloaca. Por último, para no inducir a error, aclararemos que *Eutheria* significa 'verdadera bestia' y no 'verdadera placenta' como tal vez se haya podido interpretar.

La placenta

La placenta es un órgano temporal membranoso vascularizado, que resulta de la fusión entre los tejidos embrionarios y los del útero materno y que sirve para el intercambio de sustancias, a la vez que evita el rechazo materno al nuevo individuo que crece en su interior.

Por lo general, la placenta se asocia a los mamíferos, pero lo cierto es que en todas las clases de vertebrados vivíparos (es decir, cuyas crías nacen vivas), excepto en los anfibios, encontramos diversos tipos de placentas.

El caso más conocido, tal vez, sea el de determinados tiburones cuyas crías se desarrollan en el interior del vientre de la madre. También hay peces óseos y reptiles que gestan mediante placentas, sin mencionar algunos artrópodos que han desarrollado algún tipo de estructura mediante la cual la madre alimenta a las crías.

Eutheria
Xenarthra
Pilosa
Vermilingua
Folivora
Cingulata
Afrotheria
Laurasiatheria
Euarchontoglires

Dentro del clado *Eutheria*, algunos autores distinguen entre los mamíferos más antiguos, ya extintos, y los modernos a los que agrupan bajo el paraguas *Placentalia*. Los placentarios, y en todo caso los euterios no extintos, se dividen en cuatro superórdenes: *Xenarthra*, *Afrotheria*, *Laurasiatheria* y *Euarchontoglires*.

Los taxonomistas más puristas no se resisten a agrupar los dos primeros en un magnorden denominado *Atlantogenata* y los dos últimos dentro del magnorden *Boreoeutheria* definidos, respectivamente, por haberse originado en África y Sudamérica (de ahí la referencia al océano Atlántico) y por haber aparecido en Laurasia, antiguo supercontinente situado en el hemisferio boreal.

Dicho lo cual, nos parece innecesario incluir dos escalones más (*Placentalia* y *Atlantogenata*) para introducir el grupo *Xenarthra*, que pasamos a describir directamente. Se define como el grupo de mamíferos placentarios con garras falciformes, exclusivamente americanos, que incluye osos hormigueros, armadillos y perezosos.

El nombre dado al grupo significa 'articulación extraña' en alusión a la peculiar configuración de su columna vertebral. Tienen un número de vértebras inusual y algunas están fusionadas o presentan puntos de articulación adicionales. Esta disposición, que fortalece la espina dorsal a la vez que le resta flexibilidad, parece ser una adaptación particular en animales con hábitos fosores, que excavan para buscar comida o para protegerse en madrigueras. No obstante, algunas especies, como los perezosos arborícolas, perdieron secundariamente esas adaptaciones con el fin de mejorar la flexibilidad de la columna.

También se llaman edentados o desdentados porque, o no tienen dientes, o tienen una dentadura muy reducida como consecuencia de una especialización en su régimen alimentario. Son homeotermos imperfectos y su temperatura corporal varía en función de la del ambiente. Veamos, a continuación, todas estas particularidades.

Pangea

Gondwana es el antiguo bloque continental meridional que se formó hace unos 500 millones de años. Hace unos 250 millones de años, Gondwana colisionó con los antiguos continentes boreales de Laurentia, Báltica y Siberia, formando un supercontinente conocido como Pangea.

Al cabo de unos 100 millones de años, Pangea comenzó a disgregarse con la apertura del Mar de Tetis al este y del Pasaje de Drake, al sur, que separó América del Sur y África de la Antártida y Oceanía. Laurasia también se dividiría en Norteamérica y Eurasia.

*Animalia**Eumetazoa**Deuterostomia**Chordata**Craniata*\\
Gnasthosmata*Tetrapoda**Mammalia**Eutheria**Xenarthra*

429

El superorden *Xenarthra* o *Edentata* de mamíferos placentarios con garras falciformes se divide en dos órdenes, *Cingulata* y *Pilosa*, caracterizados por presentar un cinturón dorsal de escamas córneas o por carecer de él y tener en su lugar un abundante pelaje, respectivamente.

Los pilosos surgieron y se diversificaron en Sudamérica, hace unos 60 millones de años, una vez se hubieron extinguido los dinosaurios; son animales de costumbres terrestres o arborícolas, según las especies, con un cuerpo alargado y compacto cubierto de denso pelaje, de ahí su nombre. *Pilosa* se divide, a su vez, en dos subórdenes: *Folivora* y *Vermilingua*. Los folívoros están completamente adaptados a la vida arborícola y llevan una dieta a base de hojas y brotes tiernos y los vermilinguos se denotan por tener una lengua alargada, viscosa y delgada en forma de gusano con la que atrapan las hormigas de las que se alimentan.

Los folívoros, conocidos comúnmente como perezosos, son animales pequeños, de 5 a 10 kg de peso, famosos por sus movimientos lentos cuando deambulan entre las ramas de los árboles en los que habitan. Tienen una cabeza redondeada y una boca sin dientes anteriores; sí cuentan con unos rudimentarios molares posteriores de crecimiento continuo con los que trituran las hojas. Las garras falciformes constituyen una herramienta perfecta para colgarse de las ramas. Existen dos géneros: *Bradypus*, de tres dedos en todas las extremidades (en la imagen de la izquierda), y *Choloepus*, de dos dedos en las patas delanteras. Viven en las selvas húmedas de Centroamérica y Sudamérica.

Los vermilinguos, nombrados vulgarmente como osos hormigueros, tienen un cuerpo robusto de hasta 40 kg de peso cubierto con un pelaje grisáceo. Las patas anteriores tienen almohadillas en el dorso en las que se apoyan cuando caminan, mientras que descansan en la planta de las posteriores. Utilizan los dedos pulgares de sus extremidades, con aspecto de púa y dirigidos hacia atrás, para defenderse. La cabeza es pequeña y el hocico, alargado. Carecen de dientes y su larga y viscosa lengua está especialmente adaptada para atrapar las hormigas y termitas de las que se alimentan, después de abrir los nidos con sus fuertes zarpas. Viven en las densas selvas tropicales, pero también es posible verlos en zonas más abiertas.

Cingulata es un orden de mamíferos placentarios que apareció en Sudamérica hace unos 60 millones de años. Las especies actuales, conocidas genéricamente como armadillos o tatús, son nocturnas y cavadoras y están protegidas dorsalmente por placas óseas cubiertas con pequeñas escamas queratinizadas superpuestas. Según los géneros, los escudos de los hombros y de las caderas son rígidos y la espalda está cubierta por entre 3 y 9 bandas; algunas especies, cuando se sienten amenazadas, se protegen enrollándose y formando una bola acorazada. La parte ventral está cubierta de un pelaje poco denso. Los dientes son numerosos pero simples. La inmensa mayoría son insectívoros y omnívoros necrófagos.

En otro tiempo hubo muchas más especies de armadillos, de mayor tamaño y muy acorazados, con aspecto de dinosaurios; los gliptodontes, por ejemplo, parecían tortugas gigantes. Estas especies, así como otras muchas (mamuts, mastodontes, rinocerontes lanudos, tigres dientes de sable, perezosos gigantes y un largo etcétera) se extinguieron en un evento relativamente reciente llamado Extinción de Megafauna del Cuaternario, acaecido hace unos 50.000 años. Siempre se creyó que había sido debido al cambio climático, sin embargo, en nuestros días, no son pocos los estudios científicos que ponen el foco en la acción humana, en la caza excesiva.

La especie más común es el armadillo de nueve bandas (*Dasypus novemcinctus*) que aparece en la imagen de la página anterior y es la única que también prospera en el sur de Norteamérica, después de haber emigrado durante el denominado Gran Intercambio Americano. Se trata de un evento geológico que culminó, hace 3 millones de años, con la formación definitiva del istmo de Panamá, tras el acercamiento paulatino de las dos américas. Al principio, saltando de isla en isla y, después, a pie enjuto, la fauna y flora de las dos américas se mezclaron mutuamente.

El armadillo de nueve bandas también ha sido señalado por ser un portador y transmisor habitual de la bacteria responsable de la lepra, *Mycobacterium leprae*. Este problema se agrava si tenemos en cuenta que los armadillos de esta y otras especies son una carne de caza popular en la amazonia brasileña.

Extinción de megafauna del cuaternario

Varias especies de mamuts, mastodontes, rinocerontes lanudos, elefantes europeos, hipopótamos europeos, ciervos gigantes, tigres dientes de sable, armadillos gigantes, perezosos gigantes, gliptodontos, moas, uros, tarpanes, aves elefante, leones marsupiales, zygomaturus, canguros gigantes, koalas gigantes... Son solo algunos de los grandes mamíferos que se han extinguido en los últimos 50.000 años.

La retahíla de lo que se ha dado en llamar el evento de extinción del Cuaternario tardío es tan larga que impresiona. Y más impactante aún es saber que esa desaparición gradual fue debida a la caza excesiva llevada a cabo por el *Homo sapiens*.

Me temo que no somos tan sapientes: ¿cuándo vamos a aprender de nuestros errores? Una cosa es henchid y dominar la tierra y otra muy diferente es aniquilarla.

*Eumetazoa**Deuterostomia**Chordata**Craniata**Gnasthosmata*\
Tetrapoda*Mammalia**Eutheria**Xenarthra**Cingulata*

433

Eutheria
Xenarthra
Afrotheria
Tubulidentata
Afrosoricida
Macroscelidea
Hyracoidea
Proboscidea
Sirenia
Laurasiatheria
Euarchontoglires

Vistos los mamíferos que nacieron y prosperaron en el continente sudamericano, es el momento de dirigir la mirada al otro lado del Atlántico, a África, para completar *Atlantogenata*, ese grupo cuyo antecesor común vivió cuando Gondwana todavía no se había fragmentado y el océano Atlántico no se había interpuesto entre Sudamérica y África.

Los análisis moleculares proponen que *Afrotheria* tomó un camino evolutivo diferente del grupo hermano, *Xenarthra*, a mediados del Cretácico, hace unos 110 millones de años, cuando África y Sudamérica se separaron. A partir de entonces, en África apareció toda una plétora de especies como el elefante, el damán, el manatí, el tenrec o el cerdo hormiguero, que comparten pocas semejanzas superficiales —o ninguna—, pero cuyo parentesco está totalmente avalado por los análisis genéticos.

Por aquel entonces, África era un continente aislado, y muchos restos fósiles de primitivos afroterios solo se encuentran en suelo africano. Sin embargo, hace unos 20 millones de años, África colisionó con Eurasia y los afroterios más modernos tuvieron la oportunidad de radiarse a través de Europa y Asia.

Como notas distintivas de los afroterios podemos señalar pequeños detalles en la formación de la placenta, el elevado número de vértebras, el crecimiento relativamente tardío de la dentición permanente, una peculiar forma del tobillo y la aparición de un hocico inusualmente largo y móvil.

Ciertas apomorfias en la dentición, en la forma de la mandíbula y en la disposición de las órbitas oculares sugieren que los afroterios se diversificaron en dos grandes grupos. El grupo más basal está constituido por los cerdos hormigueros, las musarañas elefante, los topos dorados y los tenrecs. Y en el grupo más moderno se agolpan los damanes, los elefantes y los sirenios. En particular, se consideran seis órdenes: *Tubulidentata*, *Afrosoricida*, *Macroscelidea*, *Hyracoidea*, *Proboscidea* y *Sirenia*. A continuación, estudiaremos los más relevantes.

Afroinsectiphilia y Paenungulata

Afrotheria se divide en dos cohortes: *Afroinsectiphilia*, con los órdenes más basales y *Paenungulata*, con los grupos más modernos, caracterizados, respectivamente, por la dieta preferentemente insectívora y por la aparición de unas pezuñas incipientes.

Afroinsectiphilia es un clado de mamíferos placentarios africanos insectívoros que incluye a los órdenes *Tubulidentata*, *Afrosoricida* y *Macroscelidea*. Comparten una dentición única especialmente adaptada a su dieta. Junto con otros grupos, forman el clado polifilético de los insectívoros.

La cohorte *Paenungulata* incluye los órdenes *Hyracoidea*, *Proboscidea* y *Sirenia*, mamíferos casi ungulados de origen africano. Tradicionalmente, se habían considerado grupos hermanos de los ungulados, aunque nada más lejos de la realidad: las pezuñas aparecieron dos veces de forma independiente.

Hasta finales del siglo XIX, el cerdo hormiguero no encontró el lugar que le correspondía dentro del grupo de los mamíferos, pues se le consideraba un ungulado pariente del oso hormiguero. *Ungulata* era un orden polifilético que congregaba animales que caminaban sobre los extremos de los dedos típicamente revestidos de pezuñas. Y su relación con el oso hormiguero, por otro lado, no va más allá del tipo de alimentación o de la silueta de su cuerpo.

Afortunadamente, el cerdo hormiguero ya está en el sitio que le corresponde: *Tubulidentata*, el orden más basal de los mamíferos placentarios africanos o afroterios más antiguos. Los registros fósiles solo nos muestran una familia de tubulidentados, *Orycteropodidae*. A su vez, de los seis géneros conocidos, solo el *Orycteropus* ha resistido el paso del tiempo. Se trata de un género monotípico con una sola especie: *Orycteropus afer* o, como decimos, el cerdo hormiguero.

El rasgo definitorio de este sobreviviente se encuentra en la dentición. Los dientes son poco resistentes, ya que están formados por microtubos de dentina sin esmalte. Concretamente, los cerdos hormigueros, enseguida pierden los incisivos y caninos y solo conservan entre 20 y 22 molares de crecimiento continuo. Las crías pierden los dientes de leche antes de nacer.

Excepto los ejemplares que se encuentran en cautividad en los parques zoológicos, como el que aparece en la imagen de la página anterior que vive en el neerlandés Royal Burgers' Zoo, el cerdo hormiguero habita exclusivamente en el continente africano al sur del desierto del Sahara. Allí excava profundas madrigueras con sus robustas patas delanteras de cuatro dedos, a mitad de camino entre zarpas y pezuñas. Su coloración y su hocico recuerdan vagamente a un cerdo.

Es un animal austero, solitario, tímido y nocturno que pasa la mayor parte del día escondido. Por la noche, sale de la madriguera en busca de su alimento preferido: hormigas y termitas. Localiza los nidos con su fino sentido del olfato, con sus patas delanteras los abre, su fuerte piel le protege de las picaduras de los insectos y con su larga y pegajosa lengua ingiere miles de ellos cada noche. Solo en este aspecto se parece al oso hormiguero.

PEN TAIL SHREW   HEDGEHOG   FLYING LEMUR   SQUIRREL SHREW

TENREC   COMMON MOLE   STAR NOSE MOLE

OTTER SHREW   COMMON SHREW   ELEPHANT SHREW

PLATE V INSECTIVORA.

Cuando la taxonomía no era una ciencia tan robusta, mamíferos como la musaraña elefante de Peters (en la fotografía superior; pág. 438) o el tenrec (en la inferior, pág. 348), y otros muchos, se incluían en un cajón de sastre llamado *Insectivora*, definido exclusivamente por el régimen de alimentación. Ese grupo ha quedado totalmente obsoleto y los animales antes mencionados tienen sus propios órdenes: *Macroscelidea* y *Afrosoricida*. Estos, junto con *Tubulidentata*, completan el grupo de mamíferos de origen africano que se distinguen por ser insectívoros.

Macroscelidea comprende unas pocas decenas de pequeños animales, conocidos comúnmente como musarañas elefante por su parecido con las musarañas y por la probóscide que alarga su hocico. Habitan, principalmente, en el sureste de África en todo tipo de terrenos, desiertos, sabanas o selvas tropicales; se alimentan principalmente de hormigas, termitas y escarabajos y, ocasionalmente, de caracoles, frutas y otros vegetales. Son animales diurnos.

Los macroscelídeos tienen las patas largas y delgadas, siendo las traseras más largas que las delanteras. Cuando caminan despacio, usan las cuatro patas, pero para huir rápidamente de los depredadores dan grandes altos con las patas traseras, como si fuesen canguros. A tal efecto, mantienen bien despejada una red de caminos en su territorio, territorio que marcan con las secreciones de varias glándulas situadas en la cola, en las patas y en el pecho.

Viven en parejas en pequeños agujeros o escondites que encuentran, pues no son cavadores eficientes. Después de un periodo de gestación de unas diez semanas, la hembra da a luz un par de crías relativamente grandes y bien desarrolladas que son alimentadas con leche durante dos o tres semanas.

Por su parte, *Afrosoricida* es un grupo variado en tamaño y morfología que incluye pequeños mamíferos africanos como los topos dorados del sur de África, las musarañas-nutria del África ecuatorial o los tenrecs de Madagascar. En general, son animales de hábitos nocturnos y excavan sus propias madrigueras.

Insectívoros, carnívoros...

Según sea el modo de alimentación, existen diferentes tipos de animales:

– Carnívoros o zoófagos: son aquellos animales que subsisten con una dieta casi exclusiva de carne.
– Carroñeros: son animales zoófagos que consumen cadáveres.
– Herbívoros: si se alimentan de plantas, aunque en la práctica también ingieren insectos.
– Frugívoros: son aquellos herbívoros que se alimentan de fruta.
– Folívoros: son aquellos herbívoros que consumen hojas principalmente.
– Granívoros: son herbívoros cuyo alimento exclusivo son las semillas.
– Insectívoros o entomófagos: son animales cuya dieta se compone principalmente de insectos.
– Mirmecófagos: son insectívoros que consumen exclusivamente hormigas o termitas.
– Omnívoros: son aquellos animales que se alimentan tanto de animales como de plantas.

Los mamíferos genuinamente originarios de África se clasifican en dos grandes grupos: uno basal de alimentación insectívora que incluye cerdos hormigueros (orden *Tubulidentata*), tenrecs (*Afrosoricida*) y musarañas elefante (*Macroscelidea*) y otro mucho más moderno en el que encontramos damanes (*Hyracoidea*), elefantes (*Proboscidea*) y sirenios (*Sirenia*), animales herbívoros sin una relación evidente de parentesco.

Hyracoidea es un orden de mamíferos caracterizado por una pobre regulación de la temperatura corporal; para compensar las deficiencias de su metabolismo, adoptan ciertas estrategias como acurrucarse o tomar el sol. Otra peculiaridad es que, siendo herbívoros, no usan los incisivos frontales de la mandíbula para cortar la hierba, sino que lo hacen con los molares laterales.

La única familia no extinta de hiracoideos es *Procaviidae* con ocho especies que se conocen frecuentemente como damanes. Son del tamaño de una liebre, parecen cobayas o marmotas, pero no tienen nada que ver con los roedores. Paralelamente parecen rumiantes, puesto que los movimientos de sus mandíbulas son similares y tienen estómagos compartimentados en los que mora una buena población bacteriana. Las patas delanteras tienen cuatro dedos, en tanto que las traseras poseen tres.

Cuatro especies son arborícolas (*Dendrohyrax* spp.). Se trata de animales tímidos, de hábitos nocturnos y solitarios que llevan una dieta a base de hojas. Las almohadillas de sus patas están especialmente adaptadas para moverse entre las ramas de los árboles.

Una especie prefiere los arbustos, es el damán de Bruce (*Heterohyrax brucei*). Habita, sobre todo, en las sabanas del este de África. Se han descrito hasta 25 subespecies.

El damán de El Cabo o damán roquero (*Procavia capensis*) es, probablemente, el damán más extendido por todo el continente africano. Habita en una amplia faja al sur del desierto del Sahara. La hembra alumbra dos o tres crías después de unos seis meses de gestación. Las crías nacen bien desarrolladas (ver imagen de la página anterior). Viven en grupos numerosos.

¿Por qué algunos animales toman el sol?

Es bien conocido que los reptiles son amantes del sol, y hay muchas más especies a las que también les gusta asolarse: ranas, mariposas, aves, hipopótamos, leones marinos y un largo etcétera. Como durante la toma activa del sol, los animales son más vulnerables, los científicos se preguntan por qué lo hacen.

Los animales ectotérmicos de sangre fría (reptiles, anfibios, insectos...) lo hacen como mecanismo de regulación de su temperatura corporal, mientras que algunos animales endotérmicos, normalmente de pequeño tamaño, lo hacen como contribución a la producción de calor propia del metabolismo. Por otra parte, se sabe que los pájaros toman el sol para eliminar los parásitos que se esconden entre sus plumas y otros animales lo hacen después de una noche fría. Sin embargo, se desconoce por qué lo hacen los grandes mamíferos.

*Eumetazoa**Deuterostomia**Chordata**Craniata**Gnasthosmata*\
Tetrapoda*Mammalia**Eutheria**Afrotheria**Hyracoidea*

441

Otro orden del grupo de los afroterios es *Proboscidea*, orden que se define por la probóscide o trompa formada por la unión de la nariz y el labio superior. Además, los proboscídeos tienen los dedos terminados en una pequeña pezuña y englobados en una gran masa carnosa. En otra época, los proboscídeos y animales como los rinocerontes o los hipopótamos fueron etiquetados como paquidermos. El grupo polifilético *Pachydermata* incluía mamíferos con una piel muy gruesa escasamente recubierta de pelo.

Desde su aparición, hace 55 millones de años, de las más de 150 especies conocidas de proboscídeos, solo han sobrevivido tres de la familia *Elephantidae*: dos especies de elefante africano (*Loxodonta* spp.) y una de elefante asiático (*Elephas maximus*). Muchas especies de elefantes, mastodontes y mamuts desaparecieron hace menos de 10.000 años.

La imagen de este coloso de la naturaleza no deja a nadie indiferente: su trompa prensil; para su tamaño, su cabeza relativamente pequeña; sus largos colmillos de marfil; sus grandes orejas y pequeños ojos… Es el mayor de los animales terrestres y por eso cuesta creer que este gigante, que puede alcanzar los 10.000 kilogramos de peso, esté emparentado con el damán. Algunos científicos afirman que los pequeños damanes son los parientes vivos más cercanos a los elefantes; otros opinan que son los sirenios.

Todas las especies se encuentran en peligro de extinción más o menos grave debido tanto a la caza furtiva, que busca su marfil, como a la destrucción de su hábitat natural. El elefante de mayor porte es el elefante africano de sabana (*Loxodonta africana*) caracterizado por sus amplias orejas que cubren los hombros (ver imagen de la página anterior); habita irregularmente al sur del desierto del Sahara. El elefante africano de selva (*Loxodonta cyclotis*) es el más pequeño; su presencia se reduce a las selvas tropicales del golfo de Guinea y de la cuenca del río Congo. El elefante asiático (*Elephas maximus*) vive en la India, Bangladés, Indochina y Malasia, así como en las islas de Ceilán, Sumatra y Borneo; de tamaño mediano, sus orejas son más pequeñas que las de sus primos africanos.

Para quedar bien...

Para quedar bien deberíamos recordar que:

– el elefante y el rinoceronte barritan,
– la jirafa zumba,
– la ballena canta,
– el delfín chasquea,
– el león y el tigre rugen,
– el guepardo y la pantera himplan,
– el chacal y el coyote aúllan,
– el lobo otila,
– la hiena ríe,
– el cocodrilo llora,
– el perro ladra,
– el gato maúlla,
– el caballo relincha,
– el burro rebuzna,
– la cabra y el cordero balan,
– el ciervo berrea,
– el gamo gamita,
– el toro brama,
– la vaca muge,
– el jabalí guarrea,
– el cerdo, el oso y el gorila gruñen,
– y el conejo, el ratón y el primate chillan.

Según el tipo de alimentación, los mamíferos placentarios africanos se clasifican en dos grupos: insectívoros y herbívoros. Y dentro de los últimos nos encontramos tres órdenes estrechamente emparentados: *Hyracoidea*, *Proboscidea* y *Sirenia*.

Los sirenios, junto con los cetáceos —con los que no hay que confundir—, son los únicos mamíferos adaptados completamente a la vida acuática; además, por ser herbívoros, se les llama «vacas marinas». Es fácil no confundir sirenios con ballenas, orcas, delfines y demás cetáceos, pues solo hay que recordar dos nombres, lamentablemente: manatí y dugongo.

Los sirenios son apacibles herbívoros grandes y dóciles que pueden llegar a medir 4 metros y pesar más de una tonelada. Las patas delanteras se han transformado en aletas y las posteriores han desaparecido. No tienen aleta dorsal y la cola ha quedado transformada en una aleta horizontal que, en los manatíes, tiene forma de pala redondeada (ver imagen de la página izquierda) y, en los dugongos, tiene forma semilunar (ver imagen derecha).

El morro sobresale de la cara y está cubierto de duras vibrisas. En comparación con el cuerpo, la cabeza es relativamente grande, pero su cerebro es de los más pequeños de todos los mamíferos. Cuando nacen las crías, después de un periodo de gestación de un año, tienen un abundante pelaje que van perdiendo conforme crecen. Los sirenios son animales solitarios que pueden llegar a formar pequeños grupos familiares. Viven en aguas templadas.

La única especie actual de dugongo (*Dugon dugon*) se encuentra exclusivamente en las aguas costeras del mar de la China Meridional, así como del océano Índico, incluyendo el mar Rojo. De manatís, sobreviven tres especies con, según los autores, algunas subespecies: el manatí del Caribe (*Trichechus manatus*) se sumerge en los ríos y estuarios de la cuenca del mar Caribe, especialmente en las costas de República Dominicana; el manatí del Amazonas (*T. inunguis*) vive en ese gran río y sus afluentes, y el manatí africano (*T. senegalensis*) nada en los estuarios y costas del golfo de Guinea, además de en los ríos de la costa oeste africana.

La vaca marina de Steller

En tan solo 27 años, el hombre exterminó la vaca marina de Steller (*Hydrodamalis gigas*), un gran sirenio avistado por el explorador alemán Georg W. Steller, en 1741, en las costas de la península de Kamchatka. «La carne de los individuos adultos no se distingue de la de buey y su grasa blanca y agradable se parece a la mejor mantequilla holandesa, sabe como el aceite de almendras dulces y tiene un olor francamente bueno», escribió Steller.

No hizo falta mucho más, allí se dirigieron numerosos barcos pesqueros en busca de su carne, grasa y piel. Hoy solo podemos observar reproducciones como esta del Museo de Historia Natural de Londres.

Eutheria

Xenarthra

Afrotheria

Eulipotyphla

Laurasiatheria

Megachiroptera

Microchiroptera

Chiroptera

Pholidota

Carnivora

Feliformia

Caniformia

Euarchontoglires

Perissodactyla

Cetartiodactyla

Tylopoda

Suina

Cetacea

Hippopotamidae

Ruminantia

'Las bestias de Laurasia', que esto significa *Laurasiatheria*, son los animales que prosperaron en la gran masa continental del hemisferio norte que surgió con la ruptura del supercontinente Pangea, en Gondwana y Laurasia, hace unos 175 millones de años, en pleno periodo Jurásico. Posteriormente, Laurasia formaría lo que hoy conocemos como Europa y Asia.

Recordemos que algunos especialistas incluyen este superorden y el que pronto examinaremos, *Euarchontoglires*, dentro de un magnorden denominado *Boreoeutheria*. Siendo escrupulosos, deberíamos aclarar que hace unos 175 millones de años surgirían los boreoeuterios y solo hacia finales del Cretácico, 75 millones de años después, se podría hablar de dos clados hermanos bien diferenciados: laurasiaterios y euarcontoglires.

Concretamente, los análisis moleculares sugieren que el último antecesor común de los laurasiaterios se habría diversificado hace unos 90 millones de años. A pesar de que los biólogos no han identificado rasgos morfológicos ni anatómicos que definan este grupo, no hay duda sobre su realidad. Por ejemplo, son laurasiaterios erizos, murciélagos, pangolines, osos, jirafas y ballenas. Se comprende, por tanto, que no resulte sencillo deslindar semejante variedad.

Excepto el grupo más basal que incluye, entre otros, erizos, topos, musarañas y desmanes (orden *Eulipotyphla*), podemos decir que los laurasiaterios son mamíferos que presentan escroto como un rasgo ancestral característico. El escroto es el conjunto de envolturas que protegen los testículos de los machos que se sitúan fuera del abdomen, a fin de que los espermatozoides maduren adecuadamente a una temperatura ligeramente inferior a la del resto del cuerpo. También los primates, que pertenecen al superorden *Euarchontoglires*, poseen escroto, pero se trata de un caso de convergencia evolutiva.

A veces, los laurasiaterios que no son eulipotiflanos se denominan escrotíferos. Estos se dividen en mamíferos que han desarrollado alas, pangolines, carnívoros y mamíferos con pezuñas en los que, extrañamente, se incluyen los cetáceos. Veamos todos estos grupos con más detalle.

El orden que primero divergió entre los laurasiaterios es *Eulipotyphla*. Los eulipotiflanos son pequeños mamíferos, generalmente solitarios y nocturnos, con hocicos alargados y puntiagudos. Excavan madrigueras para protegerse de sus depredadores. A excepción de los erizos que tienen púas (ver imagen de la página anterior), son peludos y se han adaptado a los más diversos hábitats. Se suelen clasificar en cuatro familias: *Erinaceidae*, *Soricidae*, *Talpidae* y *Solenodontidae*.

Dado su tipo de alimentación, no hace mucho tiempo, los erinaceidos se incluían en el antiguo orden *Insectivora*. Hoy en día, este grupo se conoce mejor y se han identificado dos familias bien diferentes: la familia de los populares erizos que habitan en Europa, África y Asia que son totalmente insectívoros y la familia menos famosa de galericinos que habitan en el sudeste asiático, son fundamentalmente carnívoros y, con masas corporales de un kilogramo, parecen grandes ratas; también se conocen como gimnuros o ratas lunares.

Los sorícidos, conocidos comúnmente como musarañas o musgaños, son animales cosmopolitas de pequeño tamaño parecidos a los ratones. Son los mamíferos más activos que existen y pasan gran parte del día y de la noche buscando alimento, preferentemente invertebrados, pues pueden llegar a morir si no comen cada 2 o 3 horas. Se defienden de sus depredadores desprendiendo un olor desagradable que les hace un bocado poco apetecible; es un modo de aposematismo.

Los tálpidos que incluyen, entre otros, topos y desmanes, también fueron contados durante mucho tiempo entre los insectívoros. Los topos tienen una serie de rasgos específicamente adaptados a la vida subterránea, mientras que los desmanes son acuáticos o semiacuáticos.

Los solenodontes son, en opinión de los expertos, los mamíferos más extraños que existen. Solo dos especies han perdurado hasta nuestros días: el almiquí de Cuba (*Solenodon cubanus*) y el almiquí de La Española (*Solenodon paradoxus*). Tienen el aspecto de grandes musarañas de un kilogramo de peso y medio metro de longitud. Son unos de los pocos mamíferos que producen veneno. Corren de manera errática, zigzagueante, y son de hábitos nocturnos.

Otro de los órdenes de mamíferos que prosperaron en Eurasia es *Chiroptera*. Sin duda alguna, los quirópteros, vulgarmente llamados murciélagos, deben tenerse por un grupo bastante especializado al ser los únicos mamíferos que han desarrollado la capacidad de volar, gracias a una transformación de las extremidades anteriores.

Las falanges de los dedos de las patas anteriores son particularmente alargadas y sostienen una extensa y fina membrana de piel que recibe el nombre de patagio. Dicha piel es muy elástica y los alargados huesos de los dedos son flexibles y resistentes. Esta combinación permite a los murciélagos maniobrar con exquisita precisión siendo mejores voladores que muchas aves.

Una quinta parte de las especies de mamíferos existentes son quirópteros, lo que les sitúa detrás de los roedores en lo que a diversidad se refiere. Se han adaptado a los más variados nichos ecológicos, excepto los oceánicos y los más fríos. Desempeñan un papel ecológico vital como polinizadores y dispersores de semillas, así como controladores de plagas de insectos.

Los quirópteros se clasifican en dos subórdenes: *Microchiroptera* y *Megachiroptera*. Ambos tienen alas con una estructura similar y aun con todo presentan notorias diferencias en la configuración del cerebro: el de los micromurciélagos está especializado en la ecolocalización y el de los megamurciélagos (ver imagen de la página izquierda) se parece más al de los primates. Tanto es así, que algunos zoólogos ven en los últimos unos «primates voladores».

En efecto, los micromurciélagos tienen la capacidad de conocer su entorno por medio de la emisión de sonidos y la interpretación del eco reflejado, aptitud conocida como ecolocalización que resulta especialmente útil para volar en la oscuridad en busca de su comida preferida: los insectos. Por su parte, los macromurciélagos, eminentemente frugívoros, también son de hábitos nocturnos, pero vuelan con ayuda del sentido de la vista; representan el grupo más basal. Solo tres especies de micromurciélagos se alimentan de sangre, son hematófagas. Se conocen con el nombre de vampiros y son originarias de América del Sur.

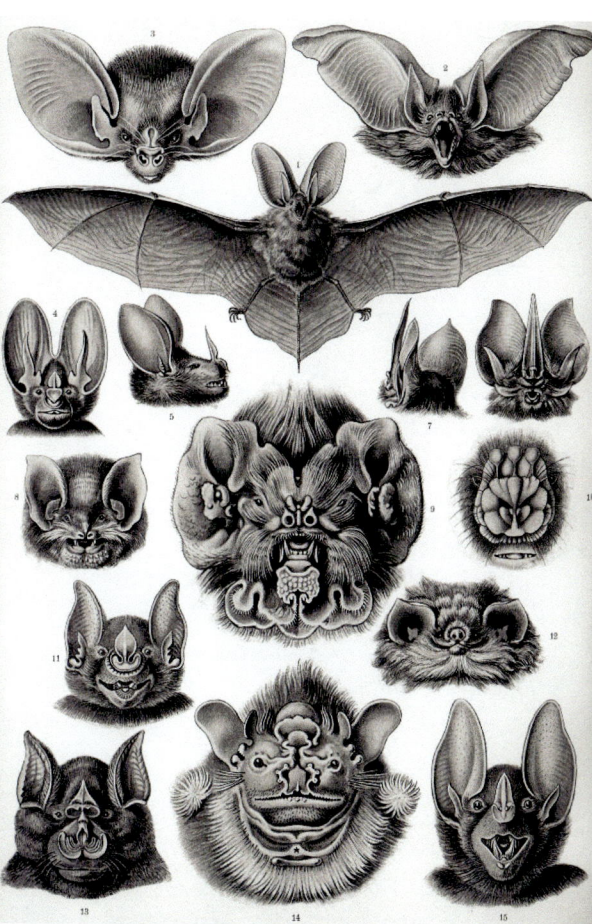

*Eumetazoa**Deuterostomia**Chordata**Craniata**Gnasthosmata*\
Tetrapoda*Mammalia**Eutheria**Laurasiatheria**Chiroptera*

451

El orden *Pholidota* solo incluye ocho especies de pangolines. Por su estilo de vida —solitario, preferentemente nocturno y fosor—, anatomía —cabeza y cola cónicas y potentes zarpas— y régimen de alimentación —mirmecófago—, antiguamente, los pangolines se clasificaban dentro de un grupo denominado *Edentata* en el que se incluían los osos hormigueros, además de los xenartros perezosos y armadillos. Con todo, las pruebas genéticas indican que tales similitudes son mera consecuencia de convergencias evolutivas, al haberse adaptado de forma parecida al medioambiente.

Efectivamente, los pangolines, como sus primos, no tienen dientes y con su lengua larga y flexible atrapan hormigas y termitas que desentierran con sus potentes patas delanteras; sus afiladas zarpas también les ayudan a trepar a los árboles, a cuyos efectos se sirven de su musculosa cola prensil. Son tímidos y solitarios.

El rasgo más notable de los pangolines, no obstante, y para su desgracia, es la posesión de una coraza de grandes escamas queratinosas superpuestas y angulosas, única entre los mamíferos. Dichas escamas cubren todo el cuerpo menos el hocico, la cara, el vientre y la parte interior de los miembros y se renuevan periódicamente. Cuando se sienten amenazados o para dormir durante el día, se enroscan en su coraza.

Viven tanto en las praderas como en los bosques tropicales de África y Asia. Los pangolines asiáticos (indio —en la imagen de la izquierda—, chino, malayo y filipino) se caracterizan por tener pabellones auditivos externos y escamas debajo de la cola, mientras que los pangolines africanos (gigante, terrestre, de cola larga y arbóreo) no tienen orejas, ni escamas en la parte inferior de la cola. Todas las especies se encuentran en peligro de extinción; pero, si cabe, la peor parte se la llevan los pangolines asiáticos. El pangolín de cola larga (*Manis tetradactyla*) se denota por ser el de menor tamaño, tener una larga cola y ser preferentemente arborícola, como el pangolín arborícola (*Phataginus tricuspis*). Por su parte, el pangolín gigante (*Smutsia gigantea*) es el más grande alcanzando más de un metro de longitud.

CITES

Son las siglas de «Convención sobre el Comercio Internacional de Especies Amenazadas de Fauna y Flora Silvestres», un acuerdo internacional concertado, desde 1975, entre 184 gobiernos que tiene por finalidad velar por que el comercio internacional de animales y plantas silvestres no suponga una amenaza para la supervivencia de las especies.

Lamentablemente, CITES no ha resultado efectivo para evitar que el pangolín esté siendo llevado a la extinción. Esas pequeñas escamas que recubren su cuerpo son utilizadas en la medicina tradicional de algunas regiones del sudeste asiático y, además, su carne se considera una exquisitez.

El día 15 de febrero se celebra el Día Mundial del Pangolín, empero no deberíamos olvidar ni al tigre, ni al elefante, ni al rinoceronte, ni al gorila de montaña, ni al leopardo de las nieves, ni al jaguar, ni al orangután…

*Eumetazoa**Deuterostomia**Chordata**Craniata**Gnasthosmata*\
Tetrapoda*Mammalia**Eutheria**Laurasiatheria**Pholidota*

453

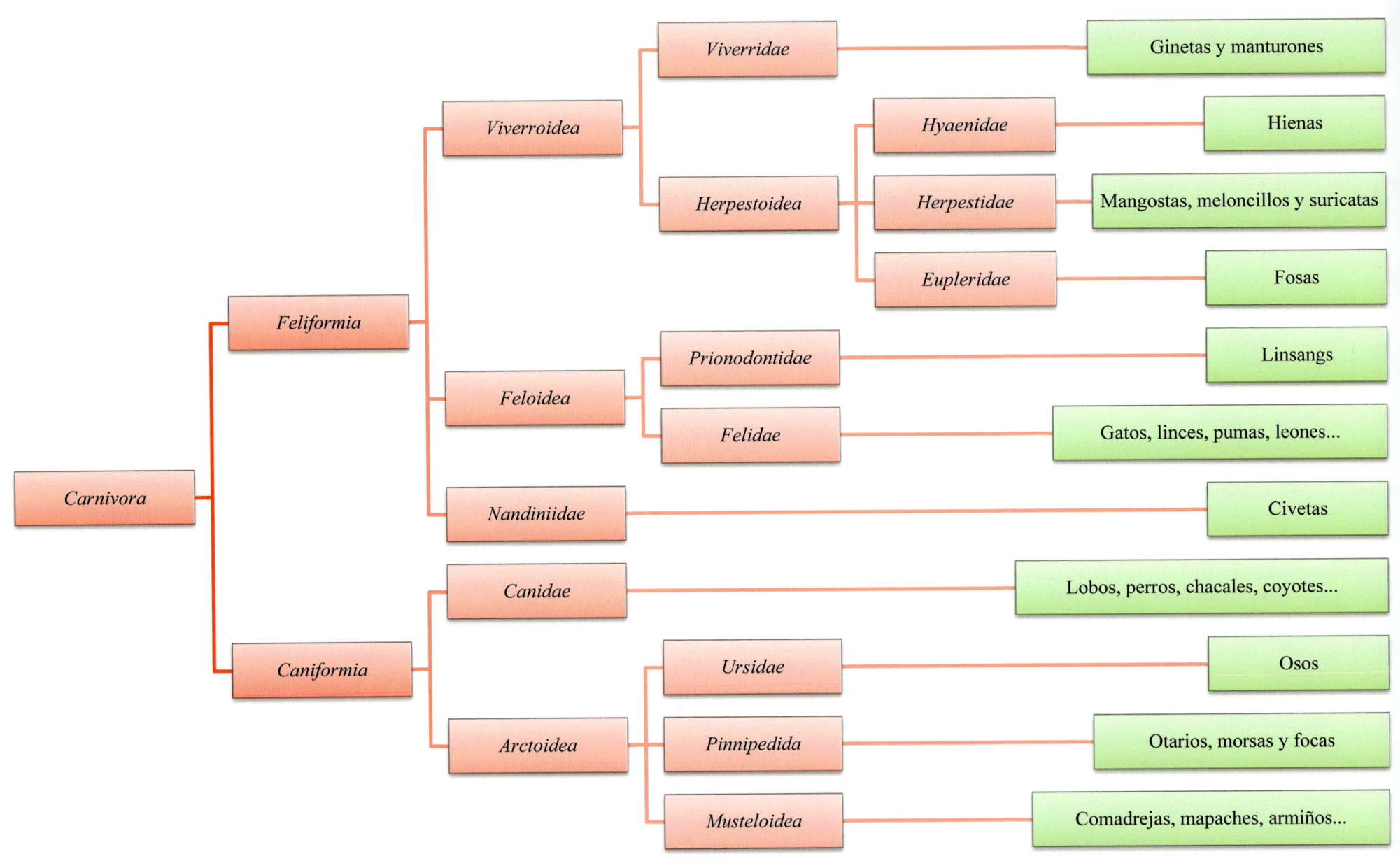

Por el número de especies, el clado *Carnivora* ocupa el cuarto lugar en la gran familia de los mamíferos, detrás de roedores, murciélagos y primates. Se trata de depredadores adaptados a una dieta carnívora, con unas garras y dentición particularmente aptas para desgarrar la carne de la que todos, preferentemente, se alimentan, excepto el panda gigante que casi siempre come bambú, aunque no desdeñe frutos, pequeños mamíferos, peces o insectos.

Debemos aclarar que en español el término «carnívoro» tiene tres acepciones: dicho de un animal que se alimenta de carne, dicho de una planta que se nutre de insectos y mamífero perteneciente al grupo *Carnivora*. En adelante, deberemos discernir, por lo tanto, si carnívoro significa 'mamífero del orden *Carnivora*' o simplemente 'animal que come carne'.

En cualquier caso, resulta arriesgadísimo constituir un clado por el régimen de alimentación de sus miembros porque, a poco que indaguemos, encontraremos numerosas excepciones. Pero desde el punto de vista filogenético, *Carnivora* es un conjunto perfectamente definido al que la única pega que se le podría poner es, precisamente, su nombre por esa confusión polisémica.

En páginas anteriores, se comentó que *Laurasiatheria* se puede dividir en dos clados: el más basal *Eulipotyphla* y los escrotíferos o mamíferos que presentan escroto. A su vez, *Scrotifera* se puede diseccionar en dos grupos: *Chiroptera* y *Fereungulata*. El grupo de los fereungulados fue propuesto, a mediados del siglo pasado, en base a criterios morfológicos; hoy por hoy, los análisis moleculares prueban que *Fereungulata* incluye dos grupos hermanos: *Ferae* y *Eungulata*. Y es dentro de *Ferae* donde se incluye el orden *Carnivora*, junto con los folidotos que vimos en el apartado anterior. Más adelante, estudiaremos los eungulados.

En general, los carnívoros son mamíferos terrestres que tienen garras afiladas y un mínimo de cuatro dedos en cada extremidad. También tienen los dientes caninos muy desarrollados y los molares y premolares con bordes asaz cortantes. Los carnívoros, según se parezcan más a un gato o a un perro, se dividen en dos grupos: *Feliformia* y *Caniformia*.

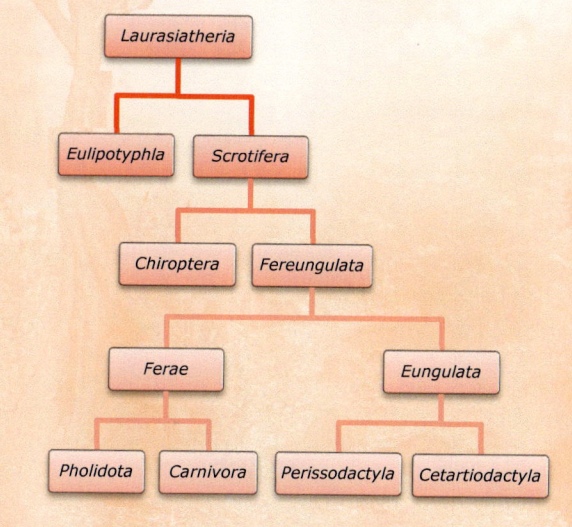

Laurasiatheria al detalle

En el árbol de la vida que se ofrece en esta obra, el superorden *Laurasiatheria* se divide en seis órdenes: *Eulipotyphla*, *Chiroptera*, *Pholidota*, *Carnivora*, *Perossodactyla* y *Cetartiodactyla*. A continuación, se muestran en detalle las relaciones de parentesco entre dichos grupos.

*Eumetazoa**Deuterostomia**Chordata**Craniata**Gnasthosmata*\
Tetrapoda*Mammalia**Eutheria**Laurasiatheria**Carnivora*

455

Bajo el paraguas *Feliformia* se congregan los mamíferos carnívoros parecidos a los felinos. Pero ¿qué significa esto exactamente? Se trata de ágiles depredadores solitarios y nocturnos, de cara redondeada y hocico corto, orejas puntiagudas, grandes ojos, dientes afilados y fuertes garras con uñas retráctiles o semirretráctiles. Los caniformes, como veremos a continuación, tienen un hocico más largo y las uñas no son retráctiles. Técnicamente, la distinción entre los carnívoros no se hace por las apariencias, evidentemente, sino que se basa en la morfología de la bulla auditiva. La bulla auditiva es la pared ósea de la cavidad timpánica del oído medio y constituye un carácter importante en el estudio evolutivo de los mamíferos. En los feliformes la bulla está compuesta por dos cámaras, mientras que en los caniformes tiene una sola.

Una de las familias de feliformes más basal y menos numerosa es la de las hienas (*Hyaenidae*). Las patas delanteras son más largas que las traseras lo que les confiere su singular silueta. Debido a convergencias evolutivas, en algunos aspectos se parecen a los caniformes. Más numerosa que la de las hienas es la familia de las mangostas, meloncillos y suricatas (*Herpestidae*). Es un grupo singular dado que sus garras no son retráctiles; con ellas excavan madrigueras. La familia de los eupléridos (*Eupleridae*) también incluye alguna especie de mangosta y el fosa, el carnívoro más grande de Madagascar. Dentro de los vivérridos (*Viverridae*) encontramos la gineta y el poco común manturón o binturong —único feliforme con cola prensil—; se trata de pequeños mamíferos de costumbres arborícolas. La civeta africana de las palmeras es la única especie de la familia *Nandiniidae*.

La familia más numerosa es la de los félidos (*Felidae*); incluye dos especies de linsangs, los gatos y otros felinos distribuidos por todo el mundo. En América habitan el lince americano, el tigrillo, el ocelote, el jaguarundi, el puma y el jaguar, el único gran felino del continente americano. En África, el serval, el caracal —famoso por sus grandes saltos—, el versátil leopardo, el león y el guepardo, el animal terrestre más rápido. En Asia, el caracal, la pantera, el leopardo, el tigre, el león, el guepardo y el lince boreal, que también habita en Europa.

*Deuterostomia**Chordata**Craniata**Gnasthosmata**Tetrapoda*\
Mammalia*Eutheria**Laurasiatheria**Carnivora**Feliformia*

457

Como consecuencia de las talas indiscriminadas de los bosques de bambú, la presencia del oso panda gigante se ha ido reduciendo a unas pequeñas áreas boscosas de China. Se estima que existen unos 2.000 ejemplares en libertad. Afortunadamente, las leyes actuales chinas son muy estrictas en cuanto a su caza. Hasta finales de los años 1990, China regalaba pandas a zoológicos extranjeros como muestra de buena voluntad.

Mediante los análisis comparativos de ADN, se estima que los pandas se separaron del tronco principal de los osos hace alrededor de diecisiete millones de años. A pesar de que «panda» significa literalmente 'gran gato negro', lo cierto es que alcanza el tamaño de un oso pardo. Exteriormente, el panda se asemeja a un oso de coloración contrastante. El panda de Sichuan (en la imagen) presenta el reconocido pelaje negro y blanco, en tanto que la subespecie de Qingling tiene un pelaje de dos tonos contrastantes de marrón o negro, dependiendo de la edad.

Se dice que el panda tiene seis dedos. Verdaderamente se trata de una modificación del hueso sesamoideo de los pulgares, una prolongación que, efectivamente, parece un dedo. Sus patas delanteras son fuertes, aptas para trepar y más musculosas y largas que las traseras.

Al nacer, las crías pesan unos 100 gramos, si bien los adultos llegan a pesar 100 kilogramos. Se comunican entre sí por medio de señales odoríferas, aunque también emiten una serie de gruñidos poco elaborados. Al vivir en latitudes subtropicales, el panda ha perdido el hábito de la hibernación propio de otros osos.

Como ya se ha dicho, el suborden *Caniformia* constituye la segunda mitad de los carnívoros. Típicamente, los caniformes caminan apoyando toda la planta del pie (técnicamente, se dice que son plantígrados) y poseen unas grandes mandíbulas dotadas de muchos dientes, aptos para una alimentación no solamente carnívora, un largo hocico, garras con uñas no retráctiles y una bulla auditiva con una sola cámara, en contraste con los feliformes que tienden a caminar sobre las puntas de los dedos (son digitígrados), siguen una dieta eminentemente carnívora, tienen hocico corto, uñas retráctiles y bullas auditivas compuestas por dos cámaras.

En su estudio se consideran los siguientes grupos. La familia de los cánidos (*Canidae*) es la más basal, puesto que son digitígrados como sus parientes gatunos. Entre otros, comprende perros, zorros, lobos, chacales, coyotes, dingos, aguarás (o lobos crinados) y licaones (más conocidos como perros salvajes africanos).

Existen ocho especies de úrsidos (familia *Ursidae*) distribuidas por todo el mundo como el oso polar o blanco (*Ursus maritimus*) que se alimenta de focas, el oso panda gigante (*Ailuropoda melanoleuca*) que prefiere el bambú y seis especies omnívoras más: el oso malayo (*Helarctos malayanus*), el úrsido más pequeño; el oso tibetano o del Himalaya (*Ursus thibetanus*); el oso de anteojos (*Tremarctos ornatus*), único úrsido de Sudamérica; el oso bezudo o perezoso (*Melursus ursinus*); el oso negro (*Ursus americanus*), el más común en Norteamérica, y el oso pardo (*Ursus arctos*) propio de Eurasia.

Los pinnípedos (*Pinnipedia*), junto con los cetáceos y sirenios, son mamíferos adaptados a la vida acuática marina que reúnen 33 especies de focas, 16 especies de otarios (osos, lobos y leones marinos) y una especie de morsa, que vive exclusivamente en la zona ártica.

Los mustélidos (*Musteloidea*) son un grupo variado que, sin embargo, mantienen cierto parecido y en el que encontramos el panda rojo, la comadreja, el mapache, la mofeta, el turón, el hurón, el armiño, el visón, la garduña, el eirá, la marta, el glotón, el tejón y la nutria.

*Deuterostomia**Chordata**Craniata**Gnasthosmata**Tetrapoda*\
Mammalia*Eutheria**Laurasiatheria**Carnivora**Caniformia*

459

Caballos, asnos, onagros, kiangs, cebras, tapires y rinocerontes forman el orden *Perissodactyla*. Este grupo se define por la posesión de extremidades con un número impar de dedos terminados en pezuñas y con el dedo central, que sirve de apoyo, más desarrollado que los demás. Se dice, también, que son ungulados de pezuña impar, en contraste con el grupo que veremos después que son ungulados de pezuña par o artiodáctilos.

Son animales herbívoros con un aparato digestivo menos sofisticado que el de los artiodáctilos: el estómago no presenta cámaras y la digestión de la celulosa se realiza en el ciego y en un intestino grueso muy mejorada. Se dividen en dos grupos: los hipomorfos que tienen forma de caballo y los que ceratomorfos que tienen cuernos queratinosos.

En la actualidad, la única familia de hipomorfos es *Equidae* que cuenta con un solo género, *Equus*, y siete especies: caballo (*E. ferus*), asno salvaje africano (*E. africanus*), asno salvaje asiático u onagro (*E. hemionus*), asno salvaje tibetano o kiang (*E. kiang*), cebra común (*E. quagga*), cebra de montaña (*E. zebra*) y cebra real (*E. grevy*), por no mencionar otras subespecies o razas. Algunas de estas especies se pueden cruzar entre sí produciendo mulos, burdéganos o cebroides. Normalmente, los animales híbridos son estériles y por eso se dice que dichos grupos no constituyen especies.

Entre los ceratomorfos se encuentran los rinocerontes y los tapires. Existen cinco especies de rinocerontes. A saber, los que viven en África y tienen dos cuernos: el gran rinoceronte blanco (en la imagen de la página anterior) y el rinoceronte negro o de labio ganchudo. Y los que habitan en Asia y tienen un solo cuerno y prominentes pliegues en la piel: el rinoceronte de Java, el rinoceronte indio y el pequeño rinoceronte de Sumatra (que tiene dos cuernos como sus primos africanos). Todos los rinocerótidos se encuentran en grave peligro de extinción. Los parientes vivos más cercanos de los rinocerontes son los tapires, de los que se conocen cuatro especies que viven en Sudamérica y una que habita en el sureste asiático. A los tapires les encanta pasar horas sumergidos en el agua y su hocico flexible, tipo trompa, les ayuda a respirar.

Híbridos

Existen muchos organismos, tanto animales como vegetales, procedentes del cruce de individuos de especies diferentes. Entre los mamíferos, algunos híbridos son estos:

– Vacasonte, también conocido como *beefalo*, es el resultado del cruce de una vaca y un bisonte. Extrañamente, el vacasonte es fértil.
– Burdégano procedente del cruce de un caballo y una burra, así como el mulo que resulta del cruce de una yegua y un burro.
– Cebroides que resultan del cruce de una cebra macho con una yegua (cebrallo) o con una burra (cebrasno).
– Tigrón es el cruce artificial de un tigre y una leona, al igual que el ligre que resulta del cruce de un león y una tigresa.
– Caraval es el cruce entre un serval hembra y un caracal macho, mientras que el servical es el cruce de un serval macho y un caracal hembra.

El término *Artiodactyla* se usa como sinónimo de *Cetartiodactyla*, el orden más evolucionado de *Laurasiatheria*. Es un grupo variadísimo si tenemos en cuenta que incluye, entre otros, camellos, dromedarios, vacas, cabras, ovejas, ciervos, jirafas, okapis, cerdos, babirusas, saínos, hipopótamos, ballenas, rorcuales, delfines, marsopas, zifios, cachalotes, orcas y narvales.

Tradicionalmente, los artiodáctilos se identificaban con los mamíferos herbívoros ungulados de pezuña par, es decir, patas con un número par de dedos a modo de pezuña. Al demostrarse, a finales del siglo pasado, que los hipopótamos son los parientes vivos más próximos de los cetáceos, hubo que agrupar artiodáctilos y cetáceos en un nuevo orden, *Cetartiodactyla*, sin olvidar que los cetáceos son artiodáctilos de pleno derecho.

En los cetáceos y sirenios encontramos otro ejemplo de convergencia evolutiva, de cómo mamíferos sin relación genética alguna, han evolucionado de forma similar al adaptarse, en este caso, a la vida marina.

Así pues, las extremidades constituyen un elemento decisivo en la clasificación de los cetartiodáctilos: en los cetáceos, las patas anteriores se han transformado en aletas, mientras que las posteriores han desaparecido y solo quedan algunos huesos vestigiales (ver imagen de la página anterior). Otros rasgos aparecen en la morfología del estómago y los molares. Los hipopótamos y los cerdos tienen molares con cúspides redondeadas poco desarrolladas y un estómago simple que los distingue del grupo de los rumiantes. Todos los demás ungulados de dedos pares tienen molares con cúspides bien desarrolladas y crestas adicionales esmaltadas, así como un estómago compartimentado especialmente apto para rumiar.

Los cetartiodáctilos son cosmopolitas y se encuentran en todas las partes del mundo, excepto en Oceanía, y en casi todos los hábitats: selvas tropicales, estepas, desiertos… Suelen vivir en grupos sociales bajo una jerarquía bien determinada o en harenes dominados por un macho. Son animales bastante territoriales y, algunas especies, realizan migraciones anuales.

Richard Owen

Richard Owen (1804-1892) es un controvertido biólogo inglés que en vida gozó de una indiscutible fama, pero que, tras desdeñar las hipótesis de su compatriota Darwin, cayó en el ostracismo.

Sus aportaciones más valiosas se encuentran en el campo de la anatomía comparada, concretamente, con la introducción del concepto de homología según el cual el dedo corazón de la mano se corresponde con la pezuña de un caballo, por ejemplo. Owen fue el primero en reconocer los dos grupos naturales de ungulados: aquellos con un número impar de dedos o perisodáctilos y aquellos con un número par de dedos o artiodáctilos.

Tylopoda, el nombre del primer suborden de cetartiodáctilos que consideramos, significa 'pies con almohadillas', pues estos mamíferos, en cada pie, tienen dos dedos con uñas y la planta está protegida por una almohadilla fibrosa y grasa muy resistente, a fin de soportar todo el peso del animal. Debemos de ser conscientes de que, aunque la primera imagen que nos sugiere el término «ungulado» sea la pezuña, ungulado es el animal que camina sobre la punta de los dedos, dedos que están cubiertos por una uña. Es cierto que en la mayoría de los ungulados el peso recae sobre las pezuñas, pero en los tilópodos el peso descansa en las almohadillas.

La única familia vigente de *Tylopoda* es *Camelidae*. Los camélidos son herbívoros, mas no rumiantes: tienen dientes caninos y rastros de incisivos y el estómago está formado por tres cámaras, en lugar de las cuatro típicas de los rumiantes. Tienen la cabeza pequeña y unos cuellos largos y delgados, además de unas esbeltas extremidades. A su vez, *Camelidae* se divide en tres géneros: *Camelus*, *Vicugna* y *Lama*.

En la actualidad, solo viven tres especies de camellos: el camello bactriano (*C. bactrianus*), famoso por sus dos jorobas de grasa y su cuello en forma de U, nativo de las estepas de Asia Central donde fue domesticado hace tres o cuatro milenios; el dromedario o camello arábigo (*C. dromedarius*) de una sola giba que también fue domesticado en la antigüedad, y el camello salvaje o camello bactriano salvaje (*C. ferus*) de dos jorobas, la única especie que permanece en estado silvestre. Habita en el gran desierto de Gobi y, lamentablemente, se encuentra en grave peligro de extinción. Curiosamente, el origen de los camellos actuales se encuentra en América del Norte y hace 3 o 4 millones de años habrían emigrado hacia el continente asiático, cruzando a través del estrecho de Bering.

En el altiplano andino de América del Sur, habitan dos especies de vicuñas, *V. vicugna*, llamada simplemente vicuña, y *V. pacos*, conocida como alpaca y que está domesticada, así como dos especies de llamas, el guanaco salvaje (*L. guanicoe*) —en la página anterior— y la llama doméstica (*L. glama*), especies entre las que algunos autores consideran varias subespecies.

Otro de los grupos en los que se dividen los cetartiodáctilos es *Suina*, la ducentésima rama de nuestro árbol. Los suinos tienen un estómago simple y una dentición especialmente apta para llevar una dieta omnívora; sus patas son cortas y robustas y los dedos adoptan la forma típica de pezuña. En su estudio se consideran dos familias: *Suidae* y *Tayassuidae*.

Además de los cerdos domésticos y los jabalíes, dentro de los suidos encontramos cuatro especies de babirusas endémicas de las islas Célebes. Tienen las patas más largas y delgadas entre los suidos y llaman la atención, sobre todo, los colmillos superiores de los machos que crecen hacia arriba desmesuradamente, atravesando la piel del labio superior.

El hilóquero es la especie más grande de suido. De hábitos nocturnos, mora en los bosques húmedos de África central y occidental, por lo que pasó inadvertido para la ciencia hasta comienzos del pasado siglo. Aparte de por su tamaño, destaca por su pelaje negro y grandes colmillos. En África, también habitan dos especies de potamóqueros de color rojizo y orejas puntiagudas y tres de facóqueros que, por las prominentes verrugas que crecen en su cara (ver imagen de la página anterior) también se les llama jabalíes verrugosos.

Sin duda, la especie de suido en más grave peligro de extinción es el jabalí enano, del que solo se han contabilizado 200 ejemplares en Bután, el sur de Nepal y el norte de la India. Tiene un tamaño similar al de un conejo.

Tayassuidae, la segunda familia de suinos, solo habita en América Central y Sudamérica. Está integrada por tres especies de pecarís: el pequeño pecarí de collar o chancho rosillo, el pecarí labiado o chancho majano, y el gran pecarí orejudo o chancho quimilero. A diferencia de los suidos, los pecarís tienen colmillos cortos y rectos y un estómago compuesto por tres cámaras, aunque no son rumiantes. Son animales preferentemente nocturnos y muy sociales de dieta omnívora. Poseen unas glándulas odoríferas en el lomo y debajo de los ojos que usan para marcar tanto el territorio como a los otros miembros del rebaño.

Impresionantes colmillos

Siempre me ha llamado la atención profundamente el tamaño de los colmillos de los suinos, en general, y, en particular, los impresionantes caninos del facóquero.

Examinando el cráneo de este animal se comprende mejor la disposición de estos. El par inferior, que es mucho más corto que el superior, se vuelve afilado como una navaja al frotarse continuamente contra el superior. Los dientes caninos superiores pueden crecer hasta 25 cm y se curvan hacia arriba más de 90 grados. Los colmillos se utilizan como armas a la hora de combatir con sus congéneres y para defenderse de los ataques de otros animales.

Ruminantia es el conjunto de mamíferos rumiantes. ¿Qué significa realmente «rumiante»? Rumiar es un comportamiento asociado a los animales herbívoros, si bien no todos los herbívoros son rumiantes. La rumia es, sencillamente, volver a masticar el alimento previamente digerido y que ha estado almacenado durante algún tiempo en el estómago. Por eso debemos ser más específicos y definir los rumiantes —entendidos como los artiodáctilos pertenecientes a *Ruminantia*— en conexión con el tipo de estómago que poseen. En particular, el estómago de los miembros de *Ruminantia* está formado por cuatro compartimentos: rumen, retículo o redecilla, omaso o libro y abomaso o cuajar, que es el verdadero estómago. Gracias a la fermentación del forraje en los compartimentos estomacales y a esa doble masticación, los rumiantes son capaces de extraer todos los carbohidratos de las fibras vegetales.

Los únicos representantes de la familia más basal de rumiantes, *Tragulidae*, son los ciervos ratones de unos 50 cm de longitud y que habitan en África Central, India y Sudeste Asiático. Más parecido a un ciervo que a un antílope, el antílope norteamericano o berrendo es la única especie de la familia *Antilocapridae*. Dentro de la familia *Giraffidae* solo existen dos especies vivas: la jirafa, el más alto de los animales terrestres, y el tímido y singular okapi (ver imagen en la página anterior), que se encuentra en peligro de extinción. Por su parte, la familia *Moschidae* solo cuenta con siete especies de ciervos almizcleros, residentes en las montañas del centro de Asia.

Cervidae es una familia muy numerosa con una distribución cosmopolita: alces y renos son los cérvidos más grandes que habitan en los bosques boreales de Eurasia y América; en latitudes inferiores viven corzos y ciervos; el cérvido más grande de Suramérica es el ciervo de los pantanos y los más pequeños son los pudúes y las corzuelas, y el ciervo del Atlas es el único cérvido nativo de África. Sin embargo, la familia más grande y variada es *Bovidae*; en ella encontramos más de 140 especies como impalas, ñus, antílopes, gacelas, bisontes, búfalos, yaks, uros, cebúes, vacunos, bueyes, rebecos, carneros, muflones, cabras, ovejas, íbices, arruís, etc. La inmensa mayoría son nativas de África y unas cuantas especies habitan en Eurasia.

No están todos los que son, pero sí son todos los que están

Con los rumiantes pasa un poco como con los carnívoros. Todos los animales del grupo *Ruminantia* practican la rumia, es decir, la doble masticación del bolo alimenticio, mas no todos los animales que practican la rumia pertenecen al clado *Ruminantia*.

Ya hemos dicho que los camélidos tienen diferencias anatómicas (en la dentadura y el estómago) con los verdaderos rumiantes y no es menos cierto que sí practican la rumia de los vegetales que ingieren.

Tampoco pertenecen al suborden *Ruminantia* algunos de los grandes mamíferos que pastan como elefantes, hipopótamos, caballos o canguros. Estos tienen otras adaptaciones intestinales que les permiten extraer la mayor cantidad posible de los nutrientes vegetales, empero no son rumiantes, pues ni practican la rumia ni tienen un estómago compartimentado.

En la actualidad, el suborden *Hippopotamidae* solo cuenta con dos especies: el hipopótamo común (*Hippopotamus amphibius*) y el hipopótamo pigmeo (*Choeropsis liberiensis*). Se ha demostrado que los hipopótamos son los parientes vivos más próximos de los cetáceos, que pronto estudiaremos. Ambos grupos se incluyen en un conjunto denominado *Whippomorpha*.

Whippomorpha se define como el grupo que incluye todos los descendientes del antepasado común más reciente del hipopótamo y del delfín. No está claro cuánto tiempo hace que los cetáceos y los hipopótamos comparten un ancestro, mas sí es evidente su parentesco genético y, de hecho, ambos grupos coinciden en una serie de rasgos fisiológicos y de comportamiento como son: una densa capa de grasa subcutánea, cuerpo sin pelo, estructuras auditivas similares y un modo de vida acuático. Evidentemente, también hay diferencias: entre otras, los cetáceos son carnívoros, mientras que los hipopótamos son herbívoros.

El hipopótamo común (ver imagen de la página 470) es un mamífero semiacuático de más de 1.000 kilogramos de peso que habita en los ríos, lagos y manglares del África subsahariana. De día, prefiere estar sumergido en el agua o descansando en el fango y durante la noche busca forraje con el que alimentarse. Es herbívoro pero no rumiante, aunque sí tiene un estómago complejo. Su cuerpo es ligeramente más denso que el agua, por lo que tiende a hundirse; así que, en lugar de nadar, camina sobre el fondo. Pese a su aspecto, es ágil tanto en el agua como en la tierra. Puede correr más rápido que una persona; por eso y por su agresividad se le considera un animal peligroso. Los cazadores furtivos que buscan el marfil de sus dientes caninos están poniendo en peligro su población.

El hipopótamo pigmeo pesa una cuarta parte de lo que pesa el común. Además de por su tamaño, también se distingue de su pariente porque las órbitas de los ojos y las narinas son menos pronunciadas y por preferir la soledad. Habita en África Occidental y la continua destrucción de su hábitat lo está poniendo en peligro de extinción; se estima que hay unos 3.000 ejemplares en libertad.

*Chordata**Craniata**Gnasthosmata**Tetrapoda**Mammalia*\
Eutheria*Laurasiatheria**Cetartiodactyla**Hippopotamidae*

471

Como acabamos de ver, *Cetacea* es el clado hermano de *Hippopotamidae*, ambos miembros de *Whippomorpha*. Los cetáceos son «ungulados con forma de pez» en los que las patas anteriores se han transformado en aletas y las posteriores han desaparecido; la aleta caudal es horizontal y está dividida en dos lóbulos; algunos también tienen una aleta dorsal. Carecen de pelo (excepto algunas cerdas en el hocico), las narinas se han desplazado hasta la parte dorsal de la cabeza y tienen una gruesa capa de grasa que les sirve de aislamiento térmico. Son carnívoros estrictos.

Cetacea se subdivide en dos infraórdenes: *Odontoceti* y *Mysticeti*, también conocidos como cetáceos con dientes y cetáceos con barbas, respectivamente. Los odontocetos forman el grupo más numeroso con las siguientes familias. *Delphinidae* comprende una treintena de especies de delfines oceánicos; se les considera unas de las criaturas más inteligentes del planeta. Además, existen dos familias de delfines de río: *Platanistidae*, en los ríos Ganges e Indo, e *Iniidae*, en los ríos de Sudamérica. Las marsopas (familia *Phocoenidae*) se parecen a los delfines, pero tienen un cuerpo más pequeño y robusto que aquellos. El narval, con su largo colmillo retorcido, y la blanca beluga del Ártico pertenecen a la familia *Monodontidae*. La familia *Physeteridae* incluye tres especies de cachalotes, entre los que se encuentra el animal con dientes más grande que existe. Por último, la familia menos conocida es *Ziphiidae*; los zifios podrían describirse como pequeñas ballenas con apariencia de delfín.

Por su parte, los misticetos se discriminan por tener barbas en lugar de dientes. Las barbas (o ballenas) son unas láminas elásticas de queratina que cuelgan del maxilar superior del animal y utilizan para alimentarse por el método de filtración. Existen dos tipos de misticetos: balénidos y rorcuales. Los primeros se caracterizan por su gran cráneo y ausencia de aleta dorsal, mientras los segundos suelen ser más grandes y tienen una serie de dobleces en la parte delantera del vientre, denominados pliegues gulares (ver imagen en la página 472), que aumentan la capacidad de la boca. El rorcual azul (*Balaenoptera musculus*), también llamado ballena azul, con 30 metros de longitud y casi 200 toneladas de peso, es el animal más grande que jamás ha existido.

Cetología

La rama de la zoología que se dedica al estudio del comportamiento, la distribución y la morfología de los cetáceos se denomina cetología. Es una subdisciplina de la mastozoología. Es una rama que hoy en día está en boga.

La caza indiscriminada de cetáceos, en general, y de ballenas, en particular, llevó al borde de la extinción a muchas especies. Durante el siglo XX la población de ballenas descendió drásticamente. De ellas se extraía la grasa y otras secreciones como el espermaceti y el ámbar gris para confeccionar aceites, cosméticos, perfumes o velas.

En la actualidad la caza comercial de ballenas está prohibida, empero no lo está la caza con fines supuestamente científicos. La caza de subsistencia que se lleva a cabo de manera tradicional en varios pueblos indígenas (en el Caribe, Groenlandia o norte de Canadá y Rusia) sí está permitida.

*Deuterostomia**Chordata**Craniata**Gnasthosmata**Tetrapoda*\
Mammalia*Eutheria**Laurasiatheria**Cetartiodactyla**Cetacea*

473

El cuarto y último superorden de mamíferos con placentas corialantoideas (subclase *Eutheria*) es *Euarchontoglires*; en él encontramos ardillas, liebres, tupayas, lémures y primates, incluidos, claro está, los seres humanos. Hasta ahora no se han hallado muchas evidencias morfológicas o anatómicas que confirmen el parentesco entre especies tan diversas como las citadas, pero los análisis moleculares no dejan lugar a dudas.

Recordemos que los mamíferos placentarios aparecieron en el supercontinente Pangea durante el Cretácico hace, al menos, 170 millones de años. Posteriormente, al dividirse Pangea en dos continentes, los mamíferos evolucionaron de manera diferente en dos grupos: *Atlantogenata* en Gondwana y *Boreoeutheria* en Laurasia. A finales del periodo cretácico, hubo una nueva separación de tierras continentales y de grupos de mamíferos. Parece ser que, inicialmente, *Atlantogenata* se disgregó en *Xenarthra*, que se extendió por Sudamérica, y *Afrotheria* que prosperó en África. Por su parte, más tarde, *Boreoeutheria* se separó en *Laurasiatheria*, que ocupó Eurasia, y *Euarchontoglires*, que se extendió por América del Norte. Muchas especies, después, consiguieron romper ese aislamiento geográfico inicial y colonizaron otros territorios.

No sin cierta controversia, se cree que los euarcontoglires siguieron dos caminos evolutivos separados. Por un lado, se diversificaron los lagomorfos (es decir, liebres, conejos y picas) y los roedores (ratones, cobayas, ardillas, etc.) formando un granorden denominado *Glires*. Algunos expertos, no obstante, creen que esta agrupación es un espejismo que no va más allá de las semejanzas que podemos observar entre un conejo y una cobaya, por citar un ejemplo. Y, por otra parte, aparecen los colugos y los primates en el granorden *Euarchonta*. Los colugos son comúnmente conocidos como lémures voladores, aunque no son primates; en todo caso son una suerte de protoprimates. Comoquiera que tampoco está claro dónde colocar las tupayas, aquí no seguiremos esta propuesta taxonómica y nos limitaremos a tratar directamente los siguientes órdenes: *Lagomorpha*, *Rodentia*, *Scandentia*, *Dermoptera* y *Primates*, olvidándonos de los granórdenes *Glires* y *Euarchonta*.

El orden *Lagomorpha* comprende animales semejantes a las liebres, que esto significa dicho término. Entre liebres, conejos y picas, este grupo congrega más de un centenar de especies, distribuidas prácticamente por todo el Mundo, excepto en muchas islas del Sudeste Asiático y Madagascar, si bien en Australia y Nueva Zelanda se consideran especies invasoras.

Se trata de pequeños mamíferos herbívoros que se alimentan de cualquier materia vegetal, desde hojas hasta cortezas. Por su dieta y por el crecimiento continuo de los incisivos superiores que les obliga a masticar constantemente alimentos fibrosos, a fin de evitar el crecimiento excesivo de los mismos, durante mucho tiempo se consideraron una familia de roedores. Pero del mismo modo que no todo animal que mastica hierba es rumiante, no todo el que roe es roedor. Esta idea tan simple no se tuvo presente hasta principios del siglo XX y conejos, liebres y picas eran considerados roedores, a la par que ratones, ardillas y castores.

Aunque no se pueden obviar ciertas relaciones evolutivas entre lagomorfos y roedores —que los agrupan dentro del granorden *Glires*—, los lagomorfos tienen cuatro incisivos en la mandíbula superior y son estrictamente herbívoros, a diferencia de los roedores que solo tienen dos y muchos comen tanto carne como vegetales.

En la actualidad, solo hay dos familias de lagomorfos: *Leporidae*, que reúne diez géneros de conejos y uno de liebres, y *Ochotonidae*, que incluye un solo género de picas (ver imagen de la página 476). Los lepóridos se caracterizan por una anatomía atlética con unas patas posteriores fuertes y robustas, más largas que las anteriores, que les permiten realizar saltos y correr a gran velocidad, así como por un par de orejas grandes y verticales que les confieren un agudo sentido del oído. Los ocotónidos son parecidos a los cobayas; su cola es corta y su cuerpo está recubierto de un pelaje denso y suave; sus extremidades son cortas y las orejas pequeñas y redondeadas. Los lepóridos se han adaptado a una notable variedad de hábitats, desde el desierto hasta la tundra, bosques y montañas. Los conejos excavan madrigueras, en tanto que las liebres construyen simples nidos sobre el suelo. Las picas prefieren los climas fríos del hemisferio norte.

Por el número de especies, el orden de los roedores, *Rodentia*, es un grupo excepcionalmente amplio; más del 40% de las especies de mamíferos placentarios son ratones, ratas, ardillas, jerbos, puercoespines, capibaras, marmotas, perritos de las praderas, lirones, castores, conejillos de indias, hámsteres, agutíes, carpinchos, pacas o chinchillas. Para unos, los roedores son hermanos de los lagomorfos, mientras que para otros son simples parientes. Han desarrollado una gran variedad de formas según su estilo de vida y el medio ambiente en el que habitan; existen roedores arborícolas, semiacuáticos, fosores... En general, son relativamente pequeños, de cuerpo compacto, patas cortas y cola larga. Pero el rasgo que los define son los cuatro grandes incisivos (dos en la mandíbula inferior y dos en la superior) de crecimiento continuo. Probablemente, su tremendo éxito se deba a su pequeño tamaño, su fertilidad, su corto periodo de reproducción y la amplia gama de alimentos que aceptan.

Las relaciones entre los diversos grupos de roedores todavía son inciertas; se suelen considerar los siguientes: *Hystricomorpha*, *Sciuromorpha*, *Castorimorpha* y *Myomorpha*. El suborden más basal es *Hystricomorpha* que incluye los puercoespines, las chinchillas, las vizcachas, los conejillos de indias o cobayas, los capibaras, los agutíes, los coipos y las hutías, por citar las especies más significativas.

Castorimorpha, otro de los subórdenes de roedores, comprende castores y taltuzas. Los castores (ver imagen derecha) son roedores semiacuáticos que se caracterizan por sus colas anchas y escamosas, que utilizan como remos, sus pies traseros palmeados, su denso pelaje y sus fuertes incisivos con los que derriban troncos para construir madrigueras y diques en los cursos de agua en los que habitan (imagen izquierda); existen dos especies: el americano (*Castor canadensis*) y el europeo (*C. fiber*). La taltuza es un pequeño animal de pelaje rojizo oscuro que vive bajo tierra en los túneles que excava y que, como muchos otros roedores, presenta las singulares bolsas en las mejillas, denominadas abazones, que sirven para transportar el alimento. A continuación, con algo más de detalle, veremos los subórdenes *Sciuromorpha* y *Myomorpha*.

La ardilla del Ártico es una especie de ardilla terrestre. Se denominan así a todas aquellas especies de ardillas que hacen sus madrigueras bajo la superficie del suelo, a veces, a bastante profundidad y que rara vez suben a los árboles.

En español es frecuente referirse a ella como suslik (o suslic) ártico en contraposición al suslik moteado o ardilla de tierra manchada propia de Europa oriental, denominada *Spermophilus suslicus*. En realidad, suslik es una palabra inglesa que se refiere genéricamente a las ardillas terrestres. Técnicamente, la ardilla nativa del Ártico se denomina *Spermophilus parryii*. Habita en Alaska, norte del Canadá y la parte de Siberia más próxima al estrecho de Bering en latitudes superiores al círculo polar ártico.

Dado el rigor de las temperaturas de su hábitat natural, la ardilla del Ártico es fascinante por sus largos periodos de hibernación: nueve meses, desde agosto a abril, las hembras y seis meses, desde octubre a marzo, los machos. Durante ese largo periodo, la temperatura de su cuerpo llega a descender unos pocos grados por debajo del punto de congelación del agua. La hibernación es uno de los grandes enigmas del mundo animal y es mucho más que un profundo sueño. En el caso de la ardilla del Ártico, el animal ralentiza sus pulsaciones cardíacas a una por minuto y sus diferentes órganos casi dejan de funcionar por completo. Pero, aproximadamente una vez cada 15 días, la ardilla tirita y esos espasmos musculares reactivan la circulación sanguínea que vuelve a calentar su cuerpo.

El macho sale de su profundo sueño invernal a finales de marzo. Necesita tres horas para despertarse y un día para volver a estar en plena forma. Lo primero que hace es recuperar fuerzas y reafirmar su territorio ante los otros machos vecinos. Lo siguiente, es esperar a que las hembras salgan de sus madrigueras un par de semanas después. Tiene que estar preparado y atento si quiere dejar descendencia porque la hembra solo es fértil ¡doce horas! al año.

La clasificación de los roedores se hace atendiendo a la disposición anatómica del músculo masetero de la mandíbula —que es el que interviene en la masticación— y el modo en el que este se une a los huesos de la cara, en el llamado arco cigomático. Se han descrito varios tipos de estructura cigomasetérica: como la de los puercoespines, como la de los castores, como la de las ardillas y como la de los ratones, lo que ha dado lugar, respectivamente, a los subórdenes de roedores histricomorfos, castorimorfos, esciuromorfos y miomorfos.

El suborden *Sciuromorpha* incluye ardillas como las de las imágenes y aquellas otras especies que tienen una estructura cigomasetérica similar: lirones, marmotas y perritos de las praderas. Los lirones son roedores pequeños parecidos a los ratones, particularmente conocidos por sus largos periodos de hibernación, para lo cual acumulan grasas aprovechando los frutos otoñales. Igualmente, dormilonas, son las marmotas; bastante más grandes, sus cuerpos están bien adaptados al clima frío de las zonas montañosas de Eurasia y Norteamérica en las que viven; son herbívoros y muy sociales. Y mucho más sociales son los perritos de las praderas; reciben este nombre por su hábitat y por su grito de alarma, parecido al ladrido del perro.

Por el número de especies, las ardillas son los esciuromorfos más comunes. Generalmente son animales pequeños, si bien hay algunas excepciones como la ardilla voladora gigante de Bután (*Petaurista nobilis*) de un metro de longitud. Suelen tener cuerpos delgados con pelaje denso y suave de color variable y colas largas y tupidas. Las extremidades son cortas pero fuertes y las patas traseras son más largas que las delanteras. Según las especies, tienen cuatro o cinco dedos con un pulgar poco desarrollado. Existen tres tipos de ardillas: arborícolas, terrestres y voladoras. Las ardillas arborícolas se desenvuelven con una soltura sorprendente entre las ramas de los árboles. Las ardillas voladoras son capaces de planear gracias a las membranas que poseen entre sus patas, que hacen la función de paracaídas. Las ardillas viven en casi todos los hábitats, desde la selva tropical hasta el desierto semiárido; son predominantemente herbívoras, aunque también comen insectos y pequeños vertebrados.

Cuatro de cada diez especies de mamíferos pertenecen al orden *Rodentia* y, de estas, más de la mitad se incluyen en el suborden *Myomorpha*, que se caracteriza por tener desplazados hacia delante los músculos maseteros medial y lateral, lo que hace que sean los mejores roedores entre los roedores. Además, como en los histricomorfos, el músculo masetero medial atraviesa la cuenca del ojo, un rasgo poco común entre los mamíferos. Excepto en la Antártida, los miomorfos se encuentran en todo el Mundo y en casi todos los hábitats terrestres.

Cricetidae, una de las familias de miomorfos, incluye hámsteres, campañoles, lemmings y topillos de campo. Estos roedores se distinguen por sus amplios abazones en los que acumulan la comida; algunas especies de hámsteres (ver imagen de la página anterior) suelen adoptarse como mascotas. Los jerbos de la familia *Dipodidae* se denotan por las dimensiones exageradas de las patas posteriores con las que dan grandes saltos, por sus orejas similares a las de los conejos y su larga cola terminada en una punta plumosa.

La mitad de los roedores miomorfos pertenecen a la familia *Muridae*. Se trata de una familia que, por la introducción del hombre en diferentes territorios, es cosmopolita. Ocupan una amplia gama de ecosistemas, desde bosques tropicales hasta tundras. La mayoría de las especies son terrestres, pero hay algunas de hábitos fosores, arbóreos o semiacuáticos. Los múridos tienen una alta tasa de reproducción y sus poblaciones tienden a aumentar rápidamente mientras abunde la comida.

Y dentro de los múridos destaca la gran subfamilia *Murinae* que incluye ratones y ratas. Tras el ser humano, el ratón doméstico (*Mus musculus*) es el mamífero más extendido del planeta. Las ratas (género *Rattus*) son igualmente cosmopolitas; en ambientes urbanos, la que más prolifera es *R. norvegicus*, conocida como rata de alcantarilla. En occidente, las ratas causan repugnancia y su eliminación es percibida como algo necesario. Es cierto que algunos animales, no solo las ratas, actúan como vectores de muchas enfermedades infecciosas que se transfieren entre especies —zoonosis—. En particular, las ratas pueden portar patógenos como los hantavirus.

TUPAIA TANA, *var.* CHRYSURA

Los escandentios (orden *Scandentia*) son conocidos coloquialmente como tupayas o musarañas arborícolas, aunque no tienen nada que ver con las verdaderas musarañas y no todas las especies viven en los árboles. Son mamíferos pequeños que habitan en los bosques tropicales del sudeste asiático, insectívoros, ágiles trepadores, solitarios y diurnos con un cuerpo alargado cubierto de pelo, hocico prolongado y larga cola.

Con una veintena de especies descritas, este grupo tiene una relevancia científica significativa dado que, después de los dermópteros que veremos a continuación, es el más cercano a los primates. Además, las musarañas tienen la proporción de cerebro respecto a su masa corporal más alta de todos los mamíferos. Las relaciones filogenéticas, ciertas particularidades en la anatomía del cerebro y la disposición de los testículos en una bolsa escrotal, hacen que las tupayas sean una suerte de primitivos prosimios.

El orden *Scandentia* comprende dos familias: *Ptilocercidae* y *Tupaiidae*. Se considera que la primera es la más primitiva; contiene una sola especie, la tupaya arborícola de cola plumosa (*Ptilocercus lowii*), representada en la imagen derecha. Este animal vive en las selvas de la península malaya y de las islas de Sumatra y Borneo, se alimenta con un néctar alcohólico natural de una palmera local, sin que muestre síntomas de intoxicación etílica.

La segunda familia contiene 19 especies de tupayas (ver imagen izquierda). Una característica sobresaliente de esta familia es la visión del color, pues tienen receptores visuales de bastones y conos similares a los de otros primates. La percepción olfativa también está excepcionalmente desarrollada, lo que les permite detectar fácilmente la comida entre la hojarasca del bosque. Su sensibilidad a los olores juega un papel importante en la interacción social. Cuando la comida es abundante toleran bien a sus congéneres. Las musarañas forman parejas monógamas; las hembras generalmente dan a luz camadas de dos o tres crías en nidos hechos de hojas secas, y se sabe que dejan la prole desatendida cuando no les están dando de mamar. El cuidado por parte de los machos es muy limitado. Las crías permanecen en el nido durante un mes.

Con la presentación del orden *Dermoptera* nos acercamos un paso más al grupo de los simios, lo que, desde nuestra percepción obviamente antropocéntrica, se configura como destino cierto del proceso evolutivo. Con solo dos especies en la actualidad, merecen toda nuestra atención, pues, como ya habíamos anticipado, los dermópteros son, en opinión de algunos autores, un clado hermano de los primates y, juntos, constituyen el granorden *Euarchonta*. No se debe confundir *Dermoptera* con *Dermaptera*, el suborden de insectos en el que se encuentran, por ejemplo, las tijeretas (ver página 311).

Dermoptera comprende dos especies: el colugo malayo (*Galeopterus variegatus*) y el colugo filipino (*Cynocephalus volans*), en la imagen de la izquierda. Los colugos son comúnmente conocidos como lémures voladores, aunque no son ni lémures —ni cualquier otro primate— ni vuelan, sino que planean con un patagio que parece cubrir todo su cuerpo conectando cara, extremidades y cola, como si de una capa se tratara.

Son mamíferos arborícolas herbívoros y nocturnos, nativos del sudeste asiático, y se dice que pueden planear unos 200 metros, lo que constituye todo un récord entre las criaturas terrestres. Son de hábitos completamente arborícolas prefiriendo la parte alta del dosel arbóreo y, de hecho, por el suelo se mueven con dificultad. Desde las ramas altas se lanzan hacia otro árbol con los miembros separados desplegando, de esta manera, el patagio a modo de cometa. Las hembras pueden saltar incluso con las crías asidas al pecho.

Tienen un tamaño similar al de un gato; el esqueleto grácil, los miembros alargados, la cabeza pequeña y la cola corta. El pelaje del colugo del archipiélago malayo es de color rojizo, en tanto que el del colugo endémico de Filipinas es más grisáceo. Sus garras son fuertes y curvadas para garantizar un buen agarre en la corteza de los árboles. Además, los miembros anteriores son prensiles. De día duermen suspendidos de las ramas cruzando manos y pies. No se encuentran en peligro de extinción, pero la paulatina destrucción de su hábitat natural sí es motivo claro de preocupación.

El patagio

El patagio es una extensión de la piel del abdomen, elástica y resistente, que llega hasta la punta de los dedos. Esta membrana es funcionalmente análoga a las alas de un ave.

Descubrimos el patagio en todos los quirópteros (o murciélagos), en algunos roedores como las ardillas voladoras, en los colugos, en los exocétidos (o peces voladores) y en unos pocos lagartos como *Draco volans*. También la rana voladora de Wallace (*Rhacophorus nigropalmatus*) tiene unos pies palmeados muy grandes que le permiten planear entre los árboles. Y, en las aves, la parte de la piel que se extiende entre el húmero y el carpo es un patagio.

El origen del patagio hay que buscarlo en los extintos pterosaurios, un orden de saurópsidos arcosaurios voladores —que no dinosaurios— que existieron durante casi toda la era Mesozoica y que fueron los primeros vertebrados en conquistar el medio aéreo.

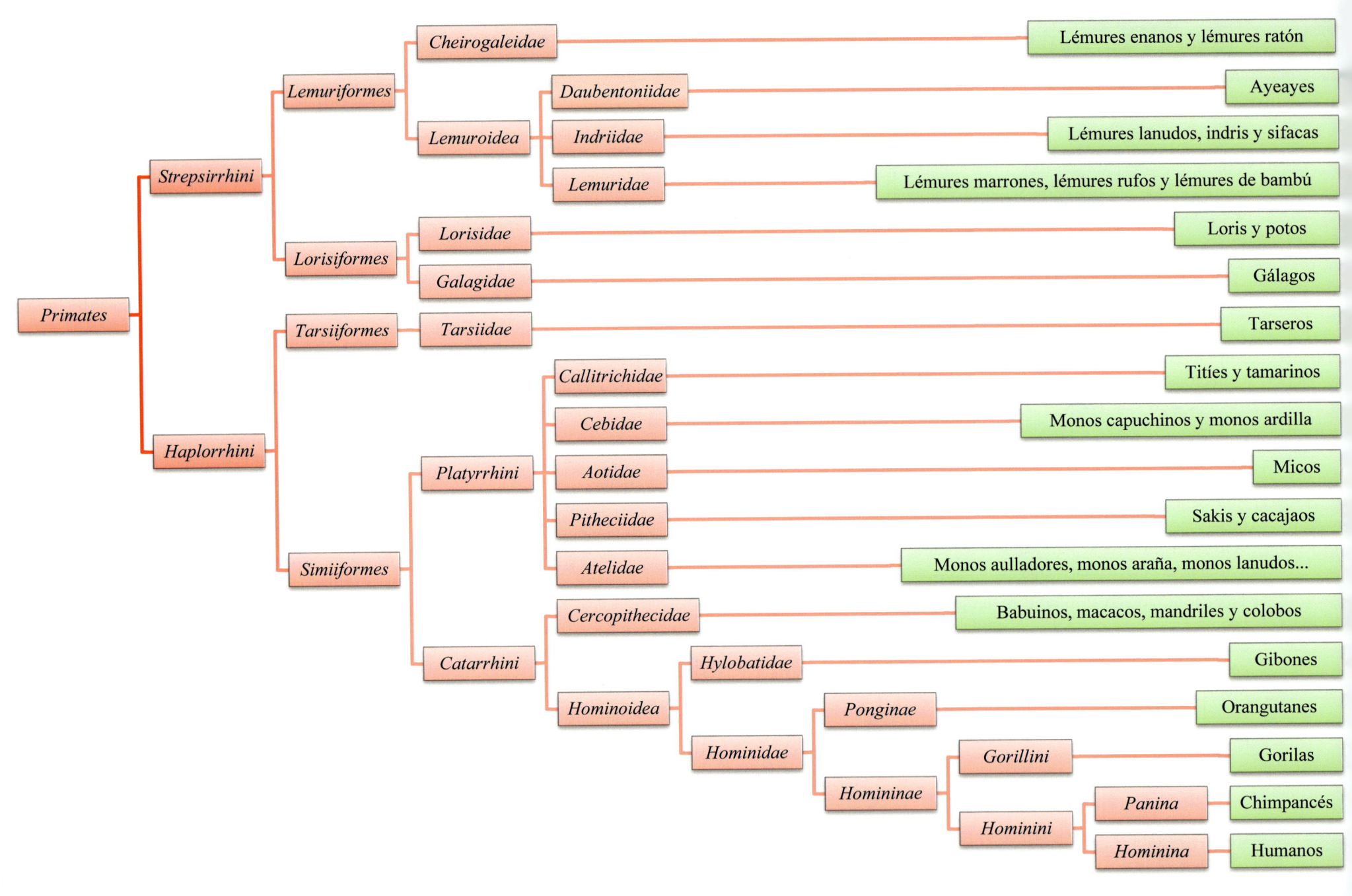

El orden de los primates es uno de los taxones que más les cuesta definir a los zoólogos. Comprende lémures, monos, póngidos, loris, tarseros, etc., y, en general, aquellos mamíferos placentarios cuyo cráneo redondeado envuelve un cerebro relativamente grande; con ojos de visión frontal estereoscópica cuyas órbitas están rodeadas por hueso, y manos y pies grandes y hábiles con cinco dedos diferenciados. Se podría añadir, asimismo, que tienen dos glándulas mamarias, si bien los elefantes, por ejemplo, también poseen dos; que sus tobillos son móviles, pero también los de las ardillas lo son; que la mayoría de los primates tienen pulgares oponibles, empero no todos; que muchos tienen uñas, mas algunos tienen zarpas, etc.

Parece que lo que sí caracteriza a los primates es su falta de especialización y, precisamente, por eso han tenido tanto éxito. Son tan versátiles porque han conservado las notas de los mamíferos primitivos del Mesozoico, sin evolucionar hacia una especialización concreta como las aletas, las alas o la trompa, y por eso los encontramos en los hábitats más dispares.

En cuanto a su envergadura, se aprecia una gran diversidad desde los lémures más pequeños hasta los grandes gorilas. Pese a esta variabilidad de tamaño y de las dificultades en deslindar este grupo, hay algo sorprendente común a todos ellos: cuando se observa cualquier especie de primate es difícil pasar por alto su mirada, es casi imposible no mirarlos a los ojos. Hay algo en ellos que nos atrae, que recuerda nuestro parentesco. Y pienso que esa mirada es lo que mejor define el orden de los primates.

Los fósiles más antiguos de aquellas especies que se consideran verdaderos primates datan del Eoceno, hace unos 55 millones de años. Por eso algunos paleontólogos piensan que los primates pudieron surgir cuando todavía campaban a sus anchas los dinosaurios, es decir, hace unos 70 millones de años. Desde el punto de vista evolutivo, los primates aparecen después de las liebres o las ardillas. El orden de los primates se divide en dos subórdenes: *Strepsirrhini*, que se distingue por su nariz húmeda —como la de los perros—, y *Haplorrhini*, que carece de vibrisas en el hocico.

Los lemuriformes al detalle

No hay consenso sobre la clasificación interna de los lémures. Aquí dividiremos el infraorden *Lemuriformes* en las familias *Cheirogaleidae* y *Lemuroidea*.

Los quirogaleidos incluyen diferentes especies de lémures enanos y lémures ratón agrupados en cinco géneros: *Cheirogaleus*, *Microcebus*, *Mirza*, *Allocebus* y *Phaner*. Los primeros son conocidos como lémures enanos e incluyen nueve especies, algunas en grave peligro de extinción. Durante el invierno tienen un periodo de inactividad fisiológica, denominado torpor, en el que reducen la temperatura corporal y su metabolismo. El género *Microcebus* comprende veinticuatro especies de lémures ratón; son los primates más pequeños. La especie de menor tamaño es *M. berthae*, con un peso de unos 30 g. El género *Mirza* es conocido como lémur ratón gigante. Pesa unos 300 g y está activo todo el año. Al contrario que otras especies de lémures, varias hembras y varios machos pueden compartir un mismo nido. El lémur enano de orejas peludas, *Allocebus trichotis*, es la única especie conocida del género monotípico *Allocebus*. Se conoce muy poco sobre esta escurridiza especie que está en peligro de extinción. Los tanas o lémures de orejas ahorquilladas son cuatro especies del género *Phaner*. Son los de mayor tamaño de todos los quirogaleidos y tienen un comportamiento exclusivamente monogámico. Su dieta se basa en la goma que extraen de determinados árboles.

Dentro de la superfamilia *Lemuroidea* se distinguen tres familias: *Daubentoniidae*, *Indriidae* y *Lemuridae*. El único representante de la primera familia es el ayeaye. En el clado de los índridos, encontramos tres géneros: los lémures lanudos, los indris y los sifacas. Todas las especies de sifacas existentes en la actualidad están incluidas en la Lista Roja de Especies Amenazadas de la Unión Internacional para la Conservación de la Naturaleza. Según dicha lista, en la actualidad hay menos de 250 individuos adultos en libertad y no se cuenta con ningún ejemplar en cautividad. *Lemuridae*, la tercera familia, que da nombre al grupo, cobija lémures de cola anillada —en la imagen—, lémures marrones, lémures rufos y lémures del bambú.

Entre los estrepsirrinos, también conocidos como prosimios, hay lémures, gálagos, potos, loris y sifacas. La principal característica de los estrepsirrinos es su rinario húmedo. El rinario es la zona sin pelo alrededor de las fosas nasales de algunos mamíferos. El suborden *Strepsirrhini* hace referencia a esa nariz húmeda de los prosimios, a semejanza de gatos y perros.

Son los primates con el cerebro más pequeño. Sin embargo, el bulbo olfativo es mayor por lo que se puede afirmar que dependen más del sentido del olfato que del de la vista. Además, cuentan con el denominado órgano auxiliar de Jacobson —también llamado vomeronasal por estar localizado en el hueso vómer, que es la parte posterior del tabique nasal— específicamente destinado a la detección de feromonas; propiedad especialmente útil a la hora de establecer relaciones con otros congéneres.

El útero de los estrepsirrinos tiene forma de corazón, lo que se conoce como útero bicorne. La placenta es epitelocorial lo que significa que las membranas —corion— que envuelven el embrión tocan ligeramente la mucosa que recubre el interior del útero materno —endometrio—. Los ojos se localizan al frente y, gracias al hocico relativamente reducido que poseen, tienen dos buenos campos de visión, lo que les proporciona percepción estereoscópica. Sus ojos poseen una capa reflectante por lo que están especialmente adaptados a la visión nocturna. Todas las especies tienen un comportamiento principalmente arbóreo y nocturno y basan su alimentación en insectos, frutas u hojas: son tanto insectívoros como frugívoros o folívoros. Son capaces de producir vitamina C, algo que no puede hacer el cuerpo humano ni otros primates.

Dentro del suborden *Strepsirrhini* se consideran dos infraórdenes: los que tienen forma de lémur o lemuriformes y los que se parecen a los loris o lorisiformes. Los primeros —lémures, ayeayes, indris y sifacas— son endémicos de Madagascar, al tiempo que los segundos —gálagos, potos y loris— habitan las zonas tropicales de África central y del Sudeste asiático. Todas las especies de sifacas están en peligro de extinción; en la imagen adjunta aparece el sifaca sedoso (*Propithecus candidus*), uno de los más amenazados.

El suborden *Haplorrhini* se define por no tener el rinario húmedo ni vibrisas en el hocico. Tarseros, monos, papiones, mandriles, gibones, bonobos, chimpancés, gorilas, orangutanes y también los seres humanos son haplorrinos. Todos ellos, excepto los tarseros, poseen un útero simple formado por una única cámara. Comparados con los estrepsirrinos, los haplorrinos son más grandes, poseen un mayor diámetro craneal, un hocico mucho menos prolongado y una visión capaz de distinguir los colores, por lo que la mayoría de las especies son diurnas.

Se distinguen dos infraórdenes: *Tarsiiformes* y *Simiiformes*. Los tarseros, los más primitivos, habitan en las junglas del sudeste asiático, son nocturnos y se distinguen por sus grandes ojos y una anatomía del cerebro diferente a la de otros primates, de suerte que se les llama prosimios.

Los simios se dividen en dos parvórdenes: *Platyrrhini* o monos del Nuevo Mundo y *Catarrhini* o monos del Viejo Mundo (en español, los términos «mono» y «simio» son sinónimos). En general, los monos de América del Sur y Central son de pequeño tamaño y poseen largas colas prensiles. Son platirrinos más de un centenar de especies de monos araña, monos aulladores, monos ardilla, titíes y capuchinos.

Los monos del Viejo Mundo o catarrinos se denotan por tener los orificios nasales abiertos hacia abajo y separados por un tabique nasal; la cola no es prensil o bien carecen de ella. Se distinguen dos superfamilias: *Cercopithecidae* y *Hominoidea*. Los cercopitécidos son los monos que habitan en diversos ambientes tropicales, subtropicales y montañosos de África y Asia; a saber: babuinos, macacos, mandriles y colobos.

Los hominoides son primates sin cola entre los que se distinguen dos familias: *Hylobatidae* y *Hominidae*. Los hilobátidos se caracterizan por unos largos brazos e incluyen a los gibones. Por su parte, los homínidos se dividen en dos subfamilias, *Ponginae* u orangutanes y *Homininae* que comprende dos tribus: *Gorillini* o gorilas y *Hominini* que, a su vez, se subdivide en la subtribu *Panina*, con bonobos y chimpancés (ver imagen de la página anterior), y *Hominina*, en la que milita el ser humano.

Homo sapiens

Este es su árbol genealógico:

Dominio:	*Eukarya*
Subdominio:	*Amorphea*
Superreino:	*Holozoa*
Reino:	*Animalia*
Subreino:	*Eumetazoa*
Infrarreino:	*Deuterostomia*
Superfilo:	*Chordata*
Filo:	*Craniata*
Subfilo:	*Gnathostomata*
Superclase:	*Tetrapoda*
Clase:	*Mammalia*
Subclase:	*Eutheria*
Superorden:	*Euarchontoglires*
Orden:	*Primates*
Suborden:	*Haplorrhini*
Infraorden:	*Simiiformes*
Parvorden:	*Catarrhini*
Superfamilia:	*Hominoidea*
Familia:	*Hominidae*
Subfamilia:	*Homininae*
Tribu:	*Hominini*
Subtribu:	*Hominina*
Género:	*Homo*
Especie:	*Sapiens*

*Deuterostomia**Chordata**Craniata**Gnasthosmata**Tetrapoda*\\
Mammalia*Eutheria**Euarchontoglires**Primates**Haplorrhini*

493

Hemos contemplado cómo la conquista del medio terrestre tuvo mucho que ver, entre otras adaptaciones, con la transformación en extremidades de las cuatro aletas de un pez, y de ahí el nombre del gran grupo que estamos estudiando: *Tetrapoda*. El cambio no se produjo de la noche a la mañana y *Amphibia* constituye un «eslabón de transición» en este sentido.

Uno de esos anfibios primitivos, hace unos 350 millones de años, exhibía rasgos propios tanto de anfibios como de reptiles, dando lugar a un grupo que denominamos *Reptilomorpha*. Los reptilomorfos ensayaron una nueva estructura, el amnios, para envolver y proteger sus embriones dentro de un medio acuoso en el que pudieran desarrollarse y, 50 millones de años después, *Amniota* se consolidaba como grupo. Excepto los amniotas, ningún reptilomorfo sobrevivió a la extinción masiva acaecida entre los periodos Pérmico y Triásico, llamada informalmente la Gran Mortandad, hace 250 millones de años y que marca la frontera entre la era paleozoica y mesozoica.

Los amniotas se diversificaron enseguida: primero surgieron los sinápsidos caracterizados por presentar una abertura temporal en cada lado del cráneo, son los reptiles mamiferoides que evolucionaron hasta los actuales mamíferos; luego aparecieron los anápsidos con el cráneo macizo y sin aberturas laterales, de los que no ha sobrevivido ninguna especie, y, finalmente, los diápsidos con dos aberturas temporales en cada lado del cráneo, entre los que se hallan los reptiles y los dinosaurios que, posteriormente, darían origen a las aves.

Concretamente, los diápsidos siguieron dos líneas evolutivas dando lugar a sendos grupos: *Lepidosauromorpha* y *Archosauromorpha*. De los primeros, han prosperado hasta nuestros días lagartos, serpientes, crótalos, iguanas y tuátaras, si bien ictiosaurios, plesiosaurios y otros muchos se extinguieron. Los arcosauromorfos, por su parte, tuvieron un enorme éxito evolutivo durante el mesozoico generando innumerables especies de dinosaurios y pterosaurios, entre otros. En particular, una rama de dinosaurios denominada *Avesuchia* perdura hasta nuestros días en forma de cocodrilos y aves. Por tanto, la respuesta a la pregunta del encabezamiento es «sí».

Archosauria

En aras de la sencillez, esta obra deja de lado aquellos clados extintos, puesto que el árbol de la vida es de por sí muy complicado como para incluir, además, las «ramas secas». No obstante, el enorme éxito evolutivo de los dinosaurios bien merece una excepción.

Archasauromorpha se divide en varios órdenes; aquí solo mencionaremos dos: *Rhynchosauria*, que incluye los voluminosos herbívoros que dominaron en el Triásico, y *Archosauria*, que se diversificó en innumerables grupos, entre los que destacaremos solo tres: cocodrilos y formas semejantes (*Crocodylotarsi*), los pterosaurios o reptiles voladores (*Pterosauria*) y dinosaurios (*Dinosauria*). Además de braquiosaurios, diplodocus, iguanodontes, tiranosaurios, velocirraptores, etc., hoy se reconoce sin ambages que las aves también son dinosaurios.

Tetrapoda
Amphibia
Mammalia
Testudines
Sauropsida
Lepidosauria
Archosauria

En páginas precedentes, dentro de la superclase *Tetrapoda*, hemos visto las clases *Amphibia* y *Mammalia*; después deberíamos detenernos en la clase *Reptilia*, mas no lo vamos a hacer. Puede resultar extraño que a estas alturas del siglo XXI todavía no haya consenso sobre cómo se articula *Reptilia*, pero lo cierto es que, por una parte, no está claro dónde colocar las familias de quelonios y, por otro lado, se ha comprobado que los cocodrilos están más emparentados con las aves que con los lagartos y otras especies afines. A esta dificultad se suma cierta confusión sobre la terminología: ¿*Diapsida*, *Reptilia*, *Sauropsida* y *Sauria* son términos sinónimos entre sí? Y, lo que es más importante, ¿nos sentimos cómodos tratando las aves como reptiles?

En este contexto, lo más cauto es introducir un nuevo taxón que agrupe todas aquellas especies reptilianas, así como las aves y evitar, al mismo tiempo, el empleo del término «*Reptilia*». De este modo, el naturalista inglés Thomas Huxley introdujo la clase *Sauropsida* y los tetrápodos quedaron divididos en tres grupos: mamíferos, anfibios y saurópsidos. Desde entonces se han aportado otras propuestas, si bien esta parece la más robusta.

Es interesante advertir que los saurópsidos constituyen un grupo muy rico y variado que han dominado diversos hábitats: terrestres, arborícolas, acuáticos, subterráneos y aéreos. Así, por ejemplo, los lagartos, las serpientes, algunas tortugas y aquellas aves que han perdido la capacidad de volar se desenvuelven en el medio terrestre; algunos camaleones y serpientes son eminentemente arborícolas; los cocodrilos, algunas especies de tortugas y serpientes, además de la iguana marina, se han adaptado a la vida en el agua; hay otros reptiles como las anfisbenas que son fosores, y la mayoría de las aves dominan el vuelo gracias a diversas adaptaciones como la ligereza de su esqueleto y las plumas.

En las próximas páginas estudiaremos los saurópsidos según la clasificación más comúnmente aceptada: los quelonios constituyen un orden denominado *Testudines*, los lagartos, serpientes y especies afines forman un superorden de gran envergadura llamado *Lepidosauria* y las aves, junto con los cocodrilos, componen una subclase denominada *Archosauria*.

Thomas Huxley

Thomas H. Huxley (1825-1895) fue un biólogo británico, especializado en anatomía, conocido por ser un defensor acérrimo de la teoría de la evolución de su compatriota Charles Darwin.

En 1863, en su obra *The Structure and Classification of the Mammalia* expuso la idea de que las aves habrían evolucionado a partir de los dinosaurios, lo cual hoy se da por cierto. Y propuso el término «*Sauropsida*» para un nuevo taxón que agrupara reptiles y aves.

Mucho se ha escrito desde entonces refinando esta teoría. Ahora, lo más aceptado es que *Sauropsida* es sinónimo de *Reptilia* y que este grupo incluye reptiles (en su sentido tradicional), quelonios y aves.

Cryptodira

Testudines

Pleurodira

Lepidosauria

Sauropsida

Archosauria

Chelonioidea, dentro de *Cryptodira*, comprende las tortugas marinas. En la actualidad, concretamente, existen siete especies:

1. La tortuga verde (*Chelonia mydas*), en la imagen.
2. La tortuga de carey (*Eretmochelys imbricata*), la más cosmopolita.
3. La tortuga boba (*Caretta caretta*), la más común.
4. La tortuga laúd (*Dermochelys coriacea*), la más grande.
5. La tortuga olivácea (*Lepidochelys olivacea*), la más pequeña.
6. La tortuga bastarda (*Lepidochelys kempii*), la más amenazada.
7. La tortuga plana (*Natator depressus*), endémica de Australia.

Excepto la última, que únicamente habita en las costas del norte de Australia, las otras seis las podemos encontrar en el mar Mediterráneo, un auténtico punto caliente de biodiversidad. A mayor abundamiento, las tortugas bobas y verdes solo se reproducen en la cuenca mediterránea.

Es sencillo describir el orden *Testudines*, también llamado *Chelonia*: pertenecen a él las tortugas, animales que se caracterizan por tener un tronco compacto protegido por un caparazón, formado por escudos, al que está soldada gran parte de su columna vertebral. Carecen de dientes; tienen un pico córneo parecido al de las aves en el extremo de la mandíbula; mudan la piel poco a poco, así como los escudos del caparazón. Tienen un metabolismo muy lento, por lo que las especies marinas pueden permanecer largos periodos sumergidas sin respirar y los linajes terrestres se desplazan lentamente. Y, en general, son excepcionalmente longevas.

En cuanto a la estructura del cráneo, las tortugas son anápsidas, pero no lo son en un sentido filogenético, puesto que —ya hemos dicho— de los primeros amniotas anápsidos no prosperó ninguna especie. Y, de hecho, filogenéticamente las tortugas se clasifican como diápsidas, como si tuvieran dos fosas temporales o fenestras a cada lado del cráneo, detrás de la órbita ocular, por lo que la morfología anápsida se debió adquirir secundariamente.

Esta es, precisamente, la dificultad al tratar los testudíneos. Sí, son reptiles, mas no está claro dónde colocarlos, se desconoce qué grupos son sus hermanos y se proponen otros nombres como *Diapsida* o *Sauria* que, en todo caso, los que no somos expertos podemos considerar como sinónimos de *Sauropsida*.

Según la anatomía de las vértebras cervicales, que incide directamente en el modo en que repliegan el cuello para esconder la cabeza dentro del caparazón, se distinguen dos subórdenes de quelonios: *Pleurodira*, que es conocido como tortugas de cuello de serpiente, y *Cryptodira*, o tortugas de cuello oculto. Los primeros ocultan la cabeza hacia los lados y su distribución se limita al hemisferio sur (Australia, Sudamérica y África). Los segundos retraen la cabeza hacia atrás y comprenden la mayoría de las tortugas terrestres y acuáticas: tortuga mordedora, caimán, boba, bastarda, carey, verde y un largo etcétera; algunas de ellas en grave peligro de extinción. Sería miserable que, siendo los quelonios el grupo de reptiles más antiguo que existe, cuyos orígenes se remontan al triásico, la acción del ser humano fuera la causa de su desaparición.

*Holozoa**Animalia**Eumetazoa**Deuterostomia**Chordata**Craniata*\\ *Gnasthosmata**Tetrapoda**Sauropsida**Testudines*

499

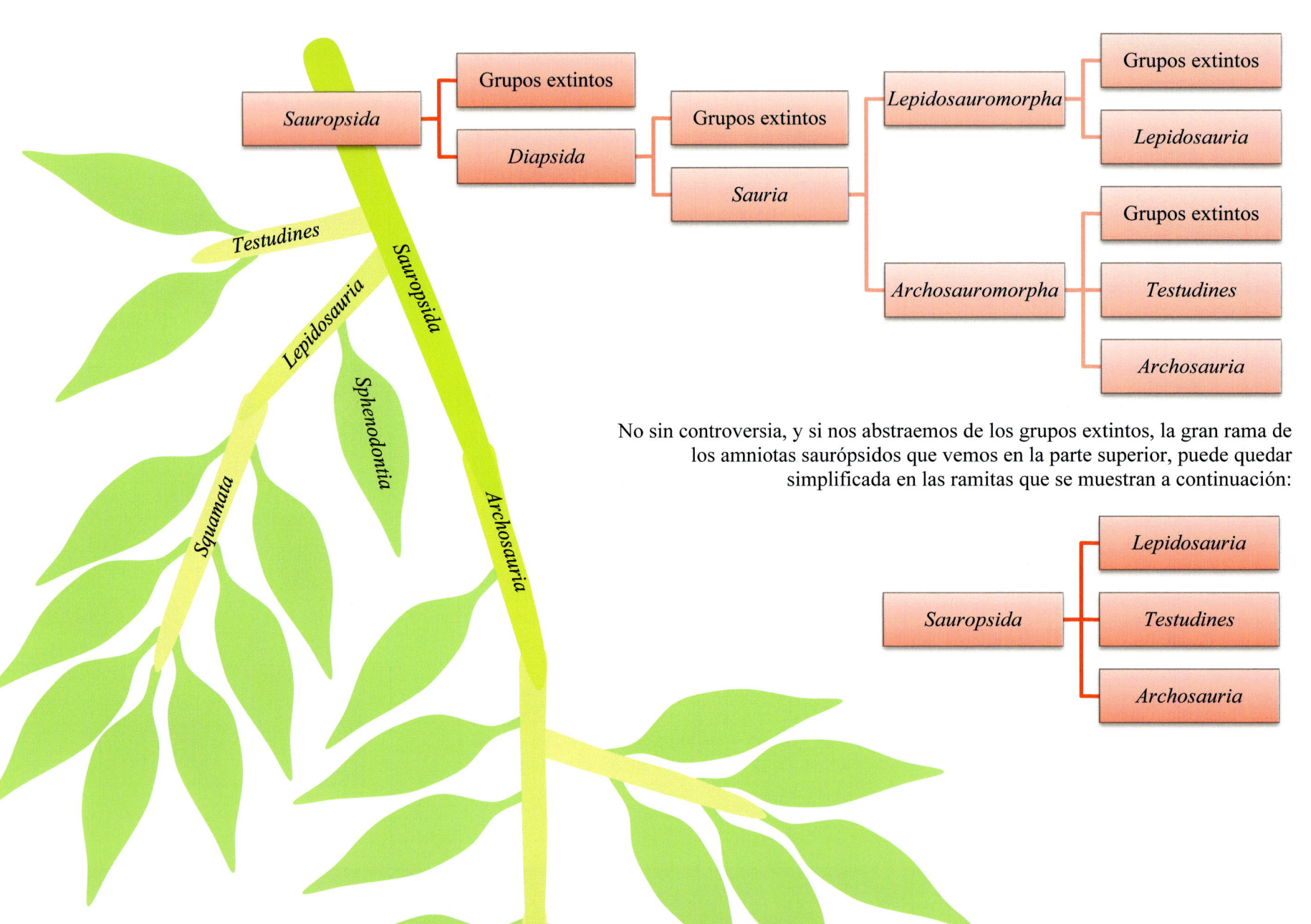

No sin controversia, y si nos abstraemos de los grupos extintos, la gran rama de los amniotas saurópsidos que vemos en la parte superior, puede quedar simplificada en las ramitas que se muestran a continuación:

A efectos prácticos y si nos olvidamos de las especies extintas, *Diapsida* y *Sauria* resultan términos sinónimos. Los saurios o diápsidos se dividen en dos grupos: *Lepidosauromorpha* (reptiles con escamas o con forma de lepidosauros) y *Archosauromorpha* (reptiles dominantes o semejantes a arcosauros). Otros autores, sin embargo, consideran *Lepidosauria* como un clado hermano de *Testudines* y *Archosauria* dentro de *Sauropsida*. La única puntualización que cabe hacer es que dichos grupos, por su envergadura, no ostentan la misma jerarquía: *Archosauria* es una clase, *Lepidosauria* es un superorden y *Testudines* es un orden. Como resumen de este galimatías, podemos quedarnos con la idea de que *Reptilia*, *Sauropsida*, *Diapsida* y *Sauria* son palabras intercambiables entre sí.

Lagartos, camaleones, iguanas, gecos, lagartijas, serpientes, anfisbenas y tuátaras forman parte del taxón *Lepidosauria*, que se define como el conjunto de tetrápodos diápsidos cuya epidermis produce una cobertura de escamas córneas queratinosas superpuestas entre sí, como las tejas de un tejado, que se mudan regularmente, ya sea todas a la vez, como las serpientes, ya sea por grupos, como las lagartijas.

La mayoría de los lepidosaurios o escamosos exhiben un mecanismo de defensa denominado autotomía caudal, consistente en la autoamputación de la cola para provocar la distracción de un depredador o, directamente, facilitar la huida. Si la rotura se produce en planos intervertebrales la cola puede regenerarse, aunque normalmente es diferente a la original: es más cartilaginosa que ósea. La capacidad de autotomía es un mecanismo de defensa ancestral que algunas especies han perdido; otras confían en el camuflaje y unas han evolucionado para mezclarse con el medio, mientras que otras pueden cambiar el color de su piel para confundirse con el paisaje, y algunas fingen la muerte, procedimiento conocido como tanatosis.

Veamos, a continuación, cada uno de los órdenes en los que se divide *Lepidosauria*: el más basal *Sphenodontia*, monotípico y limitado a algunas islas neozelandesas, y el más moderno *Squamata*, con unas 10.000 especies distribuidas por todo el Mundo.

*Holozoa**Animalia**Eumetazoa**Deuterostomia**Chordata**Craniata*\\
Gnasthosmata*Tetrapoda**Sauropsida**Lepidosauria*

501

Testudines

Sauropsida

Lepidosauria

Sphenodontia

Squamata

Archosauria

El tuátara de la imagen de la página anterior se llama Henry, nació hace unos 120 años en estado libre y desde hace más de 50 vive en el Southland Museum and Art Gallery sito en Invercargill (Nueva Zelanda). Los tuátaras son reptiles endémicos que habitan en el archipiélago neozelandés y, a pesar de parecer lagartos, pertenecen a un linaje distinto, al orden monotípico *Rhynchocephalia*, también llamado *Sphenodontia*, que tiene una familia compuesta por un solo género del que se conoce una única especie: *Sphenodon punctatus*.

Los esfenodontes se diferencian de los lagartos, entre otros aspectos, en el cráneo que es mucho más flexible, en el tipo de piel y en que soportan mejor el frío que el calor (de hecho, no pueden sobrevivir con temperaturas superiores a los 25 °C). Tienen un metabolismo muy reducido y llegan a vivir muchos años, probablemente son los reptiles más longevos detrás de las tortugas. En otro tiempo, proliferaron muchas especies que estaban ampliamente distribuidas por todo el Mundo como demuestran los registros fósiles; hoy son un relicto en Nueva Zelanda.

Los tuátaras son de color marrón-verdoso-grisáceo, miden hasta 80 cm y pesan algo más de un kilogramo. Poseen una cresta espinosa a lo largo de la espalda, especialmente pronunciada en los machos. Tienen dos filas de dientes en la mandíbula superior superpuestas a una fila en la mandíbula inferior, lo cual es un rasgo único. Son capaces de oír, si bien no presentan un oído externo y tienen rasgos únicos en su esqueleto aparentemente heredados de los peces.

Son animales solitarios de hábitos nocturnos, de día toman el sol y de noche cazan invertebrados como insectos, arácnidos y caracoles. Un rasgo peculiar, mas no exclusivo de los tuátaras, es el denominado ojo pineal: una ligera protuberancia frontal cubierta de escamas que sirve para detectar la radiación infrarroja. En los tuátaras está desarrolladísimo con retina y cristalino.

A veces, los tuátaras se denominan «fósiles vivientes», lo cual puede ser periodístico, pero es poco científico. Aunque los tuátaras han conservado la morfología de sus antepasados, no se han encontrado registros fósiles que aseguren la continuidad genética.

¿Cuánto viven los animales?

En general, se puede afirmar, que los animales viven menos que los seres humanos. Aun así existen notables excepciones: la almeja de Islandia (*Arctica islandica*) sobrevive unos 400 años; la ballena boreal (*Balaena mysticetus*), el erizo rojo (*Strongylocentrotus franciscanus*) y el pez roca (*Sebastes aleutianus*), unos 200; las tortugas de las Galápagos (*Chelonoidis nigra*) unos 180; el pez reloj del Atlántico (*Hoplostethus atlanticus*), unos 150; la tortuga gigante de Aldabra (*Aldabrachelys gigantea*), unos 100.

Empero eso no es lo normal; por citar algunos ejemplos: los elefantes y los loros viven unos 70 años; los camellos, los guacamayos y los cocodrilos, unos 50; los caballos, 40; los ciervos y los toros, unos 30; los cerdos, 25; los gatos, 20; los perros, 15. Por el contrario, los insectos son los que menos perduran; por ejemplo, los efemerópteros viven un día.

Testudines

Sauropsida

Lepidosauria

Sphenodontia

Dibamia

Squamata

Scincomorpha

Archosauria

Laterata

Serpentes

Gekkota

Anguimorpha

Iguania

El orden *Squamata* es el grupo de reptiles que ha alcanzado mayor éxito ecológico, en el que se han catalogado más de 10.000 especies. Esto le confiere el segundo puesto en el *ranking* de vertebrados, detrás del orden de peces *Acanthopterygii*. Son comúnmente llamados escamosos, pues como miembros del grupo *Lepidosauria* su cuerpo está cubierto de escamas córneas. Se caracterizan por un cráneo diápsido un tanto particular: la fenestra inferior está abierta por debajo por lo que, en realidad, deja de ser un agujero. Esta morfología confiere una movilidad a la mandíbula inferior que no tienen sus hermanos tuátaras y que posibilita la deglución de grandes presas; dicha configuración se conoce con el nombre de cráneo cinético. Además, presentan una tendencia general a la reducción en la longitud de las extremidades.

Los subórdenes de escamosos más importantes son:

a) *Laterata*. Entre otros, pertenecen a este grupo las desconocidas anfisbenas, semejantes a pequeñas culebras que viven debajo de las piedras y excavan túneles con su dura cabeza, cabeza sin oídos externos y ojos atrofiados que, incluso, es difícil distinguir de la cola.

b) *Gekkota*. Pertenecen a este grupo los gecos, también llamados salamanquesas, famosos por su habilidad para caminar sobre paredes y techos.

c) *Iguania*. Incluye iguanas como la de la imagen de la página anterior, camaleones y el basilisco, capaz de correr sobre la superficie del agua.

d) *Anguimorpha*. Varanos como el gran dragón de Komodo, ánguidos de patas atrofiadas como el lagarto caimán y ápodos como el lución del Mediterráneo son anguimorfos.

e) *Serpentes*. Un tercio de los escamosos son serpientes. Las especies más antiguas y de mayor tamaño son las constrictoras que asfixian a sus presas, en tanto que las venenosas son más modernas. Existen cuatro familias: boas y pitones; víboras y crótalos; culebras, y cobras, mambas y corales.

f) *Scincomorpha*. Los lagartos y lagartijas que corretean por los muros de cualquier lugar de Europa, así como los eslizones de diminutas extremidades son escincomorfos.

¿Qué es la brumación?

La brumación es el estado de aletargamiento que sufren algunos reptiles y anfibios, generalmente en épocas frías. También puede darse en situaciones adversas de sequía o escasez de alimento.

Durante la brumación, el animal continúa con sus funciones vitales básicas, pero disminuye drásticamente su actividad metabólica para ahorrar energía. Los animales acuáticos suelen enterrarse en el fondo de los lagos en los que viven, en tanto que los terrestres excavan madrigueras en la tierra.

La brumación es la hibernación específica de animales ectotermos que, no obstante, presenta alguna diferencia con aquella: durante la hibernación los animales no pueden despertarse, mientras que en la brumación, si las condiciones térmicas se modifican, los animales se despiertan. A veces, también salen de su letargo para tomar agua o comida.

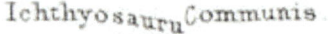

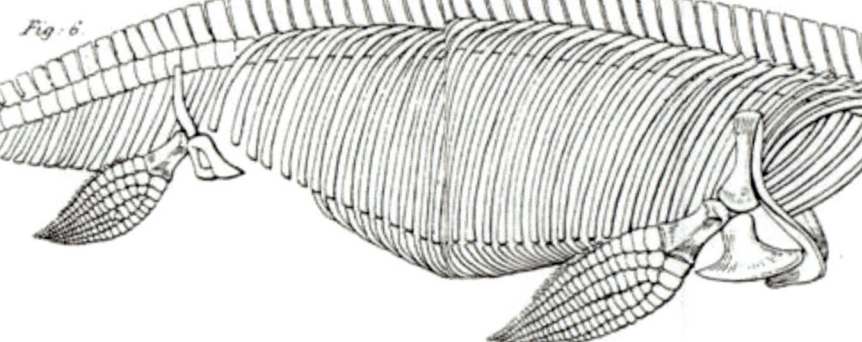

Fig. 6

Efecto Matilda

Por su clase social, por su religión, por su escasa educación, por ser mujer y porque la sociedad científica británica del siglo XIX estaba dominada por ricos caballeros anglicanos, la paleontóloga Mary Anning pasó desapercibida y despreciada durante toda su vida, y sus hallazgos de esqueletos de ictiosauros, plesiosauros y pterosaurios no fueron reconocidos durante muchos años, a pesar de que resultaron fundamentales en la demostración de los fenómenos de las extinciones masivas.

Mary Anning (1799-1847) nació en una humilde familia de Lyme Regis, una ciudad costera situada en el Canal de la Mancha en donde también falleció. Allí desarrolló toda su actividad científica. Hoy en día, esta localidad es célebre por los fósiles que se encuentran en sus acantilados y playas. No en balde, esta ciudad y otras se hallan en lo que se ha dado en llamar Costa Jurásica y que constituye Patrimonio de la Humanidad.

A pesar de las penurias económicas que padecía, a la edad de 27 años, Mary Anning consiguió adquirir una casa a modo de vivienda y tienda; en el escaparate se mostraba un excelente esqueleto de ictiosaurio. La tienda atrajo una gran cantidad de turistas y, además, la mirada de la comunidad científica: afamados paleontólogos como Richard Owen o William Buckland solían acudir a Lyme Regis en busca de fósiles bajo la guía experta de Mary Anning.

El tercer y último gran grupo de saurópsidos es *Archosauria*. En él se incluyen los cocodrilos y especies similares, además de todas las aves. Pero ¿qué tienen en común cocodrilos y aves? Tal vez, ahora no se advierta claramente esa relación, sino que nos tenemos que remontar unos 270 millones de años cuando aparecieron los primeros arcosaurios. En aquel entonces proliferaban los ictiosaurios (amniotas diápsidos que se adaptaron a la vida acuática; son a los reptiles lo que los cetáceos son a los mamíferos), los lepidosaurios, los pantestudinados (de los que después surgieron las tortugas actuales) y los arcosaurios. Todos ellos comparten una serie de rasgos esqueléticos y craneales que confirman la existencia de un antepasado común.

Los arcosaurios se empezaron a diversificar llegando a alcanzar un éxito ecológico notable después de la extinción masiva del Triásico-Jurásico (hace 200 millones de años) ocupando todos los nichos ecológicos que habían quedado vacíos: los pterosaurios en el aire, los crocodilotarsos en las aguas interiores y los dinosaurios en el medio terrestre. En particular, los dinosaurios, durante los 140 millones de años siguientes evolucionaron en las más variadas formas, tamaños, dietas y hábitos. Una de sus notas características era el bipedismo sobre las patas traseras, situadas justo por debajo del cuerpo y no hacia los costados. Otros dinosaurios tuvieron que volver a hacerse cuadrúpedos para soportar el peso de sus enormes cuerpos; algunos desarrollaron plumas, etc.

Quien se acerca al mundo de los dinosaurios descubre un árbol de la vida harto complejo, tan rico como el que aquí se trata. Se han escrito manuales, guías de identificación y clasificaciones como para llenar una biblioteca y cada día se publican nuevas aportaciones. Aquí me gustaría mencionar solo a los manirraptores o 'dinosaurios con manos de ladrón', como el representado en la recreación artística adjunta, de los que surgieron las aves. Hace 66 millones de años, en la extinción masiva que marcó el final del período Cretácico para dar comienzo al Paleógeno, desaparecieron todos los tetrápodos de más de 25 kilogramos de peso, a excepción de algún pantestudiano, algún crocodilotarso y algún manirraptor.

Saltando desde los árboles

Los amantes de los dinosaurios sabrán que uno de los manirraptores más estudiados es el velocirraptor. Ese, o el ladrón de huevos aquí representado, son parientes muy próximos a las aves actuales.

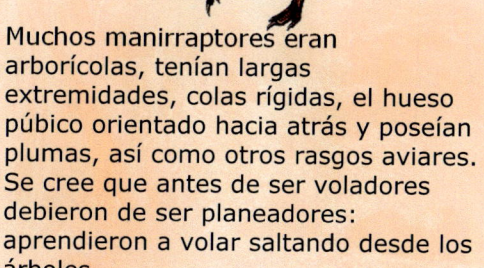

Muchos manirraptores eran arborícolas, tenían largas extremidades, colas rígidas, el hueso púbico orientado hacia atrás y poseían plumas, así como otros rasgos aviares. Se cree que antes de ser voladores debieron de ser planeadores: aprendieron a volar saltando desde los árboles.

Testudines

Lepidosauria

Sauropsida

Archosauria

Crocodilia

Aves

El orden *Crocodilia* (o *Crocodylia*) incluye una treintena de gaviales, caimanes, aligátores, yacarés y cocodrilos a los que nos solemos referir genéricamente como cocodrilos. Son grandes reptiles adaptados a la vida anfibia con un cuerpo de 2 a 7 metros de longitud, según las especies; piel gruesa cubierta de escudos no superpuestos; morro prominente largo y plano con una de las más poderosas mordidas del reino animal; ojos, orejas y fosas nasales situados en la parte superior de la cabeza, lo que les permite acechar a sus presas con la mayor parte del cuerpo sumergida bajo el agua, y una larga cola comprimida lateralmente.

De vida preferentemente acuática, los cocodrilos son muy buenos nadadores; también pueden moverse con soltura en tierra tanto andando como reptando. Son fundamentalmente carnívoros, territoriales y solitarios. Tienen un metabolismo paupérrimo así que son animales asaz frugales. No pueden masticar por lo que despedazan a sus presas y las tragan en grandes trozos. Son ectotermos y dependen de fuentes externas para mantener su temperatura corporal en un rango que varía de 25 a 35 °C; unas veces necesitan tenderse al sol y otras, sumergirse en el agua.

Se clasifican en tres familias:

a) *Alligatoridae*. Excepto una especie que nada en unos pocos ríos de China, los aligatóridos habitan en la parte central y meridional del continente americano. Las dos especies de aligátores, dos de yacarés y cuatro de caimanes pertenecientes a esta familia se distinguen por sus anchos hocicos.

b) *Crocodylidae*. Los cocodrilos, con una veintena de especies, se encuentran ampliamente distribuidos por América, África y Oceanía; se pueden reconocer porque el cuarto diente de la mandíbula inferior es visible cuando la boca está cerrada.

c) *Gavialidae*. Tienen un hocico mucho más delgado que el resto de sus primos; con él solo pueden atrapar peces y pequeños vertebrados, pero no grandes presas. Se encuentran seriamente amenazados y, en la actualidad, solo existen dos especies: el gavial que vive en los ríos de la India y el falso gavial, o gavial malayo, del sudeste asiático.

Gastrolitos

Por extraño que parezca, los grandes dientes de los cocodrilos no son adecuados para masticar. Como los cocodrilos ingieren sus presas en grandes pedazos, tienen que tragar piedras que les ayuden en la digestión, desmenuzando esos trozos. El estómago de los cocodrilos se divide en dos cámaras: en la primera, musculosa, se desmenuzan los alimentos, mientras que la segunda tiene el ácido gástrico más potente de todo el reino animal.

Se denominan gastrolitos a esas piedras que están o han estado contenidas dentro de la vía digestiva para ayudar a la trituración de los alimentos. La litofagia, nombre que se le da a este comportamiento, es común entre las aves herbívoras, cocodrilos, pinnípedos y algunos cetáceos. También se han encontrado gastrolitos en fósiles de ictiosaurios y de dinosaurios; una prueba más del parentesco entre dinosaurios y aves.

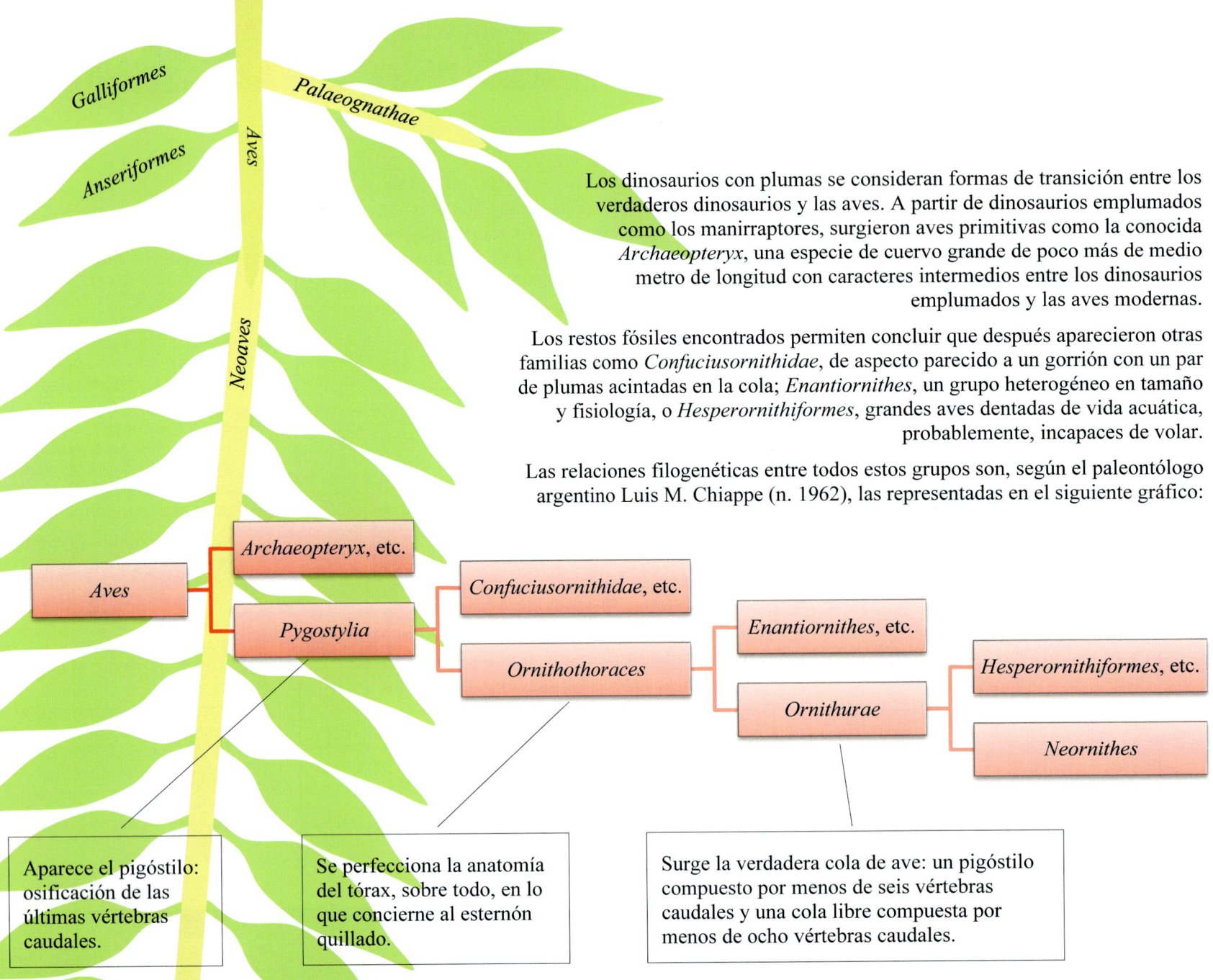

Los dinosaurios con plumas se consideran formas de transición entre los verdaderos dinosaurios y las aves. A partir de dinosaurios emplumados como los manirraptores, surgieron aves primitivas como la conocida *Archaeopteryx*, una especie de cuervo grande de poco más de medio metro de longitud con caracteres intermedios entre los dinosaurios emplumados y las aves modernas.

Los restos fósiles encontrados permiten concluir que después aparecieron otras familias como *Confuciusornithidae*, de aspecto parecido a un gorrión con un par de plumas acintadas en la cola; *Enantiornithes*, un grupo heterogéneo en tamaño y fisiología, o *Hesperornithiformes*, grandes aves dentadas de vida acuática, probablemente, incapaces de volar.

Las relaciones filogenéticas entre todos estos grupos son, según el paleontólogo argentino Luis M. Chiappe (n. 1962), las representadas en el siguiente gráfico:

Galliformes

Palaeognathae

Aves

Anseriformes

Neoaves

Aves

Archaeopteryx, etc.

Pygostylia

Confuciusornithidae, etc.

Ornithothoraces

Enantiornithes, etc.

Ornithurae

Hesperornithiformes, etc.

Neornithes

Aparece el pigóstilo: osificación de las últimas vértebras caudales.

Se perfecciona la anatomía del tórax, sobre todo, en lo que concierne al esternón quillado.

Surge la verdadera cola de ave: un pigóstilo compuesto por menos de seis vértebras caudales y una cola libre compuesta por menos de ocho vértebras caudales.

El plural de la palabra latina *avis* ('pájaro') es *aves* y recibe este nombre el gran grupo que comprende las más de 10.000 especies de aves actuales: *Aves*. Los pájaros son vertebrados de temperatura constante (homeotermos) y alto metabolismo, ovíparos, huesos huecos, cuerpo cubierto de plumas, pico córneo sin dientes, con dos extremidades posteriores sobre las que se mantienen y dos anteriores que han evolucionado en alas, por lo común, aptas para el vuelo. Decimos 'aves actuales' porque los manirraptores dieron origen a, al menos, ocho grupos diferentes de aves. Entre ellos, solo el que denominamos *Neornithes* prosperó hasta nuestros días. Por tanto, si nos olvidamos de todas las especies extintas, *Neornithes* es sinónimo de *Aves*. La parte de la zoología que estudia específicamente las aves se denomina ornitología.

Las aves están presentes en todos los continentes y en todos los océanos y viven en la mayoría de los hábitats terrestres, incluso en la Antártida, donde el petrel níveo es la especie que vive más al sur. La mayor diversidad se da en las regiones tropicales y para muchas especies su hábitat es el planeta entero: por ejemplo, el charrán ártico viaja cada año de polo a polo.

Típicamente, la cobertura epidérmica está formada por plumas en el cuerpo y escamas en las patas. Su tamaño varía desde los 6 cm del colibrí hasta los 2 m del avestruz y todos sus comportamientos son notables: la tendencia a la formación de bandadas, la comunicación por medio de cantos, las migraciones, el apareamiento, la anidación, la alimentación de las crías y la trasmisión de diversas habilidades a las nuevas generaciones.

La anatomía de las aves presenta un plan corporal con adaptaciones inusuales, en su mayor parte, para facilitar el vuelo. Los huesos son huecos pero resistentes. Muchos de ellos, en lugar de médula ósea, están llenos de aire, aire que procede del aparato respiratorio y que llega a través de un buen número de cavidades no vascularizadas denominadas sacos aéreos. Las costillas son aplastadas y el esternón, aquillado para el anclaje de los músculos del vuelo. Las extremidades anteriores están modificadas en forma de alas. Está claro que el vuelo es una ventaja evolutiva y, por el contrario, comporta un gasto metabólico elevadísimo.

*Holozoa**Animalia**Eumetazoa**Deuterostomia**Chordata**Craniata*\
Gnasthosmata*Tetrapoda**Sauropsida**Archosauria**Aves*

511

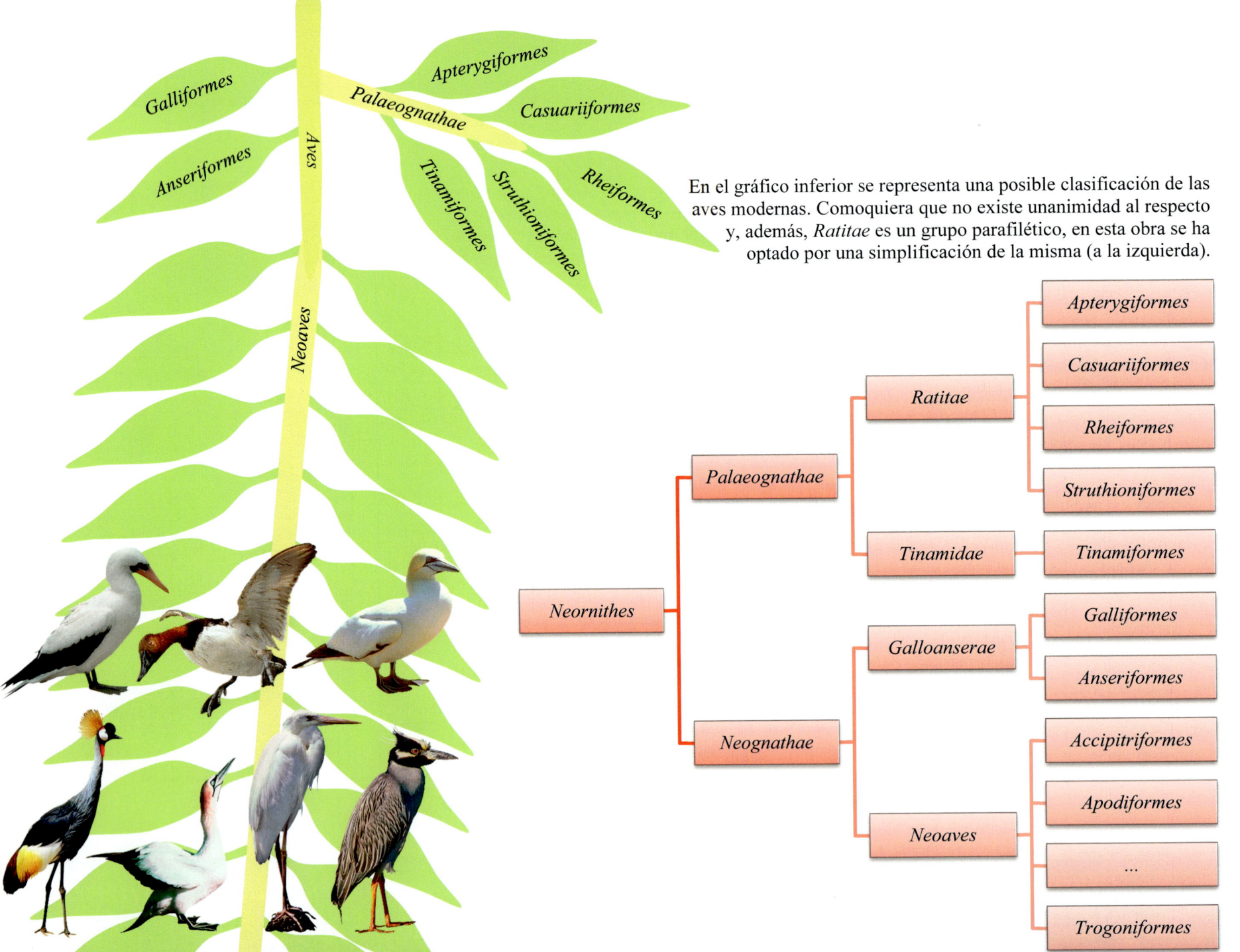

En el gráfico inferior se representa una posible clasificación de las aves modernas. Comoquiera que no existe unanimidad al respecto y, además, *Ratitae* es un grupo parafilético, en esta obra se ha optado por una simplificación de la misma (a la izquierda).

Las aves modernas, también llamadas neornites, se clasifican en dos grandes grupos en función de la anatomía de los huesos que conforman el paladar: *Palaeognathae*, que reúne las especies más basales con un paladar parecido al de los reptiles, y *Neognathae*, que comprende el resto de las especies que presentan un avance de los huesos palatinos y una reducción del hueso vómer.

A su vez, las aves paleognatas se clasifican en dos linajes: *Tinamidae* que tienen quilla y *Ratitae* que la han perdido. La quilla es la prolongación del esternón que proporciona el anclaje necesario a los músculos encargados de subir y bajar las alas. En las aves que no tienen quilla o es vestigial —ratites—, el esternón es completamente plano y no pueden volar. Las aves que sí tienen quilla —tinamúes— sí son voladoras. No se ha de pensar que las ratites son las aves más primitivas entre las paleognatas como si las primeras aves no hubiesen sido capaces de volar, sino que se ha demostrado que la ausencia de quilla es un rasgo adquirido posteriormente. Dicho de otra manera, las aves no voladoras han evolucionado a partir de las voladoras.

Las aves del grupo *Tinamiformes* se parecen enormemente a las perdices, aunque no guardan ninguna relación con ellas. Se les suele llamar tinamúes, yutus, inambúes o martinetas. Como las perdices, prefieren correr a volar y se distribuyen ampliamente por diversos hábitats de todo el continente americano. Por su parte, existen cuatro subórdenes de aves no voladoras o ratites: *Apterygiformes*, con cinco especies de kiwis endémicos de Nueva Zelanda —ver imagen—, los más pequeños entre los ratites; *Casuariiformes*, con tres especies de casuarios que habitan en las selvas tropicales de Nueva Guinea y se caracterizan por la carnosidad de color rojo vivo, o carúncula, y la protuberancia ósea de la cabeza; *Struthioniformes*, representado por dos especies de avestruces endémicas de África (son las aves de mayor tamaño y tienen dos dedos en cada pie, lo que en ornitología se conoce como didactilia) y por una sola especie de emúes —dos se extinguieron recientemente— endémicos de Australia, similares a los avestruces mas algo menores y con tres dedos en cada pie o tridáctilos, y *Rheiformes* con dos especies de ñandúes endémicos de Sudamérica, de menor tamaño que el emú y tridáctilos.

Galliformes

Palaeognathae

Anseriformes

Aves

Neoaves

Las aves que no son paleognatas (martinetas, kiwis, casuarios, avestruces, emúes y ñandúes) son neognatas. Para su estudio, el clado *Neognathae* se divide en tres órdenes. Veamos el primero, *Galliformes*, denominado comúnmente como el grupo de las aves de corral terrestres.

Es un amplio conjunto que incluye casi tres centenares de especies parecidas a las gallinas como los pavos, faisanes, perdices, codornices, pintadas o chachalacas. Se describen como neormites anisodáctilos de hábitos arbóreos o terrestres, malos voladores pero buenos corredores. La anisodactilia es la disposición más frecuente de los dedos de las aves consistente en tres dedos al frente y uno hacia atrás.

Las galliformes se hallan en todos los hábitats del mundo excepto en los desiertos y las regiones polares; no son aves migratorias y se les considera buenas dispersadoras de semillas. Muchas especies han sido domesticadas por el hombre y son apreciadas por su carne y huevos.

La familia más extensa (casi con 200 especies) es *Phasianidae*. Incluye ejemplares de pequeño tamaño como perdices y gallos o grandes como pavos y faisanes. La diferencia entre los machos y las hembras —dimorfismo sexual— es más patente en las aves de mayor tamaño: los machos suelen ser más grandes que las hembras, sus patas están dotadas de fuertes espolones, cuentan con un vistoso plumaje de colores brillantes y adornos faciales como peines, barbas o crestas.

Los faisánidos son las aves típicas del Viejo Mundo y se distribuyen también por Asia, África y parte de Oceanía. No obstante, los pavos del género *Meleagris* —no confundir con el pavo real común de la imagen de la página anterior, que pertenece al género *Pavo*— son nativos del Nuevo Mundo, donde reciben otros nombres como guajolotes, piscos o chompipes. Otras especies, como el urogallo, se han adaptado al clima frío y se distribuyen por buena parte de la Europa boreal y enclaves de montaña (cordillera Cantábrica, Pirineos, Alpes, etc.). Si bien las aves, en general, practican la monogamia, los faisánidos suelen ser polígamos. La anidación generalmente ocurre en el suelo y la incubación corre a cargo de la hembra. Vegetarianos, pueden incluir insectos en su dieta.

Las plumas

El plumaje de un ave forma una capa densa y aislante que, además, resulta fundamental a la hora de volar. Está constituido por plumas, cuyas partes se leen en la imagen. Las plumas de vuelo son las que cubren las alas y la cola y pueden ser:

– Remeras o rémiges: son plumas del ala y cuyo estandarte es asimétrico.
– Timoneras o réctrices: son plumas de la cola y cuyo estandarte es simétrico.
– Coberteras o téctrices: son las plumas que recubren remeras y timoneras.

Estandarte o vexilo

Raquis

Barbas plumáceas

Barbas plumosas

Cañón o cálamo

Algunas rutas migratorias:

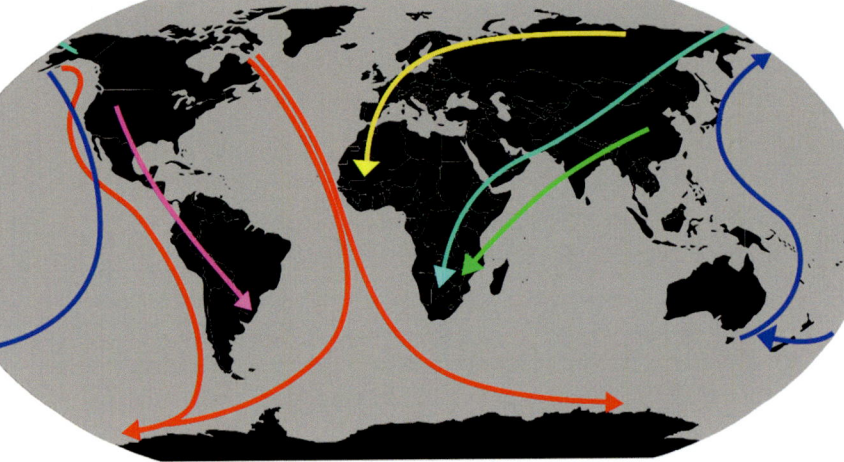

En azul claro: la collalba gris (*Oenanthe oenanthe*) es un ave paseriforme que cría en Eurasia y América del Norte y pasa el invierno en el África subsahariana.

En color rojo: el charrán ártico (*Sterna paradisaea*) es un ave del suborden *Charadriiformes* de distribución circumpolar que migra desde sus terrenos de cría boreales hasta los océanos cercanos a la Antártida.

En verde: el cernícalo del Amur (*Falco amurensis*) es un ave falconiforme que se reproduce en el sudeste de Siberia y norte de China y migra al sur de África para invernar.

En color azul oscuro: la pardela de Tasmania (*Puffinus tenuirostris*) es un ave perteneciente al suborden *Procellariiformes* que se reproduce en las islas del estrecho de Bass y Tasmania y, posteriormente, migra al hemisferio norte para pasar allí el verano.

En amarillo: el combatiente (*Philomachus pugnax*) es un ave caradriforme que vive en Eurasia y pasa el invierno en África.

En color rosa: el halcón de Swainson (*Buteo swainsoni*) es un ave del suborden *Accipitriformes* propia de la América septentrional que pasa el invierno en el sur de Brasil, Uruguay o la pampa argentina.

Otro grupo importante de neognatos es *Anseriformes*. Si las galliformes son las aves de corral terrestres, las anseriformes son las acuáticas porque se trata de especies domesticadas apreciadas por su carne, plumas o huevos y están adaptadas a la vida en la superficie del agua; por esto también se dice que son aves anfibias. Entre otros, son anseriformes los patos, gansos, ocas, cisnes, yaguasas, serretas, barnaclas, porrones y tarros. Los últimos datos genéticos indican que galliformes y anseriformes están relacionados, y es muy normal que ambos grupos se estudien dentro de uno solo denominado *Galloanserae*.

La cobertura de plumas es la nota común de todas las aves. Son ligeras a la vez que rígidas y resistentes. Las plumas que cubren el cuerpo se llaman coberteras. Una pluma cobertera típica consta de un cálamo que se introduce en la piel, un eje o raquis y una infinidad de barbas compuestas de centenares de filamentos o bárbulas que se entrecruzan con las de otras barbas. Además, para las aves anfibias, constituyen un eficaz material de impermeabilización.

Debido a su vida acuática, la mayoría de las anseriformes tienen patas palmeadas con una membrana entre los dedos anteriores. (Hace décadas, *Palmipeda* era un clado que incluía no solo los anseriformes sino también otras aves de patas palmeadas como los pingüinos o las gaviotas). Presentan picos anchos con crestas filtradoras a los lados que les permiten extraer del agua partículas alimenticias. Algunas especies, no obstante, han evolucionado y adoptado otras estrategias nutricionales y se han convertido, por ejemplo, en vegetarianas. Normalmente son aves migratorias de distribución cosmopolita.

Anseriformes comprende tres familias, pero una sola, *Anatidae*, agrupa la práctica totalidad de las especies. Deberíamos recordar las siguientes anátidas: *Anatinae* con más de medio centenar de diferentes especies de patos; *Anserinae* representado por cisnes, barnaclas y gansos (uno de ellos, que conocemos como oca, se emplea para la elaboración del paté); *Merginae* agrupa una serie de porrones y serretas adaptados a la vida marina que son fundamentalmente carnívoros; *Dendrocygninae* comprende patos de los ríos tropicales conocidos como yaguasas o sirirís.

Gavage

'*Gavage*' es el término francés que designa la alimentación forzada, en general, y, en particular, el embuchado al que se somete a patos y ocas. En efecto, la elaboración del fuagrás se basa en la capacidad que tienen las aves para acumular grasa en el hígado, con el fin de utilizarla en sus vuelos migratorios.

Para ello hay que introducir un tubo en la garganta de las aves mediante el cual se les llena el estómago con más comida de la que tomarían. Esa alimentación forzada produce una enfermedad denominada esteatosis hepática. Tras varias semanas de sobrealimentación, el hígado del animal se ha convertido en *foie gras*.

A pesar de que las directivas europeas son claras —«ningún animal recibirá comida o bebida de una manera (...) que le cause dolor o lesiones innecesarias»—, lo cierto es que el *gavage* no está prohibido ni en Francia ni en España.

El dodo —en la imagen— es un ave extinta del orden *Columbiformes*, endémica de Mauricio (país insular del Índico), que desapareció a finales del siglo XVII.

En Eldey, un islote de Islandia, en 1844, unos cazadores abatieron la que resultó ser la última pareja de alcas gigantes del orden *Charadriiformes*. Otra caradriforme es el ostrero negro canario, ave endémica de la isla de Fuerteventura, que dejó de ser avistada a partir de mediados del siglo pasado.

Tan solo son tres ejemplos de lo que encontrará si teclea en cualquier buscador de internet las palabras «Anexo: aves extintas». ¡Se lo advierto: es preferible que no lo haga!

Apterygiformes

Apodiformes

Bucerotiformes

Caprimulgiformes

Cariamiformes

Cathartiformes

Charadriiformes

Ciconiiformes

Coliiformes

Columbiformes

Coraciiformes

Cuculiformes

Eurypygiformes

Falconiformes

Gaviiformes

Gruiformes

Neoaves

Leptosomatiforme

Trogoniformes

Suliformes

Strigiformes

Sphenisciformes

Pterodidiformes

Psittaciformes

Procellariiformes

Podicipediformes

Piciformes

Phoenicopteriformes

Phaethontiformes

Pelecaniformes

Passeriformes

Otidiformes

Opisthocomiformes

Musophagiformes

Mesitornithiformes

Neoaves, la última rama de este ligero paseo por los intrincados caminos del árbol de la vida, se define como el orden de aves neognatas que no son ni galliformes ni anseriformes. Casi 10.000 especies repartidas en una treintena de grupos pertenecen a este extenso conjunto, por lo que no podemos sino mencionar unos pocos con el ánimo de llegar a entrever toda su riqueza.

Los colibrís representados por Haeckel nos permiten referirnos a uno de ellos, *Apodiformes*, que incluye tres familias: vencejos comunes, vencejos arborícolas y colibrís. Se trata de pequeñas aves de patas cortas y rápido batir de alas. La famosa sopa china de nidos de golondrina se hace con los nidos que construye un vencejo. En realidad, los vencejos no tienen nada que ver con las golondrinas; estas son paseriformes.

Paseriformes agrupa los denominados pájaros canoros de cantos melodiosos como el ave lira, el ruiseñor, el mirlo, la alondra o el petirrojo y otros menos habilidosos como la golondrina, la urraca, el cuervo, el ave del paraíso, el cotinga o el estornino. Es el suborden más nutrido: una de cada dos neoaves es paseriforme. Se caracterizan por una siringe bien desarrollada; la siringe es el órgano vocal de las aves que se ubica en la bifurcación de la tráquea.

Existen tres subórdenes de rapaces: las diurnas como los robustos cernícalos, halcones, buitres, gerifaltes o águilas (*Falconiformes*), las también diurnas como los zopilotes, cóndores, elanios, gavilanes, arpías o azores (*Accipitriformes*) y las nocturnas como los búhos, mochuelos, tecolotes, autillos, cárabos o ñacurutúes (*Strigiformes*).

Son aves zancudas, o de patas muy largas, las siguientes: flamencos (*Phoenicopteriformes*), ibis, cigüeñas y espátulas (*Ciconiiformes*), grullas y rascones (*Gruiformes*), así como pelícanos y garzas (*Pelecaniformes*).

Y para acabar, no quiero dejar en el tintero a los cormoranes, alcatraces y piqueros que son unos excelentes buceadores (*Suliformes*), ni a los pingüinos (*Sphenisciformes*), las únicas aves no voladoras que usan las alas para bucear.

*Eumetazoa**Deuterostomia**Chordata**Craniata**Gnasthosmata*\ *Tetrapoda**Sauropsida**Archosauria**Aves**Neoaves*

519

Infinidad de ballenas, delfines, tortugas y aves mueren al quedar atrapadas en redes de pesca perdidas o descartadas, también conocidas como redes fantasma. Los animales se enredan y ahogan en cuestión de minutos o sufren una muerte lenta que puede durar años. *Olive Ridley Project* es una iniciativa, promovida en las islas Maldivas por el biólogo Martin Stelfox, en respuesta a la alarmante cantidad de tortugas golfinas (*Lepidochelys olivacea*) que cada día aparecen encarceladas en redes fantasma.

Este problema es solo un botón de muestra, porque lo cierto es que desastres naturales como incendios forestales, inundaciones, deslizamientos de tierra o ciclones tropicales son cada vez más frecuentes y asoladores; que la desertificación ya afecta a un tercio de las tierras emergidas como consecuencia de la progresiva deforestación, la pérdida de la cubierta vegetal, la erosión y la salinización del suelo; que en todos los países se practican actividades agropecuarias nada respetuosas con el medio ambiente; que la modificación en los patrones de las precipitaciones es evidente; que el deshielo de los glaciares se está acelerando; que la emisión de gases de efecto invernadero, lejos de disminuir, va en aumento, etc.

Evidentemente, los citados factores no ayudan a preservar la biodiversidad, antes bien, la están destruyendo. El maravilloso tapiz del árbol de la vida que la evolución ha ido tejiendo a lo largo de millones de años se está yendo al garete. ¿Nos tenemos que resignar o existen soluciones?

En la década de 1990, *Grus nigricollis*, conocida comúnmente como grulla de cuello negro, se encontraba en grave peligro de extinción. Es una hermosa ave que habita en la meseta tibetana que puede llegar a alcanzar más de dos metros de envergadura alar, que se caracteriza por un plumaje gris blanquecino interrumpido por plumas de color negro en la cabeza, la parte superior del cuello y cola. Gracias a las políticas conservacionistas chinas, a día de hoy se estima que existen unos 10.000 ejemplares y, aunque todavía es una especie vulnerable, ya no está gravemente amenazada, sino que está protegida por leyes específicas en China, India y Bután.

En Costa Rica, a comienzos de 2015, un tucán sufrió una brutal agresión en la que perdió prácticamente la totalidad de la parte superior del pico. Ese acto provocó una reacción popular inusitada en contra del maltrato animal, exigiendo una mejora significativa en la vigente ley de protección animal. Con la participación desinteresada de empresas, universidades y diferentes instituciones, se consiguió implantar al tucán un pico protésico con el que podía alimentarse.

En 1982, la física india Vandana Shiva (ver fotografía superior izquierda de la pág. 520) creó la Fundación para la Investigación Científica, Tecnológica y Ecológica de la India para el impulso y difusión de la agricultura ecológica, el mantenimiento de la biodiversidad, el fomento del compromiso de las mujeres con el movimiento ecologista y la regeneración del sentimiento democrático. En 1993, recibió el *Right Livelihood Award* —también conocido como Premio Nobel Alternativo— por su ecofeminismo activo.

En 1977, la bióloga keniana Wangari Maathai (ver fotografía superior central, pág. 520) fundó el *Green Belt Movement* con el fin de empoderar a las comunidades, particularmente a las mujeres, para conservar el medio ambiente y mejorar su calidad de vida a partir de la plantación de árboles, obteniendo por ello, en 1986, el *Right Livelihood Award*. En 2004, Maathai fue la primera mujer africana en recibir el Premio Nobel de la Paz por «su contribución al desarrollo sostenible, la democracia y la paz».

Tomando como referencia la plantación de árboles de Maathai, *Plant-for-the-Planet* es una iniciativa alemana desarrollada en 2007 por, a la sazón, niño de 9 años Felix Finkbeiner (ver fotografía superior derecha) que tiene como objeto sensibilizar a mayores y pequeños sobre los problemas del cambio climático y la justicia global.

También era muy joven —tenía 15 años— la activista medioambiental sueca Greta Thunberg (fotografía inferior izquierda) cuando, en 2018, comenzó sus famosos *Fridays for Future* ('viernes por el futuro'), movimiento internacional estudiantil que reclama de los gobiernos acciones eficaces contra el calentamiento global y el cambio climático.

Sin embargo, no a todos los políticos se les puede acusar de pasividad frente a los problemas medioambientales. Un buen ejemplo es Albert Arnold Gore (fotografía inferior central), vicepresidente de los Estados Unidos desde 1993 hasta 2001, quien ha recibido numerosas distinciones en reconocimiento a su labor ambiental como el Premio Nobel de la Paz, en 2007, por «sus esfuerzos para construir y difundir un mayor conocimiento sobre el cambio climático causado por el hombre» o el Premio Príncipe de Asturias de Cooperación Internacional de 2005.

Para finalizar esta serie de ejemplos de gestos concretos que ayudan a preservar el medio natural, me gustaría citar a la antropóloga inglesa Jane Goodall (fotografía inferior derecha) que fue una pionera en el estudio de los chimpancés. Es más conocida, sobre todo, por el estudio que comenzó a realizar en 1960 sobre las interacciones sociales y el comportamiento familiar de los chimpancés salvajes en el parque nacional Gombe Stream de Tanzania. Entre otros muchos reconocimientos, en 2003, recibió el Premio Príncipe de Asturias de Investigación Científica y Técnica.

Tal y como defendía en el prólogo de esta obra, opino que el conocimiento es el único camino que nos puede hacer comprender cómo afecta la acción del ser humano en la vida o en la muerte de otros seres vivos. Estudios como los de la doctora J. Goodall son decisivos para que nos concienciemos de la importancia del respeto del entorno, y nos enseñan a amar a todas y cada una de las criaturas que pululan sobre la haz de la tierra.

¿Nos tenemos que resignar? No.

¿Todavía hay esperanza? Sí, claro que sí.

Existen soluciones, pero hay que implementarlas ya.

EL
ÁRBOL
DE LA
VIDA

Índice analítico

Arador 289
Araeolaimida 280
Arándano 219
Araneae 286, 289
Araneomorphae 286
Araña 287, 289
Araña de mar 287
Arañita del café <u>288</u>
Arapaima 399
Araucariales 190, 193
Arbacioida 354, 356
Árbol de la vida 17, 34, <u>35</u>, <u>36</u>
Árbol del incienso 213
Árbol del pepino 213
Árbol del viajero 205
Árbol frutal 195
Arce 213
Arcella <u>230</u>
Arcellinida 230
Archaea 48, 49, 66, 70, **71**, 72
Archaeobatrachia 406, 407, 409
Archaeocyatha 261
Archaeoglobales 74
Archaeoglobi 74, 75
Archaeognatha 300, 302, 306, 307
Archaeopteryx 384, 510
Archaeorhisomycetes 248
Archaeorhizomycetales 248
Archaeosporales 246
Archaeplastida 110, 111, 131, 149, 150, **151**
Archamoebea 232, 233

Archiacanthocephala 320
Archidiales 174
Archispirostreptus gigas <u>298</u>
Architeuthis 333
Archosauria 404, 406, 495, 496, 497, 500, 501, **507**, 508
Archosauromorpha 495, 500, 501
Arcoida 328
Arcosaurio 507
Arctica islandica 503
Arctoidea 454
Ardilla 475, 477, 479, <u>481</u>
Arecales 204, 205
Argonauta 333
Arguloida 292
Arhynchobdellida 324
Aristolochiales 202, 203
Aristóteles 34
Armadillo 429, <u>432</u>, 433
ARMAN 78
Armatimonadetes 52
Armiño 454, 459
Armophorea 132
Armophorida 132
ARN 26, 27, 30, 31, 39, 71, 72
Arnold, Augusta 348, 349
Aro 205
Arpía 519
Arquea 31, 42, 45, 69, 73, 75, 77, 80
Arquegonio 169
Arquea 31, 42, 45, 69, 73, 75, 77,
Arrecife 157, 261, 269

Arroz 195
Arruí 469
Artedi, Peter 381
Artejo 287, 301, 311, 312
Arthoniales 250
Arthoniomycetes 250
Arthracanthida 146
Arthrobacter 58
Arthropoda 282, 284, **285**, 300
Arthrotardigrada 282
Articulata 348
Artiodáctilo 463, 469
Artiodactyla ver *Cetartiodactyla*
Artrópodo 239, 276, 277, 281, 283, 284, 285, 287, 289, 291, 295, 297, 301, 302, 305, 325, 327
Asarum europaeum 203
Ascariasis 281
Ascaridida 280
Ascaris lumbricoides 281
Ascetosporea 142, 143
Ascidia <u>362</u>
Ascidiacea 363, 366
Ascidiae <u>360</u>
Ascocarpo <u>251</u>
Ascomycota 242, 245, 248, 249, **251**
Ascoseirales 128
Asellariales 246
Asgardarchaeota 80, 81, 83, 84, **85**
Asgardia ver *Asgardarchaeota*
Asno 461

Asparagales 204, 205
Aspidochirotida 356
Aspidosgastrea 322
Aspidosiphoniformes 324
Asterales 219, 220, 221
Asteridae 194, 196, 200, 202, 208, 210, 212, **219**, 220
Asteridea <u>344</u>
Asteroidea 348, 353, 354, **355**
Astomatia 132
Astrorhizida 146
Ateleopodiformes 394
Atelidae 488
Atelopus 409
Atelopus zeteki 245
Atelostomata 354, 356
Atheliales 252
Atheriniformes 394
Atlantogenata 429, 435, 475
ATP 22, 23, 33, 99, 109, 149
Atractiellales 252
Atractiellomycetes 252
Atractosteus <u>393</u>
Atún 401
Aulopiformes 394
Auriculariales 252
Australidelphia 416, 418, 420, 423, **425**
Australopithecus 384
Austrobaileyales 196, 197, 199
Autillo 519
Autoespora 139

Autotomía 335, 353, 501
Autótrofo 32, 99, 103, 125, 149, 151
Auxospora 123
Ave 373, 383, 415, 417, 495, 497, 507, 510
Ave del paraíso 519
Ave lira 519
Avellano 213
Aves 510, **511**, 512
Avestruz 511, 513, 515
Avesuchia 495
Avispa 13, 313
Avispa de mar 269
Axinellida 262
Axopodio 87, 105, 107, 147
Ayeaye 488, 490, 491
Azalea 219
Azor 519
Azygiida 322

B abirusa 463, 467
Babosa 331
Babuino 488, 493
Bacalao 401
Bacilariophytina 122
Bacillales 56
Bacillariophyta ver *Diatomista*
Bacilli 56
Bacteria 31, 42, 45, 47, 57, 69, 80, 127
Bacteria 48, **49**, 50, 66, 70, 71
Bacteroidales 66

Raulí 213
Raya 375, _379_
Rebeco 469
Reflejo de unken 409
Relicto 173
Remipedia 284, 290, 293
Remolacha 211
Rémora 401
Renacuajo 407
Reno 469
Repollo 213
Reproducción celular 29, 91
Réptil 117, 373, 383, 415, 417, 495
Reptilia 415, 497, 501
Reptilomorpha 495
Resina 193
Respiración celular 23, 99, 149, 227
Retaria 141, 142, 146, **147**
Retículo endoplasmático 87
Reticulofilosa 144, 145
Reticulopodio 142, 143, 145, 147, 253
Reticulosida 142, 143
Retortamonadida 92
Reviviscencia 321
Rhabditia 280
Rhabditida 280
Rhabditophora 322
Rhabdocoela 322
Rhabdomonadida 100
Rhabdopleurida 346

Rhacophorus nigropalmatus 487
Rheiformes 512, 513
Rhinopristiformes 376
Rhipidiales 118
Rhizaria 111, 112, 113, 131, 140, **141**, 142
Rhizocephala 292
Rhizochromulinales 122
Rhizophlyctidales 244
Rhizophydiales 244
Rhizopoda 141
Rhizosoleniophytina 122
Rhizostomae 266
Rhodachlyales 156
Rhodellales 154
Rhodellophyceae 154
Rhodobacteria 64
Rhodochaetales 154
Rhodogorgonales 156
Rhodophyta 150, 151, 154, **155**, 159
Rhodophytina 154, 155
Rhodymeniales 156
Rhodymeniophycidae 156, 157
Rhombozoa 320, 323
Rhynchobdellida 324
Rhynchocephalia ver _Sphenodontia_
Rhynchocoela 335
Rhynchodia 132
Rhynchonellata 334
Rhynchonellida 334
Rhynchosauria 495

Rhynchostomatia 132
Rhytismatales 250
Ribosoma 31, 47, 49, 71, 78, 87, 91
Riboviria 39
Ricinulei 286
Riftia pachyptila 314, _315_
Riley, Charles V. 305
Rinario 491, 493
Rincocele 335
Rinoceronte _460_, 461
Rizina 167
Rizobio 215
Rizoide 129, 167, 173
Rizoma 185, 187, 199
Robertinida 146
Roble 118, 213
Rodentia 474, 475, **479**
Rodolia cardinalis 305
Rodoplasto 155, 159
Roedor 117, 475, 477
Romero 219
Roncador 401
Roña 143
Roptria 135
Rorcual 463, _472_
Rosa _216_, 217
Rosaceae 217
Rosal 209
Rosales 212, 213, **217**, 220
Rosanae 194, 196, 200, 202, 208, 210, 212, **213**, 220
Roseae 217

Rosoideae 217
Rotaliida 146
Rotifera 314, 318, 320, **321**, 323
Rotosphaerida 144
Rozellales 240
Rozellomycetes 240
Rozellomycota 240, 241
Rozellopsidales 118
Ruditapes philippinarum 138
Ruibarbo gigante 209
Ruiseñor 519
Rumiante 76, 463, 469
Ruminantia 446, **469**
Russulales 252

_S_abellida 324
Sabiales 208
Sabina 193
Sacáridos 25
Saccharomyces cerevisiae 251
Saccharomycetales 248
Saccharomycetes 248
Saccharomycotina 248
Saccopharyngiformes 394, 397
Saccopodiales 244
Saco aéreo 511
Sagenista 116, 117
Sagittoidea _316_, 317, 318
Saíno 463
Sainouroida 141, 144
Saki 488
Salamandra 405, 407, _410_
Salamandroidea 406, 411

Salenioida 354, 356
Salientia ver _Anura_
Salilagenidiales 118
Salmoniformes 394, 399
Salpa 365
Salpida 365, 366
Saltamontes 311
Saltarín de roca 307
Salviniales 186, 187
Sándalo 210, 211
Sandía 213
Sanguijuela 325
Santalales 210, 211, 213
Sapindales 212, 213, 220
Sapo 407, 409
Saprófago 119
Saprofito 243
Saprolegniales 118
Saprolegniidae 118
SAR ver _Harosa_
Sarcinochrysidales 122
Sarcocystis hominis _134_
Sarcomonadea 144, 145
Sarcopterygii 372, 374, 380, **383**
Sargassum 129
Sargazo 115, 129
SARP ver _Diaphoretickes_
Sarsostraca 290
Sauria 497, 499, 500, 501
Sauropsida 372, 374, 402, 404, 415, 496, **497**, 498, 499, 500, 501
Saxifragales 210, 211, 213

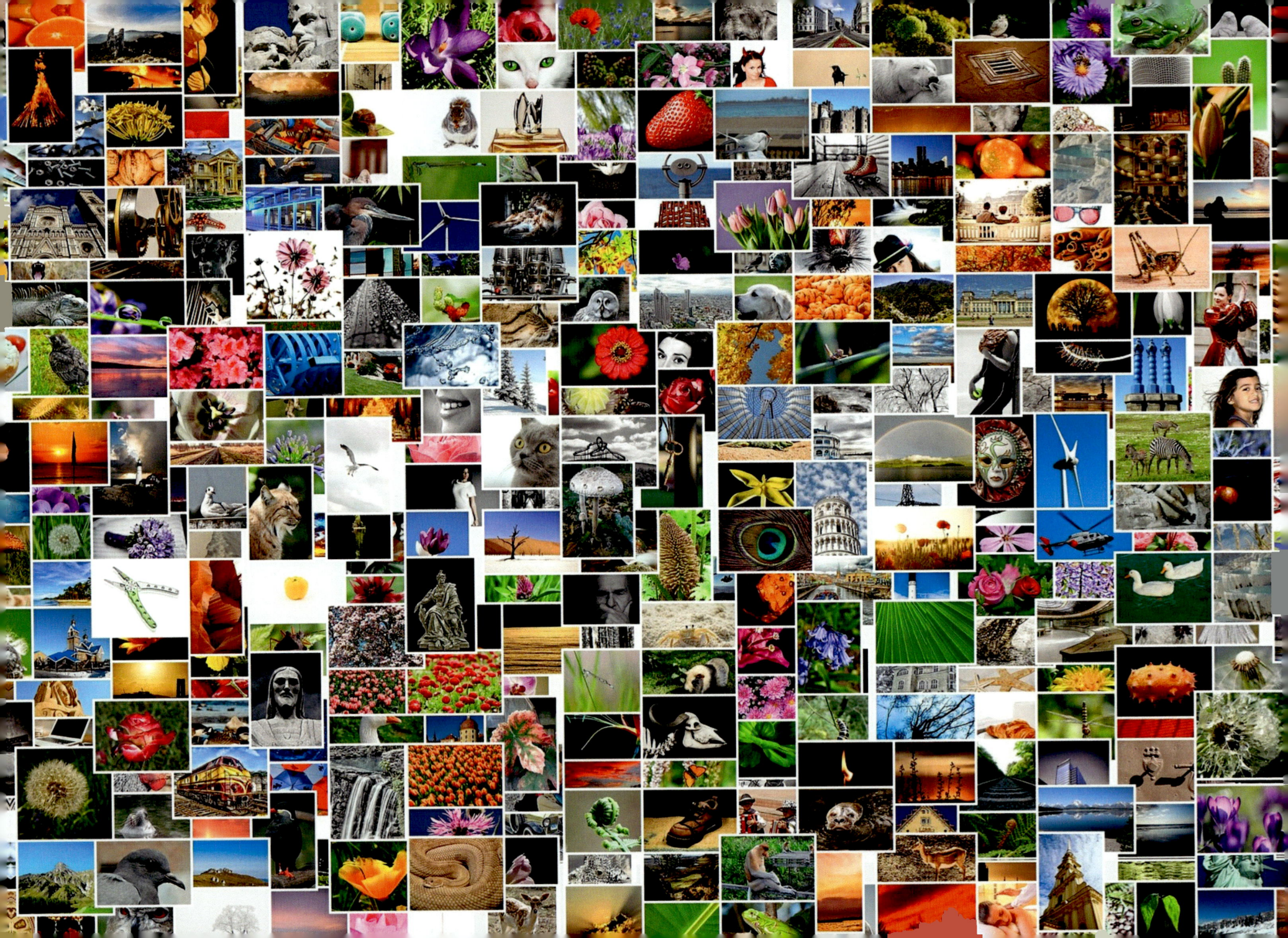

Pág. 5: Koala, Pixabay, SilviaP_Design, 2016.
Pág. 6: *Nudibranchia*, Ernst Haeckel, *Kunstformen der Natur*, 1904, Biodiversity Heritage Library.
Pág. 12: Larva de *Euplectrus* en una oruga *Phlogophora meticulosa*, Entomart, 2009.
Pág. 20: *Muscinae*, Ernst Haeckel, *Kuns.*, 1904, Biodiversity Heritage Library.
Pág. 25: Estructura del ADN, Labster Theory, GPL, 2022.
Pág. 29: Eritrocito, trombocito y linfocito, Electron Microscopy Facility del National Cancer Institute de Frederick (Maryland, Estados Unidos), 2004.
Pág. 35: Boceto del primer bloc de notas de Charles Darwin, 1837, University of Georgia, Nelson Hilton.
Pág. 36: Pedigrí del hombre, Ernst Haeckel *Anthropogenie oder Entwickelungsgeschichte des Menschen*, 1874, Hanno.
Pág. 39: Imagen de *Ebolavirus* en falso color, National Institute of Allergy and Infectious Diseases, NIH Image Gallery from Bethesda, Maryland, EE. UU., 2018.
Pág. 40: Aventura, Pixabay, Free-photos, 2016.
Pág. 43: Naturaleza, Pixabay, Jazella, 2019.
Pág. 44: *Escherichia coli*, Rocky Mountain Laboratories, National Institute of Allergy and Infectious Diseases de EE. UU.
Pág. 46: Imagen de la publicación *De los más pequeños a los diminutos del planeta* editada por el Centro de Capacitación, Estudio y Difusión niño a niño de Ecuador.
Pág. 53: Cianobacterias en canal de riego en Griffith, NSW (Australia), CSIRO science image, Willem van Aken, 1989.
Pág. 54: *Anabaena flosaquae*, Environmental Protection Agency de EE. UU., 2007.

Pág. 57: *Clostridium difficile*, Janice H. Carr, CDC, Public Health Image Library, 2005.
Pág. 63: *Gemmata obscuriglobus*, Santarella-Mellwig R, Franke J, Jaedicke A, Gorjanacz M, Bauer U, Budd A, *et al.*, CC BY 3.0, Wiki=56852214, 2010.
Pág. 68: Cráter del géiser Excelsior, Pixabay, MikeGoad, 2018.
Pág. 74: Géiser, Pxfuel, consultado 2022.
Pág. 76: Calentamiento global, Pixabay, RoadLight, 2020.
Pág. 77: Fuente hidrotermal en el volcán submarino Eifuku situado en las islas Marianas del Norte, National Oceanic and Atmospheric Administration, 2004.
Pág. 78: ARMAN, Brettjbaker, D. P., Wiki=27101662, 2008.
Pág. 79: *Nanoarchaeum equitans* parasitando *Ignicoccus hospitalis*, Karl O. Stetter, 2005.
Pág. 80: Lynn Margulis, Jpedreira, CC BY-SA 2.5, Wiki=407368, 2005.
Pág. 82: *Sulfolobus tengchongensis*, Xiangyux, D. P., Wiki=1675914, 2007.
Pág. 83: Solfatara, Pixabay, MonikaP, 2017.
Pág. 84: Grand Prismatic Spring, Pxfuel, consultado 2022.
Pág. 86: *Phaeodaria*, Ernst Haeckel, *Kuns.*, 1904, Biodiversity Heritage Library.
Pág. 88: Estructura de una célula vegetal, Lady of Hats, D. P., 2013.
Pág. 92: *Giardia lamblia*, Janice H. Carr, CDC, D. P., Wiki=825607, 2022.
Pág. 95: *Collodictyon*, Robert Clinton Rhodes, *Binary Fission in Collodictyon triciliatum Carter*, D. P., 1917.
Pág. 97: *Naegleria fowleri*, CDC, D. P., Wiki=8692071, 2009.
Pág. 98: Mitocondrias en tejido pulmonar de un mamífero, Louisa Howard, D. P. Wiki=1248089, 2008. Estructura de una mitocondria, Aibdescalzo (a partir de un trabajo de Lady of Hats), D. P., Wiki=6206970, 2009.
Pág. 104: *Coccolithus pelagicus*, Richard Lampitt y Jeremy Young, The Natural History Museum, London, CC BY 2.5, Wiki=3928090, 2019.
Pág. 106: *Chilomonas*, CSIRO, CC BY 3.0, Wiki=35485662, 2008.
Pág. 108: Estructura de un cloroplasto, Kelvinsong, D. P., 2012.
Pág. 114: *Paraphysomonas*, Jmiller510 y Zorahia, D. P. Wiki=61341926, 2017.
Pág. 116: *Aplanochytrium*, Celeste Leander, CC BY 3.0, Wiki=6459248, 2009.
Pág. 118: *Phytophthora parasitica*, Supattra Intavimolsri, Department of Agriculture de Tailandia, CC BY 3.0, Wiki=33055914, 2014.

Pág. 122: Diatomeas, Gordon T. Taylor, Stony Brook University, NOAA, D. P. Wiki=246319, 1983.

Pág. 123: *Diatomeae*, Ernst Haeckel, *Kuns.*, 1904, Biodiversity Heritage Library.

Pág. 124: *Nannochloropsis*, Inks002, Wageningen University, D. P., Wiki=7409591, 2009.

Pág. 126: Dinobryon divergens, Pinterest, Fátima Aurilane, consultado 2022.

Pág. 128: Bosque de quelpos, Pinterest, Fish Loving, consultado 2022.

Pág. 130: *Paramecium*, Nguyen Tan Tin, Flickr, 2012.

Pág. 132: Morfología de un ciliado, Franciscosp2, D. P., Wiki=2829680, 2007.

Pág. 133: *Isotricha*, *Entodinium* y *Ophryoscolex*, ARS, Sharon Franklin (coloreada por Stephen Ausmus), 2006.

Pág. 134: Quistes de *Sarcocystis hominis*, ARS, D. P., Wiki=39215642, 2002.

Pág. 135: Estructura de un apicomplejo, Franciscosp2, D. P., 2007.

Pág. 136: *Peridinea*, Ernst Haeckel, *Kuns.*, 1904, Biodiversity Heritage Library.

Pág. 138: Trofozoítos de *Perkinsus olseni* en un tejido de *Ruditapes philippinarum*, Laboratorio de la Unión europea para las enfermedades de los moluscos.

Pág. 140: *Euglypha*, NEON, CC BY-SA 2.5, Wiki=2068966, 2007.

Pág. 142: *Vampyrella lateritia*, Giuseppe Vago, Flickr, CC BY 2.0, 2010.

Pág. 146: Esqueletos de radiolarios *Nassellaria*, Frank Fox, CC BY-SA 3.0, Wiki=20228893, 2010.

Pág. 147: Detalle parcial de los principales componentes biológicos del sedimento marino, Hannes Grobe, Bernhard Diekmann y Claus-Dieter Hillenbrand, «The memory of the Polar Oceans», de *Biology of Polar Oceans*, CC BY 3.0, Wiki=8831059, 2009.

Pág. 148: Clorofila a, Benjah-bmm27, D. P., 2006. Hoja verde, Pixabay, llmicro, 2013.

Pág. 152: *Glaucocystis*, NEON, CC BY-SA 2.5, Wiki=1706641, 2007.

Pág. 153: Estructura de un microcompartimiento bacteriano, Toyeates, CC BY-SA 3.0, Wiki=25483134, 2013.

Pág. 154: *Cyanidium*, NEON, CC BY-SA 3.0, Wiki=9153768, 2010.

Pág. 155: *Gelidium amansii*, Kintaro Okamura, *Icones of Japanese algae*, 1913, Biodiversity Heritage Library.

Pág. 156: *Palmaria palmata*, Pinterest, Pacific Marye, consultado 2022.

Pág. 157: *Florideae*, Ernst Haeckel, *Kuns.*, 1904, Biodiversity Heritage Library.

Pág. 160: *Pyramimonas*, NEON (coloreado por Addicted04), CC BY-SA 3.0, Wiki=6699088, 2009.

Pág. 161: Liquen crustoso, Pixabay, dmarr515, 2020.

Pág. 163: *Siphoneae*, Ernst Haeckel, *Kuns.*, 1904, Biodiversity Heritage Library.

Pág. 165: William Henry Harvey, Ipswich Museum, D. P., Wiki=2242039, 1852.

Pág. 166: *Chara*, Keisotyo, CC BY-SA 3.0, Wiki=423893, 2005.

Pág. 170: *Lunularia cruciata*, Velela, D. P. Wiki=85253, 2005.

Pág. 171: *Hepaticae*, Ernst Haeckel, *Kuns.*, 1904, Biodiversity Heritage Library.

Pág. 172: *Anthocerotophyta*, Jason Hollinger, CC BY 2.0, Wiki=24215929, 2007.

Pág. 175: *Muscinae*, Ernst Haeckel, *Kuns.*, 1904, Biodiversity Heritage Library.

Pág. 176: Bosque cubierto de musgo, Pixabay, ioa8320, 2014.

Pág. 177: Peristoma de *Bryum capillare*, Des_Callaghan, CC BY-SA 4.0, Wiki=35585101, 2014.

Pág. 179: Reconstrucción artística de un *Lepidodendron*, Tim Bertelink, CC BY-SA 4.0, Wiki=49143686, 2016.

Pág. 182: *Equisetum fluviatile*, Pixabay, adege, 2018.

Pág. 184: Fronda de helecho, Pxfuel, consultado 2021.

Pág. 185: Ciclo de vida de los helechos, Carl Axel Magnus Lindman, CC BY-SA 3.0, Wiki=33289139, 2016.

Pág. 186: *Cyathea medullaris*, Kahuroa, D. P. Wiki=4219953, 2008.

Pág. 190: *Ginkgo biloba*, Pixabay, Bumiputra, 2018.

Pág. 192: Vivero, Pixabay, cocoparisienne, 2014.

Pág. 193: Secuoya, Pxfuel, consultado 2021.

Pág. 196: *Illicium verum*, Pierre Jean François Turpin, D. P. Wiki=22579922, 1833.

Pág. 197: *Amborella trichopoda*, Scott Zona, CC BY 2.0, Wiki=6255889, 2008.

Pág. 198: Nenúfares, Pxfuel, consultado 2022.

Pág. 200: *Chloranthus fortunei*, Bastus917, CC BY-SA 2.0, Wiki=34467987, 2014.

Pág. 202: *Aconitum napellus*, Swallowtail Garden Seeds, 2014, Biodiversity Heritage Library.

Pág. 204: *Posidonia oceanica*, Mark Burgess, CC BY-SA 3.0, Wiki=18852599, 2010.

Pág. 205: La flor de la cala, Pxfuel, consultado 2021.

Pág. 207: Trigal, Pxfuel, consultado 2021.

Créditos de las ilustraciones

Pág. 209: Grano de polen del género *Arabis*, Marie Majaura, CC BY-SA 3.0, Wiki=3105527, 2007. Grano de polen de *Lilium auratum*, Denis Barthel, D. P., 2004.
Pág. 210: Muérdago, Pxfuel, consultado 2022.
Pág. 211: Flor de geranial, Pxfuel, consultado 2021.
Pág. 214: *Caesalpinia echinata*, Mauro Halpern, Flickr, CC BY 2.0, 2009.
Pág. 215: Flor del guisante, Pxfuel, consultado 2021.
Pág. 216: Rosa, Pixabay, Darkmoon_Art, 2018.
Pág. 218: Girasol, Pxfuel, consultado 2022.
Pág. 222: *Siphonophorae*, Ernst Haeckel, *Kuns.*, 1904, Biodiversity Heritage Library.
Pág. 230: *Arcella* spp., NEON, CC BY-SA 2.5, Wiki=1991963, 2007.
Pág. 231: *Zorbing*, Pxfuel, consultado 2022.
Pág. 232: *Pelomyxa palustris*, Deuterostome, CC BY-SA 3.0, Wiki=16932421, 2011.
Pág. 234: *Trichia decipiens*, Pxfuel, consultado 2021.
Pág. 237: Heinrich Anton de Bary, Valérie Chansigaud, D. P., 2005.
Pág. 239: Erik Acharius, Evolmuseum, D. P., Wiki=1174381, .2006.
Pág. 240: *Microsporidia*, CDC, D. P., Wiki=33135596, 2013.
Pág. 243: *Pleurotus citrinopileatus*, ARS, Peggy Greb, D. P., 2014.
Pág. 245: *Batrachochytrium* spp., Peter Daszak *et al.* D. P., 1999 y *Atelopus zeteki*, Pxfuel, consultado 2021.
Pág. 249: *Amanita muscaria*, Pxfuel, consultado 2021.
Pág. 251: *Morchella esculenta*, Pxfuel, consultado 2021.
Pág. 253: Anillo de hadas, Mrs Skippy, D. P., 2008.
Pág. 254: Complejo Hox de *Drosophila melanogaster*, Antonio Quesada Díaz, D. P., 2010.
Pág. 257: Colonia de *Sphaeroeca*, Dhzanette, D. P., Wiki=5506185, 2002.
Pág. 261: *Trichoplax adhaerens*, Michael G. Hadfield, CC BY 4.0, 2018.
Pág. 263: *Aplysina fistularis*, *Niphates digitalis*, *Spirastrella coccinea* y *Callyspongia* ssp., Twilight Zone Expedition Team, NOAA, D. P., Wiki=17988026, 2007.
Pág. 265: Blastulación, Pidalka44, D. P., 2018. Gastrulación, Pidalka44, D. P., 2014.
Pág. 267: Medusa, Pixabay, Sharon Ang, 2020.
Pág. 268: Formación coralina, Pixabay, Giustiliano Calgaro, 2016.
Pág. 269: Abraham Trembley, Magnus Manske, D. P., Wiki=802031, 2006.

Pág. 271: Ctenóforo bioluminiscente, R. Griswold/NOAA, D. P., 1984.
Pág. 272: *Symsagittifera roscoffensis*, Stevie Smith, CC BY 2.0, Wiki=35405748, 2008.
Pág. 277: Ecdisis, Pxfuel, consultado 2021.
Pág. 279: *Priapulus caudatus*, Washington State Department of Ecology, D. P., 2015.
Pág. 280: *Heterodera glycines*, ARS, D. P., Wiki=646062, 2006.
Pág. 281: Nathan Cobb, ARS, Richard Weiss, D. P., 1922.
Pág. 282: *Hypsibius chilenensis*, Adrian James Testa, Smithsonian Institution, D. P., 1972.
Pág. 285: Trilobites, Pxfuel, consultado 2021.
Pág. 286: *Limulus polyphemus*, Kaldari, CC0, Wiki=80548911, 2019.
Pág. 287: Reconstrucción de *Pentecopterus*, Patrick Lynch, D. P., 2015.
Pág. 288: *Lorrya formosa*, Eric Erbe (coloreado por Chris Pooley), ARS, D. P., Wiki=130145, 2008. *Oligonychus coffeae*, ARS, D. P. *Mononychellus*, ARS, D. P., 2015.
Pág. 289: *Arachnida*, Ernst Haeckel, *Kuns.*, 1904, Biodiversity Heritage Library.
Pág. 291: Langosta, Pxfuel, consultado 2022.
Pág. 293: *Copepoda*, Ernst Haeckel, *Kuns.*, 1904, Biodiversity Heritage Library.
Pág. 294: Cangrejo en la playa, Pixabay, 12019, 2017.
Pág. 297: Detalle de la cabeza de *Scutigera coleoptrata*, United States Geological Survey, D. P., 2014. *Scutigera coleoptrata*, Pxfuel, consultado 2021.
Pág. 298: *Archispirostreptus gigas*, Pixabay, Josch13, 2014.
Pág. 299: Marcello Malpighi, Magnus Manske, D. P., Wiki=772662, 2006.
Pág. 300: Escarabajos, Pixabay, Alexander Lesnitsky, 2016.
Pág. 301: Detalle de la cabeza de *Lasioglossum pictum*, Kelly Graninger, United States Geological Survey, D. P., 2018.
Pág. 302: *Campodeidae* spp., Andy Murray, CC BY-SA 2.0, Wiki=33846289, 2013.
Pág. 303: *Podura aquatica*, Andy Murray, Flickr, CC BY-SA 2.0, 2013.
Pág. 304: Una langosta comiendo un girasol, Pxfuel, consultado 2022.
Pág. 305: Charles Valentine Riley, Alcinoe, D. P., Wiki=984055, 2005.
Pág. 306: *Lepisma saccharina*, Jean-Raphaël Guillaumin, Flickr, CC BY-SA 2.0, 2012.
Pág. 308: *Anax imperator*, Pxfuel, consultado 2022.
Pág. 309: *Ischnura senegalensis*, Pxfuel, consultado 2021.
Pág. 310: *Gerris lacustris*, Jorge Martínez Huelves, General Public License.

Pág. 311: *Phasmida*, Pixabay, Josch13, 2013.

Pág. 312: Mariquita, Pxfuel, consultado 2021.

Pág. 313: Mariposa, Pxfuel, consultado 2021.

Pág. 315: Riftia pachyptila, NOAA, D. P., Wiki=35246911, 2011.

Pág. 316: *Sagittoidea*, Museo Nacional de Historia Natural de los Estados Unidos, 2017.

Pág. 318: *Haplognathia gubbarnorum*, Universidad de Santiago de Compostela, D. P.

Pág. 320: *Dicranophorus forcipatus*, Michelle Brown, Smithsonian Institution, D. P., 1913.

Pág. 321: *Rotatoria*, Ernst Haeckel, *Kuns.*, 1904, Biodiversity Heritage Library.

Pág. 323: *Platodes*, Ernst Haeckel, *Kuns.*, 1904, Biodiversity Heritage Library.

Pág. 324: *Spirobranchus giganteus*, Nick Hobgood, CC BY-SA 3.0, Wiki=6300090, 2006.

Pág. 325: Diagrama anatómico de un oligoqueto, Reytan, D. P., 2006.

Pág. 329: *Acephala*, Ernst Haeckel, *Kuns.*, 1904, Biodiversity Heritage Library.

Pág. 330: Caracol, Pixabay, Josch13, 2014.

Pág. 331: Nudibranquio, Pxfuel, consultado 2022.

Pág. 332: Pulpo, Pxfuel, consultado 2022.

Pág. 335: *Lineus longissimus*, Bruno C. Vellutini, CC BY-SA 3.0, Wiki=32066175, 2013.

Pág. 336: *Bryozoa*, Ernst Haeckel, *Kuns.*, 1904, Biodiversity Heritage Library.

Pág. 337: *Membranipora membranácea*, United States Geological Survey, D. P., Wiki=915039, 2006.

Pág. 338: *Zygospira modesta*, Mark A. Wilson, CC0, Wiki=45790147, 2015.

Pág. 340: Biblioteca, Pxfuel, consultado 2021.

Pág. 343: Desarrollo embrionario, Yassine Mrabet (traducido por Lorito987), CC BY-SA 4.0, Wiki=98051410, 2020.

Pág. 344: *Asteridea*, Ernst Haeckel, *Kuns.*, 1904, Biodiversity Heritage Library.

Pág. 345: Larva tornaria de un hemicordado, Bruno C. Vellutini, CC BY-SA 3.0, Wiki=23270678, 2012.

Pág. 346: *Enteropneusta*, Johann W. Spengel, *Die Enteropneusten des Golfes von Neapel und der angrenzenden Meeresabschnitte*, 1893, D. P. Wiki=18957647.

Pág. 348: Diagrama del sistema vascular acuífero de una estrella de mar, Augusta F. Arnold, *Sea-Beach at Ebb-Tide*, 1903, D. P., Wiki=43103816.

Pág. 349: Augusta F. Arnold, Marble City Press, The Tuttle Company, D. P. Wiki=95392924, 1907.

Pág. 350: Crinoidea roja, Pixabay, 12019, 2013.

Pág. 351: *Crinoidea*, Ernst Haeckel, *Kuns.*, 1904, Biodiversity Heritage Library.

Pág. 352: Margarita de mar, Alchetron, consultado 2021. Pepino de mar, NOAA. Ofiura, NOAA.

Pág. 355: Estrellas de mar, Achim Raschka, NOAA, 2005.

Pág. 356: *Echinidea*, Ernst Haeckel, *Kuns.*, 1904, Biodiversity Heritage Library.

Pág. 357: Erizo de mar, Pixabay, 12019, 2013.

Pág. 359: Embrión ectópico, Ed Uthman, WikiJournal of Medicine, D. P., Wiki=840032, 2001.

Pág. 360: *Ascidiae*, Ernst Haeckel, *Kuns.*, 1904, Biodiversity Heritage Library.

Pág. 362: *Polycarpa aurata* sobre *Triphyllozoon inornatum*, Nick Hobgood, CC BY-SA 3.0, Wiki=5760429, 2006.

Pág. 364: *Doliolida*, Mª. C. Mingorance Rodríguez, D. P., Wiki=2344634, 2003.

Pág. 366: *Amphioxus lanceolatus*, Thomas Gyselinck, CC0, Wiki=88017578, 2020.

Pág. 369: Cráneo de animal muerto, Pxfuel, consultado 2021.

Pág. 371: Pez bruja, NOAA Okeanos Explorer Program, 2013. *Petromyzon marinus*, migraminho.org de la Xunta de Galicia, 2018.

Pág. 375: Reconstrucción digital de *Cephalaspis*, Rod6807, CC BY-SA 3.0, Wiki=24490781, 2013. Reconstrucción digital de *Homostius*, Dmitry Bogdanov, CC BY 3.0, Wiki=3528111, 2008.

Pág. 377: *Hydrolagus colliei*, Tara Anderson/NOAA, D. P., 2004.

Pág. 378: Tiburón ballena, Pixabay, Schäferle, 2016.

Pág. 379: Raya jaspeada (*Aetobatus narinari*), Jan Derk, D. P., 2005.

Pág. 383: Marjorie Courtenay-Latimer, The South African Institute for Aquatic Biology, CC BY-SA 3.0, Wiki=29207478, 2013. *Latimeria chalumnae* en el Museo de Historia Natural de Viena, Alberto Fernández Fernández, CC BY-SA 3.0, Wiki=2550966, 2007.

Pág. 385: *Protopterus aethiopicus*, Open Cage, CC BY 2.5, Wiki=11750275, 2010.

Pág. 387: Tipos de aleta caudal, Lukas3, D. P., 2006.

Pág. 388: *Acipenser oxyrinchus*, U.S. Fish and Wildlife Service National Digital Library, D. P., 2018.

Pág. 390: *Coccolepis* spp., Daderot, D. P., Wiki=112515712, 2014.

Pág. 393: *Amia calva*, Stan Shebs, CC BY-SA 3.0, Wiki=2699630, 2005. *Lepisosteus oculatus*, Brian Montague, U. S. Fish and Wildlife Service, D. P., 2006. *Atractosteus spatula*, Greg Hume, CC BY-SA 3.0, Wiki=30364231, 2013.

Pág. 395: Acuario, Pxfuel, consultado 2021.

Pág. 396: Morena, Pixabay, Jeremy Wilder, 2017.

Pág. 398: Oso grizzly, Pxfuel, consultado 2022.

Pág. 400: *Solenostomus halimeda*, Elias Levy, CC BY 2.0, Wiki=38162328, 2014.

Pág. 401: *Betta splendens*, Pxfuel, consultado 2022.

Pág. 405: John Edwards Holbrook, Valérie Chansigaud, D. P., 2005.

Pág. 407: Anuros, *Brockhaus' Konversations-Lexikon*, D. P., 1892.

Pág. 408: Rana, Pxfuel, consultado 2021.

Pág. 410: Salamandra, Pixabay, Alois Wonaschütz, 2015.

Pág. 413: Cecilia, Pavel Kirillov, Flickr, CC BY-SA 2.0, 2014.

Pág. 419: Ornitorrinco en el río Broken (Queensland), Stefan Heinrich, CC BY-SA 2.0 de, Wiki=3607479, 2008. Equidna, Pxfuel, consultado 2021.

Pág. 422: Zarigüeyas, Pixabay, Daynaw3990, 2016.

Pág. 424: Wombat, Pxfuel, consultado 2021.

Pág. 429: Laurasia y Gondwana, LennyWikidata y Kizar, CC BY 3.0, Wiki=24953330, 2013.

Pág. 430: Perezoso, Pixabay, Michael Mosimann, 2017.

Pág. 432: Armadillo, Pxfuel, consultado 2021.

Pág. 436: Cerdo hormiguero, Theo Kruse, Aardvarken Burgers Zoo, CC BY-SA 4.0, Wiki=101082601, 2019.

Pág. 438: Johnson's household book of nature, Biodiversity Heritage Library, D. P., 1880. *Rhynchocyon petersi*, ZeWrestler, D. P., 2007. Tenrecs, Marius Conjeaud, CC BY-SA 3.0, Wiki=2431301, 2007.

Pág. 440: Damán, Josski, D. P., Wiki=1833231, 2006.

Pág. 442: Elefante, Pixabay, Ajoheyjo, 2013.

Pág. 444: Manatí, Pxfuel, consultado 2022.

Pág. 445: Modelo de *Hydrodamalis gigas*, Emőke Dénes, CC BY-SA 4.0, Wiki=16388276, 2011.

Pág. 448: Erizo, Pixabay, Blende12, 2020.

Pág. 450: Zorros voladores, Pxfuel, consultado 2022.

Pág. 451: *Chiroptera*, Ernst Haeckel, *Kuns.*, 1904, Biodiversity Heritage Library.

Pág. 452: *Manis crassicaudata*, Masteraah, D. P., Wiki=1525033, 2004.

Pág. 456: Tigre, Pxfuel, consultado 2022.

Pág. 458: Oso panda, Pxfuel, consultado 2022.

Pág. 459: Oso polar, Pxfuel, consultado 2022.

Pág. 461: Rinoceronte, Pxfuel, consultado 2022.

Pág. 462: Esqueleto de ballena azul, Pixabay, Just-pics, 2019.

Pág. 463: Richard Owen, Lock & Whitfield, D. P., Wiki=16526338, 1878.

Pág. 464: Guanacos, Pxfuel, consultado 2022.

Pág. 466: Facóquero, Pxfuel, consultado 2022.

Pág. 467: Cráneo de facóquero, Didier Descouens, CC BY-SA 4.0, Wiki=12638429, 2011.

Pág. 468: Okapi, Pixabay, Marc Benedetti, 2016.

Pág. 470: Hipopótamo, Pixabay, Kolibri5, 2016.

Pág. 473: Delfín, Pixabay, Michelle Raponi, 2015.

Pág. 476: Pica, Pxfuel, consultado 2022.

Pág. 478: Balsa de castor en New Brunswick (Canadá), Pxfuel, consultado 2022.

Pág. 479: Castor, Pxfuel, consultado 2022.

Pág. 480: Ardilla del ártico, Matt Henschen (USFWS), D. P. Wiki=81613935, 2019.

Pág. 481: Ardilla, Pxfuel, consultado 2022.

Pág. 482: Hámster, Pxfuel, consultado 2022.

Pág. 484: *Tupaia tana*, Proceedings of the Zoological Society of London, D. P., Wiki=421265, 1876.

Pág. 485: *Ptilocercus lowii*, Arthur Adams *et al.*, D. P., Wiki=42735111, 1850.

Pág. 487: *Cynocephalus volans*, *Brehms Thierleben* de Alfred Brehm, D. P., Wiki=1259947, 1883.

Pág. 489: Orangután, Pixabay, Marcel Langthim, 2016.

Pág. 490: Lémur, Pixabay, Andreas Hoja, 2022.

«Disinterested love for all living creatures, the most noble attribute of man»

The Descent of Man, and Selection in Relation to Sex, 1871

Charles Darwin

(«Amor desinteresado por todas las criaturas vivientes, el atributo más noble del hombre»

La ascendencia del hombre y la selección en relación con el sexo, 1871

Charles Darwin).